Fibonacci
数列中的明珠

THE PEARL OF THE FIBONACCI SEQUENCE

● 张光年 著

U0211683

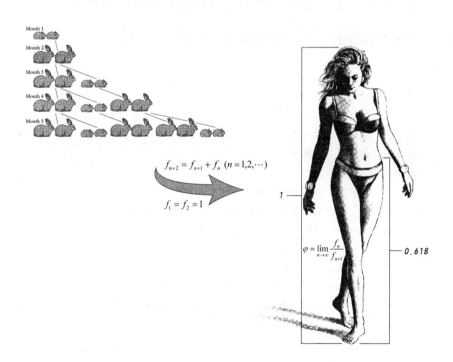

$$f_{n+2} = f_{n+1} + f_n \ (n=1,2,\cdots)$$

$$f_1 = f_2 = 1$$

$$\varphi = \lim_{n \to \infty} \frac{f_n}{f_{n+1}}$$

1

0.618

哈尔滨工业大学出版社
HITP HARBIN INSTITUTE OF TECHNOLOGY PRESS

内容简介

本书共分九章,详细介绍了 Fibonacci 数列的产生和与数学及其他各学科的联系,Fibonacci数列与黄金分割以及若干性质,Fibonacci 数列的数论性质,Fibonacci 数列与母函数、连分数、互补数列,以及 Fibonacci 数列的模周期等相关内容,并在每章后给出相应的练习题.本书从多个方面介绍了 Fibonacci 数列,章后练习题让读者更能深刻理解 Fibonacci 数列,内容丰富,叙述详尽.

本书可供高等院校理工科师生及数学爱好者研读及收藏.

图书在版编目(CIP)数据

Fibonacci 数列中的明珠/张光年著. —哈尔滨:哈尔滨
工业大学出版社,2018.6(2019.4 重印)
ISBN 978－7－5603－7332－4

Ⅰ.①F… Ⅱ.①张… Ⅲ.①斐波那契序列 Ⅳ.①O156

中国版本图书馆 CIP 数据核字(2018)第 085759 号

策划编辑 刘培杰 张永芹
责任编辑 张永芹 陈雅君
封面设计 孙茵艾
出版发行 哈尔滨工业大学出版社
社　　址 哈尔滨市南岗区复华四道街 10 号 邮编 150006
传　　真 0451－86414749
网　　址 http://hitpress.hit.edu.cn
印　　刷 哈尔滨市工大节能印刷厂
开　　本 787mm×1092mm 1/16 印张 22.25 字数 447 千字
版　　次 2018 年 6 月第 1 版 2019 年 4 月第 2 次印刷
书　　号 ISBN 978－7－5603－7332－4
定　　价 58.00 元

(如因印装质量问题影响阅读,我社负责调换)

　　我与本书作者张光年老师的结缘是在第二届全国初等数学学术交流会议上,他的数学论文深深地吸引了我,一个普通的数学教师竟然对 Fibonacci 数列如此痴迷,让我十分震惊.

　　他工作在教学一线,成绩斐然.持续多年研究如一日,在孤寂里苦心推算;参加了四次全国初等数学研究学术交流会,在交流会上博采众长;经过近 30 年的潜心研究、反复演算、资料收集、陆续有得,形成了眼前的《Fibonacci 数列中的明珠》一书.作为一个曾经的数学教师,我不得不为数学基础教育领域的张光年老师点赞.

　　Fibonacci 数列与众多领域都有关联.许多神奇的数学性质在美学、植物学、社会学、生物学等领域游走,黄金分割0.618这个数字到处出现,都得益于 Fibonacci 数列.

　　本书的最大亮点在第 5 章和第 8 章.在第 5 章中,作者用母函数法轻松地证明了 Fibonacci 数列中连续 k 项之间的关系,显得新颖便捷.书中对母函数的不同变形得到了不同的等式性质,还建立了母函数库,为研究 Fibonacci 数列的性质的数学爱好者提供了方便.在第 8 章 Fibonacci 数列的模周期中,作者找到了 Fibonacci 数列的模周期的三个特征量的一些新的性质,如当 $d(m)=4l(l\in \mathbf{N})$ 时,$O_m(f_{d(m)-1})=2$,等等.张老师说这是他印象中最简洁、最优美、最让人赏心悦目的数学公式

1

之一.

  数学文献浩如烟海,我自己对 Fibonacci 数列所知不多,难以确定张老师获得的公式是否是新的发现,也难以评价其意义,但这并不是最重要的.重要的是,Fibonacci 数列是即将退休的张老师毕生的追求!本书的每页每行,都包含着张光年老师的心血,显示出了他对数学的挚爱.

  总之,本书融趣味性、工具性、研究性于一体,适合初高中学生、中学数学教师、大学生,以及其他数学爱好者阅读,笔者在此诚恳地向广大读者推荐.

张 静

2018 年 6 月 1 日

前言

数学是人类精神文明的重要组成部分,是科学进步的基础,Fibonacci(斐波那契)数列是数学中的一颗璀璨明珠,它的研究在数学及其他领域都有广泛的应用,促使越来越多的学者对其进行深入地研究.

自 20 世纪 50 年代初,苏联学者瓦罗别耶夫撰写《斐波那契数列》一书和 1963 年在美国出版的杂志《斐波那契季刊》之后,全世界每年有不少的 Fibonacci 数列爱好者和这方面的职业数学工作者,撰写了关于 Fibonacci 数列的许多论文和著作.在这些论文和著作中有适合小学生阅读的趣味性、游戏类的;有适合中学生和中学教师学习探究的竞赛类、专题类的;也有适合于大学生、研究生和专门从事这方面研究的数学工作者的.而本书是一本介绍数学家 Fibonacci 及 Fibonacci 数列性质的一本专著,是一本融合知识性、趣味性、实践性为一体的著作,也是我近 30 年在这方面学习、研究的成果.

1988 年我在《重庆日报》看到重庆师范学院罗明老师解决了 Fibonacci 数列中三角形数的有限性证明后,重新燃起了我对 Fibonacci 数列的研究热情,于是我开始积累资料,探究并撰写相关论文.我于 1993 年撰写的论文《二阶线性递归数列的模周期问题》,在第二届中国初等数学研究学术交流会上获得二等奖;2012 年撰写的论文《 Fibonacci 数列的模数列的三个特征量关系及性质》在第八届中国初等数学研究学术交流会上获得二等奖；2017 年撰写的论文《关于斐波那契数中的三角形数和完全平方数的初等证明》《用母函数库研究 Fibonacci 数列的性质》在第十届中国初等数学研究学术交流会上分别获得一等奖和二等奖. 这大大地鼓舞了我, 激发了我将平时的研究心得梳理成书的欲望.

第 1 章和第 2 章浅显易懂, 生动有趣地介绍了数学家 Fibonacci 和他在数学方面做出的贡献以及 Fibonacci 数列是如何产生的. 另外, 在第 2 章中介绍了由 Fibonacci 数列产生的黄金数, 当然, 黄金数也可由初中平面几何中的黄金分割而产生, 并且叙述了黄金数的奇特性质以及与美学、动植物学、物理学等方面的密切联系.

第 3 章至第 5 章结构清晰, 系统地介绍了 Fibonacci 数列的相关性质, 以便读者查阅、使用这些性质. 特别是第 5 章用 Fibonacci 数列的母函数库研究 Fibonacci 数列的相关性质, 这是一种全新的、独创的方法, 读者很容易理解和掌握. 用这一方法很轻松地证明了 Fibonacci 数列的许多性质, 并得到一些新的性质.

第 6 章和第 7 章分别介绍了 Fibonacci 数列与数学的两个特殊分支——连分数和互补数列的特殊关系. 第 8 章介绍了 Fibonacci 数列的模周期, 经过深入地研究得到简洁、优美的定理, 并且深刻揭示了 Fibonacci 数列的预备周期、模 m 的次数、模周期之间的关系.

学习数学的唯一途径是动手去做, 同样我们要学习或研究 Fibonacci 数列的相关性质也一定要动手去做. 出于这一原因, 在本书的各章后面配套了共 161 道习题, 并给出了参考答案, 有些习题可能在几个章节都有出现, 目的是用不同的定理、性质和方法去解决, 这样可以对 Fibonacci 数列有更深入的理解. 特别是第 9 章 Fibonacci 数列与数学竞赛, 为我们要参加数学竞赛的学生和指导老师提供了大量例题和习题, 这些例题和习题都是国际、国内的经典竞赛题, 相信这一章节一定会让师生们受益颇多.

小学高年级和初中学生可阅读本书的第 1 章、第 2 章, 高中生和中学数学教师可阅读第 3 章至第 6 章, 剩余几章只要有一定数论和组合数学知识基础的皆可阅读.

另外, 借此机会对帮助过我的同事表达谢意, 感谢陈建老师为我研究"Fibonacci 数列的模数列的预备周期"编写程序, 缩短了研究过程中的计算时间; 感谢我的女儿张一乙, 帮我构想本书结构和录入数学公式.

在选定本书各章节的内容和执笔写作的过程中,我参考了大量的文献,这些文献都已经附列在书末,在此谨向这些文献的作者表示感谢.

由于作者水平有限,书中难免有不足之处,恳请专家、读者不吝赐教.

张光年

2018 年 2 月 2 日

于重庆沙坪坝 香格里拉

目 录

第 1 章　Fibonacci 数列的产生　//1

1.1　数学家 Fibonacci　//1

1.2　Fibonacci 数列　//5

1.3　Fibonacci 数列与其他学科　//10

1.4　Fibonacci 数列与其他综合问题　//13

练习题 1　//25

第 2 章　Fibonacci 数列与黄金分割　//30

2.1　由 Fibonacci 数列产生的 ω　//30

2.2　数学家眼中的 ω　//32

2.3　神奇的 ω　//34

2.4　几何中的 ω　//34

2.5　e,i 两个常数与 ω　//38

2.6　直角三角形中的 ω　//39

2.7　Pólya 三角形与 ω　//40

2.8　华罗庚优选法与 ω　//42

2.9　股票市场与 ω　//44

练习题 2　//46

第 3 章　Fibonacci 数列的若干性质　//48

3.1　Fibonacci 数列的通项公式　//48

1

3.2　Fibonacci 数的二元多项式表示　//50

3.3　Fibonacci 数列的 Cassini 等式　//51

3.4　Fibonacci 数列与 Lucas 数列的关系及其性质　//54

3.5　Fibonacci 数列相邻几项之间的关系　//56

3.6　Fibonacci 数列的积商幂之间的关系　//60

3.7　Fibonacci 数列倍数项之间的关系　//62

3.8　与 Fibonacci 数列有关的前 n 项和　//64

3.9　Fibonacci 数列与反三角函数　//68

3.10　Fibonacci 数列中的不等式　//69

3.11　Fibonacci 数列是凸数列　//74

3.12　与 Fibonacci 数列有关的极限及无穷项之和或积　//76

3.13　Fibonacci 数与组合数　//79

3.14　以 Fibonacci 数为系数的多项式与 Fibonacci 多项式　//82

3.15　Fibonacci 数列是完全数列　//83

3.16　Fibonacci 数系与二进制数系　//86

3.17　Fibonacci 数与半完美正方形和半完美长方形　//87

3.18　Fibonacci 数与圆周率 π　//88

3.19　Fibonacci 数与弱形角谷猜想　//90

练习题 3　//92

第 4 章　Fibonacci 数列的数论性质　//95

4.1　Lucas 定理　//95

4.2　Euclid 算法的有效性　//97

4.3　Fibonacci 数中的素数、合数　//98

4.4　Fibonacci 数与 Fibonacci 数之间的整除关系　//101

4.5　Fibonacci 数中的完全平方数和完全平方数的二倍　//103

4.6　Fibonacci 数和 Lucas 数中三角形数的罗明结论　//106

4.7　Fibonacci 数中的 Diophantus 数组　//108

4.8　含 Fibonacci 数的 Pythagoras 数组　//110

4.9　Fibonacci 数的三角形　//111

4.10　$F-H$ 三角形　//111

4.11　Fibonacci 数列的密率　//114

4.12　Pell 方程　//116

4.13　Pell 方程的 Fibonacci 数和 Lucas 数的解　//120

4.14　特殊不定方程的 Fibonacci 数和 Lucas 数的解　//125

4.15　与 Fibonacci 数有关的高次方程　//127

4.16　定理的应用　//129

4.17　Fibonacci 数列与类 Goldbach 猜想　//131

4.18　两个特殊不定方程与不变数　//136

练习题 4　//142

第 5 章　Fibonacci **数列与母函数**　//144

5.1　母函数的预备知识　//144

5.2　常见数列的母函数　//147

5.3　与 Fibonacci 数列和 Lucas 数列有关的母函数的求法　//149

5.4　用母函数推导和寻找 Fibonacci 数列与 Lucas 数列的性质　//159

5.5　与 Fibonacci 数列和 Lucas 数列有关的母函数库　//175

5.6　Fibonacci 数列与 Lucas 数列的母函数库的应用　//183

5.7　母函数在其他方面的应用　//190

练习题 5　//194

第 6 章　Fibonacci **数列与连分数**　//196

6.1　连分数的概念及定理　//196

6.2　连分数与 Pell 方程　//200

6.3　Fibonacci 数列与连分数　//201

练习题 6　//204

第 7 章　Fibonacci **数列与互补数列**　//205

7.1　互逆数列与互补数列的概念　//205

7.2　互逆数列的重要定理　//207

7.3　互补数列的重要定理　//208

7.4　与 Fibonacci 数列相关的互补数列　//211

7.5　应用互逆数列与互补数列求通项公式　//212

练习题 7　//215

第 8 章　Fibonacci **数列的模周期**　//217

8.1　线性递推数列的模周期　//217

8.2　Fibonacci 数列的模数列的三个特征量关系　//220

8.3　关于 $d(m)$ 的性质　//222

3

8.4　关于 $O_m(f_{d(m)-1})(m \geqslant 2, m \in \mathbf{N})$ 的性质　//227

8.5　以合数为模的 $d(m)$，$T(m)$ 的性质　//232

8.6　广义 Fibonacci 数列与广义 Lucas 数列及性质　//235

8.7　两个重要定理　//237

8.8　$D(a,b,m)$，$O_m(t)$，$T(a,b,m)$ 的概念　//240

8.9　关于 $T(a,b,p)$，$D(a,b,p)$，$O_p(F_{kD(a,b,p)+1})$ 的有关结果　//240

8.10　定理的应用　//244

练习题 8　//245

第 9 章　Fibonacci 数列与数学竞赛题　//246

9.1　与 Fibonacci 数列的通项公式和递推关系有关的问题　//246

9.2　与黄金数有关的问题　//249

9.3　与 Fibonacci 数列有关的求值问题　//250

9.4　与 Fibonacci 数列等式性质有关的问题　//250

9.5　与 Fibonacci 数列有关的数论问题　//251

9.6　与 Fibonacci 数列不等式有关的问题　//253

9.7　Fibonacci 数列应用在解题之中　//255

9.8　Fibonacci 数列的应用　//256

9.9　Fibonacci 数列的综合问题　//257

练习题 9　//258

练习题参考解答　//263

参考文献　//325

Fibonacci 数列的产生

1.1 数学家 Fibonacci

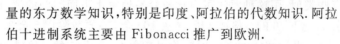

Fibonacci(斐波那契,1175—1250)出生在意大利比萨市的一个商人家庭,幼年随经商的父亲波纳契奥在阿尔及利亚受教育,学到很多当时未传到欧洲的阿拉伯数学知识.他成年后又随父亲到过埃及、希腊、叙利亚、印度、法国和意大利的西西里岛.他拜访了所到之地的很多数学家,学习了大量的东方数学知识,特别是印度、阿拉伯的代数知识.阿拉伯十进制系统主要由 Fibonacci 推广到欧洲.

Fibonacci 是第一个将东方数学知识传到西方的人,他是那个时代最有才华的数学家. 保存至今的 Fibonacci 著作有 5 部:(1)《算 盘 书》(*Liber Abaci*,1202,1228);(2)《几 何 实习》(*Practica Geometriae*,1220,1221);(3)《花朵》(*Flos*,1225);

1

(4) 给帝国哲学家 Theodorus(西奥多罗斯) 的一封未注明日期的信;(5)《四艺经》(*Liber Quadratorum*,1225).

有一个著名而有趣的"遗产问题":"某人临死前立下遗嘱说,把他的遗产进行如下分配:给长子 1 个金币和余下的 $\frac{1}{7}$;从剩余的金币中给次子 2 个金币和余下的 $\frac{1}{7}$;从再次剩余的金币中给三子 3 个金币和余下的 $\frac{1}{7}$,如此继续分配下去,每个儿子比前面的哥哥多得 1 个金币再加上余下的 $\frac{1}{7}$,到最后一个儿子得到余下的全部.结果这样使得每个儿子得到的一样多,问:此老者几个儿子,有多少个金币?"此题在欧洲十分流行,甚至连大数学家 Euler(欧拉) 也在他的著作中研究过这个"遗产问题".

大家可以试一试,答案是"有 36 个金币,6 个儿子".这个问题就是 Fibonacci 的《算盘书》里的一个趣题.

Fibonacci 成名之后,时常出入于罗马帝国的宫廷.据说在 1225 年,比萨市举行数学竞赛时,罗马帝国的皇帝弗里德希二世和伴随他的一些数学家向 Fibonacci 提出了一个问题:求一个完全平方数,使得它无论是加上 5 或减去 5 后,仍然是完全平方数(当然这里说的平方数是指开方后是一个有理数). Fibonacci 只思考片刻,便找到了这样一个数 $\left(\frac{41}{12}\right)^2$,这的确是问题的一个解. 由此可以看出,Fibonacci 对数的运算有其高超的技巧. 他实际上是在 Diophantus(丢番图)之后 Fermat(费马)之前 2000 年间欧洲最杰出的数论家. 而且他对不定方程的解也有自己的独到之处.他在数论、解高次方程等各领域(在那个时代)有着重要贡献.下面举一些有代表性的研究展示给读者.

Fibonacci 在同余方程方面的研究.令一个设定数分别被 3,5,7 除,求每次所余的数.被 3 除每余 1 记下 70,被 5 除每余 1 记下 21,被 7 除每余 1 记下 15. 如果所得的数大于 105,那么减去 105,结果就是设定数.这种叙述同中国剩余定理有些类似.用这种解法可以比较容易地解出下面问题的解.例:设一个数除以 3 余 2,记下 70 的 2 倍或 140,减去 105 余 35;原数除以 5 余 3,记下 21 的 3 倍或 63,与上述 35 相加得 98;原数除以 7 余 4,记下 15 的 4 倍或 60,与上述 98 相加得 158,减去 105 余 53.这就是所设定的数.

将一个普通分数化为单位分数之和 ,这是一个古老的数论问题. Fibonacci 非常巧妙地把普通分数化为单位分数之和与自然数 12,24,36,48,60 相联系.Fibonacci 选取 12,24,36,48,60,其中作为辅助量去乘、除已给分数,是因为这些数含有较多的素因数,增加与分子约简成 1 的机会[1].

Fibonacci 举了这样一个例子,如要把 $\frac{17}{29}$ 化为单位分数之和,分母 29 与 24

比较接近,就取 24,即

$$\frac{17}{29} \times 24 \div 24 = \frac{1}{24} \times \left(14 + \frac{2}{29}\right) = \frac{14}{24} + \frac{1}{24} \times \frac{2}{29}$$

由于 24 为分母,第一项易化为单位分数之和

$$\frac{14}{24} = \frac{12}{24} + \frac{2}{24} = \frac{1}{2} + \frac{1}{12}$$

第二项为

$$\frac{1}{24} \times \frac{2}{29} = \frac{1}{348}$$

于是

$$\frac{17}{29} = \frac{1}{2} + \frac{1}{12} + \frac{1}{348}$$

当然第一项也可以分解为

$$\frac{14}{24} = \frac{8}{24} + \frac{6}{24} = \frac{1}{3} + \frac{1}{4}$$

即

$$\frac{17}{29} = \frac{1}{3} + \frac{1}{4} + \frac{1}{348}$$

Fibonacci 还举了下例

$$\frac{20}{53} = \frac{1}{48} \times \frac{960}{53} = \frac{1}{48} \times \left(18 + \frac{6}{53}\right) = \frac{1}{4} + \frac{1}{8} + \frac{1}{424}$$

这种算法与中国少广术有相同的地方.当然这不是一般方法,关于将一个普通分数化为单位分数之和已经有非常成熟的方法,读者可以去阅读相关的书籍.

Fibonacci 在神圣的罗马帝国皇帝 Frederick(1194—1250) 御前进行数学考试,他解得三次方程 $x^3 + 2x^2 + 10x = 20$ 的根精确到(六十进制)小数点后六位数字,人们不知道他用的是什么方法.两卷书《数学史》作者 D. E. Smith 说:"没有人知道这个结果是怎样获得的,但是这类数学方程当时在中国已解决,并且当时东西方已有来往,从这些事实我们相信是 Fibonacci 在旅游中学到的." 比利时学者 U. Libbrecht 说:"如果 Fibonacci 知道增乘开方方法的话,那么非常可能他是从伊斯兰数学家那里学来的,而后者师承先行者 —— 中国学者."

Fibonacci 在其《花朵》一书中有一道题:三人共有一笔钱,每人各占 $\frac{1}{2}$, $\frac{1}{3}$, $\frac{1}{6}$.现每人从这笔钱里各取一些,直到取完为止.然后,第一人放回他取的 $\frac{1}{2}$,第二人放回他取的 $\frac{1}{3}$,第三人放回他取的 $\frac{1}{6}$,再把放回的钱平均发还三人,这时每人所有的钱恰是原先所有.问:共有多少钱? 每人从中各取了多少钱?

3

Fibonacci 的解法相当于设共有钱 x, 放回的钱共 $3y$. 根据题意, 列出方程

$$2\left(\frac{x}{2}-y\right)+\frac{3}{2}\left(\frac{x}{3}-y\right)+\frac{6}{5}\left(\frac{x}{6}-y\right)=x$$

整理得

$$7x=47y$$

其中 $x=47, y=7$ 是一组解.

Fibonacci 的著作《四艺经》中, 介绍了古希腊著名数学家 Diophantus 的著作中出现的 Diophantus 恒等式

$$(a^2+b^2)(c^2+d^2)=(ac+bd)^2+(bc-ad)^2$$
$$=(ad+bc)^2+(ac-bd)^2$$

Fibonacci 用 Diophantus 恒等式推导出一些定理, 使阿拉伯人的一些成果得到严格的理论证明. 由这一恒等式很容易推得: 二维 Cauchy(柯西) 不等式

$$(a^2+b^2)(c^2+d^2)\geqslant(ac+bd)^2$$

用这一恒等式可以证明: 若正整数 n 的所有奇质因数被 4 除余 1, 则这个正整数 n 可表示为两整数的平方和.

Archimedes(阿基米德, 公元前 287— 前 212), 希腊数学家、力学家、天文学家, 生于西西里岛的叙拉古, 卒于叙拉古. 父亲 Phidias(菲迪亚斯) 是天文学家, Archimedes 是当时叙拉古统治者 King Hieron(赫农王) 的亲戚, 和王子 Geolon(吉伦) 是亲密好友, 早年在亚历山大跟随 Euclid(欧几里得) 学习, 以后仍保持着密切联系, 因此他算是亚历山大学派的成员, 后人对 Archimedes 给予了  极高的评价, 数学史家 Bell. E. T(贝尔) 说: "任何一张列出有史以来的三个最伟大的数学家名单中, 必定包括 Archimedes, 另外两个通常是 Gauss(高斯) 和 Newton(牛顿)." Pliny(普林尼) 称 Archimedes 是 "数学之神". 他对圆周率计算有极其深入的研究. 除了数学之外, 他还发明了能省水的 Archimedes 式螺旋抽水机, Archimedes 爪(一种能击沉船只的作战用的起重机), 一种神秘的热光武器(利用镜子密集反射太阳光), 还有著名的 Archimedes 浮力定律.

Fibonacci 虽然当时是一个很有名的数学家, 但在数学研究中也同大数学家 Fermat 一样犯过错误. 我们知道, 早在公元前 3 世纪古希腊大数学家 Archimedes 就推出了椭圆的面积公式 $S=\pi ab$. 他在《论劈锥曲面体与球体》(*On Conoids and Spheroids*) 命题 4 中证明: 椭圆与以椭圆的短轴为直径

的辅助圆面积之比等于椭圆的长轴长与短轴长之比,推出椭圆面积 $S=\pi ab$,其中 a,b 分别表示椭圆的长半轴长和短半轴长.椭圆周长怎么计算呢?我们知道大数学家 Archimedes 的解题思路,圆周长与外切正方形的周长之比等于它们的面积之比 $\pi:4$,于是数学家 Fibonacci 利用这个结论类比推得椭圆周长公式,他认为椭圆与它的外切长方形的周长之比等于它们的面积之比,外切长方形面积等于 $2a\times2b=4ab$,椭圆面积 $S=\pi ab$,外切长方形周长等于 $2(2a+2b)=4(a+b)$,从而推出椭圆周长公式为 $L=\pi(a+b)$.Fibonacci 用类比方法得到的所谓椭圆周长公式虽然简单漂亮,但却是错误的.实际上椭圆周长不能用一个简单的有理公式来表示.在这里给出一个椭圆周长的一个近似计算公式

$$\pi\left[\frac{5}{4}(a+b)-\frac{ab}{a+b}\right]<L<\pi\left[\frac{3}{2}(a+b)-\sqrt{ab}\right]$$

当然还有更精确的近似计算公式,但是很烦琐,这里就不列举了.

Fibonacci 收集了东西方的大量数学知识,于 1202 年发表了《算盘书》(1228 年再版),流传了好几个世纪.这成了他的成名之作,书中包含了由印度数学产生的四则运算、商业算术、代数学,在这本书中他引进了印度—阿拉伯数字,并在他的倡导下,欧洲长期惯用的罗马数字逐渐被印度—阿拉伯数字代替了.在这本书里还有一个非常著名而有趣的问题,就是被后人称颂的Fibonacci 数列(或叫兔子问题).虽然,Fibonacci 可能并不是第一个发现此数列的人,但我们的数学史家可以肯定第一个把这个数列记载在著作中的应是他.因此,以他的名字来命名这个数列,从数学史家的角度看是十分公正的.Fibonacci 数列的称呼是由法国数学家 Lucas(卢卡斯)提议的.

Fibonacci 数列是本书要研究的主要内容,那么,Fibonacci 数列是一个什么样的问题呢?

1.2　Fibonacci 数列

某人想知道一年内,一对兔子可以繁殖多少对兔子,他筑了一道围墙将兔子关在里面,观察并逐月记录兔子的对数,假设兔子的繁殖力是这样的,每一对成兔每月生一对幼兔,幼兔经过两个月后成为成兔,即开始繁殖,在这个过程中无死亡,问:一对兔子一年内繁殖成几对?

现在我们根据题意来分析兔子是怎样繁殖的.

假定在 1 月初买来一对小兔(一雄一雌),到 1 月末生出一对幼兔,到 2 月份变成 2 对兔子,2 月末原来的一对成兔又生出一对幼兔,由题意知,另一对兔子(月末生的)还不具备生育能力,于是在 3 月份中总共有 3 对兔子,其中有两对

兔子月末可以繁殖,于是到4月份便有5对兔子.这时其中3对兔子到月末能繁殖了,这样到5月份成为8对,到5月末,5对原有的繁殖,另外3对新生的还不能繁殖,于是到6月份,就变了5+8=13,其中有8对到月末能繁殖……如此继续下去,在一年中各月份所记录的兔子能繁殖数、新生对数和总对数如下表:

表 1

月份	1月	2月	3月	4月	5月	6月	7月	8月	9月	10月	11月	12月
能繁殖数	1	1	2	3	5	8	13	21	34	55	89	144
新生对数	0	1	1	2	3	5	8	13	21	34	55	89
总对数	1	2	3	5	8	13	21	34	55	89	144	233

从表1中我们可以看到,一对兔子在经过一年的繁殖之后,便得到了377对兔子.

为了讨论一般性的问题,设 f_n 表示第 n 个月中能繁殖的兔子对数,并记 f_n 称之为第 n 个 Fibonacci 数(简称 F 数),数列 $\{f_n\}$ 叫作 Fibonacci 数列.虽然 Fibonacci 数列这个问题,至少也是在 1202 年提出的,但直到 1634 年,数学家 Chilat(奇拉特)才发现了 Fibonacci 数列的递推关系

$$f_{n+2} = f_{n+1} + f_n, f_1 = f_2 = 1$$

下面我们来分析这一递推关系是怎样得到的.

f_n 是第 n 个月具有繁殖能力的兔子对数,事实上它只依赖于第 $n-1$ 个月中具有繁殖能力的兔子对数和第 $n-2$ 个月中具有繁殖能力的兔子对数.因为,第 $n-1$ 个月生下的兔子对数恰好是第 $n-2$ 个月具有繁殖能力的对数,当这些兔子经过一个月即第 n 个月已具备繁殖能力,再加上第 $n-1$ 个月已有繁殖能力的对数,恰好是第 n 个月具有繁殖能力的兔子对数,即

$$f_n = f_{n-1} + f_{n-2}, f_1 = f_2 = 1 \quad (n \geqslant 3)$$

这一递推关系,可以通过下面的树图给出更好的解释.

设 A 表示能繁殖的兔子对数,用 B 表示生下的尚未有生育能力的兔子对数,它们的繁殖过程可完全用图 1 来表示.

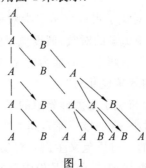

图 1

图中符号"→"表示繁殖过程中兔子的增加唯一由这条线产生,而"—"表示两种可能的兔子的变化,一是小兔子对变成老兔子对,记号是 $B-A$;二是表示生殖前后同一对有生殖能力的兔子对 $A-A$.

为了进一步理解 Fibonacci 数列的产生及递推关系,我们从以下几个问题来理解.

1. 道路模型问题

有一个道路区如图 2,某人从点 0 出发以任意的方式按箭头所指方向走到某指定点,问:有多少种不同的走法?

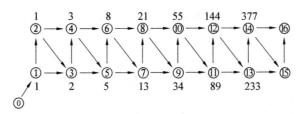

图 2

如果以 f_n 表示从点 0 走到标号为 n 的顶点时的走法数,那么显然 $f_1=f_2=1$,$f_3=2$.因为在到达 ③ 的任何一条线路必经过 ① 或 ② 且到 ① 和 ② 的任何一种走法均可直接导出走到 ③ 的一种唯一走法,所以 $f_3=f_2+f_1=2$.如果讨论一般走到 $n-1$ 的走法数总等于走到 $n-1$ 和走到 $n-2$ 的走法数之和,那么由道路模型导出的数恰好是 Fibonacci 数列,即有递推关系

$$f_n=f_{n-1}+f_{n-2},f_1=f_2=1 \quad (n \geqslant 3)$$

下面这个问题是一个简单而非常有趣的问题.

2. 三角形三边关系定理问题

现有长为 144 cm 的铁丝,要截成 n 小段($n > 2$),每小段的长度不小于 1 cm,如果其中任意三小段都不能拼成三角形,那么 n 的最大值为多少?

现在我们来分析如何解决这个问题.

分析:我们知道由于形成三角形的充要条件是较小两边长度之和大于最大边,因此不构成三角形的条件就是较小两边长度之和不超过最大边.而截得的铁丝长度最小为 1,因此,可以放 2 个 1,第三条线段就是 2(为了使得 n 最大,因此要使剩下来的铁丝尽可能长,所以每一条线段总是前面的相邻两段之和).现考虑第四段,同样的,第 2 个 1 与 2 相加得 3,显然这四条线段任何三条均不能构成三角形,依此类推,可得数列

$$1,1,2,3,5,8,13,21,34,55$$

以上各数之和为 143,与 144 相差 1.因此,最后一段长可以取为 56,这时 n 达

到最大为 10. 在这个问题中,$144 > 143$,这个 143 是 Fibonacci 数列的前 n 项和. 我们是把 144 超出 143 的部分加到最后一条线段上去,如果加到其他线段上,就有三条线段可以构成三角形了. 这个过程我们也可以翻译成:把截得的铁丝的长度按长度从小到大排成一个数列 $\{a_n\}$,那么根据三角形三边关系定理,要想不能构成三角形,则有

$$a_{n-2} + a_{n-1} \leqslant a_n \quad (n \geqslant 3)$$

而要想 n 越大,则必须有

$$a_{n-2} + a_{n-1} = a_n (n \geqslant 3), a_1 = 1, a_2 = 1$$

这一形式恰好满足 Fibonacci 数列 f_n,于是

$$a_k = f_k \quad (k \leqslant n-1)$$

当 $n = 10$ 时

$$f_1 + f_2 + f_3 + \cdots + f_{10} = 143, 144 - 143 = 1$$
$$f_{10} = 55$$

如果

$$a_k = f_k + 1 \quad (k < 10)$$

a_{k-1}, a_k, a_{k+1} 会构成三角形,不合题意. 1 只能加在第十条线段,$f_{10} + 1 = 56, k$ 必须等于 10,故 n 的最大值为 10. 到此问题得以解决. 我们清楚地看到,从所截的线段长度的数量形成的数列就是 Fibonacci 数列. 在该问题中形成 Fibonacci 数列的两个关键条件是"都不能拼成三角形""每段的长度不小于 1",其中后一个条件起了控制全局的作用,正是这个最小数 1 产生了 Fibonacci 数列,如果把 1 换成其他数,虽然递推关系保留了,但不再是 Fibonacci 数列了,而是广义的 Fibonacci 数列. 由此我们看到三角形的三边关系定理蕴含了 Fibonacci 数列.

上面我们研究了几个简单而具体的问题是如何产生 Fibonacci 数列的. 下面再考虑一个较复杂而抽象的问题如何产生 Fibonacci 数列的.

3. 间隔子集问题

集合 $N_n = \{1, 2, \cdots, n-1, n\}$ 的间隔子集(即不含相邻元素的子集)个数为 Fibonacci 数 f_{n+2}. 事实上,设 E_n 表示集 N_n 的间隔子集个数,显然

$$E_1 = 2, E_2 = 3$$

将集 $N_n = \{1, 2, \cdots, n-1, n\}$ 的间隔子集分成两类:

(1) 集 N_n 的间隔子集含有 n,则集 N_n 的间隔子集一定不含 $n-1$,故集 N_n 有间隔子集个数为 E_{n-2};

(2) 集 N_n 的间隔子集不含有 n,故集 N_n 有间隔子集个数为 E_{n-1},故

$$E_n = E_{n-1} + E_{n-2}$$
$$E_1 = f_3 = 2, E_2 = f_4 = 3$$

8

由 Fibonacci 数列定义可知

$$E_n = f_{n+2}$$

我们从不同的角度分析得到 Fibonacci 数列有递推关系 $f_n = f_{n-1} + f_{n-2}$，$f_1 = 1, f_2 = 1, n \geqslant 3$，但要知道 Fibonacci 数列中的任何一项 f_n，如果用这种递推关系必须从第 3 项开始依此推出，显然，这是十分麻烦的一件事. 为了解决这一问题，1730 年法国数学家 De Moivre（棣莫弗，1667—1754）给出了 Fibonacci 数列的通项公式

$$f_n = \frac{1}{\sqrt{5}} \left[\left(\frac{1+\sqrt{5}}{2} \right)^n - \left(\frac{1-\sqrt{5}}{2} \right)^n \right]$$

但当时没有加以证明. 这一公式的证明是当时另一法国数学家比内于 19 世纪初首先给出的，因此这个通项公式称为比内公式.

Binet, Jacques Philipp Mari（比内，1786—1856），法国人. 1786 年 2 月 2 日生于雷恩. 1843 年成为巴黎科学院院士. 1856 年 5 月 12 日逝世. Binet 发表过许多有关天文学、力学和数学的论著. 在数学方面，他研究过数论函数，引入了 β-函数的概念，还得到关于 Γ－函数的 Binet 公式. 他对复系数线性差分方程也有深入的研究，还对共轭直径的某些度量性质做过研究.

Binet 是证明 Fibonacci 数列通项公式

$$f_n = \frac{1}{\sqrt{5}} \left[\left(\frac{1+\sqrt{5}}{2} \right)^n - \left(\frac{1-\sqrt{5}}{2} \right)^n \right]$$

的第一人，因此，我们也把这一公式叫作 Binet 公式.

关于这个通项公式的推导，我们有许多方法，在以后的章节逐一介绍.

下面将给出一个实际生活中的例子来结束本节，这个问题与 Fibonacci 数列有密切的联系.

我家（J）附近有 n 个景点：$J_1, J_2, \cdots, J_{n-1}, J_n$，小桥流水、亭台楼榭、垂柳碧桃、小鸟依人……问：从我家出发随机散步去（或不去）各景点共有几条路线？

借助图 3. 设路线总数记为 j_n，则去 J_1 一个景点有 1 条路线

$$J \to J_1$$

去 J_1, J_2 两个景点有 3 条路线

$$J \to J_1, J \to J_1 \to J_2, J \to J_2$$

去 J_1, J_2, J_3 三个景点有 4 条路线

$$J \to J_3, J \to J_1 \to J_2 \to J_3$$
$$J \to J_2 \to J_3, J \to J_1 \to J_3$$

9

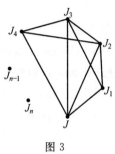

图 3

这说明路线总数形成法则是：

(1)从 J 直接到 J_3 或(2)经过 J_2 去 J_3 或(3)不经过 J_2 直接 J_1 去 J_3，即

$$j_3 = 1 + j_2 + j_1$$

一般地，从我家去 $J_1, J_2, \cdots, J_{n-1}, J_n$ 可能走的路线总数形成法则是：

(1)从 J 直接到 J_n 有一条路线；

(2)经过 J_{n-1} 去 J_n 有 j_{n-1} 条路线；

(3)不经过 J_{n-1} 直接 J_{n-2} 去 J_n 有 j_{n-2} 条路线．

则去(或不去)各景点散步共有路线条数为

$$j_n = 1 + j_{n-1} + j_{n-2}, j_1 = 1, j_2 = 3$$

$$(j_n + 1) = (j_{n-1} + 1) + (j_{n-2} + 1)$$

设

$$F_n = \frac{j_n + 1}{2}$$

所以

$$F_n = F_{n-1} + F_{n-2}, F_1 = 1, \ F_2 = 2$$

$$j_n = \frac{2}{\sqrt{5}}\left[\left(\frac{1+\sqrt{5}}{2}\right)^{n+1} - \left(\frac{1-\sqrt{5}}{2}\right)^{n+1}\right] - 1$$

1.3 Fibonacci 数列与其他学科

Fibonacci 数列不只在动物学中蕴含有，在植物学、生物学、物理、化学、美学、音乐、电影、社会学中也同样蕴含 Fibonacci 数列，而且它还具有很奇特、神奇、优美的数学性质，真是令人叫绝！下面我们一一做简约的介绍。

1.动物学

兔子问题就是动物学中一个非常典型的 Fibonacci 数列问题．上面做了讨论，在这里就不再重复叙述了．

另外还有很多,如蜘蛛网、蜗牛壳的螺纹等也是按照 Fibonacci 数列螺旋排列的.

2. 植物学

(1)Fibonacci 数列与花朵的花瓣数有密切联系.

多数情况下花瓣的数目都是 3,5,8,13,21,34,55,…, 这些数恰好是 Fibonacci 数列的某些项. 例如,百合花和蝴蝶花有 3 瓣花瓣,至良属的植物蓝花耧斗、金凤花有 5 瓣花瓣,许多翠雀属植物翠雀花有 8 瓣花瓣,万寿菊的花瓣有 13 瓣,紫宛 21 瓣,雏菊 34,55,89 瓣.

(2)Fibonacci 数列与向日葵的种子排列也有密切联系.

我们仔细观察向日葵花盘,你就会发现两组螺旋线,一组顺时针方向盘旋,另一组则逆时针方向盘旋,并且彼此相嵌. 虽然不同的向日葵品种中,种子顺、逆时针方向和螺旋线的数量有所不同,但往往不会超出 34 和 55,55 和 89 或者 89 和 144 这 3 组数字,这每组数字就是 Fibonacci 数列中相邻的两个数. 前一个数字是顺时针盘旋的线数,后一个数字是逆时针盘旋的线数(图 4).

图 4

(3)Fibonacci 数列在植物的叶、枝、茎等排列中的密切联系.

我们在树木的枝干上选一片叶子,记其为数 0,然后依序点数叶子(假定没有折损),直到到达与那片叶子正对的位置,则发现其间的叶子数几乎都是 Fibonacci 数. 叶子从一个位置到达下一个正对的位置称为一个循回. 叶子在一个循回中旋转的圈数也是 Fibonacci 数. 在一个循回中叶子数与叶子旋转圈数的比称为叶序(源自希腊词,意即叶子的排列)比. 多数的叶序比呈现为 Fibonacci 数的比.

有人计算过,植物的叶子按 Fibonacci 数列排列最有利于光合作用,这些植物懂得 Fibonacci 数列吗? 并非如此,它只是按照自然规律才进化成这样的.

3. 生物学

生物学上著名的"鲁德维格定律":树木的生长,由于新生的枝条往往需要一段"休息"时间供自身生长,而后才能萌发新枝,所以,一株树苗在一段间隔,例如一年以后长出一条新枝;第二年新枝"休息",老枝依旧萌发;此后,老枝与"休息"过一年的枝同时萌发,当年生的新枝则次年"休息".这样,一株树木各个年份的枝丫数,就如兔子繁殖一样构成 Fibonacci 数列.

4. 物理学

下面介绍 Fibonacci 数列应用于物理学中的一个典型例子.

通过面对面玻璃板的斜光线的路线(图 5),一条不反射的光线以唯一的一条线路通过玻璃板.如果光线反射一次,那么有两条路线;如果反射两次,那么有三条路线;如果反射三次,那么有五条路线.如此下去,可能的路线形成 Fibonacci 数列.第 n 项反射路线数为 f_{n+2}.

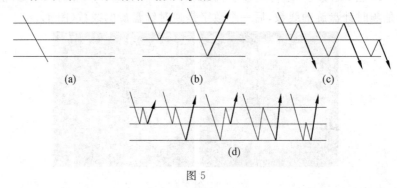

图 5

5. 运筹学

用 Fibonacci 数列来进行最优搜索.

(1)设所有可能实验次数正是某一个 Fibonacci 数 F_n.这时两个实验点放在 F_{n-1} 和 F_{n-2} 两个分点上,如果 F_{n-1} 对应的函数值大于 F_{n-2} 对应的函数值,则舍去小于 F_{n-2} 的部分;如果小于 F_{n-2} 对应函数值,则舍去大于 F_{n-1} 的部分.留下的部分共 F_{n-1} 个分点,在 F_{n-1} 和 F_{n-2} 两个实验点中恰好有一个是刚才留下来的实验点,可以使用.

(2)如果可能实验的数目比 F_n 小,比 F_{n-1} 大时,那么可以虚加几个点凑成 F_n,新增加的点实验可以不做,并认为比其他点所做实验都差.

6. 钢琴键盘上的 Fibonacci 数

看一下乐器之王 —— 钢琴的键盘,钢琴键的音调排布也恰好与 Fibonacci

12

数列有关. 我们知道在钢琴的键盘上,从一个 C 键到下一个 C 键就是音乐中的一个八度音程(图 6),其中共包括 13 个键,有 8 个白键和 5 个黑键,而 5 个黑键分成 2 组,一组有 2 个黑键,一组有 3 个黑键,2,3,5,8,13 恰好就构成了 Fibonacci 数列中的前几个数.

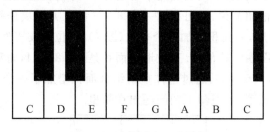

图 6

Fibonacci 数列本身具有许多有趣而奇妙的性质,而且可以应用它来研究和解决数学中的一些问题,在历史上 Lame(拉梅) 首先应用 Fibonacci 数列研究了 Euclid 算法的有效性,其后 Lucas 曾利用 Fibonacci 数列证明了 $2^{127}-1$ 为素数.我国著名的数学家柯召利用 Fibonacci 数列的性质讨论了一些不定方程的解,并得到很好的结果. Fibonacci 数列在最优搜索和数据处理,随机数的生成和计算机算法分析中都有重要的应用.

Fibonacci 在 1202 年就已把 Fibonacci 数列记载在他的《算盘书》一书中,但他并没有进一步研究此数列,并且在 18 世纪初以前,没有人认真地研究过它,直到 18 世纪初人们才开始对它做了认真的研究,在研究这个问题中的代表人物有法国数学家 Chilat,Cassini, De Moivre, Binet, Lucas 等人. 18 世纪末,关于 Fibonacci 数列的研究论文数量成倍增长,甚至比这个数列增长还快,当然这一说法仅仅体现研究这个数列的论文数量增长很快. 为了进一步广泛、深入地研究 Fibonacci 数列的一些奇特而美妙的性质和应用,美国从 1963 年起创办了 *Fibonacci Quarterly*(斐波那契季刊),还成立了一个 Fibonacci 数学协会.

1.4 Fibonacci 数列与其他综合问题

1. 诡辩

在一个国际最佳数学征解问题中有这样一个问题:众所周知,$f_{n+2}=f_{n+1}+f_n$,$f_1=f_2=1$ 所定义的黄金分割数(Fibonacci 分割数)产生了一个难题,在这个难题中,一个边为 f_n 的正方形切成四块,这四块可以重新排列而形成一个

$f_{n+1} \times f_{n-1}$ 的矩形. 试证明：同样的四块能重新排列形成一个由两个矩形 $f_{n-1} \times 2f_{n-2}$ 所构成的且由矩形 $f_{n-4} \times f_{n-2}$ 连接而成的图形，其面积的误差也是一个单位.

为了解决这个问题，下面我们先来看这样一个几何诡辩.

有一个人对他朋友说，他可以将一个 8×8 的正方形块分割后而重新拼成一个 5×13 的矩形，而面积增加一个单位（图7），那位朋友当然不相信，于是那个人用下面两个图演示给他看. 正方形的面积是 $8 \times 8 = 64$，而重新拼成的一个矩形面积却是 $13 \times 5 = 65$，通过这样重新组合面积增加了一个单位，那位朋友明知道这是不合情理的，但却不知问题出在哪里.

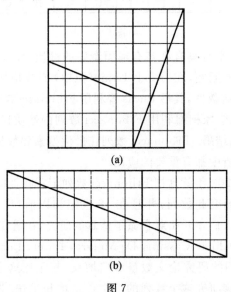

图 7

其实这个问题由 Cassini 等式 $f_n^2 - f_{n-1}f_{n+1} = (-1)^{n-1}$ 很容易解决.

现在我们来解决上面那个国际最佳数学征解问题.

要证明面积的误差也是一个单位，我们可以从下面的推导看出（图8）.

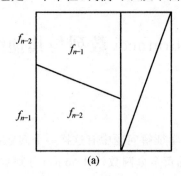

(a)

14

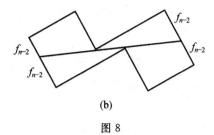

(b)

图 8

在推导过程中要用到 Cassini 等式

$$f_n^2 - f_{n-1}f_{n+1} = (-1)^{n-1}$$

$$4f_{n-1}f_{n-2} + f_{n-2}f_{n-4}$$
$$= 4f_{n-1}f_{n-2} + f_{n-2}(2f_{n-2} - f_{n-1})$$
$$= f_{n-2}(4f_{n-1} + 2f_{n-2} - f_{n-1})$$
$$= f_{n-2}(f_n + f_{n-2} + 2f_{n-1})$$
$$= f_{n-2}f_n + f_{n-2}^2 + 2f_{n-1}f_{n-2}$$
$$= f_{n-1}^2 - (-1)^n + f_{n-2}^2 + 2f_{n-1}f_{n-2}$$
$$= (f_{n-2} + f_{n-1})^2 - (-1)^n$$
$$= f_n^2 - (-1)^n$$

2. 游戏

1907 年荷兰数学家 Wythoff(威索夫)提出了一项两个人玩的游戏,在这个游戏中两个人轮流从两堆火柴中移走一些火柴,开始时每堆火柴的数目是任意的,每次移走火柴必须是下列三种移法之一:

① 从第一堆中移走一些火柴;

② 从第二堆中移走一些火柴;

③ 从两堆中各移走同样数目的火柴.

谁先移完两堆中的火柴谁胜.

为了研究问题方便,我们用有序数对 (m,n) 表示在每次移走后两堆中余下的火柴数目. 有了这一表示可以把规则用代数方法表示,把 (m,n) 变成下列三种有序数对

$$(m-t,n),(m,n-t),(m-t,n-t)$$

其中 $t \geqslant 1$.

关于这个游戏所有获胜位置特征,Wythoff 给出了一个公式,获胜位置是由下列有序数对给出的

$$(0,0),(a_n,b_n) \quad (n=1,2,3,\cdots)$$

其中,数列 $\{a_n\},\{b_n\}$ 是比特数列

15

$$a_n = [n\Phi], b_n = [n\Phi^2]$$

其中

$$\Phi = \frac{\sqrt{5}+1}{2}$$

如果谁能把两堆火柴取成 $(1,2),(3,5),(4,7),(6,10),\cdots$，那么就能有必胜之法.

关于这个结论的证明可参考美国新数学丛书 R. 亨斯贝尔格著《数学中的智巧》一书.

1986 年《数学通讯》在第 9 期刊登了一道有奖征解题[3]：

n 根火柴，由甲、乙两人按下述游戏规则轮流来取：

(1) 每次至少取 1 根；

(2) 先取者不能在第一次把火柴全部取完；

(3) 自第二次起，每次所取根数不超过对手刚取的火柴根数的两倍，取最后一根者为胜.

问：在什么情况下，先取者有一种必胜的策略？试叙述他的策略.

由 n 的一些具体值试验得到：当且仅当 n 不为 Fibonacci 数时，先取者(甲)有必胜的策略，下面用数学归纳法来证明.

当 $n=4$ 时，结论显然成立.

假设 $n < m$ 时，以上结论成立，则在 $n=m$ 时有两种情形：

(1) m 为 Fibonacci 数 f_k.

这时，如果甲第一次所取根数大于或等于 f_{k-2}，那么剩下的根数小于或等于 $f_k - f_{k-2} = f_{k-1}$，乙第二次即可将火柴全部取完(因为 $f_{k-1} = f_{k-2} + f_{k-3} \leqslant 2f_{k-2}$).

如果甲第一次所取根数小于 f_{k-2}，那么剩下的根数大于 $f_k - f_{k-2} = f_{k-1}$，不是 Fibonacci 数，根据归纳假设，乙有必胜的策略.

(2) m 不为 Fibonacci 数 f_k.

这时，存在 Fibonacci 数 f_k，使得

$$f_{k+1} > m > f_k$$

从而

$$f_{k-1} = f_{k+1} - f_k > m - f_k$$

如果 $m - f_k$ 是 Fibonacci 数 f_h，那么

$$m = f_k + f_h \quad (1 \leqslant h \leqslant k-2)$$

如果 $m - f_k$ 不是 $m = f_k + f_h$，那么继续按上面的程序进行，总可以得到

$$m = f_k + f_h + \cdots + f_r + f_s + f_t$$

$$k > h > \cdots > r > s > t \geqslant 1$$

16

并且每两个之差至少为 2, 即 m 可以表示为若干个不相邻的 Fibonacci 数的和.
这时甲取胜的策略是先取 f_t, 由于 $f_s > 2f_t$, 无论怎样取, 由归纳假设, 在 f_s 根
火柴中, 甲必能取到最后一根火柴, 再由 $f_r > 2f_s$ 及归纳假设, 甲必能取到 f_r
中最后一根火柴, 如此下去甲一定获胜.

3. 行列式, 矩阵

实际上 Fibonacci 数列与矩阵或行列式有密切联系, 还可用这些关系研究
Fibonacci 数列的一些性质:

(1) $\begin{bmatrix} f_n \\ f_{n-1} \end{bmatrix} = \begin{pmatrix} 1 & 1 \\ 1 & 0 \end{pmatrix}^n \begin{pmatrix} 0 \\ 1 \end{pmatrix}$;

(2) 若 $\boldsymbol{F} = \begin{pmatrix} 0 & 1 \\ 1 & 1 \end{pmatrix}$, 则

$$\boldsymbol{F}^n = \begin{bmatrix} f_{n-1} & f_n \\ f_n & f_{n+1} \end{bmatrix} \quad (n \geqslant 2)$$

证明　用数学归纳法.

当 $n = 2, 3$ 时

$$\boldsymbol{F} = \begin{pmatrix} 0 & 1 \\ 1 & 1 \end{pmatrix}$$

$$\boldsymbol{F}^2 = \begin{pmatrix} 0 & 1 \\ 1 & 1 \end{pmatrix} \begin{pmatrix} 0 & 1 \\ 1 & 1 \end{pmatrix} = \begin{pmatrix} 1 & 1 \\ 1 & 2 \end{pmatrix}$$

$$\boldsymbol{F}^3 = \begin{pmatrix} 1 & 1 \\ 1 & 2 \end{pmatrix} \begin{pmatrix} 0 & 1 \\ 1 & 1 \end{pmatrix} = \begin{pmatrix} 1 & 2 \\ 2 & 3 \end{pmatrix}$$

结论成立.

假设当 $n = k$ 时结论成立

$$\boldsymbol{F}^k = \begin{bmatrix} f_{k-1} & f_k \\ f_k & f_{k+1} \end{bmatrix}$$

则

$$\boldsymbol{F}^{k+1} = \boldsymbol{F}^k \times \boldsymbol{F} = \begin{bmatrix} f_{k-1} & f_k \\ f_k & f_{k+1} \end{bmatrix} \times \begin{pmatrix} 0 & 1 \\ 1 & 1 \end{pmatrix}$$

$$= \begin{bmatrix} f_k & f_{k-1} + f_k \\ f_{k+1} & f_k + f_{k+1} \end{bmatrix}$$

由 $f_{n+2} = f_{n+1} + f_n$, 得

$$\boldsymbol{F}^{n+1} = \begin{bmatrix} f_n & f_{n+1} \\ f_{n+1} & f_{n+2} \end{bmatrix}$$

故 $n = k + 1$ 结论成立.

在结论(2)中取行列式,得

$$\begin{vmatrix} f_n & f_{n+1} \\ f_{n+1} & f_{n+2} \end{vmatrix} = \begin{vmatrix} 0 & 1 \\ 1 & 1 \end{vmatrix}^n = (-1)^n$$

即

$$f_{n+1}^2 - f_n f_{n+2} = (-1)^{n-1}$$

(1680 年法国数学家 Cassini 发现.)

(3) $\begin{bmatrix} f_n & f_{n-2} \\ f_{n+1} & f_{n-1} \end{bmatrix} = \begin{pmatrix} 1 & 0 \\ 2 & 1 \end{pmatrix} \begin{pmatrix} 2 & 1 \\ -1 & -1 \end{pmatrix}^{n-2}$ $(n \geqslant 3)$.

同理在结论(3)中取行列式,得

$$\begin{vmatrix} f_n & f_{n-2} \\ f_{n+1} & f_{n-1} \end{vmatrix} = \begin{vmatrix} 1 & 0 \\ 2 & 1 \end{vmatrix} \begin{vmatrix} 2 & 1 \\ -1 & -1 \end{vmatrix}^{n-2} = (-1)^{n-2}$$

即

$$f_n f_{n-1} - f_{n-2} f_{n+1} = (-1)^{n-2}$$

(4) $\begin{bmatrix} f_{m+n} & f_{m+n-1} \\ f_{m+n-1} & f_{m+n-2} \end{bmatrix} = \begin{pmatrix} 1 & 1 \\ 1 & 0 \end{pmatrix}^{m+n-1}$.

因为

$$\begin{pmatrix} 1 & 1 \\ 1 & 0 \end{pmatrix}^{m+n-1} = \begin{pmatrix} 1 & 1 \\ 1 & 0 \end{pmatrix}^{m-1} \begin{pmatrix} 1 & 1 \\ 1 & 0 \end{pmatrix}^n$$

$$= \begin{bmatrix} f_m & f_{m-1} \\ f_{m-1} & f_{m-2} \end{bmatrix} \begin{bmatrix} f_{n+1} & f_n \\ f_n & f_{n-1} \end{bmatrix}$$

所以

$$\begin{bmatrix} f_{m+n} & f_{m+n-1} \\ f_{m+n-1} & f_{m+n-2} \end{bmatrix} = \begin{bmatrix} f_m & f_{m-1} \\ f_{m-1} & f_{m-2} \end{bmatrix} \begin{bmatrix} f_{n+1} & f_n \\ f_n & f_{n-1} \end{bmatrix}$$

由矩阵相乘后再比较两边矩阵中左上角第一个元素,得

$$f_{m+n} = f_m f_{n+1} + f_{m-1} f_n$$

(5) $\begin{bmatrix} f_n & & f_{n+2} \\ & f_n & f_{n+1} \\ & f_{n-1} & f_n \\ f_{n-2} & & f_n \end{bmatrix} = \begin{bmatrix} 2 & & 5 \\ & 2 & 3 \\ & 1 & 2 \\ 1 & & 2 \end{bmatrix} \begin{bmatrix} -1 & & -1 \\ & 0 & 1 \\ & 1 & 1 \\ 1 & & 2 \end{bmatrix}^{n-3}$ $(n \geqslant 3)$.

在结论(5)中取行列式,得

$$f_n^4 - f_{n-2} f_{n-1} f_{n+1} f_{n+2} = 1$$

(6) 下面这个行列式表示的是 Fibonacci 数列

$$f_n = \begin{vmatrix} 1 & -1 & 1 & -1 & 1 & \cdots \\ 1 & 1 & 0 & 1 & 0 & \cdots \\ 0 & 1 & 1 & 0 & 1 & \cdots \\ 0 & 0 & 1 & 1 & 0 & \cdots \\ \vdots & \vdots & \vdots & \vdots & \vdots & \\ 0 & 0 & 0 & 0 & 0 & \cdots \end{vmatrix}$$

这个行列式是 $n-1$ 阶行列式.

(7) 值为 0 的 Fibonacci 数行列式

$$\begin{vmatrix} f_1 & f_2 & \cdots & f_n \\ f_2 & f_3 & \cdots & f_{n+1} \\ \vdots & \vdots & & \vdots \\ f_n & f_{n+1} & \cdots & f_{2n+1} \end{vmatrix} = 0$$

(8) $\begin{vmatrix} f_n^2 & f_{n+1}^2 & f_{n+2}^2 \\ f_{n+1}^2 & f_{n+2}^2 & f_{n+3}^2 \\ f_{n+2}^2 & f_{n+3}^2 & f_{n+4}^2 \end{vmatrix} = (-1)^{n+1} f_3.$

这个行列式问题是 B. A. Brouss 发表在 *Fibonacci Quarterly* 上的征解题.

(9) 用三阶行列式找九个连续 Fibonacci 数的一个等式.

由 Fibonacci 数列递推关系及行列式性质,得

$$\begin{vmatrix} f_1 & f_2 & f_3 \\ f_4 & f_5 & f_6 \\ f_7 & f_8 & f_9 \end{vmatrix} = 0$$

再展开有

$$f_1 f_5 f_9 + f_4 f_8 f_3 + f_7 f_6 f_2$$
$$= f_3 f_5 f_7 + f_2 f_4 f_9 + f_1 f_5 f_9$$

4. Fibonacci 数积和幻方

幻方是一个既古老又活跃、既高深又有趣的数学问题. 我国古代的《易经》中最早出现的洛书幻方,它是世界上最早出现的幻方.

它的发现有一个美妙的神话传说:相传大禹在陕西治水,久治不下,三次路过家门都没有回家而感动了上天,上天派洛水神龟给他送来了刻在龟背上的"洛书",洛水才再未泛滥,这个"洛书"就是《易经》中充满神奇色彩的一张图,它是由圈点表示数的三阶幻方,也称为九宫图,即

$$4 \quad 9 \quad 2$$
$$3 \quad 5 \quad 7$$
$$8 \quad 1 \quad 6$$

19

关于更多的幻方知识可参考这方面的书,下面将介绍一个与 Fibonacci 数有关的一种特殊幻方.

对于 Fibonacci 数列

$$f_1, f_2, f_3, f_4, \cdots$$

其中

$$f_{n+2} = f_{n+1} + f_n, f_1 = f_2 = 1$$

如果其中连续九个数为 $a_1, a_2, a_3, a_4, \cdots, a_9$,那么按下标的号码填入,如 $a_1 = 3$, $a_2 = 5, a_3 = 8, a_4 = 13, \cdots, a_9 = 144$,得

4	9	2		a_4	a_9	a_2		13	144	5
3	5	7		a_3	a_5	a_7		8	21	55
8	1	6		a_8	a_1	a_6		89	3	34

其中三行乘积的和是

$$13 \times 144 \times 5 + 8 \times 21 \times 55 + 89 \times 3 \times 34 = 27\,678$$

三列乘积的和是

$$13 \times 8 \times 89 + 144 \times 21 \times 3 + 5 \times 55 \times 34 = 27\,678$$

这种各行乘积的和等于各列乘积的和的幻方叫作积和幻方.

f_{n+4}	f_{n+9}	f_{n+2}
f_{n+3}	f_{n+5}	f_{n+7}
f_{n+8}	f_{n+1}	f_{n+6}

这是由任何连续九个 Fibonacci 数的三阶积和幻方.

对任何连续九个 Fibonacci 数列都具有这种性质,这不是偶然的. 有兴趣的读者可以利用 Fibonacci 数列的性质证明.

5. 反序数

什么叫反序数[4]? 如 $1\,089 \times 9 = 9\,801$. 这里的 $1\,089$ 与 $9\,801$ 这两个四位数的数字相同但次序相反,我们自然要问这样的数还有吗? 如果有,有多少? 如何求出反序数? 这样的反序数有多少组解? 实际上反序数的解的组数与 Fibonacci 数有关.下面我们将一一做出解答.

四位数中除 $1\,089$ 与 $9\,801$ 外,还有 $2\,178 \times 4 = 8\,712$,在五位数中有 $10\,989 \times 9 = 98\,901$ 和 $21\,978 \times 4 = 87\,912$.

为了讨论如何找反序数,我们把问题一般化.

求数

$$\overline{a_n a_{n-1} a_{n-2} \cdots a_2 a_1} \times k = \overline{a_1 a_2 a_3 \cdots a_{n-1} a_n} \qquad \text{①}$$

这里的 k 取数字 $2 \sim 9$ 中的一个,$a_n \neq 0, a_1 \neq 0, a_2, a_3, \cdots, a_{n-1}$ 可取数 $0 \sim 9$.

要使等式 ① 成立必须满足

Fibonacci 数列中的
明珠

$$\begin{cases} a_n \times k \leqslant 9 \\ a_1 \geqslant a_n \times k \end{cases}$$

$a_1 \times k$ 与 a_n 的末位数相同. 不难推得, 只有

$$\begin{cases} k=9 \\ a_n=1 \\ a_1=9 \end{cases} \quad \text{或} \quad \begin{cases} k=4 \\ a_n=2 \\ a_1=8 \end{cases}$$

这两种情况.

于是上面的等式 ① 只可写成以下两种

$$\overline{1a_{n-1}a_{n-2}\cdots a_2 9} \times 9 = \overline{9a_2 a_3 \cdots a_{n-1} 1} \qquad \qquad ②$$

$$\overline{2a_{n-1}a_{n-2}\cdots a_2 8} \times 4 = \overline{8a_2 a_3 \cdots a_{n-1} 2} \qquad \qquad ③$$

当 $n=2, n=3$ 时, 等式 ②③ 均不成立, 所以, 当 $n=2, n=3$ 时不存在反序数.

当 $n=4$ 时

$$\overline{1a_3 a_2 9} \times 9 = \overline{9a_2 a_3 1}$$

$$(1\,000 + 100a_3 + 10a_2 + 9) \times 9 = 9\,000 + 100a_2 + 10a_3 + 1$$

$$89a_3 + 8 = a_2$$

所以 $a_3 = 0, a_2 = 8$. 故方程 ② 的解是 $1\,089$, 同样的方法可解方程 ③ 的解是 $2\,178$.

为了方便讨论下面问题将引入一些概念

定义 1　我们把 $1\,089, 2\,178$ 称为反序数基节. $1\,089$ 称为第一类反序数基节, $2\,178$ 称为第二类反序数基节.

规则 1:在反序数基节的开头和结尾的两个数之间添上若干个 9 也是反序数.

规则 2:在两个同类反序数基节之间添上若干个 0 或不添 0 也是反序数.

如 $10\,989, 21\,978, 109\,989, 219\,978$;$10\,891\,089, 21\,782\,178, 108\,901\,089, 217\,802\,178$.

定义 2　我们把由以上规则得到的反序数叫作衍生反序数节.

规则 3:在反序数基节或衍生反序数节之间必须是成中心对称的添 0.

第一类反序数基节得到的衍生反序数节称为第一类衍生反序数节,第二类反序数基节得到的衍生反序数节称为第二类衍生反序数节. 由同类衍生反序数节如法炮制又可得到新的反序数.

下面我们根据以上规则来构造所有 10 位数的反序数:

$1\,089$ 与 $1\,089$ 之间添两个 00 得 $1\,089\,001\,089$;

$10\,989$ 与 $10\,989$ 组合而得 $1\,098\,910\,989$;

10 与 89 之间添六个 9 而得 $1\,099\,999\,989$.

同理可得另一类所有 10 位的反序数

$$2\ 178\ 002\ 178,2\ 197\ 821\ 978,2\ 199\ 999\ 978$$

我们发现反序数有以下两个有趣的现象,用 $F(n)$ 表示 n 位数的反序数的个数,$n \geqslant 4$.

(1) 偶数 $2n$ 位反序数的个数与奇数 $2n+1$ 位反序数的个数相等,即 $F(2n) = F(2n+1)$.

这个结论容易证明,因为从偶数 $2n$ 位反序数得到奇数 $2n+1$ 位反序数只能在偶数 $2n$ 位反序数中心位置添一个 0 或 9. 如果中间四位是反序数基节,那么按规则 1 添一个 9,如果中间恰好是两个衍生反序数节联结而成的,那么在中心位置添一个 0. 以上添法都是唯一的,故偶数 $2n$ 位反序数的个数与奇数 $2n+1$ 位反序数的个数是一一对应的,因此 $F(2n) = F(2n+1)$.

(2) 用 $F(n)$ 表示 n 位数的反序数的个数,$n \geqslant 4$,则有

$$n = 4,5,6,7,8,9,10,11,12,13,14,15,16,17,18,19,\cdots$$

$$F(n) = 2,2,2,2,4,4,6,6,10,10,16,16,26,26,42,42,\cdots$$

我们发现双偶数对应的数列恰好是 Fibonacci 数列 $1,1,2,3,5,8,13,21,34,\cdots$ 的二倍.

归纳得如下公式

$$F(n) = \frac{2}{\sqrt{5}}\left[\left(\frac{1+\sqrt{5}}{2}\right)^{\left[\frac{n-2}{2}\right]} - \left(\frac{1-\sqrt{5}}{2}\right)^{\left[\frac{n-2}{2}\right]}\right] \quad (n \geqslant 4)$$

这个结论的证明,由于有结论(1),故只需证明 $F(2n+4) = F(2n+2) + F(2n)$ $(n \geqslant 2)$,并且只对其中一类来研究,然后乘以 2 即可,证明留给读者.

6. 因式分解

对于二次三项式

$$(m^2 \pm 1)x^2 + mx - 1$$

或

$$x^2 + mx - (m^2 \pm 1)$$

(其中 m 是正整数)的因式分解问题,显然,并不是对任意的正整数 m 都可以分解为两个一次整系数多项式之积,那么什么样的正整数 m 可以分解为两个一次整系数多项式之积呢?

为方便只讨论二次三项式 $(m^2 \pm 1)x^2 + mx - 1$ 的因式分解:

① $(m^2 + 1)x^2 + mx - 1$;

② $(m^2 - 1)x^2 + mx - 1$.

① 的根为

$$x = \frac{-m \pm \sqrt{5m^2 + 4}}{2(m^2 + 1)}$$

② 的根为

$$x = \frac{-m \pm \sqrt{5m^2 - 4}}{2(m^2 + 1)}$$

多项式①和②能分解为两个一次整系数多项式之积,必须使$5m^2 \pm 4$为完全平方数,即对应的两个不定方程:

(1)$5m^2 + 4 = n^2$;

(2)$5m^2 - 4 = n^2$ 有正整数解.

由 4.13 节的定理 2,得方程(1)的解为 $m = f_{2n}$,方程(2)的解为 $m = f_{2n-1}$.

因为

$$f_n^2 - f_{n-1}f_{n+1} = (-1)^{n-1}$$

所以

$$f_{2n}^2 - f_{2n-1}f_{2n+1} = -1$$

以及 Fibonacci 数列的递推关系

$$(f_{2n}^2 + 1)x^2 + f_{2n}x - 1 = (f_{2n+1}x - 1)(f_{2n-1}x + 1)$$

同理可讨论其他三种情形的因式分解,得如下结论

$$(f_{2n+1}^2 - 1)x^2 + f_{2n+1}x - 1 = (f_{2n+2}x - 1)(f_{2n}x + 1)$$
$$x^2 + f_{2n+1}x - (f_{2n+1}^2 + 1) = (x - f_{2n})(x + f_{2n+2})$$
$$x^2 + f_{2n}x - (f_{2n}^2 - 1) = (x - f_{2n-1})(x + f_{2n+1})$$

例 在有理数范围内,分解二次多项式 $1\,157x^2 + 34x - 1$.

解 因为

$$1\,157 = 34^2 + 1$$

所以

$$1\,155x^2 + 34x - 1 = (55x - 1)(21x + 1)$$

7. 马步问题

马步路与 Fibonacci 数有十分密切的关系,下面的定理揭示了这一关系.

胡久稳定理 若相邻两个 Fibonacci 数 f_{n-1}, f_n 一奇一偶,则 $P(f_{n-1}, f_n)$ 马可有 f_{n+1} 步的从 O 跳到 P 的路.由于篇幅限制证明可参看文献[5].

8. 概率问题

投掷均匀硬币直到第一次出现接连两正面为止,求此时共掷了 n 次的概率.

解 设事件 A_n 为掷了 n 次,第一次出现接连两个正面,则 $p_n = p(A_n)$,易知 $p_1 = 0, p_2 = \frac{1}{2} \times \frac{1}{2} = \frac{1}{4}$,考虑 $A_{n+2}(n \geq 1)$ 的情况,发生 A_{n+2} 可分为下列两

23

种情况：

（1）第一次出现反面，接下来的 $n+1$ 次投掷中（与第一次独立），第 $n+1$ 次才首次出现接连两个正面，这种情况出现的概率为

$$\frac{1}{2}p(A_{n+1})=\frac{1}{2}p_{n+1}$$

（2）第一次出现正面，第二次出现反面，接下来的 n 次投掷中（与第一、二次独立），第 n 次才出现接连两个正面，这种情况出现的概率为

$$\frac{1}{2}\times\frac{1}{2}p(A_n)=\frac{p_n}{4}$$

由全概率公式，并考虑独立性，可以得到递推关系式

$$p_{n+2}=\frac{1}{2}p_{n+1}+\frac{1}{4}p_n$$

令 $f_n=2^n p_n$，所以

$$f_{n+2}=f_{n+1}+f_n,f_1=0,f_2=1$$

因此 $\{f_n\}$ 是 Fibonacci 数列，则

$$f_n=\frac{1}{\sqrt{5}}\left[\left(\frac{1+\sqrt{5}}{2}\right)^{n-1}-\left(\frac{1-\sqrt{5}}{2}\right)^{n-1}\right]\quad(n\geqslant 1)$$

所以

$$p_n=\frac{1}{2^n\sqrt{5}}\left[\left(\frac{1+\sqrt{5}}{2}\right)^{n-1}-\left(\frac{1-\sqrt{5}}{2}\right)^{n-1}\right]$$

9. 砝码设置问题

对于质量为 $w\,(1\leqslant w\leqslant f_{n+2}-1)$ 的物体，可以用 n 个砝码称量出其质量 w（用天平称，砝码可放两边），并且任意去掉一个砝码也能称量出质量 w.

用数学归纳法不难证明. 读者可参考《Fibonacci 数列欣赏》，吴振奎.

用这一结论不难回答下列问题：

是否存在 10 个质量为整数克的砝码（不同砝码可能有相同质量），用天平可以称出质量从 1 克到 88 克的任何物体，甚至少了任何一个砝码也能做到这一点？

这 10 个砝码为

$$f_1=1,f_2=1,f_3=2,f_4=3,f_5=5$$
$$f_6=8,f_7=13,f_8=21,f_9=34,f_{10}=55$$

可以验证少了任何一个砝码也能用天平称出质量从 1 克到 88 克的任何物体.

实际上，我们需要的砝码数量比这 10 个还少 5 个，只需要 1,3,9,27,81，而称出的物体质量可以是 1 克到 121 克的任何物体. 显然这个比用 Fibonacci 数

24

为质量的砝码个数更经济一些.但少了任一个砝码就有质量从1克到88克中的某物体不能称出,当然从1克到121克的任何物体也不能完全称出.关于用1,3,9,27,81这五个整数克能称出1克到121克的任何物体由以下定理保证:每个正整数均可唯一地写为如下形式

$$n = e_0 + 3e_1 + 3^2 e_2 + 3^3 e_3 + \cdots + 3^k e_k$$

其中 k 为某数, $e_i = -1, 0,$ 或 $1, i = 1, 2, 3, \cdots, k.$

10. 神奇的计算

小明对 Fibonacci 数列有一定的了解,他按如下规则编了这样一个计算题:任取两个正整数 a, b,相加得第一个和,和再与被加数相加得第二个和,第一个和与第二个和相加得第三个和,第二个和与第三个和相加得第四个和,如此下去,一直加到得出第八个和为止,共有 10 个数,然后再将这 10 个数求和,问和为多少? 小明取了两个数 15,27,与其他同伴一起按规则得到了 10 个数:15,27,42,69,111,180,291,471,762,1 233.小明叫其他同伴计算一下这 10 个数的和是多少,说话间小明就已求出和是 3 201,其他小朋友不信,还拿计算器验证,结果和的确是 3 201.这里有何玄机?

下面有

$$a, b, a+b, a+2b, 2a+3b, 3a+5b, 5a+8b, 8a+13b, 13a+21b, 21a+34b$$

这 10 个数的和是

$$55a + 88b = 11(5a + 8b)$$

恰好是第五个和的 11 倍.一个正整数的 11 倍只需将 $5a + 8b$ 错一位相加,很快就得其和,如 291 与 291 错一位相加得 3 201.

练 习 题 1

1. 一笔钱为甲乙丙三人共有,甲占 $\frac{1}{2}$,乙占 $\frac{1}{3}$,丙占 $\frac{1}{6}$,每人从中各取一些钱,使无剩余,甲又归还他取的 $\frac{1}{2}$,乙归还他取的 $\frac{1}{3}$,丙归还他取的 $\frac{1}{6}$,把归还的钱平均分给三人,他们所有刚好是各自原来有的钱,问:原来共有多少钱? 每人从中各取多少钱? (Fibonacci,《花朵》,1225)

2. 运用 Fibonacci 提供算法将莱茵德纸草表上的 $\frac{2}{23}, \frac{2}{41}$ 分别化为单位分数之和.

3. 7 个妇女在去罗马的路上,每人有 7 匹骡子,每匹骡子驮 7 个袋子,每个

袋子装7个面包,每个面包带7把小刀,每把小刀有7层鞘,在去罗马的路上,妇女、骡子、面包、小刀和刀鞘一共有多少?(Fibonacci,《计算之书》,第12章,1202)

4. 甲得乙有的 $\frac{1}{3}$,有财富14;乙得甲有的 $\frac{1}{4}$,有财富17,问:两人原各有财富多少?(Fibonacci,《计算之书》,第13章)

5. 有人经过七道门进入果园采苹果,出第一道门时,他给门岗所有的 $\frac{1}{2}$,还添加1个苹果;出第二道门时给门岗所有的 $\frac{1}{2}$,也添加一个苹果.照此方法给其余五个门岗苹果.当离开果园时,他只剩下1个苹果.问:他在果园采了多少苹果?(Fibonacci,《计算之书》,第12章,1202)

6. 有人买鸟,麻雀1钱币3只,斑鸠1钱币2只,鸽子2钱币1只.30个钱币买30只鸟,我们需要知道各种鸟他买了多少?(Fibonacci,《计算之书》,1202)

7. 5匹马负6袋大麦行路9日,问10匹马负16袋大麦行路多少日?(Fibonacci,《计算之书》,第9章,1202)

8. 一枚均匀的硬币投掷10次,问不连续出现正面的可能情形有多少种?

9. 某人上楼时,可以每步迈上一阶,也可以迈上两阶,他从地面到第 n 级台阶,共有多少种不同的走法?

10. 用骨牌(1×2 矩形)覆盖 $2\times k$ 矩形的方法数有多少种?

11. (上海市初中数学竞赛)若我们沿街道走动的方向如图中箭头所示,则从点 A 走到点 B,J 的不同路线的条数是多少?

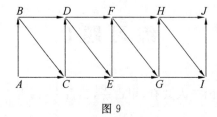

图9

12. 今用1分,2分两种邮票粘贴在一长排上,求贴足 n 分的方法数.

13. 用1,2两个数字排成 n 位数,要求数字1,1不相邻,问有多少种排法?

14. 试找一个周长等于20,各边长都是整数,且以它的任意三条边为边都不能构成三角形的六边形.

15. 有排成一行的 n 个方格,今用红、白两色给这 n 个方格染色,每一方格只涂一种颜色,如果要求相邻两格不能都涂红色,问有多少种不同的染色方法.

16. (第31届西班牙数学奥林匹克竞赛题)称子集 $A \subseteq M = \{1,2,3,\cdots,11\}$

26

是好的. 如果它有下述性质：如果 $2k \in A$，那么 $2k-1 \in A$ 且 $2k+1 \in A$（空集和 M 都是好的），问 M 有多少个好的子集？

17.（1993 年河北省竞赛题）用 $f(n)$ 表示由 0 和 1 组成的长度为 n（如 00101，10100 都是长度为 5）的排列中没有两个 1 相连的排列的个数，约定 $f(0)=1$. 试证明：

(1) $f(n)=f(n-1)+f(n-2)$，$n \geqslant 2$；

(2) $f(4k+2)$ 可被 3 整除，$k \geqslant 0$.

18. 对于任一自然数 k，若 k 为偶数，将它除以 2；若 k 为奇数，将它加上 1，这称为一次运算. 设恰经过 n 次运算变成 1 的数有 a_n 个，试求 a_{15}.

19. 在各项均为正整数的单调递增数列 $\{a_n\}$ 中，$a_1=1$，$a_2=1$ 且 $\left(1+\dfrac{a_k}{a_{k+3}}\right) \cdot \left(1+\dfrac{a_{k+1}}{a_{k+2}}\right)=2$，$k \in \mathbf{N}_+$，则求 a_9.

20. 两个半径都为 1 的圆 O_1 和 O_2 外切，直线 l 是两圆的外公切线，作圆 O_3 与圆 O_1，圆 O_2 和直线 l 都相切，作圆 O_4 与圆 O_2，圆 O_3 和直线 l 都相切，……，作圆 O_{10} 与圆 O_8，圆 O_9 和直线 l 都相切，求圆 O_{10} 的半径.

21. 设 $a_1=3$，$a_{n+1}=a_n^2-2$（$n \geqslant 1$），求证 $a_n=\dfrac{f_{2^{n+1}}}{f_{2^n}}$（$n \geqslant 1$），其中 $\{f_n\}$ 是 Fibonacci 数列.

22. 在平面上生活着两种"生物"，锐角三角形（A）和钝角三角形（O），它们都是等腰三角形，锐角三角形的顶角为 $36°$，钝角三角形的顶角为 $108°$. 在每年的"大分日"，它们都分裂成小块，每个 A 分成两个小 A 和一个小 O；每个 O 分成一个小 A 和一个小 O，在一年里，它们分别长大至成年，很久之前，平面上仅有一个生物，而且在此平面上的生物是不会死亡的. 问：很久之后，锐角三角形（A）和钝角三角形（O）的数目的比率是否有一个极限？ 如果有，试确定此极限.

23. 求证：对于 Fibonacci 数列

$$f_1, f_2, f_3, f_4, \cdots$$

其中 $f_{n+2}=f_{n+1}+f_n$，$f_1=f_2=1$，如果其中任意连续九个 Fibonacci 数为 $a_1, a_2, a_3, a_4, \cdots, a_9$，按下标的号码填入得九宫图，那么这个九宫图一定是积和幻方.

24.（第 12 届全苏数学奥林匹克竞赛）有两堆火柴，一堆 m 根，一堆 n 根，$m>n$，两个游戏者按顺序轮流从两堆火柴中取火柴，在一轮中，游戏者只能从一堆火柴中取火柴，而且要求取出的火柴数是另一堆火柴数的倍数，谁取到最后一堆里的火柴谁就是胜利者.

(1) 证明：如果 $m \geqslant 2n$，那么谁先取谁就能保证取得胜利.

(2) 对什么样的 α，下面论断正确，如果 $m>\alpha n$，那么第一个游戏者能保证取得胜利.

25.下面这个行列式表示的是 Fibonacci 数列,证明

$$f_{n+1} = \begin{vmatrix} 1 & 1 & \cdots & \cdots & \cdots & 0 \\ -1 & 1 & 1 & & & 0 \\ 0 & -1 & 1 & 1 & \cdots & 0 \\ 0 & 0 & -1 & 1 & \cdots & 0 \\ \vdots & \vdots & \vdots & \vdots & & \vdots \\ 0 & 0 & 0 & 0 & \cdots & 1 \end{vmatrix}$$

这个行列式是 n 阶行列式.

26.写出所有十一位反序数.

27.数列 $f_1=1, f_2=2, f_3=3, f_4=5, f_5=8$,从第三项开始,每项是前两项之和.一只跳蚤按照如图 10 的规律从原点出发在平面直角坐标系内跳动.100步之后,跳蚤的坐标是多少(用 f_{100} 与 f_{101} 表示)?

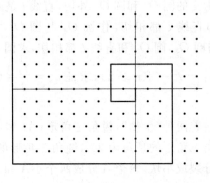

图 10

28.从 $1,2,3,\cdots,2\,004$ 中任选 k 个数,使所选的 k 个数中,一定可以找到能构成三角形三边长的三个数(这里要求三角形三边长互不相等),试问满足条件的 k 的最小值是多少(2005 年全国初中数学联赛山东赛区预赛试题)?

29.数列 $1,1,2,3,5,8,13,21,\cdots$ 的排列规律是:从第三个数开始,每一个数都是它前面两个数的和,这个数列叫作 Fibonacci 数列,在 Fibonacci 数列的前 $2\,004$ 个数中,共有多少个偶数(第十五届"希望杯"数学竞赛题)?

30.$\{f_n\}$ 是 Fibonacci 数列,试证:$f_{2n+1}^2 - f_{2n}f_{2n+1} - f_{2n}^2$ 的值是常数.

31.美国的《科学美国人》杂志就曾刊载过一则故事:一位魔术师拿着一块边长为 13 m 的正方形地毯,对他的地毯匠朋友说:"请把这块地毯分成四小块,再把它们拼成一块长 21 m,宽 8 m 的长方形地毯."这位地毯匠觉得魔术师的算术简直太差了,因为两者面积之间相差达 1 m²!可是魔术师让地毯匠按图 11 裁剪,并按图 12 拼接,竟然达到了他的目的.

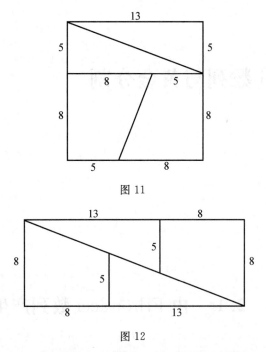

图 11

图 12

这真是不可思议！猜猜那神奇的 1 m² 跑到哪儿去了呢？

32. 在下面的两个图形中，如果将图 13 中的四块几何图形裁剪开来重新拼接成图 14，我们会发现，与图 13 相比，图 14 多出了一个洞！这怎么可能呢？请读者动动脑筋想一想这是为什么？

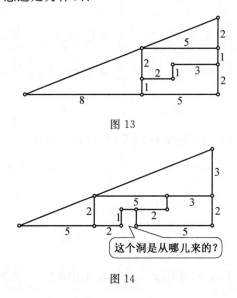

图 13

这个洞是从哪儿来的？

图 14

29

Fibonacci 数列与黄金分割

2.1 由 Fibonacci 数列产生的 ω

我们知道 Fibonacci 数列的前几项为 $1,1,2,3,5,8,13,$ $21,34,55,89,144,\cdots$,现在我们来做一个计算实验:将这些数列的后一项比前一项,计算的近似值有

$$\frac{1}{1}=1.000\ 0,\qquad \frac{2}{1}=2.000\ 0,\qquad \frac{3}{2}\approx1.500\ 0$$

$$\frac{5}{3}\approx1.666\ 7,\qquad \frac{8}{5}=1.600\ 0,\qquad \frac{13}{8}\approx1.625\ 0$$

$$\frac{21}{13}\approx1.615\ 4,\qquad \frac{34}{21}\approx1.619\ 0,\qquad \frac{55}{34}\approx1.617\ 6$$

$$\frac{89}{55}\approx1.618\ 2,\qquad \frac{144}{89}\approx1.618\ 0,\qquad \frac{233}{144}\approx1.618\ 1$$

再计算上面这些数的倒数,将得到近似值

$$\frac{1}{1}=1.000\ 0,\qquad \frac{1}{2}=0.500\ 0,\qquad \frac{2}{3}\approx0.666\ 7$$

$$\frac{3}{5}\approx0.600\ 0,\qquad \frac{5}{8}=0.625,\qquad \frac{8}{13}\approx0.615\ 4$$

$$\frac{13}{21}\approx0.619\ 0,\qquad \frac{21}{34}\approx0.617\ 2,\qquad \frac{34}{55}\approx0.618\ 2$$

$$\frac{55}{89}\approx0.618\ 0,\qquad \frac{89}{144}\approx0.618\ 1,\qquad \frac{144}{233}\approx0.618\ 0$$

如果我们将这两组数列继续往下算,这两组数的比值将不断的趋近于 1.618 0 与 1.618 1 之间和 0.618 0 与 0.618 1 之间,实际上这个问题就是求这两个数列的极限值.

这两个数列的极限值由 Fibonacci 的通项公式很容易求得,分别是 $\dfrac{\sqrt{5}+1}{2}$ 和 $\dfrac{\sqrt{5}-1}{2}$.

这两个极限值的称呼在很多书中都不统一,在本书中,我们约定:$\dfrac{\sqrt{5}+1}{2}$ 叫作黄金数,记作 $\Phi=\dfrac{\sqrt{5}+1}{2}$;$\dfrac{\sqrt{5}-1}{2}$ 叫作黄金比,记作 $\omega=\dfrac{\sqrt{5}-1}{2}$.

黄金数与黄金比与 Fibonacci 数有一种降幂关系,即

$$\Phi^n = F_n\Phi + F_{n-1}$$
$$\omega^n = (-1)^{n+1}F_n\omega + (-1)^n F_{n-1} \quad (n \geqslant 2)$$
$$\omega\Phi = 1, \cos 78° = \frac{\omega}{2}, \cos 36° = \frac{\Phi}{2}$$

其实黄金数最先是在研究中外比时得到的,它有一定的几何意义,下面我们从几何方面来叙述黄金数的产生.

早在 2 000 多年前,古希腊数学家 Eudoxus(欧多克索斯)就研究了"中外比",即将线段分成两段,使其中较短线段与较长线段的比等于较长线段与整个线段之比,这个比值就是黄金数,后来 Euclid 把这个问题收集在他的《几何原本》一书中,并且做更深入的研究,还引出了许多相关的比例问题,其中有一个作图题,就是在线段 AB 上找一点 C,使 $AC^2 = AB \cdot BC$,如图 1.

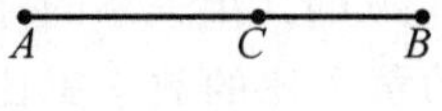

$$\overset{A}{\rule{0pt}{0pt}}\quad\quad\overset{C}{\rule{0pt}{0pt}}\quad\quad\overset{B}{\rule{0pt}{0pt}}$$

图 1

$$\frac{AC}{AB} = \frac{BC}{AC} = \frac{\sqrt{5}-1}{2}$$

C 为线段 AB 的黄金分割点,记 $\omega = \dfrac{\sqrt{5}-1}{2}$.

这个黄金分割点在几何中的具体做法如图 2:

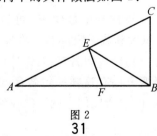

图 2

31

(1) 作 $BC \perp AB$ 且使 $BC = \dfrac{1}{2}AB$，联结 AC；

(2) 在 AC 上截取 $CE = CB$；

(3) 在 AB 上截取 $AF = AE$，则点 F 就是所求的分点，这个分点 F 称为黄金分割点.

2.2　数学家眼中的 ω

早在 Pythagoras(毕达哥拉斯)时期(公元前 572 年—497 年)人们就知道黄金分割了，Pythagoras 是第一个作出正五角星圆的人，这就需要先学会作黄金分割.事实上，在五角星中蕴藏着许多的中外比(图 3)，$\dfrac{HJ}{AH} = \dfrac{AH}{AJ} = \dfrac{AJ}{AD} = \dfrac{\sqrt{5}-1}{2}$ 和黄金三角形，Pythagoras 把数(指的是 $1,2,3,4,\cdots,9$)看成是一切事物及现象之源，宇宙本身就是一个个和谐数的集合，即万物皆数.这个学派对数几乎达到了崇拜的地步，他甚至为黄金分割举行了祭祀，并认为它是宇宙发源的起点.当然毕氏学派实际上并不知道这个比值是多少，因为毕氏不承认有无理数的存在，也没有提出黄金分割的理论和名称，尽管如此，毕竟是第一个做了一件伟大且对后人影响深远的，但又和自己学派相冲突的事情.这个学派把五角星作为他们的会标，也有人认为五角星是毕氏学派的兄弟关系的标志，后来演变成人和神的标志.

图 3

从古至今研究这个神奇的黄金比的数学家比比皆是，希腊数学家 Eudoxus 从几何学的角度对这一方法加以研究和推广，把这种分割叫作中外比.

Euclid 的《几何原本》卷二 11 题，卷四 10 题，11 题，卷六 30 题都是神奇的黄金分割问题.卷二 11 题是：分割一已知线段，使整段与其中一分段所成的矩形等于另一段上的正方形，他给出了具体做法.

我国数学家徐光启(公元 1607 年)与 Matteo Ricci (利玛窦，1552—1610)合译《几何原本》，将这一方法传入中国.

对黄金比的研究还有一些古希腊数学家，再后来，欧洲文艺复兴时期，Leonardo da Vinci 的朋友意大利数学家卢卡·帕西奥利写过一篇热情洋溢的著作《神奇的比例》，书中有一句经典的名言：无论是在自然界还是在艺术中，黄金分割都是最完美的.难怪西方还有这样一句名言：部分与部分及部分与整体之间的协调一致就是美.因此，只要应用它就可以找到美，只要有美就有黄金分割,在人们并没有认识黄金分割之前所制造的美的物件,测量的结果几乎都接近黄金比 $\dfrac{\sqrt{5}-1}{2} \approx 0.618$.

梅文鼎(1633—1721),字定九,号勿庵,安徽宣城人.当时正是明末清初,他的父亲不愿在清政府做官,于是他就与父亲过着隐居生活.他用心把西方传进的数学、天文学与我国的数学、天文学结合起来,并加以创造.他的著作很多,1761年梅文鼎的孙子把他的著作进行选择并重编成《梅氏丛书辑要》,共挑出二十三种六十一卷.在算术、代数、几何、三角各方面都有卓越的贡献.梅文鼎的研究相当广泛,可以算得上是一位全面发展的数学家.

　　清朝我国数学家梅文鼎对黄金分割进行了深入的研究,在他的《几何通解》《几何补编》(1962年)中都有黄金分割相关的论述,在20世纪70年代我国数学家华罗庚应用0.618优选法在工农业生产和科学实验中获得很好的效果.

　　古希腊哲学家 Plato(柏拉图)将黄金分割称为黄金比;威尼斯数学家Pacioli(帕乔利,1455—1517)称黄金分割是"神圣比例";德国著名天文学家Kepler(开普勒,1571—1630)把黄金分割称为几何学的一大宝藏.最早在著作中使用"黄金分割"这一名称的是德国数学家 M. Ohm(欧姆),他是发现电子的欧姆定律的 G. S. Ohm 的弟弟,他在自己的著作《纯粹初等数学》中,用德文der. golere. schvitt(黄金分割) 来表示中外比,当然也有人认为 Leonardo da Vinci 是第一个将这个比例给予黄金分割称呼的人.

　　Leonardo da Vinci(达·芬奇,1452—1519),意大利艺术家、数学家、生于芬奇(Vinci),卒于法国,欧洲文艺复兴时期的代表人物,在绘画,雕塑、音乐、建筑等许多领域都取得了显著的成就.他在研究自然界的同时也注意研究力学和数学,他在流体动力学和光波性质的研究中取得了重要成果.此外,他对天文学亦有所研究.

　　Leonardo da Vinci 对数学的评价很高,他认为:"任何人的研究,没有经过数学的证明,就不能认为是真正的科学."由于艺术创作的需要,他深入地研究了透视理论,等积图形的作图问题,并十分注意正多边形作图的理论和等分圆周问题,他在求半圆和四面体重心时方法独特,特别是求椭圆面积时所运用的方法.

2.3　神奇的 ω

与黄金分割有关的建筑艺术品有很多. 古希腊著名的雅典女神庙, 是世界公认的最完美的建筑物之一, 它的圆柱高恰好是神庙高度的 0.618; 法国埃菲尔应用黄金分割原理建造了举世闻名的埃菲尔铁塔; 巴黎圣母院, 印度的泰姬陵, 这些著名的建筑都蕴涵着 0.618. 著名塑像 —— 爱神维纳斯与女神雅典娜的雕像, 他们下身与全身之比都接近 0.618. 意大利著名画家 Leonardo da Vinci 在美术方面创作了许多好的作品, 他的作品几乎都是按 0.618 的比例所作. 1525 年著名画家丢勒在绘制他的美术作品时也运用了黄金分割的比例关系, 丢勒认为长宽为黄金分割的矩形最好看, 这样的矩形叫黄金矩形. 19 世纪以来, 德国著名心理学家费纳做了十个长宽之比不同的矩形, 让 592 个人选择其中最优美的矩形, 结果是绝大多数人选择了长宽之比为黄金分割的矩形, 这就充分体现了人对美的感觉, 自然就和黄金分割有必然的联系.

0.618 在大自然和我们的实际生活中无处不有, 如 Kepler 在研究叶序时发现, 三叶形状排布的植物, 它们相邻两叶在茎垂直平面上的投影夹角是 $137° 28'$, 这种角度恰好是周角的 0.618 倍. 科学家研究发现, 叶子的这种排列对于植物通风、采光来讲都是最好的. 人在环境温度为 22 ~ 24 ℃ 时感觉最舒适, 这个温度恰好是人的正常体温 37 ℃ 与 0.618 的乘积, 为 22.8 ℃, 在这种环境中人的机体的新陈代谢、生理节奏和生理功能都处于最佳状态.

吴振奎先生小康消费的标准: 小康消费 ＝（高档消费 － 低档消费）× 0.618 ＋ 低档消费. 这是对小康消费的量化. 由此我们看到这神奇的黄金比 $\dfrac{\sqrt{5}-1}{2}$ 确实具有黄金般的价值.

2.4　几何中的 ω

前面我们介绍过在正五角星中存在许多黄金分割线段关系, 实际上在几何中与黄金分割有联系的比比皆是, 本节将做比较详细的介绍和讨论.

1. 黄金三角形

（1）把顶角是 36° 的等腰三角形或等腰三角形的底边和腰之比为 ω 的三角形叫作锐黄金三角形.

34

(2) 把顶角是108°的等腰三角形或等腰三角形的腰和底边之比为 ω 的三角形叫作钝黄金三角形.

锐黄金三角形有以下性质:

(1) 底边长与腰长之比为黄金数 ω;

(2) 底角平分线分得的两个三角形,其中以底为腰的三角形也是黄金三角形,并且与腰的焦点是这条腰的黄金分割点.

2. 黄金矩形

如果有一个矩形的长与宽之比为 $1:\omega$,那么我们就称它为黄金矩形.

如图 4,设 $AD=1,AB=\omega$,则有如下性质:

(1) $\dfrac{AD}{CD}=\dfrac{\sqrt{5}+1}{2}=\Phi$;

(2) 作正方形 $CDEF$,得到的矩形 $BFEA$ 是黄金矩形,如果再作正方形 $AEGH$,又得一个黄金矩形 $FGHB$,如此作下去,可得到一串黄金矩形;

(3) 按上述所得的黄金矩形都互相相似,并且一个接一个,全体黄金矩形有一个唯一的公共点 O,点 O 是这些黄金矩形的相似中心;

(4) 如果以 B 为原点,BC 所在直线为 x 轴,BA 所在直线为 y 轴,则点 O 的坐标为 $\left(\dfrac{\omega^2}{1+\omega^2},\dfrac{\omega^3}{1+\omega^2}\right)$.

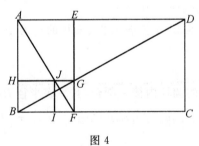

图 4

3. 黄金梯形

等腰梯形的上底边与下底边之比为 ω 的梯形叫作黄金梯形,有如下性质:

(1) 它是由一个锐黄金三角形和钝黄金三角形合成的;

(2) 黄金梯形两条对角线的交点是对角线的黄金分割点.

4. 黄金五边形

我们把正五边形称为黄金五边形状,有如下性质:

(1) 黄金五边形是由一个锐黄金三角形和两个钝黄金三角形合成的;

35

（2）在五角星和外接正五边形中，共有二十个大大小小的黄金三角形，并存在数十对比值为黄金数的线段．

在两千多年以前，古希腊的几何学家叶夫道古斯克尼滋基提出如下结论：

内接于同一个圆的正五边形、正六边形和正十边形的边，可以组成一个直角三角形，正五边形的边就是这个直角三角形的斜边．

设外接圆半径为 R，由余弦定理，得

$$a_6^2 = R^2, a_5^2 = 2R^2 - 2R^2\cos 72°, a_{10}^2 = 2R^2 - 2R^2\cos 36°$$

$$a_6^2 + a_{10}^2 = 3R^2 - 2R^2\cos 36° = R^2(3-\Phi)$$

因为

$$\Phi - \omega = 1$$

所以

$$a_5^2 = R^2(3-\Phi)$$

故

$$a_6^2 + a_{10}^2 = a_5^2$$

5. 黄金长方体

如果长方体的长宽高之比是 $\Phi : 1 : \omega$，那么我们称这个长方体为黄金长方体，有如下性质：

（1）黄金长方体的表面积为 4Φ；

（2）黄金长方体表面积与它外接球表面积的比为 $\Phi : \pi$．

6. 黄金圆台

半径为 R，高为 h 的圆柱内接一圆台，其下底半径 R，上底半径 r 且其体积恰为圆柱体积的 $\frac{2}{3}$，这样的圆台叫作黄金圆台，有性质：$\frac{r}{R} = \omega$

7. 黄金圆

如果一个圆心角 φ 是圆周角的 $1-\omega$ 倍，那么称这种角度（或弧长）划分的圆为黄金分割圆，简称黄金圆．

8. 黄金椭圆和黄金双曲线

（1）黄金椭圆：詹姆斯·利根在 *The Mathematj Teaher* 1984 年第 5 期上介绍了他所发现的二次曲线中的黄金比，其要点如下（可参看《数学通讯》1985 年第 1 期）．

他给出的黄金椭圆定义是：如果椭圆的焦点在圆的直径的两端，那么当且仅当长轴与短轴成黄金比时，即 $\omega = \dfrac{b}{a}$，则称这种椭圆叫作黄金椭圆.

椭圆的面积与以椭圆的焦点在圆的直径的两端圆的面积相等，并且 $S = \pi a \omega^2$.

（2）黄金双曲线：如果双曲线的虚半轴长 b 与实半轴长 a 之比等于 ω，即 $\omega = \dfrac{b}{a}$，那么称这种双曲线为黄金双曲线.

性质 1　黄金椭圆（双曲线）的离心率

$$e = \frac{c}{a} = \sqrt{1 - \omega^2} = \sqrt{\omega} \quad (e = \frac{c}{a} = \sqrt{1 + \omega^2})$$

性质 2　从黄金椭圆 $\dfrac{x^2}{a^2} + \dfrac{y^2}{b^2} = 1$（黄金双曲线 $\dfrac{x^2}{a^2} - \dfrac{y^2}{b^2} = 1$）上一点 M（黄金双曲线除顶点外）引以原点为圆心，短轴（黄金双曲线虚轴为直径）为圆 O 的两切线，切点为 A,B，直线 AB 与 x 轴、y 轴分别相交于 M,N，则

$$\frac{a^2}{|ON|^2} + \frac{b^2}{|OM|^2} = \frac{1}{\omega^2} \left(\frac{a^2}{|ON|^2} - \frac{b^2}{|OM|^2} = -\frac{1}{\omega^2} \right)$$

性质 3　在黄金椭圆 $\dfrac{x^2}{a^2} + \dfrac{y^2}{b^2} = 1$（黄金双曲线 $\dfrac{x^2}{a^2} - \dfrac{y^2}{b^2} = 1$）上任取一点 M，AB 是经过中心的弦（保证 MA,MB 斜率存在），则

$$K_{AM} \cdot K_{BM} = -\omega^2 \quad (K_{AM} \cdot K_{BM} = \omega^2)$$

性质 4　AB 是黄金椭圆 $\dfrac{x^2}{a^2} + \dfrac{y^2}{b^2} = 1$（黄金双曲线 $\dfrac{x^2}{a^2} - \dfrac{y^2}{b^2} = 1$）不与坐标轴平行的任意非直径弦，$M$ 是弦 AB 的中点，则

$$K_{AM} \cdot K_{BM} = -\omega^2 \quad (K_{AM} \cdot K_{BM} = \omega^2)$$

性质 5　设 P,Q 是一个椭圆 $\dfrac{x^2}{a^2} + \dfrac{y^2}{b^2} = 1$（双曲线 $\dfrac{x^2}{a^2} - \dfrac{y^2}{b^2} = 1$）上任意两点，$M$ 是线段 PQ 的中点，PQ,OM 的斜率 k_{PQ},k_{OM} 都存在，则这个椭圆（双曲线）是黄金椭圆（黄金双曲线）的充要条件是

$$k_{PQ} \cdot k_{OM} = -\omega^2 \quad (k_{PQ} \cdot k_{OM} = \omega^2)$$

性质 6　黄金椭圆的面积

$$S = \pi a \omega^2$$

黄金双曲线的渐近线

$$y = \pm \omega \frac{y}{x}$$

从黄金椭圆和黄金双曲线的定义可知，一切与椭圆和双曲线 $\dfrac{b}{a}$ 有关的结论，都可作为黄金椭圆和黄金双曲线的性质.

关于黄金椭圆和黄金双曲线还有另外的定义,以离心率 $e = \dfrac{c}{a} = \omega$ 定义黄金椭圆,又以离心率 $e = \dfrac{c}{a} = \dfrac{1}{\omega} = \varphi$ 定义黄金双曲线. 作者认为詹姆斯·利根的定义更科学、合理些,从美观的角度认为一个椭圆与一个黄金矩形相切,当然这样的椭圆更美.

9. 黄金椭球

三个半轴长之比为 $\omega : 1 : \omega^{-1}$ 的椭球称为黄金椭球.

2.5 e, i 两个常数与 ω

Leonhard Euler(莱昂哈德·欧拉,1707—1783)是瑞士巴塞尔附近一个牧师的儿子,他除了学习神学外,还研究数学,13 岁的时候,他就读于巴塞尔大学,目的是为了像他父亲希望的那样从事神学方面的工作. 在大学里,他师从著名的数学家 Bernoulli 家族中的 Johann Bernoulli(约翰·伯努利) 学习数学,他还成了 Bernoulli 的儿子 Nicklaus(尼克劳斯) 和 Daniel(丹尼尔) 的朋友. 他对数学的爱好使他放弃了继承父业的计划,Euler 在 16 岁的时候获得了哲学硕士学位. 1727 年,Peter the Great(彼得大帝) 在 Nicklaus 和 Daniel 的推荐下,邀请 Euler 加入圣彼得堡科学院,早在 1725 年这个科学院刚成立的时候他们俩就任职于此. 在 1727 ~ 1741 年和 1766 ~ 1783 年 Euler 都在该科学院度过. 在 1741 ~ 1766 年这段时间内他任职于柏林皇家学院. Euler 的多产令人惊讶,他写了超过 700 本的书和论文. 他去世后,圣彼得堡科学院用了 47 年的时间把他留下来的未出版的工作加以整理出版,在他的一生中,他的论文创作速度很快以至于他给科学院出版的论文都堆成了一堆. 于是他们先出版这堆论文中最上面的文章,这样这些新结果实际上在它们的基础工作发表之前就出现了. 在 Euler 生命的最后 17 年,Euler 失明了,但是他有着惊人的记忆力,所以失明并没有阻止他在数学上的研究. 他还有 13 个孩子,哪怕有一个或者两个儿子在他膝上玩耍的时候他都能继续研究. 瑞士科学院出版的所有 Euler 作品和信件集《Euler 全集》计划有 85 大卷,现在已经出版了 76 卷(到 1999 年末).

Fibonacci 数列中的
明珠

我们知道大数学家 Euler 发现 $e^{i\theta}=\cos\theta+i\sin\theta$ 这一公式后自然就把 $0,1$，i,π,e 这些数学中的基本而很重要的五个数有机地联系起来了，这就是 $e^{i\pi}+1=0$. 如果加上 ω 这个数，是否有类似的等式？

答案是肯定的，即 $2\omega\cos\dfrac{\ln i^2}{5}-1=0$.

因为

$$2\cos\frac{\ln i^2}{5}=2\cos\frac{\pi}{5}=\frac{1+\sqrt5}{2}$$

所以

$$2\omega\cos\frac{\ln i^2}{5}-1=0$$

2.6 直角三角形中的 ω

1990 年，美国学者 Eisenstein 在"勾三股四弦五"的直角三角形中发现了黄金比数 $\omega=\dfrac{\sqrt5-1}{2}$. 设该直角三角形的最小的锐角为 θ，则 $\tan\left[\dfrac14\left(\theta+\dfrac{\pi}{2}\right)\right]=\omega$.

证明 设 $\tan\left[\dfrac14\left(\theta+\dfrac{\pi}{2}\right)\right]=x$，则由 $\tan^2\left[\dfrac14\left(\theta+\dfrac{\pi}{2}\right)\right]=x^2$ 及正切倍角公式，得

$$1-\frac{2\tan\left[\dfrac14\left(\theta+\dfrac{\pi}{2}\right)\right]}{\tan\left(\dfrac{\theta}{2}+\dfrac{\pi}{4}\right)}=x^2$$

$$1-\frac{2x}{\tan\left(\dfrac{\theta}{2}+\dfrac{\pi}{4}\right)}=x^2$$

由已知 $\tan\theta=\dfrac34$，得

$$\tan\theta=\frac{2\tan\dfrac{\theta}{2}}{1-\tan^2\dfrac{\theta}{2}}=\frac34$$

解得

$$\tan\frac{\theta}{2}=\frac13\left(1-\frac{2x\left(1-\dfrac13\right)}{\dfrac13+1}\right)=x^2$$

39

$$1 - x = x^2$$

解得

$$x = \frac{\sqrt{5} - 1}{2}$$

故

$$\tan\left[\frac{1}{4}\left(\theta + \frac{\pi}{2}\right)\right] = \omega$$

2.7　Pólya 三角形与 ω

George Pólya(波利亚)1887 年 12 月 13 日生于匈牙利布达佩斯,1985 年 9 月 7 日卒于美国加利福尼亚州帕洛阿尔托. 他一生发表了 200 多篇论文和许多专著,在数学的广阔领域内有精深的造诣,对实变函数、复变函数、概率论、组合数学、数论、几何和微分方程等若干分支领域都做出了开创性的贡献,留下了以他名字命名的术语和定理.

Pólya 的父亲 Jakob(雅可布)是一名律师. 他的兄长 Eugene(尤金)比他大 11 岁,是著名的外科医生,一种胃外科手术就是以他的名字命名的. 年轻的 Pólya 在布达佩斯的一所预科学校(即大学预备中学)读书时,有浓厚的学习兴趣,经常名列前茅. 曾参加过两个自学小组 —— 数理组和文学组. 但数学教师给他的印象不好,所以他对数学并不十分感兴趣. 当时,许多人参加一项颇有影响的埃特沃斯数学竞赛,它是以匈牙利杰出的物理学家 L. Etvs(埃特沃斯)命名的,这种竞赛的开展使匈牙利产生了一批世界第一流的数学家. Pólya 在别人的劝说下参加了这项竞赛,不但没有获胜,甚至连试卷都没交上. 他的拉丁语、匈牙利语教师都是些一流的教师,这使他对文学特别感兴趣,尤其喜欢德国大诗人 Heine(海涅)的作品,曾将 Heine 的诗作译成匈牙利文而获奖. 他因为与 Heine 有相同的生日 ——12 月 13 日而感到自豪,后来甚至组织了一个"13 日生日俱乐部",将出生在 13 日的朋友与同事组织在一起.

美国现代数学教育家 Pólya,曾向人们提出一个饶有趣味的问题:一个三角形有六个基本元素 —— 三个角、三条边,能否找到这样一对不全等的三角形,使第一个三角形的五个元素与第二个三角形的五个元素分别相同.答案是肯定的.我们把这对三角形称为 Pólya 三角形.

下面我们来寻找 Pólya 三角形.

为了符合题设要求,必有

$$\frac{a}{a'} = \frac{b}{b'} = \frac{c}{c'} \neq 1$$

且 $b = a', c = b', a \neq c'$,即

$$\frac{a}{b} = \frac{b}{c} = \frac{c}{c'} \neq 1$$

所以 $a \neq b, b \neq c, c \neq a$,故可设 $a < b < c$,又因为 $c < a+b, c = \frac{b^2}{a}$,所以 $\frac{b^2}{a} < a+b$,因此 $a > \frac{1}{2}(\sqrt{5}-1)b$,故 $\triangle ABC$ 的三边为

$$\begin{cases} b \\ kb < a < b \\ c = \frac{b^2}{a} \end{cases} \quad (k = \frac{1}{2}(\sqrt{5}-1) \approx 0.618)$$

$\triangle ABC$ 的三边为 $\begin{cases} a = b \\ b = c \\ c = \frac{a^2}{b} \end{cases}$,所以 $\triangle ABC$ 符合题设要求.

由此可知,第一个三角形的五个元素与第二个三角形的五个元素分别相同,并且这两个三角形不全等.

Pólya 三角形存在于钝角三角形、直角三角形、锐角三角形中.

关于这个问题有下面的结论:

① 当 $a < \sqrt{k}b$ 时,是钝角 Pólya 三角形;

② 当 $a = \sqrt{k}b$ 时,是直角 Pólya 三角形;

③ 当 $a > \sqrt{k}b$ 时,是锐角 Pólya 三角形.

其中 $k = \frac{\sqrt{5}-1}{2}$.

在满足以上条件下用余弦定理容易推出如下结论:

若两个三角形是 Pólya 三角形,则有且仅有一个角大于60°,没有一个角等于60°.

下面举一些实例来应用.

例1 第一个三角形的三边分别为

$$b=1,a=\frac{3}{4},c=\frac{b^2}{a}=\frac{4}{3}$$

第二个三角形的三边分别为

$$a'=b=1,b'=c=\frac{4}{3},c'=\frac{c^2}{b}=\frac{16}{9}$$

这两个三角形显然相似,并且 $c^2>a^2+b^2$. 故这两个三角形是钝角 Pólya 三角形.

例2 第一个三角形的三边分别为

$$b=1,a=\sqrt{\frac{1}{2}(\sqrt5-1)},c=\frac{b^2}{a}=\sqrt{\frac{2}{\sqrt5-1}}$$

第二个三角形的三边分别为

$$a'=b=1,b'=c=\sqrt{\frac{2}{\sqrt5-1}},c'=\frac{c^2}{b}=\frac{\sqrt5+1}{2}$$

这两个三角形显然相似,并且 $c^2=a^2+b^2$. 故这两个三角形是直角 Pólya 三角形.

例3 已知第一个三角形的三边分别为

$$b=1,a=\frac{4}{5},c=\frac{b^2}{a}=\frac{5}{4}$$

第二个三角形的三边分别为

$$a'=b=1,b'=c=\frac{5}{4},c'=\frac{c^2}{b}=\frac{25}{16}$$

这两个三角形显然相似,并且 $c^2<a^2+b^2$. 故这两个三角形是锐角 Pólya 三角形.

2.8 华罗庚优选法与 ω

华罗庚(1910—1985),中国著名数学家,中国科学院院士,是中国解析数论、矩阵几何学、典型群、自守函数论等多方面研究的创始人和开拓者,"中国解析数论学派"创始人. 他为中国数学的发展做出了无与伦比的贡献. 被誉为"中国现代数学之父",被列为芝加哥科学技术博物馆中当今世界88 位数学伟人之一. 美国著名数学家 Bateman(贝特曼)著文称:"华罗庚是中国的爱因斯坦,足够成为全世界所有著名科学院的院士".

华罗庚先生早年的研究领域是解析数论,他在解析数论方面的成就尤其广为人知,国际颇具盛名的"中国解析数论学派"即华罗庚开创的学派,该学派对于质数分布问题与 Goldbach(哥德巴赫)猜想做出了许多重大贡献.他在多复变函数论、矩阵几何学方面的卓越贡献,更是影响到了世界数学的发展.也有国际上有名的"典型群中国学派"之称.华罗庚先生在多复变函数论、典型群方面的研究领先西方数学界 10 多年,这些研究成果被著名的华裔数学家丘成桐高度称赞,华罗庚先生是难以比拟的天才,是中国的人才.

优选法是由美国人 J. Kiefer(吉弗)于 1953 年提出的,但并没有证明 0.618 优选法的最优性.这个最优性的证明,是我国著名的数学家洪加威于 1973 年完成的.我国著名数学家华罗庚在 20 世纪 70 年代将 $0.618(\omega$ 取近似值 0.618)优选法加以推广,用于生产和科学实验中,收到了很好的成效,取得了巨大成功,为我国的现代建设做出了很大的贡献.

现在我们将 0.618 优选法的原理简单介绍如下.

若一个函数 $y=f(x)$ 在某给定区间上只有一个极值点(假设极大值),我们希望用较少的试验次数在区间 (a,b) 上找到极大值点.

设 $f(x)$ 在点 $x=x_0$ 处取得极大值,把区间 (a,b) 三等分

$$x_1=a+\frac{1}{3}(b-a),x_2=a+\frac{2}{3}(b-a)$$

(1) 当 $f(x_1)>f(x_2)$,则极大值点 x_0 在 (a,x_2) 上,区间 (x_2,b) 舍去;

(2) 当 $f(x_1)<f(x_2)$,则极大值点 x_0 在区间 (x_1,b) 上,区间 (a,x_1) 舍去;

(3) 当 $f(x_1)=f(x_2)$,则极大值在区间 $[x_1,x_2]$ 上(因为极大值只有一个点),区间 $(a,x_1),(x_2,b)$ 都舍去.

这说明我们只需要做两次试验,至少可把区间缩为原来区间的 $\frac{2}{3}$.

为解说方便,我们假定 $f(x_1)<f(x_2)$.应在区间 (a,x_2) 上找极值点,继续用上面的方法(三等分),这时这个分点就不再是点 x,前面的试验结果没有发挥作用,为了解决这个问题,我们采用下面的做法.

我们把整个区间设为 $(0,1)$,并在这个区间上取两个对称点 $x,1-x$ 分别做试验.保留下区间 $(0,x)$,继续在区间 $(0,x)$ 上取两点 $x^2,(1-x)x$ 做试验,为了使前一次 $1-x$ 的点的试验结果可继续使用,节约一次试验,应满足 $x^2=1-x$,即 $x^2+x-1=0$.解之得

$$x=\frac{-1\pm\sqrt{5}}{2}$$

负值舍去,得

43

$$x = \frac{-1+\sqrt{5}}{2} \approx 0.618$$

我们将这种试验方法称为 0.618 优选法. 这种方法能较快地缩短试验区间长度,并充分利用每次试验的结果.

2.9　股票市场与 ω

1. 黄金分割法

一个人在进行理财投资时,通常采用下面的要求:将他要投资的总资金分成两部分,一部分投资于风险性证券 —— 股票,另一部分投资于安全性证券 —— 债券,投资于股票和债券的量比例大体保持 4∶6 的水平,由于这一比例大体符合"黄金分割原理",其最佳点为 0.618 约 62% 左右,于是有人将这种投资资金的分布方法称之为黄金分割法. 黄金分割法是一种分散风险的证券投资策略. 采用黄金分割法的优点是:由于以一半以上的资金投向了安全性较高的债券,能使投资者有一种心理稳定感,即使在其他投资方面暂时失利,也不至于损失太大,由于这种投资方法较为保险,所以也容易失去一些最大限度地获取利润的机会. 这种资金分布的投资方法即黄金分割法,适合那些保守型的投资者选用.

2. 波浪理论

在股市行情分析中有一种波浪理论分析法. 波浪理论的开山祖师艾略特,在 1934 年公开发表波浪理论,指出股市走势依据一定的模式发展,涨落之间各种波浪有节奏地重复出现,艾略特创立的波浪理论,属于一整套精细的市场分析工具,包括了下列三个课题:(1) 波浪运行的形态;(2) 浪与浪之间的比率;(3) 时间周期.

艾略特在 1946 年发表关于波浪理论的第二部著作,直接就取名为《大自然的规律》. 波浪理论的第二个重要课题,浪与浪之间的比率,这个比率实际上就是跟随了 Fibonacci 数列的发展.

Fibonacci 数列本身是一个极为简单的数字系列,但其间展现的各种特点,令人对大自然的奥秘感叹玄妙之余,更多一份敬佩.

下面来介绍浪与浪之间的比是怎么一回事.

(1) 艾略特在研究股市走势时发现了波浪与波浪之间的比例常出现的数有 0.236,0.382,0.618 以及 1.618. 在这些数字中 0.382 和 0.618,我们也称之为黄金分割比率.

在本章的开头我们计算过 Fibonacci 数列 1,1,2,3,5,8,13,21,34,55,89,144,…,由这些数列的前一项比后一项得(趋近于)0.618,或后一项比前一项得(趋近于)1.618,或 Fibonacci 数列中相邻隔位两个数前一项比后一项得(趋近于)0.236,或后一项比前一项得(趋近于)2.618.

(2) 将 0.382 与 0.618 两个重要而神奇的数字相乘得另一重要而神奇的数字 0.236,即

$$0.382 \times 0.618 = 0.236$$

0.236,0.382,0.618 以及 1.618 这些数字是波浪理论中预测未来的高点或低点的重要参数.

(3) 在波浪理论的范畴内,多头市即牛市阶段可以由 1 个上升浪代表,也可以划分为 5 个小浪,或者进一步划分为 21 个次级浪,甚至还可以继续细分出长至 89 个细浪.对于空市即熊市阶段,则可以由一个大的下跌浪代表,同样对一个大的下跌浪可以划分为 3 个次波段,或者可以进一步地再划分出 13 个低一级的波浪,甚至最后可分为 55 个细浪.

综上所述,我们可以不难理解地得出这样的结论:一个完整的升跌循环,可以划分为 2,8,34,144 个波浪.由此发现,上面出现的数字全部在 Fibonacci 数列 1,1,2,3,5,8,13,21,34,55,89,144,… 中.

浪与浪之间的比率关系,时常受到 Fibonacci 数组合比率的影响.

现在我们来分析如何用黄金数度量浪与浪之间比例关系的运用.

对于推动浪来说,如果当推动浪中的第三浪在走势中成为延伸浪时,则其他两个推动浪,第一浪与第五浪的升幅和运行的时间将会大致趋于相同.假如并非完全相等,则大多数情况都以 0.618 的关系相互维系.这样第五浪最终目标可以由第一浪浪底至第二浪浪上升目标值,一般 A 浪的幅度来预估,C 浪的长度,在实际走势中,会经常是 A 浪幅度的 1.618 倍.当然我们也可以用下列公式预测 C 浪的下跌目标值:A 浪浪底减 A 浪幅度的 0.618 倍.

上面的分析有点理论化,可能有些读者还不明白.我们这样说吧,当空头市场结束,多头市场展开时,投资人最关心的问题是"顶"在哪里? 事实上,影响股价变化的因素很多,要想准确地掌握上升行情最高价几乎是不可能的,因此,投资人所能做的就是依黄金分割律计算可能出现的股价反转点,以供操作时顶距离来进行预估.

对于 $A-B-C$ 三波段调整浪来说,C 浪的参考如下.

(1) 当股价上涨,脱离低档,从上升的速度与时间,依照黄金分割律,它的涨势会在上涨幅度接近或达到 0.382 与 0.618 时发生变化,也就是说,当上升接近或达到 38% 与 61% 就会出现反压,有反转下跌而结束一段上升行情的可能.

例如,当下跌行情结束前,某股票的最低价为 10 元,那么,股价反转上升时,投资人可以预先计算出各阶段的反压价,也就是

$$10 \times (1+0.191) = 11.91(元), 10 \times (1+0.382) = 13.82(元)$$
$$10 \times (1+0.618) = 16.18(元), 10 \times (1+0.809) = 18.09(元)$$
$$10 \times (1+1.0) = 20(元), 10 \times (1+1.191) = 21.91(元)$$
$$10 \times (1+1.382) = 23.82(元), 10 \times (1+1.809) = 28.09(元)$$

然后,再依照实际股价变动情形和该公司的实际情况做斟酌.

(2) 当多头市场结束,空头市场展开时,投资人最关心的问题是"低"在哪里? 同样,我们也不可能准确的得到,投资人可从黄金分割律中计算出跌势进行中的支撑价位,增强投资人逢低买进的信心.

例如,当上升行情结束前,某股票的最高价为 10 元,那么,股价反转下跌时,投资人可以预先计算出各阶段的支撑价位,也就是

$$10 \times (1-0.191) = 8.09(元)$$
$$10 \times (1-0.382) = 6.18(元)$$
$$10 \times (1-0.618) = 3.82(元)$$

然后,再依照实际股价变动情形和该公司的实际情况做斟酌.

在多数情况下,将黄金分割律运用于股票市场,投资人会发现,将其使用在指数研判上,有效性高于使用在个股上. 这是因为个股的投机性较强,容易被操纵,股票极易出现暴涨暴跌的走势,这样,如用刻板的计算公式寻找"顶"或"低"就会降低. 而对于指数寻找"顶"或"低"相对好一些,人为因素虽然也存在,但较之个股来说要缓和得多,因此,预判"顶"或"低"的准确性就需要高些.

练习题 2

1.要设计一座 2 m 高的维纳斯女神雕像,使雕像的上部 AC(肚脐以上)与下部 BC(肚脐以下)的高度比等于下部与全部的高度比,即点 C(肚脐)就叫作线段 AB 的黄金分割点,这个比值叫作黄金分割比. 试求出雕像下部设计的高度以及这个黄金分割比(结果精确到 0.001)?

2.一般认为,如果一个人的肚脐以上的高度与肚脐以下的高度符合黄金分割,则这个人身材好看协调.一个参加空姐选拔活动的选手,其肚脐以上部分长 65 cm,以下部分长 95 cm.那么她应该穿多高的鞋子好看(精确到 1 cm)(参考数据:黄金分割数为 $\frac{\sqrt{5}-1}{2}$,$\sqrt{5} \approx 2.236$)?

3.(1990 年第六届全国部分省市初中数学竞赛题) 若 $x = \frac{-1+\sqrt{5}}{2}$,求

$x^4 + x^2 + 2x - 1$ 的值.

4. (1998 年上海市初二数学竞赛题) 已知 $x = \dfrac{1+\sqrt{5}}{2}$,求 $\dfrac{x^3+x+1}{x^5}$.

5. (1993 年初中数学竞赛) 已知 α,β 是方程 $x^2 - x - 1 = 0$ 的两个实根,求 $\alpha^4 + 3\beta$ 的值.

6. 试证:黄金长方体表面积与它外接球表面积的比是 $\Phi:\pi$.

7. 以黄金椭圆的中心为圆心,过椭圆焦点的圆为焦点圆,则黄金椭圆与其焦点圆的公切线的斜率的平方为 ω.

8. 设 $f_0 = 0, f_1 = 1, f_{n+2} = f_{n+1} + f_n, n = 0,1,2,\cdots$. 设 $x_1 \in \mathbf{R}, x_n = \dfrac{f_{n-1} + f_{n-2}x}{f_n + f_{n-1}x}, n = 2,3,\cdots$. 若 $x_{2\,004} = \dfrac{1}{x_1} - 1$,求 x_1 的值.

9. 若在底面半径为 R 的圆柱内求一内接圆台,使其体积恰好为圆柱体积的三分之二,求这个圆台上下底半径之比.

10. $\triangle ABC$ 的三边为 a,b,c,若 $|a-b| \leqslant |a-c|$,$|a-b| \leqslant |b-c|$,求 $\dfrac{b}{a}$ 的取值范围.

11. 平面上任意给定五点,其中任意三点可以组成一个三角形,每个三角形都有一个面积,令最大面积与最小面积之比为 $\mu_s \geqslant \omega = \dfrac{\sqrt{5}-1}{2}$.

12. (第 32 届国际教学竞赛预选题) 已知正数数列 $\{a_n\}$ 满足 $a_0 = 1, a_1 = x$,并且对所有 n,有 $a_n = a_{n+1} + a_{n+2}$,试求 x 的值.

13. 已知 13 只动物中有 1 只患有某种疾病,需要通过化验血液来确定患病的动物,血液化验结果呈阳性的即为患病动物,呈阴性的即为没患病动物. 求最少化验多少次一定可以找到那只患有某种疾病的动物?

14. (2010 年葡萄牙数学奥林匹克) 证明:对任意的三角形都存在某两边长 a,b,满足 $\dfrac{\sqrt{5}-1}{2} < \dfrac{a}{b} < \dfrac{\sqrt{5}+1}{2}$.

Fibonacci 数列的若干性质

Fibonacci 数列在自然科学和数学的各个分支中有着十分广泛的应用,在应用中主要利用 Fibonacci 数列本身的一些奇妙而优美的性质.本章主要利用递推关系 $f_{n+2}=f_{n+1}+f_n$(这一关系是1634年数学家 Strange 发现)及通项公式和数学归纳法来证明和讨论这些优美而有趣的性质.

3.1　Fibonacci 数列的通项公式

(1)Fibonacci 数列通项公式

$$f_n = \frac{1}{\sqrt{5}}\left[\left(\frac{1+\sqrt{5}}{2}\right)^n - \left(\frac{1-\sqrt{5}}{2}\right)^n\right]$$

Fibonacci 数列通项公式首先是 1730 年由法国数学家 De Moivre 给出的,当时他并没有给出证明,后来是由法国另一位数学家 Binet 于 19 世初第一个给出了这个公式的证明,因此,我们把这个公式也叫作 Binet 公式.

我们知道 Fibonacci 数列有递推关系 $f_{n+2}=f_{n+1}+f_n$,$f_1=f_2=1$,由此,我们看到数列 $\{f_n\}$ 是一个非常典型又十分简单的二阶线性递推数列.关于求线性递推数列通项公式在组合数学书中有介绍,事实上,寻找这个公式并不需要十分深奥的数学知识,只需一点技巧把这一递推关系转化成等比递推关系即

Fibonacci 数列中的
明珠

可,这个问题一般高中学生都可以解决.

我们设想,若有

$$f_{n+2} - \alpha f_{n+1} = \beta(f_{n+1} - \alpha f_n) \qquad ①$$

其中 α,β 是常数,则数列 $\{f_{n+1} - \alpha f_n\}$ 显然是以 $f_2 - \alpha f_1$ 为首项,β 为公比的等比数列,于是我们当然要问,α,β 是否存在,若存在,怎样找 α,β 使 $f_{n+2} = f_{n+1} + f_n$ 变形为式 ①. 实际上这并不困难,只需将上式展开整理,得

$$f_{n+2} = (\alpha + \beta)f_{n+1} - \alpha\beta f_n$$

与

$$f_{n+2} = f_{n+1} + f_n$$

比较得

$$\alpha + \beta = 1, \alpha\beta = -1$$

这里的 α,β 恰好是一元二次方程 $x^2 - x - 1 = 0$ 的两个实根,由于 $\alpha + \beta$ 与 $\alpha\beta$ 是对称的,于是,可将 α,β 对换,得另一个关系

$$f_{n+2} - \beta f_{n+1} = \alpha(f_{n+1} - \beta f_n) \qquad ②$$

由式 ① 得

$$f_{n+1} - \alpha f_n = (f_2 - \alpha f_1)\beta^{n-1} \qquad ③$$

由式 ② 得

$$f_{n+1} - \beta f_n = (f_2 - \beta f_1)\alpha^{n-1} \qquad ④$$

由式 ③ － ④ 得

$$(\beta - \alpha)f_n = (f_2 - \alpha f_1)\beta^{n-1} - (f_2 - \beta f_1)\alpha^{n-1} \qquad ⑤$$

将 $f_1 = f_2 = 1, \alpha + \beta = 1, \alpha\beta = -1$,即

$$\alpha = \frac{1+\sqrt{5}}{2}, \beta = \frac{1-\sqrt{5}}{2}$$

代入式 ⑤,得

$$f_n = \frac{\alpha^n - \beta^n}{\alpha - \beta}$$

即

$$f_n = \frac{1}{\sqrt{5}}\left[\left(\frac{1+\sqrt{5}}{2}\right)^n - \left(\frac{1-\sqrt{5}}{2}\right)^n\right]$$

关于这个公式的推导和证明还有其他的方法,在以后的章节中有介绍.

下面我们再给出另外形式的 Fibonacci 数列的通项公式.

(2) $$f_n = \sum_{i=0}^{k} C_{n-i}^{i}$$

其中 $k = \left[\dfrac{n+1}{2}\right]$,规定 $C_n^0 = 1$. 若 $n < m$,则 $C_n^m = 0$.

49

$$(3) \qquad f_n = \frac{1}{\sqrt{5}}[\alpha^n] + \frac{1-(-1)^n}{2}$$

其中 $[x]$ 表示不超过 x 的最大整数，$\alpha = \frac{1+\sqrt{5}}{2}$.

$$(4) \qquad f_n \approx \frac{\alpha^n}{2.236}$$

其中 $\alpha = \frac{1+\sqrt{5}}{2}$，$n \gg 1$（$\gg$ 表示远大于）.

$$(5) \qquad f_n = \begin{vmatrix} 1 & -1 & 1 & -1 & 1 & \cdots \\ 1 & 1 & 0 & 1 & 0 & \cdots \\ 0 & 1 & 1 & 0 & 1 & \cdots \\ 0 & 0 & 1 & 1 & 0 & \cdots \\ \vdots & \vdots & \vdots & \vdots & \vdots & \\ 0 & 0 & 0 & 0 & 0 & \cdots \end{vmatrix}$$

这个行列式是 $n-1$ 阶行列式.

$$(6) \qquad \begin{bmatrix} f_n \\ f_{n-1} \end{bmatrix} = \begin{pmatrix} 1 & 1 \\ 1 & 0 \end{pmatrix}^n \begin{pmatrix} 0 \\ 1 \end{pmatrix}$$

3.2 Fibonacci 数的二元多项式表示

1. 若 $F(x,y) = x+y$（其中 x,y 是任何相邻两个 Fibonacci 数），则 $F(x,y)$ 是 Fibonacci 数.

2. 若 $F(x,y) = x^2 + y^2$（其中 x,y 是任何相邻两个 Fibonacci 数），则 $F(x,y)$ 是 Fibonacci 数.

3. 若 $F(x,y) = x^2 - y^2$（其中 $x > y$，x,y 是任何相邻两个 Fibonacci 数），则 $F(x,y)$ 是 Fibonacci 数.

4. 若 $F(x,y) = x^2 - 2xy + 2y^2$（其中 $x > y$，x,y 是任何相邻两个 Fibonacci 数），则 $F(x,y)$ 是 Fibonacci 数.

下面两个二元五次多项式是 1987 年由胡久稔给出的[6].

5. 若 $F(x,y) = -x^5 + 2x^4 y + x^3 y^2 - 2x^2 y^3 - xy^4 + 2x$（其中 x,y 是任何相邻两个 Fibonacci 数），则 $F(x,y)$ 是 Fibonacci 数.

6. 若 $F(x,y) = -y^5 + 2y^4 x + y^3 x^2 - 2y^2 x^3 - yx^4 + 2y$（其中 x,y 是任何相邻两个 Fibonacci 数），则 $F(x,y)$ 是 Fibonacci 数.

以上两个二元五次多项式是对偶形式，并且有 $F(f_{2k}, f_{2k-1}) = f_{2k}$，$F(f_{2k+1}, f_{2k}) = f_{2k+1}$.

7. 若 $F(x,y)=7y^4x^2-7y^2x^4-5yx^5+y^3x^3+y^5x-2y^6+3yx+2y^2+2y-x^6+x^2+x$(其中 x,y 是任何相邻两个 Fibonacci 数),则 $F(x,y)$ 是 Fibonacci 数(这个二元六次多项式是 1988 年由加拿大数学家 Jones(琼斯)给出的).

3.3 Fibonacci 数列的 Cassini 等式

下面的加法定理是以后我们证明或研究 Fibonacci 数列性质的一个非常重要的定理. 这个定理具有公式的对称美和形式的简洁美.

定理 1(加法定理或 Cassini 等式) 设数列 $\{f_n\}$ 是 Fibonacci 数列,即 $f_1=f_2=1,f_{n+2}=f_{n+1}+f_n$,则 $f_{n+m}=f_mf_{n-1}+f_nf_{m+1}$.

证明 对 m 使用归纳法.

由 Fibonacci 数列定义,对任何正整数都有 $f_{n+2}=f_{n+1}+f_n$,约定 $f_0=0$.

(1) 当 $m=1$ 时,结论成立

$$f_{n+1}=f_{n-1}+f_n=f_1f_{n-1}+f_nf_2$$

当 $m=2$ 时

$$f_{n+2}=f_{n+1}+f_n=f_{n-1}+2f_n=f_2f_{n-1}+f_nf_3$$

(2) 假设当 $m=k-1,m=k$ 时,结论成立,即

$$f_{n+k-1}=f_{k-1}f_{n-1}+f_nf_k$$

$$f_{n+k}=f_kf_{n-1}+f_nf_{k+1}$$

则当 $m=k+1$ 时

$$\begin{aligned}
f_{n+k+1}&=f_{n+k}+f_{n+k-1}\\
&=f_{n-1}f_{k-1}+f_nf_k+f_kf_{n-1}+f_nf_{k+1}\\
&=(f_{k-1}+f_k)f_{n-1}+(f_k+f_{k+1})f_n\\
&=f_{k+1}f_{n-1}+f_{k+2}f_n
\end{aligned}$$

即当 $m=k+1$ 时,结论成立.

由数学归纳法原理,对一切自然数 m 都成立,由 n 的任意性,故对一切正整数 m,都有

$$f_{n+m}=f_mf_{n-1}+f_nf_{m+1}$$

加法定理的构造证明:构造一个集合

$$N_{n+m}=\{1,2,\cdots,n-1,n,n+1,\cdots,n+m\}$$

由前面已证明:$N_n=\{1,2,\cdots,n-1,n\}$ 间隔子集(即不含相邻元素的子集) 个数为 Fibonacci 数 f_{n+2},则 $N_{n+m}=\{1,2,\cdots,n-1,n,n+1,\cdots,n+m\}$,故集合 N_{n+m} 间隔子集个数为 Fibonacci 数 f_{n+m+2}.

51

下面我们将集合 N_{n+m} 的间隔子集按含有 n 和不含有 n 划分为两类 E_1,E_2.

（1）若集合 N_{n+m} 的间隔子集包含 n，则间隔子集一定不含 $n-1$ 和 $n+1$. 这样将集合 N_{n+m} 中的元素分成大于 n 或小于 n 两个集合

$$E_1 = \{1,2,\cdots,n-2\}, E_2 = \{n+2,\cdots,n+m\}$$

来求 N_{n+m} 的间隔子集的个数. 由分步计数原理得 $f_n f_{m+1}$.

（2）若集合 N_{n+m} 的间隔子集不包含 n，这样将集合 N_{n+m} 中的元素分成大于 n 或小于 n 的两个集合

$$E_1 = \{1,2,\cdots,n-1\}, E_2 = \{n+1,\cdots,n+m\}$$

来求 N_{n+m} 的间隔子集的个数. 由分步计数原理得 $f_{n+1} f_{m+2}$.

故由分类计数原理得

$$f_{n+m+2} = f_n f_{m+1} + f_{n+1} f_{m+2}$$

即

$$f_{n+m} = f_{n-1} f_m + f_n f_{m+1}$$

这个定理也可直接用通项公式证明，以后我们还将介绍用母函数方法证明.

广义加法定理

$$f_{i+j+k} = f_{i+1} f_{j+1} f_{k+1} + f_i f_j f_k - f_{i-1} f_{j-1} f_{k-1}$$

推论 1　$f_{2n-1} = f_{n-1}^2 + f_n^2$.

推论 2　$f_{2n} = f_{n+1}^2 - f_{n-1}^2$.

定理 2　设 $\{f_n\}$ 是 Fibonacci 数列，则

$$f_n^2 = f_{n-m} f_{n+m} + (-1)^{m+n} f_m^2 \quad (n > m, m,n \in \mathbf{N}_+)$$

下面我们用 Binet 公式来证明这个定理.

证明

$$
\begin{aligned}
f_n^2 - f_{n-m} f_{n+m} &= \left(\frac{\alpha^n - \beta^n}{\alpha - \beta}\right)^2 - \frac{\alpha^{n-m} - \beta^{n-m}}{\alpha - \beta} \cdot \frac{\alpha^{n+m} - \beta^{n+m}}{\alpha - \beta} \\
&= \frac{\alpha^{2n} + \beta^{2n} - 2(-1)^n - (\alpha^{2n} + \beta^{2n} - \alpha^{n+m}\beta^{n-m} - \alpha^{n-m}\beta^{n+m})}{(\alpha - \beta)^2} \\
&= \frac{(\alpha\beta)^{n-m}\alpha^{2m} + (\alpha\beta)^{n-m}\beta^{2m} - 2(-1)^n}{(\alpha - \beta)^2} \\
&= \frac{(-1)^{n-m}(\alpha^{2m} - 2\alpha^m\beta^m + \beta^{2m})}{(\alpha - \beta)^2} \\
&= (-1)^{n-m}\left(\frac{\alpha^m - \beta^m}{\alpha - \beta}\right)^2 \\
&= (-1)^{n-m} f_m^2
\end{aligned}
$$

即

$$f_n^2 - f_{n-m} f_{n+m} = (-1)^{n-m} f_m^2$$

52

推论 3 $f_n^2 - f_{n-1}f_{n+1} = (-1)^{n-1}$(1680 年法国数学家 Cassini 发现).

推论 4 $f_n^2 - f_{n-2}f_{n+2} = (-1)^{n-2}$.

定理 2 可推广得定理 3.

定理 3 $\{f_n\}$ 是 Fibonacci 数列,则

$$f_{n+m}f_k = f_n f_{k+m} + (-1)^{k+1}f_{n-k}f_m$$

推论 5 $f_n^2 = f_{2n-k}f_k + (-1)^{n-1}f_{n-k}^2$.

定理 4 (1)$f_{n+2k} + f_{n-2k} = f_n(f_{2k-1} + f_{2k+1})$;

(2)$f_{n+2k+1} - f_{n-2k-1} = f_n(f_{2k} + f_{2k+2})$.

证明 (1)

$$
\begin{aligned}
f_{n+2k} + f_{n-2k} &= \frac{\alpha^{n+2k} - \beta^{n+2k}}{\alpha - \beta} + \frac{\alpha^{n-2k} - \beta^{n-2k}}{\alpha - \beta}\\
&= \frac{\alpha^n(\alpha^{2k} + \alpha^{-2k})}{\alpha - \beta} - \frac{\beta^n(\beta^{2k} + \beta^{-2k})}{\alpha - \beta} \quad (\text{因为 } \alpha\beta = -1)\\
&= \frac{\alpha^n(\alpha^{2k} + \beta^{2k})}{\alpha - \beta} - \frac{\beta^n(\beta^{2k} + \alpha^{2k})}{\alpha - \beta}\\
&= \frac{\alpha^n - \beta^n}{\alpha - \beta}(\alpha^{2k} + \beta^{2k})\\
&= f_n L_{2k} \quad (\text{因为 } L_n = f_{n-1} + f_{n+1})\\
&= f_n(f_{2k-1} + f_{2k+1})
\end{aligned}
$$

有关这方面的性质还有如下等式

$$f_p f_q - f_{p+1}f_{q+1} = (-1)^{q-1}f_{p-q+1} \quad (\text{Ocagne})$$

$$4f_n f_{n+1} = f_{n+2}^2 - f_{n-1}^2 \quad (\text{Simson})$$

$$f_n f_{n-1} = f_n^2 - f_{n-1}^2 + (-1)^n$$

$$f_n^2 - f_{n-m}f_{n+m} = (-1)^{n-m}f_m^2 \quad (\text{Catalan})$$

$$f_{n-k}f_{m+k} - f_n f_m = (-1)^n f_{m-n-k}f_k$$

定理 5 定理 3 的更一般结论

$$f_m f_n - f_i f_j = (-1)^r(f_{m-r}f_{n-r} - f_{i-r}f_{j-r})$$

其中 $m + n = i + j$.

Cassini,Giovanni Domenico(卡西尼,1625—1712),意大利人,常自称 Jean Dominque. 他是天文学家,曾任巴黎天文台台长,法国科学院院士. 在天文学上有许多重要贡献,如发现了土星的 4 个卫星,证明了水星是会旋转的,等等. 在数学方面,有一种卵形线被称为 Cassini 卵形线(即到两个点的距离之积为一定值的轨迹),这是他发现的. 1680 年 Cassini 发现

$$f_n^2 - f_{n-1}f_{n+1} = (-1)^{n-1}$$

Simson,Robert(西姆森,1687—1768),英国数学家. 生于苏格兰埃尔郡西基布里德,卒于格拉斯哥. 1701 年就学于格拉斯哥大学. 1711 年任该校数学教

授,主要研究古希腊数学,他所注释的 Euclid 的《几何原本》(1756,1762)和 Apollonius(阿波罗尼奥斯)等人的著作长期为英国学者引用,他还撰写过有关 Newton 流数术、几何的代数分析、对数理论及力学、几何光学等方面的论著,在初等几何学中有以他名字命名的"Simson 线".

Catalan,Eugene,Charles(卡塔兰,1814—1894)比利时数学家.生于布鲁日(Brugge),早年在巴黎综合工科学校就学.1856 年,任列日(Liege)大学数学教授,并被选为布鲁塞尔科学院院士.Catalan 一生共发表 200 多种涉及各数学领域的论著.在微分几何中,他证明了下列所谓 Catalan 定理:当一个直纹曲线是平面和一般的螺旋面时,它只能是实的极小曲面,他还和 Jacobi(雅可比)同时解决了多重积分的变量替换问题,建立了有关的公式.他还在函数论、Bernoulli 数和其他领域也做出了一定的贡献.

3.4 Fibonacci 数列与 Lucas 数列的关系及其性质

Francois-Edouard-Anatole Lucas(弗朗索瓦·爱德华·阿纳托尔·卢卡斯,1842—1891),出生于法国亚眠,就读于巴黎高等师范学院.在完成学业后,他在巴黎天文台当助手.普法战争时期他曾担任过炮兵军官,战后他在一所中学当老师,他是一位杰出而又幽默的老师.Lucas 非常喜欢计算并有过设计计算机的计划,然而不幸的是这些从来没有实现过.除了对数论的贡献外,Lucas 也因为在趣味数学方面的作品而留名,他在这个领域最有名的贡献就是著名的汉诺塔问题.一个奇异的突发事件导致了他的死亡,在一次宴会上,他被突然掉落的盘子的碎片划伤了脸颊,几天后他死于伤口感染.

Lucas 是 19 世纪的法国数学家,并以研究 Fibonacci 数列而著名,他还发现了另一种类似的数列——Lucas 数列.他是第一个使用 Fibonacci 数列进行数学研究的人.Lucas 的生平有些不寻常,他一开始在巴黎天文台工作,后来成为一名专业数学家,期间曾在陆军服役.

Lucas 数列与 Fibonacci 数列是有相同递推关系 $a_{n+2} = a_{n+1} + a_n$ 且初始值不同的两个重要数列,Lucas 数列的初始值为 $a_1 = 1, a_2 = 3$,Fibonacci 数列的初始值为 $a_1 = a_2 = 1$.

这两个数列有十分密切的关系,用它们的性质及关系研究整除、质数、不定

54

方程和数学的其他性质非常有效. 为了更方便地使用这些关系和性质,下面将给出 Fibonacci 数列与 Lucas 数列之间的关系及其性质.

首先给出 Lucas 数列的通项公式

$$L_n = \left(\frac{1+\sqrt{5}}{2}\right)^n + \left(\frac{1-\sqrt{5}}{2}\right)^n$$

Fibonacci 数列与 Lucas 数列之间的关系及其性质:

(1) $L_{n+1} = f_{n+2} + f_n$;

(2) $f_{2n} = f_n L_n$;

(3) $L_{2n} = L_n^2 + 2(-1)^{n+1}$;

(4) $L_{2n+1} = L_{n+1}^2 - 5f_n^2$;

(5) $L_{2n+1} = L_{n+2}^2 + 2f_n f_{n-1}$;

(6) $L_n^2 - 5f_n^2 = 4(-1)^n$;

(7) $L_{2n+1} = L_{n+2} L_{n-1} + 4(-1)^n$;

(8) $2f_{n+m} = f_m L_n + f_n L_m$;

(9) $2L_{n+m} = 5f_n f_m + L_n L_m$;

(10) $L_n^2 - L_{n-m} L_{n+m} = 5(-1)^{n+m+1} f_m^2$;

(11) $L_n^2 - L_{n-m} L_{n+m} = (-1)^{n+m+1} L_m^2 - 4(-1)^m$;

(12) $f_n = \dfrac{1}{5}(L_{n+1} + L_{n-1})$;

(13) $f_{n+m} - (-1)^m f_{n-m} = f_n L_m$;

(14) $L_{n+m} + (-1)^{m+1} L_{n-m} = 5f_n f_m$;

(15) $\left(\dfrac{L_n + \sqrt{5} f_n}{2}\right)^p = \dfrac{L_{np} + \sqrt{5} f_{np}}{2}$;

(16) $L_n = \left[\left(\dfrac{1+\sqrt{5}}{2}\right)^n\right] + \dfrac{1+(-1)^n}{2}$,其中$[x]$表示不大于$x$的最大整数;

(17) $\left|\dfrac{f_{5n}}{f_n} - \dfrac{L_{5n}}{L_n}\right| = 2L_{2n}$;

(18)① 若 Fibonacci 数列$\{f_n\}$,f_n 是奇数,则 Lucas 数列$\{L_n\}$也是奇数,并有$(f_n, L_n) = 1$;

② 若 Fibonacci 数列$\{f_n\}$,f_n 是偶数,则 Lucas 数列$\{L_n\}$也是偶数,并有$(f_n, L_n) = 2$;

(19) Lucas 数列$\{L_n\}$相邻 k 项之间的关系

$$\sum_{i=1}^{r} a_i L_{n+i-1} L_{n+k-i} = bL_{n+r}^2 \quad (\text{其中 } r = \frac{k-1}{2}, k \text{ 为奇数})$$

$$\sum_{i=1}^{r} a_i L_{n+i-1} L_{n+k-i} = bL_{n+r} L_{n+r+1} \quad (\text{其中 } r = \frac{k}{2} - 1, k \text{ 为偶数})$$

其中 $\sum_{i=1}^{r} a_i = b, k$ 为奇数，$r = \dfrac{k-1}{2}$，则

$$\begin{cases} \sum_{i=1}^{r} a_i = b \\ \sum_{i=1}^{r} a_i L_{i-1} L_{k-i} = b L_r^2 \end{cases}$$

k 为偶数，$r = \dfrac{k}{2} - 1$，则

$$\begin{cases} \sum_{i=1}^{r} a_i = b \\ \sum_{i=1}^{r} a_i L_{i-1} L_{k-i} = b L_r L_{r+1} \end{cases}$$

可参照第 5 章母函数法证明 Fibonacci 数列 $\{f_n\}$ 相邻 k 项之间的关系.

3.5　Fibonacci 数列相邻几项之间的关系

(1) 相邻两项之间的关系.

① $f_{n-1} + \alpha f_n = \beta^{n+1}, f_{n-1} + \beta f_n = \alpha^{n+1}, n \geqslant 2$ 或 $f_{n-1} + \alpha f_n = \alpha^n, f_{n-1} + \beta f_n = \beta^n$，其中 α, β 是方程 $x^2 - x - 1 = 0$ 的两个根，$\alpha + \beta = 1, \alpha\beta = -1$.

用数学归纳法不难证明.

② $f_n = \dfrac{1}{2}(f_{n-1} + \sqrt{5f_{n-1}^2 + 4(-1)^n}), f_1 = 1$.

证明　因为

$$f_n^2 - f_{n-1} f_{n+1} = (-1)^{n-1} = f_n^2 - f_{n-1}(f_{n-1} + f_n) + (-1)^{n-1}$$
$$= f_n^2 - f_{n-1} f_n - (f_{n-1}^2 + (-1)^n) = 0$$

故 f_n 为二次方程 $x^2 - f_{n-1} x - (f_{n-1}^2 + (-1)^n) = 0$ 的正根.

由求根公式得

$$f_n = \dfrac{1}{2}(f_{n-1} + \sqrt{5f_{n-1}^2 + 4(-1)^n})$$

成立.

③ $f_{n+1} = \left[\dfrac{1+\sqrt{5}}{2} f_n + \dfrac{1}{2}\right]$，其中 $[x]$ 表示不大于 x 的最大整数.

(2) 相邻三项之间的关系.

① $f_{n+2} = f_{n+1} + f_n, f_1 = f_2 = 1$；

56

②$f_n^2 - f_{n-1}f_{n+1} = (-1)^{n-1}, n \geqslant 2.$

证明 由相邻两项关系得

$$(f_{n-1} + \alpha f_n)(f_{n-1} + \beta f_n) = (\alpha\beta)^{n+1}$$

所以

$$f_{n-1}^2 + (\alpha + \beta)f_{n-1}f_n + \alpha\beta f_n^2 = (-1)^{n+1}$$

因此

$$f_{n-1}(f_{n-1} + f_n) - f_n^2 = (-1)^{n+1}$$

故

$$f_n^2 - f_{n-1}f_{n+1} = (-1)^{n+1} = (-1)^{n-1}$$

（3）相邻四项间的关系.

①$f_{n-1}f_{n+2} - f_n f_{n+1} = (-1)^n, n \geqslant 2;$

证明 因为

$$\begin{aligned}
f_{n-1}f_{n+2} - f_n f_{n+1} &= (f_{n+1} + f_n)f_{n-1} - f_{n+1}f_n \\
&= f_{n+1}f_{n-1} + f_n f_{n-1} - f_{n+1}f_n \\
&= f_n^2 - (-1)^{n-1} + f_n(f_{n-1} - f_{n+1}) \\
&= f_n^2 - (-1)^{n-1} - f_n^2 = (-1)^n
\end{aligned}$$

所以

$$f_{n-1}f_{n+2} - f_n f_{n+1} = (-1)^n$$

②$f_n f_{n+4} - f_{n+3}f_{n+1} = 2(-1)^{n-1};$

证明 因为

$$f_{n+1}f_{n+2} - f_n f_{n-1} = (-1)^{n-1}$$

所以

$$f_{n+1}f_{n+4} - f_{n+3}f_{n+2} = (-1)^{n+2} = -(-1)^{n-1}$$

又因为

$$f_{n+4}f_{n+2} - f_{n+3}^2 = (-1)^{n+3} = (-1)^{n-1}$$

这两式相减,得

$$f_{n+4}(f_{n+2} - f_{n+1}) + f_{n+3}(f_{n+2} - f_{n+3}) = 2(-1)^{n-1}$$

所以

$$f_n f_{n+4} - f_{n+3}f_{n+1} = 2(-1)^{n-1}$$

③$f_{n-1}f_{n+4} - f_{n+3}f_n = 3(-1)^n;$

④$f_{n+1}^2 - f_{n+4}f_{n-2} = 4(-1)^n;$

⑤$f_{n-2}f_{n+4} - f_{n+3}f_{n-1} = 5(-1)^{n-1};$

⑥$(f_n f_{n+3})^2 + (2f_{n+1}f_{n+2})^2 = (f_{n+1}^2 + f_{n+2}^2)^2;$

⑦$4f_n f_{n+1} = f_{n+2}^2 - f_{n-1}^2;$

⑧$f_{n+3}^2 + f_n^2 = 2(f_{n+1}^2 + f_{n+2}^2);$

57

⑨$f_{n+3}f_{n+1} + f_n f_{n+2} + f_{n+1}f_n = f_{n+3}f_{n+2}$.

（4）相邻五项之间的关系.

①$f_n^4 - f_{n-2}f_{n-1}f_{n+1}f_{n+2} = 1$;

证明 因为

$$f_n^2 - f_{n-1}f_{n+1} = (-1)^{n-1}$$

两边平方，得

$$f_n^4 - 2f_n^2 f_{n-1}f_{n+1} + f_{n-1}^2 f_{n+1}^2 = 1$$

$$f_n^4 - f_{n-1}f_{n+1}(2f_n^2 - f_{n-1}f_{n+1}) = 1$$

所以

$$f_n^4 - f_{n-1}f_{n+1}[f_n^2 + (f_n f_{n+1} - f_n f_{n-1}) - f_{n-1}f_{n+1}] = 1$$

因此

$$f_n^4 - f_{n-1}f_{n+1}[(f_n - f_{n-1})(f_n + f_{n+1})] = 1$$

故

$$f_n^4 - f_{n-2}f_{n-1}f_{n+1}f_{n+2} = 1$$

②$f_n f_{n+4} + f_{n+3}f_{n+1} = 2f_{n+2}^2$;

证明 因为

$$f_n f_{n+4} + f_{n+3}f_{n+1}$$
$$= f_n f_{n+3} + f_n f_{n+2} + (f_{n+2} - f_n)(f_{n+2} + f_{n+1})$$
$$= f_n f_{n+3} + f_n f_{n+2} + f_{n+2}^2 - f_n f_{n+1} - f_n f_{n+2} + f_{n+2}f_{n+1}$$
$$= f_{n+2}^2 + f_n(f_{n+2} - f_{n+1} + f_{n+1}) + f_{n+1}f_{n+2}$$
$$= f_{n+2}^2 + f_n f_{n+2} + f_{n+1}f_{n+2}$$
$$= f_{n+2}^2 + f_{n+2}(f_n + f_{n+1}) = 2f_{n+2}^2$$

所以

$$f_n f_{n+4} + f_{n+3}f_{n+1} = 2f_{n+2}^2$$

③$(f_n f_{n+4})^2 - (f_{n+1}f_{n+3})^2 = (-1)^{n+1}(2f_{n+2}^2)^2$.

（5）相邻六项之间的关系

$$f_n f_{n+5} + 2f_{n+4}f_{n+1} = 3f_{n+2}f_{n+3}$$

证明 由递推关系得

$$f_{n+4} = f_{n+3} + f_{n+2} = 3f_{n+1} + 2f_n$$

$$f_{n+5} = f_{n+4} + f_{n+3} = 5f_{n+1} + 3f_n$$

先将

$$f_{n+2} = f_{n+1} + f_n, f_{n+3} = f_n + 2f_{n+1}$$

两式相乘，得

$$f_{n+3}f_{n+2} = f_n^2 + 3f_{n+1}f_n + 2f_{n+1}^2$$

再将上两式分别在两端同乘以 f_n, f_{n+1}，得

58

$$f_{n+4}f_{n+1} = 2f_{n+1}f_n + 3f_{n+1}^2$$
$$f_{n+5}f_n = 5f_{n+1}f_n + 3f_n^2$$

则

$$f_{n+5}f_n + 2f_{n+4}f_{n+1} = 5f_{n+1}f_n + 3f_n^2 + 4f_{n+1}f_n + 6f_{n+1}^2$$
$$= 3f_n^2 + 9f_{n+1}f_n + 6f_{n+1}^2 = 3f_{n+2}f_{n+3}$$

(6) 相邻七项之间的关系

$$f_n f_{n+6} + 5f_{n+1}f_{n+5} + f_{n+2}f_{n+4} = 7f_{n+3}^2$$

(7) 相邻八项之间的关系

$$f_n f_{n+7} + 4f_{n+1}f_{n+6} + 2f_{n+2}f_{n+5} = 7f_{n+3}f_{n+4}$$

(8) 相邻九项之间的关系.

① $f_n f_{n+8} + 2f_{n+1}f_{n+7} + f_{n+2}f_{n+6} + 2f_{n+3}f_{n+5} = 6f_{n+4}^2$;

② $f_{n+4}f_{n+9}f_{n+2} + f_{n+3}f_{n+5}f_{n+7} + f_{n+8}f_{n+1}f_{n+6} = f_{n+4}f_{n+3}f_{n+8} + f_{n+9}f_{n+5}f_{n+1} + f_{n+2}f_{n+7}f_{n+6}$.

证明

$$左边 = f_{n+8}f_{n+4}f_{n+2} + f_{n+7}f_{n+4}f_{n+2} + f_{n+3}f_{n+5}f_{n+7} + f_{n+8}f_{n+1}f_{n+6}$$
$$= f_{n+8}f_{n+4}f_{n+3} - f_{n+8}f_{n+4}f_{n+1} + f_{n+3}f_{n+5}f_{n+7} + f_{n+8}f_{n+1}f_{n+6}$$
$$= f_{n+8}f_{n+4}f_{n+3} - f_{n+8}f_{n+4}f_{n+1} + f_{n+2}f_{n+5}f_{n+7} +$$
$$f_{n+1}f_{n+5}f_{n+7} + f_{n+8}f_{n+1}f_{n+6}$$
$$右边 = f_{n+4}f_{n+3}f_{n+8} + f_{n+8}f_{n+5}f_{n+1} + f_{n+7}f_{n+5}f_{n+1} + f_{n+2}f_{n+7}f_{n+6}$$
$$= f_{n+4}f_{n+3}f_{n+8} + f_{n+8}f_{n+6}f_{n+1} - f_{n+8}f_{n+4}f_{n+1} +$$
$$f_{n+7}f_{n+5}f_{n+1} + f_{n+2}f_{n+7}f_{n+6}$$

所以

$$左边 = 右边$$

这个等式用行列式证明更简单.

(9) 相邻 k 项之间的关系.

① 系数均为正整数[7]

$$\sum_{i=1}^r a_i f_{n+i-1}f_{n+k-i} = b f_{n+r}^2 \quad (其中\ r = \frac{k-1}{2}, k\ 为奇数)$$

$$\sum_{i=1}^r a_i f_{n+i-1}f_{n+k-i} = b f_{n+r}f_{n+r+1} \quad (其中\ r = \frac{k}{2}-1, k\ 为偶数)$$

其中 $\sum_{i=1}^r a_i = b, k$ 为奇数, $r = \frac{k-1}{2}$, 则

$$\begin{cases} \sum\limits_{i=1}^r a_i = b \\ \sum\limits_{i=1}^r a_i f_{i-1}f_{k-i} = b f_r^2 \end{cases}$$

59

k 为偶数，$r = \dfrac{k}{2} - 1$，则

$$\begin{cases} \displaystyle\sum_{i=1}^{r} a_i = b \\ \displaystyle\sum_{i=1}^{r} a_i f_{i-1} f_{k-i} = b f_r f_{r+1} \end{cases}$$

② 系数正负相间[8]

$$\sum_{i=0}^{2m-1} (-1)^i f_{n+i} f_{n+4m-2-i} = (-1)^{n-1} f_{2m-1} f_{2m}$$

$$\sum_{i=0}^{2m-1} (-1)^i f_{n+i} f_{n+4m-i} = (-1)^{n-1} f_{2m} f_{2m+1}$$

$$\sum_{i=0}^{2m-1} (-1)^i f_{n+i} f_{n+4m+1-i} = (-1)^{n-1} f_{2m} f_{2m+2}$$

$$\sum_{i=0}^{2m-1} (-1)^i f_{n+i} f_{n+4m-1-i} = (-1)^{n+1} f_{2m}^2$$

(10) 若干个相间和与相邻和的关系.

任意若干个相间（即下标之差为 2）的 Fibonacci 数的和，都是若干个相邻的 Fibonacci 数的和，即

$$f_n + f_{n+2} + \cdots + f_{n+2k} = f_{n-2} + f_{n-1} + f_n + f_{n+1} + \cdots + f_{n+2(k-1)} + f_{n+2k-1}$$

3.6 Fibonacci 数列的积商幂之间的关系

(1) 平方关系.

① $(f_{2n} f_{2n+2})^2 + (2f_{2n+1})^2 = (f_{2n-1} f_{2n+3})^2$；

②$(f_{2n+4} f_{2n})^2 + (2f_{2n+2})^2 = (f_{2n+3} f_{2n+1})^2$；

③ $(f_n f_{n+3})^2 + (2f_{n+1} f_{n+2})^2 = (f_{n+1}^2 + f_{n+2}^2)^2$；

④$4 f_n f_{n+1} = f_{n+2}^2 - f_{n-1}^2$；

⑤$f_1^2 + f_{2n+1}^2 + f_{2n+3}^2 = 3 f_1 f_{2n+1} f_{2n+3}$；

⑥$f_{n+3}^2 + f_n^2 = 2(f_{n+1}^2 + f_{n+2}^2)$.

证明　①　$(f_{2n-1} f_{2n+3})^2 - (f_{2n} f_{2n+2})^2$

$\qquad = (f_{2n+3} f_{2n-1} + f_{2n+2} f_{2n})(f_{2n+3} f_{2n-1} - f_{2n+2} f_{2n})$

$\qquad = (f_{2n+2} f_{2n-1} + f_{2n+1} f_{2n-1} + f_{2n+2} f_{2n}) \cdot$

$\qquad\quad (f_{2n+3} f_{2n-1} - f_{2n+2} f_{2n})$

$\qquad = (f_{2n+1} f_{2n+2} + f_{2n+1} f_{2n-1})(f_{2n+3} f_{2n-1} - f_{2n+2} f_{2n})$

60

$$= f_{2n+1}(f_{2n+2} + f_{2n-1})(f_{2n+3}f_{2n-1} - f_{2n+2}f_{2n})$$
$$= 2f_{2n+1}^2 \cdot 2\,(-1)^{2n} = (2f_{2n+1})^2$$

证明 ②　$(f_{2n+3}f_{2n+1})^2 - (f_{2n}f_{2n+4})^2$

$$= (f_{2n+3}f_{2n+1} + f_{2n+4}f_{2n})(f_{2n+3}f_{2n+1} - f_{2n+4}f_{2n})$$
$$= (f_{2n+3}f_{2n+1} + f_{2n+3}f_{2n} + f_{2n+2}f_{2n}) \cdot 2\,(-1)^{2n}$$
$$= (f_{2n+3}(f_{2n+1} + f_{2n}) + f_{2n+2}f_{2n}) \cdot 2\,(-1)^{2n}$$
$$= (f_{2n+3}f_{2n+2} + f_{2n+2}f_{2n}) \cdot 2\,(-1)^{2n}$$
$$= f_{2n+2}(f_{2n+3} + f_{2n}) \cdot 2$$
$$= (2f_{2n+2})^2$$

证明 ③　$(f_{n+1}^2 + f_{n+2}^2)^2 - (f_n f_{n+3})^2$

$$= (f_{n+1}^2 + f_{n+2}^2 + f_n f_{n+3})(f_{n+1}^2 + f_{n+2}^2 - f_n f_{n+3})$$
$$= (f_{n+1}^2 + f_{n+2}^2 + f_n f_{n+2} + f_n f_{n+1})(f_{n+1}^2 + f_{n+2}^2 - f_n f_{n+3})$$
$$= (f_{n+1}(f_{n+1} + f_n) + f_{n+2}^2 + f_n f_{n+2}) \cdot$$
$$\quad (f_{n+1}^2 + f_{n+2}^2 - f_n f_{n+2} - f_n f_{n+1})$$
$$= (f_{n+1}f_{n+2} + f_{n+2}^2 + f_n f_{n+2})(f_{n+1}^2 - f_n f_{n+1} + f_{n+2}^2 - f_n f_{n+2})$$
$$= 2f_{n+2}^2(f_{n+1}f_{n-1} + f_{n+2}f_{n+1})$$
$$= 2f_{n+2}^2 \cdot 2f_{n+1}^2 = (2f_{n+1}f_{n+2})^2$$

(2) 立方关系.

① $f_{3n} = f_{n+1}^3 + f_n^3 - f_{n-1}^3$；

② $f_n^3 = \dfrac{1}{5}(f_{3n} - 3\,(-1)^n f_n)$.

证明 ②　$f_n^3 = \dfrac{1}{(a-b)^3}\,(a^n - b^n)^3$

$$= \frac{1}{5(a-b)}(a^{3n} - b^{3n} - 3\,(ab)^n(a^m - b^m))$$
$$= \frac{1}{5}(f_{3n} - 3\,(-1)^n f_n)$$

(3) 四次方关系.

① $f_n^4 - f_{n-2}f_{n-1}f_{n+1}f_{n+2} = 1$；

② $f_n^4 = \dfrac{1}{25}(L_{4n} - 4\,(-1)^n L_{2n} + 6)$.

③ $(f_n^2 + f_{n+1}^2 + f_{n+2}^2)^2 = 2(f_n^4 + f_{n+1}^4 + f_{n+2}^4)$.

证明 ②　$f_n^4 = \dfrac{1}{(a-b)^4}\,(a^n - b^n)^4$

$$= \frac{1}{25}(a^{4n} + b^{4n} - 4\,(ab)^n(a^n + b^n) + 6\,(ab)^{2n})$$

$$= \frac{1}{25}(L_{4n} - 4(-1)^n L_n + 6)$$

(4)m 次方关系

$$f_{2n}^2 \sum_{k=0}^{m} C_m^k (-1)^{\left[\frac{m-k}{2}\right]} f_{n+k}^{m-1} = 0$$

其中$[x]$表示不超过 x 的最大整数.

(5) 倒数关系.

① $\dfrac{1}{f_{2n}} = \dfrac{1}{f_{2n+2}} + \dfrac{1}{f_{2n+1}} + \dfrac{1}{f_{2n}f_{2n+1}f_{2n+2}}$;

② $\dfrac{1}{f_{2n}} = \dfrac{\dfrac{1}{f_{2n-1}} - \dfrac{1}{f_{2n+1}}}{1 - \dfrac{1}{f_{2n-1}} \cdot \dfrac{1}{f_{2n+1}}}$;

③ $\dfrac{1}{f_{2n}} = \dfrac{\dfrac{1}{f_{2n+1}} + \dfrac{1}{f_{2n+2}}}{1 - \dfrac{1}{f_{2n+1}} \cdot \dfrac{1}{f_{2n+2}}}$;

④ $\dfrac{1}{f_{2n+1}} = \dfrac{\dfrac{1}{f_{2n}} - \dfrac{1}{f_{2n+2}}}{1 - \dfrac{1}{f_{2n}} \cdot \dfrac{1}{f_{2n+2}}}$.

证明 ① $\dfrac{1}{f_{2n+2}} + \dfrac{1}{f_{2n+1}} + \dfrac{1}{f_{2n}f_{2n+1}f_{2n+2}}$

$$= \frac{1}{f_{2n} + f_{2n-1}} + \frac{1}{f_{2n} + f_{2n+1}} + \frac{1}{f_{2n}(f_{2n} + f_{2n-1})(f_{2n+1} + f_{2n})}$$

$$= \frac{f_{2n}(f_{2n} + f_{2n+1}) + f_{2n}(f_{2n+1} + f_{2n-1}) + 1}{f_{2n}(f_{2n} + f_{2n-1})(f_{2n} + f_{2n+1})}$$

$$= \frac{2f_{2n}^2 + f_{2n}(f_{2n+1} + f_{2n-1}) + 1}{f_{2n}(f_{2n} + f_{2n-1})(f_{2n} + f_{2n+1})} \quad (因为\ f_{2n-1}f_{2n+1} = f_{2n}^2 + 1)$$

$$= \frac{(f_{2n} + f_{2n-1})(f_{2n} + f_{2n+1})}{f_{2n}(f_{2n} + f_{2n-1})(f_{2n} + f_{2n+1})} = \frac{1}{f_{2n}}$$

3.7 Fibonacci 数列倍数项之间的关系

(1) 二倍关系.

① $f_{2n} = f_n(f_{n-1} + f_{n+1})$;

② $f_{2n} = f_{n+1}^2 - 2f_{n+1}f_n + 2f_n^2$;

③ $f_{2n} = f_{n+1}^2 - 2f_{n+1}f_{n-1} + 2f_{n-1}^2$;

④$f_{2n} = f_{n+1}^2 - 2f_n f_{n-1}$;

⑤$f_{2n} = f_{n+1}^2 - f_{n-1}^2$;

⑥$f_{2n} = f_n^2 + f_{n-1}^2$.

（2）三倍关系.

①$f_{3n} = f_{n+1}^3 + f_n^3 - f_{n-1}^3$;

②$f_{3n} = f_n[5f_n^2 + 3(-1)^n]$.

（3）m 倍关系.

若$\{f_n\}$是 Fibonacci 数列，则

$$f_{mk} = \sum_{j=0}^{k-1} C_k^j f_m^{k-j} f_{m-1}^j f_{k-j}$$

这个定理在后面 3.13 节 Fibonacci 数与组合数中有证明，放在这里查阅方便.

证明 ① 由加法定理得

$$f_{2n} = f_n f_{n-1} + f_{n+1} f_n, f_{2n+1} = f_n^2 + f_{n+1}^2$$

所以

$$
\begin{aligned}
f_{3n} &= f_{n+2n} = f_{n-1} f_{2n} + f_n f_{2n+1} \\
&= f_{n+1}(f_{n-1}f_n + f_n f_{n+1}) + f_n(f_n^2 + f_{n+1}^2) \\
&= f_{n-1}^2 f_n + f_{n-1} f_n f_{n+1} + f_n^3 + f_n f_{n+1}^2 \\
&= f_n^3 + (f_{n+1} - f_{n-1})f_{n+1}^2 + f_{n-1}^2 f_n + f_{n-1} f_n f_{n+1} \\
&= f_n^3 + f_{n+1}^3 - f_{n+1}^2 f_{n-1} + f_{n-1}^2 f_n + f_{n-1} f_n f_{n+1} \\
&= f_n^3 + f_{n+1}^3 - f_{n-1}(f_{n+1}^2 - f_{n-1} f_n - f_{n+1} f_n) \\
&= f_n^3 + f_{n+1}^3 - f_{n-1}[f_{n+1}^2 - f_n(f_{n-1} + f_{n+1})] \\
&= f_n^3 + f_{n+1}^3 - f_{n-1}[f_{n+1}^2 - (f_{n+1} - f_{n-1})(f_{n+1} + f_{n-1})] \\
&= f_n^3 + f_{n+1}^3 - f_{n-1}^3
\end{aligned}
$$

证明 ② 因为

$$f_n = \frac{\alpha^n - \beta^n}{\alpha - \beta}, \alpha + \beta = 1, \alpha\beta = -1$$

所以

$$
\begin{aligned}
f_n^3 &= \frac{(\alpha^n - \beta^n)^3}{(\alpha - \beta)^3} \\
&= \frac{\alpha^{3n} - \beta^{3n} - 3(\alpha\beta)^n(\alpha^n - \beta^n)}{(\alpha - \beta)^3} \\
&= \frac{1}{(\alpha - \beta)^2}[f_{3n} + 3(-1)^{n+1}f_n] \\
&= \frac{1}{5}[f_{3n} + 3(-1)^{n+1}f_n]
\end{aligned}
$$

63

整理得

$$f_{3n} = f_n [5 f_n^2 + 3 (-1)^n]$$

3.8 与 Fibonacci 数列有关的前 n 项和

$(1) f_1 + f_2 + \cdots + f_n = f_{n+2} - 1.$

证明 因为

$$f_i = f_{i+1} - f_{i-1} \quad (2 \leqslant i \leqslant n)$$
$$f_1 = f_2 = 1$$

所以

$$f_1 + f_2 + \cdots + f_n = f_1 + f_3 - f_1 + f_4 - f_2 + \cdots + f_{n+1} - f_{n-1}$$
$$= f_n + f_{n+1} - f_2 = f_{n+2} - 1$$

$(2) f_1 + f_3 + f_5 + \cdots + f_{2n+1} = f_{2n+2}.$

提示

$$f_{2i+1} = f_{2i} - f_{2i-2} \quad (2 \leqslant i \leqslant n)$$
$$f_1 = f_2 = 1$$

$(3) f_2 + f_4 + f_6 + \cdots + f_{2n} = f_{2n+1} - 1.$

提示

$$f_{2i} = f_{2i+1} - f_{2i-1} \quad (2 \leqslant i \leqslant n)$$
$$f_1 = f_2 = 1$$

$(4) f_1^2 + f_2^2 + f_3^2 + \cdots + f_n^2 = f_n f_{n+1}.$

证明 因为

$$f_n^2 = f_n (f_{n+1} - f_{n-1}) = f_{n+1} f_n - f_n f_{n-1}$$
$$f_1 = f_2 = 1$$

所以

$$f_1^2 + f_2^2 + f_3^2 + \cdots + f_n^2$$
$$= f_1^2 + f_3 f_2 - f_2 f_1 + f_4 f_3 - f_3 f_2 + \cdots + f_{n+1} f_n - f_n f_{n-1}$$
$$= f_{n+1} f_n$$

$(5) f_1 f_2 + f_2 f_3 + \cdots + f_{2n-1} f_{2n} = f_{2n}^2.$

证明

$$f_{2n}^2 - f_{2n-2}^2 = f_{2n-2} f_{2n-1} + f_{2n-1} f_{2n}$$
$$f_2^2 = f_1 f_2, f_4^2 - f_2^2 = f_2 f_3 + f_3 f_4$$
$$f_6^2 - f_4^2 = f_4 f_5 + f_5 f_6$$
$$\vdots$$

64

Fibonacci 数列中的
明珠

所以

$$f_1 f_2 + f_2 f_3 + \cdots + f_{2n-1} f_{2n} = f_{2n}^2$$

(6) $f_1 - f_2 + f_3 - f_4 + \cdots + (-1)^n f_n = 1 - (-1)^n f_n.$

(7) 对任意正整数 n, m, k, 有

$$f_{2m}(f_k + f_{4m+k} + f_{8m+k} + \cdots + f_{4m(n-1)+k}) = f_{2mn} f_{2m(n-1)+k}$$

用 Binet 公式或对 n 用数学归纳法不难证明.

在 (7) 中令 $k = 2m$ 得:

(8) $f_{2m}(f_{2m} + f_{6m} + f_{10m} + \cdots + f_{2m(2n-1)}) = f_{2nm}^2.$

(9) 当 m 为奇数, n 为偶数时

$$f_k + f_{2m+k} + \cdots + f_{2m(n-1)+k} = \frac{f_{mn} f_{m(n-1)+k}}{f_m} + \frac{2 f_{mn} f_{m(n-2)+k}}{f_{2m}}$$

(10) 当 m 为奇数, n 为奇数时

$$f_k + f_{2m+k} + \cdots + f_{2m(n-1)+k} = \frac{f_{mn} f_{m(n-1)+k}}{f_m} + \frac{2 f_{m(n-1)} f_{m(n-1)+k}}{f_{2m}}$$

(11) $(f_1 f_2)^3 + (f_2 f_3)^3 + (f_3 f_4)^3 + \cdots + (f_n f_{n+1})^3 = \left(\frac{1}{2} f_n f_{n+1} f_{n+2}\right)^2.$

证明　因为

$$\left(\frac{1}{2} f_n f_{n+1} f_{n+2}\right)^2 - \left(\frac{1}{2} f_{n-1} f_n f_{n+1}\right)^2$$

$$= \left(\frac{1}{2} f_n f_{n+1}\right)^2 (f_{n+2}^2 - f_{n-1}^2)$$

$$= \left(\frac{1}{2} f_n f_{n+1}\right)^2 (4 f_n f_{n+1})$$

$$= (f_n f_{n+1})^3$$

所以

$$(f_1 f_2)^3 + (f_2 f_3)^3 + (f_3 f_4)^3 + \cdots + (f_n f_{n+1})^3$$

$$= \left(\frac{1}{2} f_1 f_2 f_3\right)^2 - \left(\frac{1}{2} f_0 f_1 f_2\right)^2 + \left(\frac{1}{2} f_2 f_3 f_4\right)^2 -$$

$$\left(\frac{1}{2} f_1 f_2 f_3\right)^2 + \cdots + \left(\frac{1}{2} f_n f_{n+1} f_{n+2}\right)^2 - \left(\frac{1}{2} f_{n-1} f_n f_{n+1}\right)^2$$

$$= \left(\frac{1}{2} f_n f_{n+1} f_{n+2}\right)^2 - \left(\frac{1}{2} f_0 f_1 f_2\right)^2$$

$$= \left(\frac{1}{2} f_n f_{n+1} f_{n+2}\right)^2$$

其中 $f_0 = 0$.

(12) $f_1^2 f_2 + f_2^2 f_3 + f_3^2 f_4 + \cdots + f_n^2 f_{n+1} = \frac{1}{2} f_n f_{n+1} f_{n+2}.$

证明　因为

$$f_n^2 f_{n+1} = \frac{1}{2}(f_n f_{n+1} f_{n+2} - f_{n-1} f_n f_{n+1})$$

所以

$$f_1^2 f_2 + f_2^2 f_3 + f_3^2 f_4 + \cdots + f_n^2 f_{n+1}$$

$$= \frac{1}{2}(f_1 f_2 f_3 - f_0 f_1 f_2) + \frac{1}{2}(f_1 f_2 f_3 - f_0 f_1 f_2) + \cdots +$$

$$\frac{1}{2}(f_n f_{n+1} f_{n+2} - f_{n-1} f_n f_{n+1})$$

$$= \frac{1}{2}(f_n f_{n+1} f_{n+2} - f_0 f_1 f_2)$$

其中 $f_0 = 0$.

(13) $f_1^3 + f_2^3 + f_3^3 + \cdots + f_n^3 = \frac{1}{10}[f_{3n+2} + (-1)^{n+1} 6 f_{n-1} + 5]$.

(14) $f_1 + 2f_2 + 3f_3 + \cdots + (n-1)f_{n-1} + nf_n = nf_{n+2} - f_{n+3} + 2$.

(15) $nf_1 + (n-1)f_2 + (n-2)f_3 + \cdots + 2f_{n-1} + f_n = f_{n+4} - 3 - n$.

(16) $f_3 + f_6 + f_9 + \cdots + f_{3k} = \frac{1}{2}f_{3k+2} - \frac{1}{2}$.

(17) $f_2 + f_5 + f_8 + \cdots + f_{3k-1} = \frac{1}{2}f_{3k+1} - \frac{1}{2}$.

(18) $f_1 + f_4 + f_7 + \cdots + f_{3k-2} = \frac{1}{2}f_{3k}$.

(19) $f_1 f_{n-1} + f_2 f_{n-2} + \cdots + f_{n-1} f_1 = \frac{n-1}{5}f_n + \frac{2n}{5}f_{n-1}$.

以上这些等式几乎都可以用第 5 章母函数方法加以证明.

(20) $\sum_{k=1}^{n} \frac{1}{f_{2^k}} = \sqrt{5}\left(\frac{1}{\alpha^2 - 1} - \frac{1}{\alpha^{2^{n+1}} - 1}\right), \alpha = \frac{1+\sqrt{5}}{2}, \beta = \frac{1-\sqrt{5}}{2}, \alpha + \beta = 1,$

$\alpha\beta = -1$.

证明 因为

$$f_n = \frac{\alpha^n - \beta^n}{\alpha - \beta}$$

所以

$$\frac{1}{f_{2^k}} = \frac{\alpha - \beta}{\alpha^{2^k} - \beta^{2^k}} = \frac{\sqrt{5}}{\alpha^{2^k} - \beta^{2^k}} = \frac{\sqrt{5}}{\alpha^{2^k} - \left(\frac{1}{\alpha}\right)^{2^k}}$$

$$= \frac{\sqrt{5}\alpha^{2^k}}{\alpha^{2 \cdot 2^k} - 1} = \frac{\sqrt{5}(\alpha^{2^k} + 1 - 1)}{\alpha^{2 \cdot 2^k} - 1}$$

$$= \frac{\sqrt{5}(\alpha^{2^k} + 1 - 1)}{(\alpha^{2^k} - 1)(\alpha^{2^k} + 1)}$$

$$= \frac{\sqrt{5}}{\alpha^{2^k} - 1} - \frac{\sqrt{5}}{\alpha^{2^{k+1}} - 1}$$

因此

$$\sum_{k=1}^{n} \frac{1}{f_{2^k}} = \sqrt{5} \left(\frac{1}{\alpha} - \frac{1}{\alpha^{2^{n+1}} - 1} \right)$$

(21) $\sum_{i=2}^{n} \frac{1}{f_{i-1} f_{i+1}} = 1 - \frac{1}{f_n f_{n+1}}.$

证明 因为

$$\frac{1}{f_{n-1} f_{n+1}} = \frac{f_n}{f_{n-1} f_n f_{n+1}} = \frac{f_{n+1} - f_{n-1}}{f_{n-1} f_n f_{n+1}} = \frac{1}{f_{n-1} f_n} - \frac{1}{f_n f_{n+1}}$$

所以

$$\frac{1}{f_{n-1} f_{n+1}} = \frac{1}{f_{n-1} f_n} - \frac{1}{f_n f_{n+1}}$$

因此

$$\sum_{i=2}^{n} \frac{1}{f_{n-1} f_{n+1}} = \sum_{i=2}^{n} \left(\frac{1}{f_{n-1} f_n} - \frac{1}{f_n f_{n+1}} \right) = -1 - \frac{1}{f_n f_{n+1}}$$

(22) $\sum_{i=2}^{n} \frac{f_i}{f_{i-1} f_{i+1}} = 2 - \frac{1}{f_n} - \frac{1}{f_{n+1}}.$

证明 因为

$$\frac{f_i}{f_{i-1} f_{i+1}} = \frac{f_{i+1} - f_{i-1}}{f_{i-1} f_{i+1}} = \frac{1}{f_{i-1}} - \frac{1}{f_{i+1}}$$

所以

$$\sum_{i=2}^{n} \frac{f_i}{f_{i-1} f_{i+1}} = 2 - \frac{1}{f_n} - \frac{1}{f_{n+1}}$$

(23) 当 n 为偶数时

$$\prod_{k=2}^{n} \frac{f_{2k} + 1}{f_{2k} - 1} = \frac{f_1 L_2}{f_2 L_1} \cdot \frac{f_n L_{n+1}}{f_{n+1} L_n}$$

当 n 为奇数时

$$\prod_{k=2}^{n} \frac{f_{2k} + 1}{f_{2k} - 1} = \frac{f_1 L_2}{f_2 L_1} \cdot \frac{f_{n+1} L_n}{f_n L_{n+1}}$$

证明 由下列几个等式不难证得

$$f_{2n+1} - f_n L_{n+1} = (-1)^n$$
$$f_{2n+1} - f_{n+1} L_n = (-1)^{n+1}$$
$$f_{2n} - f_{n-1} L_{n+1} = (-1)^{n+1} \quad f_{2n} - f_{n+1} L_{n-1} = (-1)^n$$

67

3.9 Fibonacci 数列与反三角函数

(1) 设 $\{f_n\}$ 是 Fibonacci 数列，数列 $\{A_n\}$，$\cot A_n = f_n$，A_n 为锐角，则

$$A_n + A_{n+1} = A_{n-1} \quad (n \text{ 为奇数且 } n > 3)$$

证明 因为

$$\cot(A_n + A_{n+1}) = \frac{\cot A_n + \cot A_{n+1} - 1}{\cot A_n + \cot A_{n+1}}$$

$$= \frac{f_n f_{n+1} - 1}{f_n + f_{n+1}} = \frac{f_n f_{n+1} - 1}{f_{n+2}}$$

$$f_{n-1} f_{n+2} - f_{n+1} f_n = (-1)^n \quad (n \text{ 为奇教})$$

所以

$$\cot(A_n + A_{n+1}) = f_{n-1} = \cot A_{n-1}$$

由于 A_n 为锐角，因此

$$A_n + A_{n+1} = A_{n-1}$$

(2) $\displaystyle\sum_{i=1}^{n-1} \arctan \frac{1}{f_{2i+1}} + \arctan \frac{1}{f_{2n}} = \frac{\pi}{4}$ 或 $\displaystyle\sum_{i=1}^{n-1} \operatorname{arccot} f_{2i+1} + \operatorname{arccot} f_{2n} = \frac{\pi}{4}$.

(3) $\displaystyle\sum_{n=1}^{\infty} \arctan \frac{1}{f_{2n+1}} = \frac{\pi}{2}$.

证明 因为

$$f_{n+1}^2 = f_n f_{n+2} + (-1)^n$$

所以

$$f_{2n+1}^2 = f_{2n} f_{2n+2} + 1$$

因此

$$\tan\left(\arctan \frac{1}{f_{2n}} - \arctan \frac{1}{f_{2n+2}}\right)$$

$$= \frac{\tan\left(\arctan \dfrac{1}{f_{2n}}\right) - \tan\left(\arctan \dfrac{1}{f_{2n+2}}\right)}{1 + \tan\left(\arctan \dfrac{1}{f_{2n}}\right) \tan\left(\arctan \dfrac{1}{f_{2n+2}}\right)}$$

$$= \frac{\dfrac{1}{f_{2n}} - \dfrac{1}{f_{2n+2}}}{1 + \dfrac{1}{f_{2n} f_{2n+2}}} = \frac{f_{2n+2} - f_{2n}}{1 + f_{2n+2} f_{2n}}$$

$$= \frac{f_{2n+1}}{f_{2n+1}^2} = \frac{1}{f_{2n+1}}$$

故

Fibonacci 数列中的
明珠

$$\arctan\frac{1}{f_{2n}} - \arctan\frac{1}{f_{2n+2}} = \arctan\frac{1}{f_{2n+1}}$$

$$\sum_{n=1}^{\infty}\arctan\frac{1}{f_{2n+1}} = \arctan\frac{1}{f_1} + \sum_{n=1}^{\infty}\left(\arctan\frac{1}{f_{2n}} - \arctan\frac{1}{f_{2n+2}}\right)$$

$$= \arctan 1 + \arctan\frac{1}{f_2} - \lim_{n\to\infty}\arctan\frac{1}{f_{2n+2}}$$

$$= \frac{\pi}{4} + \frac{\pi}{4} = \frac{\pi}{2}$$

3.10 Fibonacci 数列中的不等式

(1) 若 $\{f_n\}$ 是 Fibonacci 数列，只要 $n > m > r$，则 $f_r > f_m > f_n, f_r \geqslant f_m + f_n$.

(2) 若 $\{f_n\}$ 是 Fibonacci 数列，则 $f_n f_m < f_{m+n}, f_n^m < f_{mn}$(Shapiro 不等式).

(3) 若 $\{f_n\}$ 是 Fibonacci 数列，则 $f_{m-j-1} f_{j-1} < f_{m-2}, 1 \leqslant j \leqslant m$.

由加法定理 $f_{n+m} = f_m f_{n-1} + f_n f_{m+1}$ 不难证得(2)(3)，推得

$$f_1 f_{n-1} + f_2 f_{n-2} + \cdots + f_{n-1} f_1 \leqslant (n-1) f_n \quad (n \geqslant 1)$$

$$f_1 f_{n-1} + f_2 f_{n-2} + \cdots + f_{n-1} f_1 = \frac{n-1}{5} f_n + \frac{2n}{5} f_{n-1}$$

由此等式也可推得更强的不等式

$$f_1 f_{n-1} + f_2 f_{n-2} + \cdots + f_{n-1} f_1 \leqslant \frac{n}{2} f_n \quad (\text{其中 } n \geqslant 1)$$

(4) 若 $\{f_n\}$ 是 Fibonacci 数列，$x_0 = \dfrac{\sqrt{5}-1}{2} n \geqslant 4$，则有：

① 若 n 为奇数，则 $f_n \leqslant x_0 (f_n - \dfrac{1}{2f_n})$；

② 若 n 为偶数，则 $f_n \geqslant x_0 (f_n - \dfrac{1}{2f_n})$.

(5) 若 $\{f_n\}$ 是 Fibonacci 数列，$\theta \in (0,1)$，则

$$f_n^\theta + f_{n-1}^\theta > f_{n+1}^\theta$$

证明

$$f_n^\theta + f_{n-1}^\theta > (f_n + f_{n-1})^\theta = f_{n+1}^\theta$$

(6) 若 $\{f_n\}$ 是 Fibonacci 数列，则

$$4f_n < 3f_{n+1} < 6f_n$$

证明 用数学归纳法证明.

69

（ⅰ）当 $n=3$ 时,因为 $4 \times 2 < 3 \times 3 < 6 \times 2$,所以 $4f_2 < 3f_3 < 6f_2$ 成立.

（ⅱ）假设当 $n=k,n=k-1$ 时成立,即

$$4f_k < 3f_{k+1} < 6f_k$$
$$4f_{k-1} < 3f_k < 6f_{k-1}$$

所以

$$4f_k + 4f_{k-1} < 3f_{k+1} + 3f_k < 6f_k + 6f_{k-1}$$

即

$$4f_{k+1} < 3f_{k+2} < 6f_{k+1}$$

由数学归纳法原理可知,对 $n \geqslant 3$ 的一切正整数都成立.

(7) 若 $\{f_n\}$ 是 Fibonacci 数列,则

$$\left(\frac{3}{2}\right)^{n-2} \leqslant f_n \leqslant \left(\frac{5}{3}\right)^{n-1} \quad (n \geqslant 1)$$

证明 用数学归纳法证明.

（ⅰ）当 $n=1$ 时,$\frac{2}{3} \leqslant f_n \leqslant 1$ 显然成立;

（ⅱ）假设当 $n=k,n=k-1$ 时成立,即

$$\left(\frac{3}{2}\right)^{k-2} \leqslant f_k \leqslant \left(\frac{5}{3}\right)^{k-1}$$

$$\left(\frac{3}{2}\right)^{k-3} \leqslant f_{k-1} \leqslant \left(\frac{5}{3}\right)^{k-2}$$

$$\left(\frac{3}{2}\right)^{k-2} + \left(\frac{3}{2}\right)^{k-3} \leqslant f_k + f_{k-1} \leqslant \left(\frac{5}{3}\right)^{k-1} + \left(\frac{5}{3}\right)^{k-2}$$

$$\left(\frac{3}{2}\right)^{k-2}\left(1+\frac{3}{2}\right) \leqslant f_{k+2} \leqslant \left(\frac{5}{3}\right)^{k-1}\left(1+\frac{5}{3}\right)$$

$$\left(\frac{3}{2}\right)^{k-1} \leqslant f_{k+2} \leqslant \left(\frac{5}{3}\right)^{k}$$

由数学归纳法原理可知,对 $n \geqslant 3$ 的一切正整数都成立.

(8) 若 $\{f_n\}$ 是 Fibonacci 数列,则

$$\left(\frac{8}{5}\right)^{n-2} \leqslant f_n \leqslant \left(\frac{3}{2}\right)^{n-1}$$

(9) 若 $\{f_n\}$ 是 Fibonacci 数列,则

$$\left(\frac{1+\sqrt{5}}{2}\right)^{n-2} \leqslant f_n \leqslant \left(\frac{1+\sqrt{5}}{2}\right)^{n-1}$$

(10) 若 $\{f_n\}$ 是 Fibonacci 数列,则

$$\frac{\alpha^{n-\frac{1}{n}}}{\sqrt{5}} \leqslant f_n \leqslant \frac{\alpha^{n+\frac{1}{n}}}{\sqrt{5}}$$

其中 $\alpha = \frac{1+\sqrt{5}}{2}$.

70

(11) 对于大于 2 的正整数 m,必有 $m+1 < f_{2^m}$.

证明　假如该不等式不成立,则有大于 2 的正整数 m,可使 $m+1 \geqslant f_{2^m}$. 因为

$$f_n = \frac{1}{\sqrt{5}}(\alpha^n - \beta^n)$$

其中

$$\alpha = \frac{1+\sqrt{5}}{2},\ \beta = \frac{1-\sqrt{5}}{2}$$

$$f_{2^m} = \frac{1}{\sqrt{5}}(\alpha^{2^m} - \beta^{2^m})$$

$$> \frac{2^m \ln \alpha + 2^{2m-1}(\ln \alpha)^2}{\sqrt{5}}$$

$$> 0.214 \times 2^m + 0.1103 \times 2^{2m-1}$$

$$> m+1 \quad (m > 2)$$

所以 $m+1 < f_{2^m}$ 与 $m+1 \geqslant f_{2^m}$ 矛盾. 故 $m+1 < f_{2^m}$ 得证.

(12) 若 $\{f_n\}$ 是 Fibonacci 数列,则

$$f_{n+5} > 10 f_n \quad (n \geqslant 2)$$

证明　当 $n=2$ 时,$f_2 = 1$,$f_7 = 13$,则 $f_{5+2} > 10 f_2$ 显然成立.

当 $n \geqslant 3$ 时

$$\begin{aligned} f_{n+5} &= f_{n+4} + f_{n+3} = 2f_{n+3} + f_{n+2} \\ &= 3f_{n+2} + 2f_{n+1} = 5f_{n+1} + 3f_n \\ &= 8f_n + 5f_{n-1} \end{aligned}$$

因为

$$f_n = f_{n-1} + f_{n-2} \leqslant 2f_{n-1}$$

所以

$$4f_{n-1} \geqslant 2f_n$$

因此

$$5f_{n-1} > 2f_n$$

故

$$f_{n+5} > 10 f_n$$

(13) $\dfrac{\sqrt{5}}{\alpha^{n+\frac{1}{2}}} \leqslant \dfrac{1}{f_n} \leqslant \dfrac{\sqrt{5}}{\alpha^{n-\frac{1}{2}}}$.

(14) 若 $\{f_n\}$ 是 Fibonacci 数列,则 f_n 的位数大于 $\dfrac{n-2}{5}$.

(15) 若 $\{f_n\}$ 是 Fibonacci 数列,则 f_n 的位数大于 $\dfrac{n}{5}$ 且小于 $\dfrac{n}{4}(n \geqslant 17)$.

(16) 若 $\{f_n\}$ 是 Fibonacci 数列, 则对于某正整数 N, 当 $f_n \leqslant N$ 时, n 的最大整数为

$$n = \left\lceil \frac{\lg\left(N+\frac{1}{2}\right)\sqrt{5}}{\lg\dfrac{1+\sqrt{5}}{2}} \right\rceil$$

证明 由 Binet 公式得

$$f_n = \frac{1}{\sqrt{5}}(\alpha^n - \beta^n)$$

其中

$$\alpha = \frac{1+\sqrt{5}}{2}, \beta = \frac{1-\sqrt{5}}{2}$$

$$\left| \frac{1}{\sqrt{5}}\left(\frac{1-\sqrt{5}}{2}\right)^n \right| < \frac{1}{2}$$

设某一数 $f_n \leqslant N$, 那么

$$\frac{1}{\sqrt{5}}\left(\frac{1+\sqrt{5}}{2}\right)^n < N + \frac{1}{2}$$

即

$$\left(\frac{1+\sqrt{5}}{2}\right)^n < \left(N+\frac{1}{2}\right)\sqrt{5}$$

两边取对数, 得

$$n < \frac{\lg\left(N+\frac{1}{2}\right)\sqrt{5}}{\lg\dfrac{1+\sqrt{5}}{2}}$$

故问题得证.

(17) 若 $\{f_n\}$ 是 Fibonacci 数列, 则

$$\frac{f_1}{2} + \frac{f_2}{2^2} + \frac{f_3}{2^3} + \cdots + \frac{f_n}{2^n} < 2$$

证明
$$S_n = \frac{f_1}{2} + \frac{f_2}{2^2} + \frac{f_3}{2^3} + \cdots + \frac{f_n}{2^n}$$

$$2S_n = f_1 + \frac{f_2}{2} + \frac{f_3}{2^2} + \cdots + \frac{f_n}{2^{n-1}}$$

$$2S_n - S_n = f_1 + \frac{f_2 - f_1}{2} + \frac{f_3 - f_2}{2^2} + \cdots + \frac{f_n - f_{n-1}}{2^{n-1}} - \frac{f_n}{2^n}$$

$$S_n = f_1 + \frac{f_1}{2} + \frac{f_2}{2^2} + \cdots + \frac{f_{n-1}}{2^{n-1}} - \frac{f_n}{2^n}$$

72

$$= 1 + \frac{1}{2}\left(\frac{f_1}{2} + \frac{f_2}{2^2} + \frac{f_3}{2^3} + \cdots + \frac{f_n}{2^n}\right) - \frac{f_{n-1}}{2^n} - \frac{f_n}{2^{n+1}} - \frac{f_n}{2^n}$$

因此

$$S_n = 1 + \frac{1}{2}S_n - \frac{f_n}{2^{n+1}} - \frac{f_{n+1}}{2^n}$$

故

$$S_n = 2 - \frac{f_n}{2^n} - \frac{f_{n+1}}{2^{n-1}} < 2$$

(18) 若 $\{f_n\}$ 是 Fibonacci 数列，设 $S_n = \sum\limits_{i=1}^{n} f_i$，则
$$f_{n+1} \leqslant S_n \leqslant f_{n+2}$$

(19) 若 $\{f_n\}$ 是 Fibonacci 数列，则对任意两个正整数 m,n，恒有
$$f_n - f_m \geqslant (n-m)(f_{m+1} - f_m)$$

(20) 若 $\{f_n\}$ 是 Fibonacci 数列，则
$$\frac{1}{f_{n-2}+1} < \sum_{i=n}^{2n} \frac{1}{f_i} < \frac{1}{f_{n-2}} \quad [9]$$

其中 $n \geqslant 4$.

(21) 若 $\{f_n\}$ 是 Fibonacci 数列，则
$$\frac{1}{f_{6n+2} + f_{6n-1}} < \sum_{i=2n+1}^{\infty} \frac{1}{f_{3i}} < \frac{1}{f_{6n+2} + f_{6n-1} - 1}$$

若 $\{f_n\}$ 是 Fibonacci 数列，则
$$\frac{1}{f_{6n+2} + f_{6n-1} + 1} < \sum_{i=2n}^{\infty} \frac{1}{f_{3i}} < \frac{1}{f_{6n+2} + f_{6n-1}}$$

定理 若 $f(1) = f(2) = 1, n \in \mathbf{N}_+$，则二阶递推不等式
$$f(n+2) \leqslant f(n+1) + f(n)$$

的通解为[10]

$$f(n) = \sum_{i=1}^{n-1} \left(\frac{1+\sqrt{5}}{2}\right)^i \left(\frac{1-\sqrt{5}}{2}\right)^{n-i-1} g(i) + \left(\frac{1-\sqrt{5}}{2}\right)^{n-1} \quad ①$$

其中 $\{g(n)\}$ 是满足 $g(n+1) \leqslant g(n), n \in \mathbf{N}_+$ 的任意数列，或

$$f(n) = \frac{1}{\sqrt{5}}\left[\left(\frac{1+\sqrt{5}}{2}\right)^n - \left(\frac{1-\sqrt{5}}{2}\right)^m\right] +$$

$$\frac{1}{\sqrt{5}}\sum_{i=1}^{n-1}\left[\left(\frac{1+\sqrt{5}}{2}\right)^{n-i-1} - \left(\frac{1-\sqrt{5}}{2}\right)^{n-i-1}\right]g(i) \quad ②$$

其中 $g(n)$ 是满足 $g(n) \leqslant 0, n \in \mathbf{N}_+$ 的任意数列.

73

3.11 Fibonacci 数列是凸数列

定义 若实数列 $\{a_n\}$ 满足条件

$$a_{k-1} + a_{k+1} \geqslant 2a_k \quad (k = 2, 3, 4, \cdots)$$

则称数 $\{a_n\}$ 是一个凸数列.

关于凸数列有下面一些重要定理.

定理 1 数列 $\{a_n\}$ 是凸数列的充分必要条件为：数列 $\{a_{n+1} - a_n\}$ 是单调递增数列.

定理 2 数列 $\{a_n\}$ 是凸数列的充分必要条件为：对任意两个正整数 m, n，恒有

$$a_n - a_m \geqslant (n - m)(a_{m+1} - a_m)$$

定理 3 数列 $\{a_n\}$ 是凸数列的充分必要条件为：对任意三个正整数 k, m，n，当 $k \leqslant m \leqslant n$ 时，恒有

$$(n - m)a_k + (k - n)a_m + (m - k)a_n \geqslant 0$$

定理 4 若数列 $\{a_n\}$ 是凸数列，设 $S_n = \sum_{i=1}^{n} a_i$，则

$$S_n \leqslant \frac{1}{2} n(a_1 + a_n)$$

定理 5 若数列 $\{a_n\}$ 是凸数列，则数列 $\left\{ \dfrac{S_n}{n} \right\}$ 也是一个凸数列.

定理 6 若数列 $\{a_n\}$ 是凸数列，则

$$\sum_{i=0}^{n} a_{i+1} C_n^i \leqslant 2^{n-1}(a_1 + a_{n+1})$$

定理 7 若数列 $\{a_n\}$ 是凸数列，则

$$\sum_{i=0}^{n} a_{i+1} C_n^i \leqslant \frac{2^n S_{n+1}}{n+1}$$

定理 8 若数列 $\{a_n\}$ 是凸数列，设 $S_n = \sum_{i=1}^{n} a_i$，则

$$\frac{S_n - S_m}{n - m} \leqslant \frac{S_{n+m}}{n + m}$$

其实我们可以类似地得到凹数列的概念及相关结论，在这里就不再叙述了. 在研究 Fibonacci 数列的凸性之前先看两个凸数列性质的应用例子.

例 1 设 $x > 0$，m, n 为正整数，则有

$$n + mx^{m+n} \geqslant (m + n)x^m$$

74

证明　因为数列 $\{x^{n-1}\}$ 是一个凸数列，且有

$$m + n + 1 > m + 1 > 1$$

所以由定理 3 得

$$[(m+n+1) - (m+1)] x^0 + [1 - (m+n+1)] x^m +$$

$$[(m+1-1)] x^{m+n} \geqslant 0$$

整理得

$$n + mx^{m+n} \geqslant (m+n)x^m$$

例 2（第 29 届 IMO 候选题）　设数列 $\{a_n\}$ 是一个非负实数序列，当 $k = 1$，$2, \cdots$ 时，有

$$a_{k-1} - 2a_k + a_{k+1} \geqslant 0, \sum_{i=0}^{k} a_i \leqslant 1$$

证明：$0 \leqslant a_k - a_{k+1} < \dfrac{2}{k^2}$.

证明　由题设条件可知，数列 $\{a_n\}$ 是一个凸数列，且对任意正整数有 $0 \leqslant a_k \leqslant \sum_{i=0}^{k} a_i \leqslant 1$. 先证左边的不等式，由定理 2 及题意可知，对任意两个正整数 n, k，都有

$$a_n \geqslant a_k + (n-k)(a_{k+1} - a_k) \geqslant (n-k)(a_{k+1} - a_k)$$

于是，当 $n > k$ 时，有

$$a_{k+1} - a_k \leqslant \frac{a_n}{n-k} \leqslant \frac{1}{n-k}$$

因为 k, n 趋向于正无穷大，所以

$$a_{k+1} - a_k \leqslant 0$$

故

$$a_k - a_{k+1} \geqslant 0$$

再证右边的不等式，由定理 2 及题意可知

$$a_j \geqslant a_k + (j-k)(a_{k+1} - a_k)$$

所以

$$\sum_{i=1}^{n} a_j \geqslant \left[k(k+1) - \sum_{i=1}^{k} j \right] (a_k - a_{k+1})$$

$$= \frac{1}{2} k(k+1)(a_k - a_{k+1})$$

由于 $\sum_{i=0}^{k} a_i \leqslant 1$，因此，有

$$a_k - a_{k+1} = \frac{2}{k(k+1)} < \frac{2}{k^2}$$

75

故 $0 \leqslant a_k - a_{k+1} < \dfrac{2}{k^2}$ 得证.

由凸数列定义可知 Fibonacci 数列是凸数列, 于是我们有下面关于 Fibonacci 数列的若干结论:

(1)Fibonacci 数列是凸数列;

(2)若 $\{f_n\}$ 是 Fibonacci 数列, 则对任意两个正整数 m, n, 恒有

$$f_n - f_m \geqslant (n - m)(f_{m+1} - f_m)$$

(3)若 $\{f_n\}$ 是 Fibonacci 数列, 则对任意三个正整数 k, m, n, 当 $k \leqslant m \leqslant n$ 时, 恒有

$$(n - m)f_k + (k - n)f_m + (m - k)f_n \geqslant 0$$

(4)若 $\{f_n\}$ 是 Fibonacci 数列, 设 $S_n = \sum\limits_{i=1}^{n} f_i$, 则

$$S_n \leqslant \dfrac{1}{2}n(1 + f_n)$$

(5)若 $\{f_n\}$ 是 Fibonacci 数列, 则

$$\sum_{i=0}^{n} f_{i+1} \mathrm{C}_n^i \leqslant 2^{n-1}(1 + f_{n+1})$$

(6)若 $\{f_n\}$ 是 Fibonacci 数列, 则

$$\sum_{i=0}^{n} f_{i+1} \mathrm{C}_n^i \leqslant \dfrac{2^n(f_{n+3} - 1)}{n + 1}$$

(7)若 $\{f_n\}$ 是 Fibonacci 数列, 设 $S_n = \sum\limits_{i=1}^{n} f_i$, 则

$$\dfrac{S_n - S_m}{n - m} \leqslant \dfrac{S_{n+m}}{n + m}$$

3.12　与 Fibonacci 数列有关的极限及无穷项之和或积

(1)已知 $f_{n+2} = f_{n+1} + f_n$, $f_1 = f_2 = 1$. 设 $A_n = \dfrac{f_n}{f_{n+1}}$, $B_n = \dfrac{f_{n+1}}{f_n}$, 则

$$\lim_{n \to \infty} A_n = \dfrac{\sqrt{5} - 1}{2}, \lim_{n \to \infty} B_n = \dfrac{\sqrt{5} + 1}{2}$$

证明　由 Binet 公式得

$$A_n = \dfrac{f_n}{f_{n+1}} = \dfrac{\alpha^n - \beta^n}{\alpha^{n+1} - \beta^{n+1}} = \dfrac{1}{\alpha} \dfrac{1 - \left(\dfrac{\beta}{\alpha}\right)^n}{1 - \left(\dfrac{\beta}{\alpha}\right)^{n+1}}$$

其中

$$\alpha = \frac{\sqrt{5}+1}{2}, \beta = \frac{\sqrt{5}-1}{2}, \left| \frac{\beta}{\alpha} \right| < 1$$

所以

$$\lim_{n \to \infty} A_n = \frac{1}{\alpha} \lim_{n \to \infty} \frac{1 - \left(\frac{\beta}{\alpha} \right)^n}{1 - \left(\frac{\beta}{\alpha} \right)^{n+1}} = \frac{1}{\alpha} = \frac{\sqrt{5}-1}{2}$$

又因为 $A_n B_n = 1$，所以

$$\lim_{n \to \infty} B_n = \alpha = \frac{\sqrt{5}+1}{2}$$

(2) $\lim\limits_{n \to \infty} \dfrac{f_{n+k}}{f_n} = \dfrac{f_k \sqrt{5} + l_k}{2}$，数列 $\{l_n\}$ 是 Lucas 数列.

证明 因为

$$\frac{f_{n+k}}{f_n} = \frac{f_n f_{k-1} + f_k f_{n+1}}{f_n} = f_{k-1} + f_k \frac{f_{n+1}}{f_n}$$

所以

$$\lim_{n \to \infty} \frac{f_{n+k}}{f_n} = f_{k-1} + f_k \lim_{n \to \infty} \frac{f_{n+1}}{f_n}$$

$$= f_{k-1} + f_k \frac{\sqrt{5}+1}{2}$$

$$= \frac{\sqrt{5} f_k + f_k + 2f_{k-1}}{2}$$

$$= \frac{\sqrt{5} f_k + l_k}{2}$$

(3) $\lim\limits_{n \to \infty} \lim\limits_{k \to \infty} \dfrac{f_{n+k}}{f_n f_k} = \sqrt{5}$.

证明
$$\lim_{n \to \infty} \lim_{k \to \infty} \frac{f_{n+k}}{f_n f_k} = \lim_{k \to \infty} (\lim_{n \to \infty} \frac{f_n f_{k-1} + f_k f_{n+1}}{f_n f_k})$$

$$= \lim_{k \to \infty} (\frac{f_{k-1}}{f_k} + \lim_{n \to \infty} \frac{f_{n+1}}{f_n})$$

$$= \lim_{k \to \infty} \frac{f_{k-1}}{f_k} + \lim_{n \to \infty} \frac{f_{n+1}}{f_n}$$

$$= \frac{\sqrt{5}-1}{2} + \frac{\sqrt{5}+1}{2}$$

$$= \sqrt{5}$$

(4) $\sum\limits_{n=1}^{\infty} \dfrac{1}{f_n}$ 是收敛的，$\sum\limits_{n=1}^{\infty} \dfrac{1}{f_{2n}}$ 是收敛的，$\sum\limits_{n=1}^{\infty} \dfrac{1}{f_{2n-1}}$ 是收敛的.

以上三个极限值是代数数还是超越数？目前还未解决.

证明 利用不等式

$$\left(\frac{3}{2}\right)^{n-2} \leqslant f_n \leqslant \left(\frac{5}{3}\right)^{n-1}$$

可得

$$\left(\frac{3}{5}\right)^{n-1} \leqslant \frac{1}{f_n} \leqslant \left(\frac{2}{3}\right)^{n-2}$$

则有

$$\sum_{n=1}^{\infty} \left(\frac{3}{5}\right)^{n-1} \leqslant \sum_{n=1}^{\infty} \frac{1}{f_n} \leqslant \sum_{n=1}^{\infty} \left(\frac{2}{3}\right)^{n-2}$$

因此

$$\frac{5}{2} \leqslant \sum_{n=1}^{\infty} \frac{1}{f_n} \leqslant \frac{9}{2}$$

(5) $\displaystyle\sum_{n=1}^{\infty} \frac{1}{f_{n-1}f_{n+1}} = 1.$

(6) $\displaystyle\sum_{i=2}^{\infty} \frac{f_i}{f_{i-1}f_{i+1}} = 2.$

(7) $\displaystyle\sum_{i=1}^{\infty} (-1)^i \frac{1}{f_i f_{i+2}} = 2 - \sqrt{5}.$

(8) Stancliff 问题：$\displaystyle\sum_{n=1}^{\infty} \frac{f_n}{10^{n+1}} = \frac{1}{89}$（1953 年数学家 Stancliff 发现的）.

证明 在 5.2 节中，Fibonacci 数列 $\{f_n\}$ 的母函数是

$$f(x) = \frac{1}{1-x-x^2}$$

两边乘以 x^2，得

$$x^2 f(x) = \frac{x^2}{1-x-x^2}$$

令 $x = \dfrac{1}{10}$，左边 $\displaystyle\sum_{n=0}^{\infty} \frac{f_n}{10^{n+1}}$ 为所求，右边为 $\dfrac{1}{89}$.

(9) $\displaystyle\sum_{i=1}^{\infty} \frac{f_n}{10^{(i+1)k}} = \frac{1}{10^{2k} - 10^k - 1}.$

(10) $\displaystyle\sum_{n=0}^{\infty} \frac{f_{2n}}{10^{n+1}} = \frac{1}{71}.$

证明 在 5.3 节中，Fibonacci 数列 $\{f_{2n}\}$ 的母函数是

$$f_{2n}(x) = \frac{1}{1-3x+x^2}$$

两边乘以 x^2，得

$$x^2 f_{2n}(x) = \frac{x^2}{1 - 3x + x^2}$$

令 $x = \dfrac{1}{10}$，则右边 $\displaystyle\sum_{n=0}^{\infty} \frac{f_{2n}}{10^{n+1}}$ 为所求式，左边为 $\dfrac{1}{71}$.

(10) $\displaystyle\prod_{k=2}^{\infty} \frac{f_{2k}+1}{f_{2k}-1} = 3.$

证明 因为

$$f_{2n} - f_{n-1} L_{n+1} = (-1)^{n+1}$$
$$f_{2n} - f_{n+1} L_{n-1} = (-1)^{n}$$

所以当 $n = 2k$ 时

$$\frac{f_{4k}+1}{f_{4k}-1} = \frac{f_{2k-1}}{f_{2k+1}} \frac{L_{2k+1}}{L_{2k-1}}$$

当 $n = 2k+1$ 时

$$\frac{f_{4k+2}+1}{f_{4k+2}-1} = \frac{f_{2k+2}}{f_{2k}} \frac{L_{2k}}{L_{2k+2}}$$

$$\prod_{k=1}^{m} \frac{f_{4k}+1}{f_{4k}-1} = \frac{f_1}{L_1} \frac{L_{2m+1}}{f_{2m+1}}$$

$$\prod_{k=1}^{m} \frac{f_{4k+2}+1}{f_{4k+2}-1} = \frac{L_2}{f_2} \frac{f_{2m+2}}{L_{2m+2}}$$

3.13 Fibonacci 数与组合数

我们知道二项展开式中的系数与组合数有十分密切的关系. 实际上，Fibonacci 数与组合数也有一种奇妙的关系，这种关系揭示了 Fibonacci 数与组合数之间的内在联系.

定理 1 若 $\{f_n\}$ 是 Fibonacci 数列，则：

(1) $C_{n-1}^0 + C_{n-2}^1 + C_{n-3}^2 + \cdots + C_{n-m}^{m-1} = f_n$，其中 $m = \left[\dfrac{n+1}{2}\right]$，规定 $C_i^0 = 1$，$i = 0, 1, 2, \cdots$；

(2) $\displaystyle\sum_{k=0}^{n-1} C_{n+k}^{2k+1} = f_{2n}$；

(3) $\displaystyle\sum_{k=0}^{n-1} C_{n+k}^{2k} = f_{2n+1}.$

证明 （1）设

$$G(n) = C_{n-1}^0 + C_{n-2}^1 + C_{n-3}^2 + \cdots + C_{n-m}^{m-1}$$

则

$$G(1) = f_1 = 1$$
$$G(2) = f_2 = 1$$
$$G(n+1) + G(n) = C_n^0 + C_{n-1}^1 + C_{n-2}^2 + \cdots + C_{n+1-m'}^{m'-2} + \quad \left(m' = \left[\frac{n+2}{2} \right] \right)$$
$$C_{n-1}^0 + C_{n-2}^1 + C_{n-3}^2 + \cdots + C_{n-m}^{m''-1} \quad \left(m'' = \left[\frac{n+1}{2} \right] \right)$$
$$= C_{n+1}^0 + C_n^1 + C_{n-1}^2 + \cdots + C_{n-m+1}^{m-2} + C_{n-m}^{m-1} \quad \left(m = \left[\frac{n+2}{2} \right] \right)$$
$$= G(n+2)$$

即
$$G(n+2) = G(n+1) + G(n)$$
$$G(1) = G(2) = 1$$

因此 $G(n) = f_n$,故 $G(n)$ 是 Fibonacci 数列.

(2) 和(3) 的证明放在第 5 章 Fibonacci 数列与母函数中进行.

定理 2 已知 $a_{n+2} = p a_{n+1} + q a_n$,并设 α, β 是方程 $x^2 - px + q = 0$ 的两个不等根,则:

(ⅰ) $S_n = C_n^1 a_1 + C_n^2 a_2 + \cdots + C_n^n a_n = t_1 (1 + \alpha)^n + t_2 (1 + \beta)^n - (t_1 + t_2)$;

(ⅱ) $S_n = C_n^0 a_1 + C_n^1 a_2 + \cdots + C_n^{n-1} a_n + C_n^n a_{n+1} = t_1 (1 + \alpha)^n + t_2 (1 + \beta)^n$.

其中 t_1, t_2 是通项公式 $a_n = t_1 \alpha^n + t_2 \beta^n$ 的系数.

证明 (ⅰ) $S_n = \sum_{i=1}^n C_n^i a_i = \sum_{i=1}^n (t_1 C_n^i \alpha^i + t_2 C_n^i \beta^i)$

$$= t_1 \sum_{i=0}^n C_n^i \alpha^i + t_2 \sum_{i=1}^n C_n^i \beta^i - (t_1 + t_2)$$

$$= t_1 (1 + \alpha)^n + t_2 (1 + \beta)^n - (t_1 + t_2)$$

因此
$$S_n = t_1 (1 + \alpha)^n + t_2 (1 + \beta)^n - (t_1 + t_2)$$

(ⅱ) 证明略.

由定理 2 不难推得如下等式.

推论 1 $\quad C_n^1 f_1 + C_n^2 f_2 + C_n^3 f_3 + \cdots + C_n^n f_n = f_{2n}$

$$C_n^0 f_1 + C_n^1 f_2 + C_n^2 f_3 + \cdots + C_n^{n-1} f_n + C_n^n f_{n+1} = f_{2n+1}$$

$$C_n^1 f_1 - C_n^2 f_2 + C_n^3 f_3 - C_n^4 f_4 + \cdots + (-1)^{n-1} f_n = f_n$$

另外我们还有以下的等式
$$C_n^1 f_{k+1} + C_n^2 f_{k+2} + C_n^3 f_{k+3} + \cdots + C_n^n f_{k+n} = f_{2n+k} - f_k$$

$$C_n^1 f_{k+1} - C_n^2 f_{k+2} + C_n^3 f_{k+3} - \cdots + (-1)^{n+1} C_n^n f_{k+n}$$

$$= \begin{cases} (-1)^k f_{n-k} + f_k & (n > k) \\ f_n & (n = k) \\ (-1)^{n+1} f_{k-n} + f_k & (n < k) \end{cases}$$

80

Fibonacci 数列中的
明珠

定理 3　若 $\{f_n\}$ 是 Fibonacci 数列，则

$$f_{mk} = \sum_{j=0}^{k-1} C_k^j f_m^{k-j} f_{m-1}^j f_{k-j}$$

证明　因为

$$\alpha^n = \alpha f_n + f_{n-1}, \beta^n = \beta f_n + f_{n-1}$$

其中 α, β 是方程 $x^2 - x - 1 = 0$ 的两个根，$\alpha + \beta = 1, \alpha\beta = -1$. 所以

$$\alpha^{km} = (\alpha f_m + f_{m-1})^k = \sum_{j=0}^{k} C_k^j f_m^{k-j} \alpha_k^{k-j} f_{m-1}^j$$

同理可得

$$\beta^{km} = \sum_{j=0}^{k} C_k^j f_m^{k-j} \beta_k^{k-j} f_{m-1}^j$$

$$\alpha^{km} - \beta^{km} = \sum_{j=0}^{k} (C_k^j f_m^{k-j} (\alpha^{k-j} - \beta^{k-j}) f_{m-1}^j)$$

因此

$$f_{km} = \frac{\alpha^{km} - \beta^{km}}{\alpha - \beta} = \sum_{j=0}^{k} \left(C_k^j f_m^{k-j} \frac{\alpha^{k-j} - \beta^{k-j}}{\alpha - \beta} f_{m-1}^j \right)$$

$$= \sum_{j=0}^{k} C_k^j f_m^{k-j} f_{k-j} f_{m-1}^j$$

即

$$f_{mk} = \sum_{j=0}^{k-1} C_k^j f_m^{k-j} f_{m-1}^j f_{k-j}$$

定理 4　若 $\{f_n\}$ 是 Fibonacci 数列，则

$$\sum_{k=1}^{n} C_n^k f_t^k f_{t-1}^{n-k} f_{m+k} = f_{m+tn}$$

推论 2

$$\sum_{j=0}^{n} C_n^k f_{m+k} = f_{m+2n}$$

$$\sum_{i=1}^{n} C_n^i f_i = f_{2n}, \sum_{i=1}^{n} 2^i C_n^i f_i = f_{3n}$$

$$\sum_{i=0}^{2n} C_{2n}^i f_{2i} = 5^n f_{2n}, \sum_{i=0}^{2n} C_{2n}^i f_i^2 = 5^{n-1} L_{2n}$$

$$\sum_{i=0}^{2n+1} C_{2n+1}^i L_i^2 = 5^{n+1} f_{2n+1}$$

$$\sum_{i=0}^{2n+1} C_{2n+1}^i f_i^2 = 5^n f_{2n+1}$$

$$\sum_{i=0}^{2n+1} C_{2n+1}^i f_{2i} = 5^n L_{2n+1}$$

$$\sum_{i=1}^{\infty} 5^i C_n^{2i+1} f_i = 2^{n-1} f_n$$

甚至当 $m > n$ 时

$$C_n^m = 0$$

3.14 以 Fibonacci 数为系数的多项式与 Fibonacci 多项式

定义 1 $F(x) = f_1 x + f_2 x^2 + f_3 x^3 + \cdots + f_n x^n$，其中 $\{f_n\}$ 是 Fibonacci 数列.

定理 1 (1) $F(x) = \dfrac{f_n x^{n+2} + f_{n+1} x^{n+1} - x}{x^2 + x - 1}$

其中 $x \neq \dfrac{\sqrt{5} - 1}{2}$ 且 $x \neq \dfrac{-\sqrt{5} - 1}{2}$.

$(2) F'(x) = \dfrac{n f_n x^{n+3} + [(n+1) f_{n+2} - 2 f_{n+1}] x^{n+2} + (n f_{n-1} 2 f_n) x^{n+1}}{(x^2 + x - 1)^2} - $

$\dfrac{(n+1) f_{n+1} x^n + x^2 + 1}{(x^2 + x - 1)^2}$

下面证明定理 1 中的 (1).

证明 $F(x) = f_1 x + f_2 x^2 + f_3 x^3 + \cdots + f_n x^n$ ①

$x F(x) = f_1 x^2 + f_2 x^3 + f_3 x^4 + \cdots + f_n x^{n+1}$ ②

$x^2 F(x) = f_1 x^3 + f_2 x^4 + f_3 x^5 + \cdots + f_n x^{n+2}$ ③

将 ③ + ② − ①，得

$$(x^2 + x - 1) F(x) = f_n x^{n+2} + f_{n+1} x^{n+1} - x$$

因为 $x \neq \dfrac{\sqrt{5} - 1}{2}$ 且 $x \neq \dfrac{-\sqrt{5} - 1}{2}$，所以

$$F(x) = \frac{f_n x^{n+2} + f_{n+1} x^{n+1} - x}{x^2 + x - 1}$$

在定理 1 的 (1)(2) 中分别令 $x = 1, x = -1, x = \dfrac{1}{2}$，得如下推论.

推论 1 $f_1 + f_2 + \cdots + f_n = f_{n+2} - 1$

$$f_1 - f_2 + f_3 - \cdots + (-1)^{n-1} f_n = 1 - (-1)^{n-1} f_{n-1}$$

$$\frac{f_1}{2} + \frac{f_2}{2^2} + \frac{f_3}{2^3} + \cdots + \frac{f_n}{2^n} = 2 - \frac{f_n}{2^n} - \frac{f_{n+1}}{2^{n-1}}$$

$$f_1 + 2 f_2 + 3 f_3 + \cdots + n f_n = n f_{n+2} - f_{n+3} + 2$$

定义 2 若 $F_n(x) = x F_{n-1}(x) + F_{n-2}(x), F_1(x) = 1, F_2(x) = x$，则函数列 $\{F_n(x)\}$ 叫作 Fibonacci 多项式列.

定理 2 (1) Fibonacci 多项式的各项系数之和形成一个 Fibonacci 数列；

(2) $F_n(x) = C_{n-1}^{n-1} x^{n-1} + C_{n-2}^{n-3} x^{n-3} + C_{n-3}^{n-5} x^{n-5} + \cdots$;

(3) Swamy 不等式

$$F_n^2(x) \leqslant (x^2 + 1)^2 (x^2 + 2)^{n-3} \quad (n \geqslant 3)$$

证明 (3) 当 $n = 3$ 时

$$F_3^2(x) = (x^2 + 1)^2 \leqslant (x^2 + 1)^2 (x^2 + 2)^{3-3}$$

所以不等式成立.

假设当 $n = k - 1, n = k$ 时不等式成立,即

$$F_k^2(x) \leqslant (x^2 + 1)^2 (x^2 + 2)^{k-3}$$
$$F_{k-1}^2(x) \leqslant (x^2 + 1)^2 (x^2 + 2)^{k-4}$$

则当 $n = k + 1$ 时

$$
\begin{aligned}
F_{k+1}^2(x) &= [x F_k(x) + F_{k-1}(x)]^2 \\
&= x^2 F_k^2(x) + F_{k-1}^2(x) + 2x F_k(x) F_{k-1}(x) \\
&\leqslant (x^2 + 1)^2 (x^2 + 2)^{k-3} + (x^2 + 1)^2 (x^2 + 2)^{k-4} + \\
&\quad 2x (x^2 + 1)^2 \sqrt{(x^2 + 2)^{2k-7}} \\
&\leqslant (x^2 + 1)^2 (x^2 + 2)^{k-4} [x^2(x^2 + 2) + x^2 + x^2 + 3] \\
&= (x^2 + 1)^2 (x^2 + 2)^{k-4} (x^4 + 4x^2 + 3) \\
&\leqslant (x^2 + 1)^2 (x^2 + 2)^{k-4} (x^2 + 2)^2 \\
&= (x^2 + 1)^2 (x^2 + 2)^{k-2}
\end{aligned}
$$

故不等式对 $n \geqslant 3$ 的正整数都成立.

在上面的不等式中,令 $x = 1$ 得下面的不等式.

推论 2 $\qquad f_n \leqslant 2 \cdot 3^{\frac{n-3}{2}} \quad (n \geqslant 3)$

3.15 Fibonacci 数列是完全数列

定义 1 如果每一个正整数 n 都可以表示成某个数列 $\{a_n\}$ 的若干项之和,那么我们称这个数列 $\{a_n\}$ 是完全数列,否则称不完全数列.

关于判定一个数列是完全数列的充要条件有下面的定理.

定理 1 设递增数列 $a_1, a_2, a_3, \cdots, a_n, \cdots$ 中每一项都是正整数,且 $a_1 = 1$,对一切正整数 $k > 1$,都有

$$a_k \leqslant 1 + a_1 + a_2 + \cdots + a_{k-1}$$

是数列 $\{a_n\}$ 为完全数列的充要条件.

证明 必要性是很显然的.

充分性用数学归纳法证明.

(1) 当 $k = 1$ 时,这时 $N = 1 = a_1$,结论成立.

83

(2) 假设当 $N \leqslant a_1 + a_2 + \cdots + a_{k-1}$ 时命题成立, 则对 $N \leqslant a_1 + a_2 + \cdots + a_{k-1}$ 的 N 有两种可能:

① 如果 $n \leqslant a_1 + a_2 + \cdots + a_{k-1}$, 那么由归纳假设可知, 它已可用某些项之和表示;

② 如果 $a_1 + a_2 + \cdots + a_{k-1} < n < a_1 + a_2 + \cdots + a_{k-1} + a_k$, 那么有

$$a_k < n < a_1 + a_2 + \cdots + a_{k-1} + a_k$$

所以

$$0 < n - a_k < a_1 + a_2 + \cdots + a_{k-1} + a_k$$

因此, 可以用 $a_1, a_2, a_3, \cdots, a_{k-1}$ 中某些项之和表示 $n - a_k$, 因而用 $a_1, a_2, a_3, \cdots, a_{k-1}, a_k$ 中某些项之和表示 n. 由数学归纳法原理可知, 对任何正整数 n 命题都成立.

由定理 1 不难判定如下例题.

例 1 数列 $\{a_n\}$: $1, 2, 2^2, \cdots, 2^{n-1}, \cdots$ 是完全数列.

例 2 数列 $\{a_n\}$ 满足 $a_{n+2} = a_{n+1} + 2a_n, a_1 = a_2 = 1$ 是完全数列.

我们自然要问 Fibonacci 数列是不是完全数列呢?

因为 $f_{k+2} = 1 + f_1 + f_2 + \cdots + f_k$, 所以, 显然有

$$f_{k+1} < 1 + f_1 + f_2 + \cdots + f_k$$

于是由定理 1 得下面的推论.

推论 1 Fibonacci 数列是完全数列.

下面还有比推论 1 更强的结论.

推论 2 Fibonacci 数列任意删去一项后剩下的数列是完全数列, 但任意删去两项后剩下的数列是不完全数列.

证明 设删去一项的数列为

$$a_1, a_2, a_3, \cdots, a_n \qquad ①$$

显然 $a_1 = 1$, 假定 $m < n$, 证明自然数都可以用 ① 中若干项的和表示. 对于正整数 n, 设 $f_k \leqslant n < f_{k+1}$, 若 $f_k \in \{a_i\}$, 则由归纳假设可知, $n - f_k$ 可用 ① 中若干项之和表示, 并且由于

$$n - f_n < f_{k+1} - f_k = f_{k-1} \leqslant f_k$$

所以在所述表示中 f_k 不出现, 从而 $n = f_k + (n - f_k)$ 可用 ① 中若干项之和表示, 若 $f_k \notin \{a_i\}$, 则 f_k 前的 $k-1$ 个 Fibonacci 数: $1, 1, 2, 3, 5, \cdots, f_{n-2}, f_{n-1}$ 均在 ① 中, 显然有

$$f_1 + f_2 + \cdots + f_{k-2} + f_{k-1} = f_{k+1} - 1 \geqslant n$$

再考虑 $f_1, f_2, \cdots, f_{k-1}$ 的子列之和在那些不小于 n 的和中, 必有一个最小的设为 $M, M \geqslant n$, 而 M 中下角标的项是 f_i.

若 $M > n$, 则分两种情况讨论:

84

① 若 $f_i=1$,则在 M 中删去 f_i 所得的和 $M-1\geqslant n$,这与 M 的定义矛盾;

② 若 $f_i>1$,则由于 $f_1+f_2+\cdots+f_{i-2}=f_i-1$,所以在 M 中删去 f_i 而添上 $f_1,f_2,\cdots,f_{i-2}$ 得到的和 $M-1\geqslant n$,仍与 M 的定义矛盾.

因此,必有 $M=n$,故 Fibonacci 数列中任意去掉一项后所得的数列是完全数列.

现在来证明,在 Fibonacci 数列中任意去掉两项后所得的数列是不完全数列.

设在 Fibonacci 数列中任意去掉两项 $f_i,f_j(i<j)$,得到 $a_1,a_2,\cdots,a_j,\cdots$,则

$$a_1+a_2+\cdots+a_{j-2}=f_1+f_2+\cdots+f_{j-1}+\cdots+f_i$$
$$=f_{j+1}-1-f_i<f_{j+1}-1=V_{j-1}-1$$

因此 $V_{j-1}-1$ 不能用 $\{a_k\}$ 中的若干项之和表示.

关于用 Fibonacci 数列表示任何一个正整数还有这样一个有趣的结论.

Zeckendorf(泽肯多夫)定理　任何正数 N 可以唯一地表示成不同的不相邻的 Fibonacci 数的和,即 $n=f_{k_1}+f_{k_2}+\cdots+f_{k_r}$ 的形式,并且表示法是唯一的,其中 $k_1\gg k_2\gg\cdots\gg k_r\gg 0$.符号 $k\gg m$ 表示 $k\geqslant m+2$.

证明　如果 N 是个 Fibonacci 数,那么定理是平凡的,对于小的 N 可以检验.假设这对于直到 F_n(含 F_n)的数都正确,现在 $F_n<N\leqslant F_{n+1}$,则 $N=F_n+(N-F_n)$,$N\leqslant F_{n+1}<2F_n$,即 $N-F_n<F_n$,这样 $N-F_n$ 可以写成形式

$$N-F_n=F_{t_1}+F_{t_2}+\cdots+F_{t_i}\quad(t_{i+1}\leqslant t_i-2,t_i\geqslant 2)$$
$$N=F_n+F_{t_1}+F_{t_2}+\cdots+F_{t_i}$$

我们可断定 $n\geqslant t_1+2$.因为如果说 $n=t_1+1$,那么 $F_n+F_{t_1+1}=2F_n$,它要比 N 大.实际上,F_n 在 N 的表示式中出现,因为更小的 Fibonacci 数的和,在下标满足 $k_{i+1}\leqslant k_i-2(i=1,2,\cdots,r)$ 及 $k_r\geqslant 2$ 时不可能加到 N,如果 n 是偶数,例如 $2k$ 时

$$F_{2k-1}+F_{2k-3}+\cdots+F_3$$
$$=(F_{2k}-F_{2k-2})+(F_{2k-2}-F_{2k-4})+\cdots+(F_4-F_2)$$
$$=F_{2k}-1$$

而当 n 是奇数,例如 $2k+1$ 时

$$F_{2k}+F_{2k-2}+\cdots+F_2$$
$$=(F_{2k+1}-F_{2k-1})+(F_{2k-1}-F_{2k-3})+\cdots+(F_3-F_1)$$
$$=F_{2k+1}-1$$

同样又有不超过 $N-F_n$ 的最大 F_i 必定在 $N-F_n$ 的表示式中出现,它不会是 F_{n-1},这就由归纳法证明了唯一性.

3.16　Fibonacci 数系与二进制数系

我们知道任何一个整数都可以唯一的表示成一个二进制数(当然有理数甚至无理数都能用唯一的二进制数表示),因为任何唯一的表示系统都是一个数系,由于有 Zeckendorf 定理,所以 Fibonacci 数可以作为 Fibonacci 数系(强调必须是不相邻的 Fibonacci 数,如果没有这个条件,表示不唯一,不能作为数系).

把任何非负整数 n 表示为 0 和 1 的序列,记为

$$n = (b_m b_{m-1} \cdots b_2)_f \Longleftrightarrow n = \sum_{k=2}^{m} b_k f_k$$

此数系有些像二进制(基数 2),除了没有两个相邻 1 之外. 这是因为 Zeckendorf 定理中不允许有相邻 1,于是也导致 Fibonacci 数表示需要多一些位,但是两种表示是相似的.

下面我们给出 1 到 20 的 Fibonacci 数系与二进制数系的表示

$1 = (000001)_f, 2 = (000010)_f, 3 = (000100)_f, 4 = (000101)_f$

$5 = (001000)_f, 6 = (001001)_f, 7 = (001010)_f, 8 = (010000)_f$

$9 = (010001)_f, 10 = (010010)_f, 11 = (010100)_f, 12 = (010101)_f$

$13 = (100000)_f, 14 = (100001)_f, 15 = (100010)_f, 16 = (100100)_f$

$17 = (100101)_f, 18 = (101000)_f, 19 = (101001)_f, 20 = (101010)_f$

$1 = (000001)_2, 2 = (000010)_2, 3 = (000011)_2, 4 = (000100)_2$

$5 = (000101)_2, 6 = (000110)_2, 7 = (000111)_2, 8 = (001000)_2$

$9 = (001001)_2, 10 = (001010)_2, 11 = (001011)_2, 12 = (001100)_2$

$13 = (001101)_2, 14 = (001110)_2, 15 = (001111)_2, 16 = (010000)_2$

$17 = (010001)_2, 18 = (010010)_2, 19 = (010011)_2, 20 = (010100)_2$

在二进制数系中加 1,原则是逢二进一. Fibonacci 数系中加 1 有两种情况:

(1) 如果单位数字位是 0,那么我们把它改成 1,由于单位数字位涉及 f_2,所以添加 $f_2 = 1$,另外,两个最小有意义的数字位将是 01,把它改成 10(从而加了 $f_3 - f_2 = 1$).

(2) 如果加 1 后出现 011 型变为 100 直到没有两个 1 相连. 如 $7 = (001010)_f$ 到 $8 = (010000)_f$,进位规则等价于 f_{n+2} 代替 $f_{n+1} + f_n$.

下面利用 Fibonacci 数系解答两个问题.

对正整数集进行划分:正整数集 $1, 2, 3, 4, \cdots$ 划分为两个子集 A, B,即 $A = \{a_k \mid k \geqslant 1\}$ 和 $B = \{b_k \mid k \geqslant 1\}$,使得 $A \bigcup B = \mathbf{N}_+, A \bigcap B = \varnothing$,而且满足

$|b_k - a_k| = k$.

我们这样构造 A，B 两个集合：$A = \{a_k \mid k \geqslant 1\}$ 的 Fibonacci 数系以偶数个 0（含 1）结尾，$B = \{b_k \mid k \geqslant 1\}$ 的 Fibonacci 数系以奇数个 0 结尾，把 a，b 分别按 k 的大小排列，就可以得到 a_k，b_k 一一对应的两个子集，显然 $A \bigcup B = \mathbf{N}_+$，$A \bigcap B = \varnothing$，不难证明 $|b_k - a_k| = k$．

例 1　是否存在函数 $f : \mathbf{N}_+ \rightarrow \mathbf{N}_+$，使得 $f(1) = 2$，且

$$f(f(n)) = f(n) + n, f(n) < f(n+1)$$

对所有 $n \in \mathbf{N}_+$ 成立？

解　此题可利用正整数的 Fibonacci 表示来构造出一个满足条件的函数．设 n 的 Fibonacci 表示是

$$n = \sum_{j=0}^{k} f_{i_j} = f_{i_0} + f_{i_1} + \cdots + f_{i_k}$$

其中 $1 \leqslant i_0 < i_1 < \cdots < i_k$ 且 $i_{j+1} - i_j \geqslant 2$，$j = 1, 2, \cdots, k-1$．我们令

$$f(n) = \sum_{j=0}^{k} f_{i_j+1} = f_{i_0+1} + f_{i_1+1} + \cdots + f_{i_k+1}$$

那么，利用 Fibonacci 数列的递推关系式，可知

$$f(f(n)) = \sum_{j=0}^{k} f_{i_j+2} = \sum_{j=0}^{k} f_{i_j+1} + \sum_{j=0}^{k} f_{i_j} = f(n) + n$$

从而，由此定义的函数 f 满足初始条件及递推关系式．另外，条件 $f(n) < f(n+1)$ 显然成立．

3.17　Fibonacci 数与半完美正方形和半完美长方形

什么是半完美正方形？就是由规格各不完全相同的且边长都是正整数的小正方形既不重叠又无空隙拼成的大正方形叫半完美正方形．

什么是半完美长方形？就是由规格各不完全相同的且边长都是正整数的小正方形既不重叠又无空隙拼成的长方形叫半完美长方形．

什么是完美正方形？就是由规格各不相同的且边长都是正整数的小正方形既不重叠又无空隙拼成的大正方形叫完美正方形．

根据下面的两个等式可构成半完美正方形和半完美长方形：

(1) $f_n^2 = f_{n-1}^2 + 3f_{n-2}^2 + 2\sum_{i=1}^{n-3} f_i^2$（图 1）；

(2) $\sum_{i=1}^{n} f_i^2 = f_n f_{n+1}$（图 2）．

87

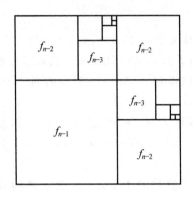

图 1

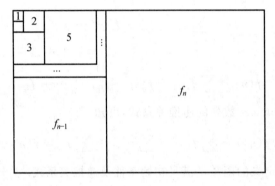

图 2

到目前还没有人构造出全由 Fibonacci 数为边长的小正方形构成的完美正方形.

3.18 Fibonacci 数与圆周率 π

哪里有圆,哪里就有 π.在自然界中无处没有圆,也就无处没有 π.π 是一个不可思议的、极其美妙的数,它是一个无理数(即无限不循环小数),也是一个超越数(即不满足任何整系数一元 n 次方程的数).特别令人惊奇的是,这个数在距今 4 000 年前,也就是在公元前 2000 年左右的巴比伦王国已经被发现.这与勾股定理发现的历史年限不相上下.我国数学家祖冲之(公元 429—500)发现了圆周率的近似值 $\frac{355}{113}$,比荷兰数学家 A. Anthonisz(安托尼兹,公元 1527—1607)早 1 000 年,这个圆周率的近似值 $\frac{355}{113}$ 换算成小数为 3.141 592 9…,而圆周率近似值为 3.141 592 653 589 7…,因此可知直到小数

88

点后 6 位是正确的. 在那个时代有这一结果是相当了不起的. 1 000 年后才被中亚细亚的阿尔·卡西在 1427 年打破把 π 算到 17 位有效数字. 以后又被荷兰人 Ludolf(卢多夫)打破,他准确的计算到了小数点后 20 位,到 1596 年德国的 Ludolph(鲁道夫)把 π 计算到了小数点之后的 35 位,因此德国人把 π 叫作 Ludolph 数. 1706 年,英国数学家 Machin(马青)把 π 计算到 101 位. 1873 年英国的的 William Shanks(威廉·谢克斯,1812—1882)计算到了 π 的 707 位,为此他耗费了整整 15 年的时间! 不过随着计算机的产生,1944 年到 1945 年之间这一结果被法格逊发现了他从 527 位开始就错了. 随着电子计算机的快速发展,计算 π 的小数点之后的位数不断地创新高. 实际上,把 π 计算到 20 位有效数字就几乎能够完全满足现代科学计算的要求了.

我们知道 π 与虚数单位 i 和 Euler 常数 e 有一个十分简单而优美的公式 $e^{\pi i}+1=0$,那么我们自然要问 π 与神奇的 Fibonacci 数是否有关系呢? 可以肯定的回答,π 与 Fibonacci 数也有不解之缘.

最早是 Dase(达泽,1824—1861)发现了

$$\pi=4\left(\arctan\frac{1}{2}+\arctan\frac{1}{5}+\arctan\frac{1}{8}\right)$$

即

$$\pi=4\left(\arctan\frac{1}{f_3}+\arctan\frac{1}{f_5}+\arctan\frac{1}{f_6}\right)$$

按作者的想象,Dase 并没有把 π 与 Fibonacci 数相联系. 而真正把 π 与 Fibonacci 数联系的人应该是美国数学家 D. H. Lehmer(莱默,1905—1991),他在美国数学月刊 1936 年 11 月号中发表的著名结果为

$$\pi=4\sum_{i=1}^{+\infty}\arctan\frac{1}{f_{2i+1}}$$

下面是 π 与 Fibonacci 数的一些等式:

(1) $\pi=4\left(\arctan\dfrac{1}{f_2}\right)$;

(2) $\pi=4\left(\arctan\dfrac{1}{f_3}+\arctan\dfrac{1}{f_4}\right)$;

(3) $\pi=4\left(\arctan\dfrac{1}{f_3}+\arctan\dfrac{1}{f_5}+\arctan\dfrac{1}{f_6}\right)$(Dase);

(4) $\pi=4\sum\limits_{i=1}^{n-1}\arctan\dfrac{1}{f_{2i+1}}+4\arctan\dfrac{1}{f_{2n}}$;

(5) $\pi=4\sum\limits_{i=1}^{n-1}\operatorname{arccot}f_{2i+1}+4\operatorname{arccot}f_{2n}$;

(6) $\pi=2\sum\limits_{n=1}^{\infty}\arctan\dfrac{1}{f_{2n+1}}$.

89

以上这些 Fibonacci 数与圆周率 π 之间的关系可用下面所证得的结果证明.

证明 因为

$$f_{n+1}^2 = f_n f_{n+2} + (-1)^n$$

所以

$$f_{2n-1}^2 = f_{2n} f_{2n+2} + 1$$

所以

$$\tan(\arctan \frac{1}{f_{2n}} - \arctan \frac{1}{f_{2n+2}})$$

$$= \frac{\tan(\arctan \frac{1}{f_{2n}}) - \tan(\arctan \frac{1}{f_{2n+2}})}{1 + \tan(\arctan \frac{1}{f_{2n}}) \tan(\arctan \frac{1}{f_{2n+2}})}$$

$$= \frac{\dfrac{1}{f_{2n}} - \dfrac{1}{f_{2n+2}}}{1 + \dfrac{1}{f_{2n}} \cdot \dfrac{1}{f_{2n+2}}}$$

$$= \frac{f_{2n+2} - f_{2n}}{1 + f_{2n+2} f_{2n}} = \frac{f_{2n+1}}{f_{2n+1}^2} = \frac{1}{f_{2n+1}}$$

故可得

$$\arctan \frac{1}{f_{2n}} - \arctan \frac{1}{f_{2n+2}} = \arctan \frac{1}{f_{2n+1}}$$

3.19 Fibonacci 数与弱形角谷猜想

角谷静夫(1911—2004),大阪府出生. 日本著名数学家,耶鲁大学教授,毕业于东北帝国大学理学部数学科.

弱形的角谷猜想是指:对于每一个正整数,如果它是奇数,那么对它加 1,如果它是偶数,那么对它除以 2,如此循环,最终都能够得到 1.

关于弱形角谷猜想与 Fibonacci 数列有如下定理.

定理 1 对于任一正整数 k,若 k 为偶数,将它除以 2,若 k 为奇数,将它加上 1,这称为一次运算. 设恰经过 n 次运算把 k 变成 1 的数有 a_n 个,那么这个数列 $\{a_n\}$ 就是 Fibonacci 数列.

证明 显然 $a_1 = 1$,只有第二层为 2 这一个数,经过一次运算变成 1,所以 $a_1 = 1$.

只有第三层为 4 这一个数,经过两次运算变成 1,所以 $a_2 = 1$.

当 $n \geqslant 2$ 时,第 $n+1$ 层的 a_n 个数恰经过 n 次运算变成 1 的数中,每一个奇数 m,只有 $2m$ 恰经过一次运算变成 m;每一个偶数 m,有 $2m$ 与 $m-1$ 两个经过一次运算变成 m.因此,更上一层的 a_{n+1} 个数比这一层的 a_n 个数多出的 $a_{n+1}-a_n$ 个数就是这 a_n 个数中偶数的个数.

第 $n+1$ 层的偶数经过一次运算变为第 n 层的 a_{n-1} 个数,因此,$a_{n+1}-a_n=a_{n-1}$,即 $a_{n+1}=a_n+a_{n-1}$.由初始条件 $a_1=1,a_2=1$,显然数列 $\{a_n\}$ 就是 Fibonacci 数列.

我们用如下的图 3 来演示上面的运算过程,这里仅作了第 6 层.

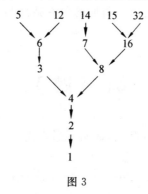

图 3

角谷静夫和德国著名数学家 Collatz(考拉兹) 分别提出角谷猜想(又称 Collatz 猜想,$3n+1$ 猜想,哈塞猜想,乌拉姆猜想或叙拉古猜想等) 是指:对于每一个正整数,如果它是奇数,那么对它乘 3 再加 1,如果它是偶数,那么对它除以 2,如此循环,最终都能够得到 1.

角谷猜想比弱形角谷猜想复杂多了.因为弱形角谷猜想的变化是不会出现两次连续变大,即使变大也只多 1,下一步则变小为原来的一半.而角谷猜想的变化就复杂了,下面我们来举一些例子说明这一变化的复杂性.

如 $n=6$,根据上述规则,得出 $6 \rightarrow 3 \rightarrow 10 \rightarrow 5 \rightarrow 16 \rightarrow 8 \rightarrow 4 \rightarrow 2 \rightarrow 1$(步骤中变成最大的数是 16,共有 7 个步骤).

如 $n=11$,根据上述规则,得出 $11 \rightarrow 34 \rightarrow 17 \rightarrow 52 \rightarrow 26 \rightarrow 13 \rightarrow 40 \rightarrow 20 \rightarrow 10 \rightarrow 5 \rightarrow 16 \rightarrow 8 \rightarrow 4 \rightarrow 2 \rightarrow 1$(步骤中变成最大的数是 40,共有 13 个步骤).

如 $n=27$,根据上述规则得出

$27 \rightarrow 82 \rightarrow 41 \rightarrow 124 \rightarrow 62 \rightarrow 31 \rightarrow 94 \rightarrow 47 \rightarrow 142 \rightarrow 71 \rightarrow 214 \rightarrow 107 \rightarrow 322 \rightarrow 161 \rightarrow 484 \rightarrow 242 \rightarrow 121 \rightarrow 364 \rightarrow 182 \rightarrow 91 \rightarrow 274 \rightarrow 137 \rightarrow 412 \rightarrow 206 \rightarrow 103 \rightarrow 310 \rightarrow 155 \rightarrow 466 \rightarrow 233 \rightarrow 700 \rightarrow 350 \rightarrow 175 \rightarrow 526 \rightarrow 263 \rightarrow 790 \rightarrow 395 \rightarrow 1\ 186 \rightarrow 593 \rightarrow 1\ 780 \rightarrow 890 \rightarrow 445 \rightarrow 1\ 336 \rightarrow 668 \rightarrow 334 \rightarrow 167 \rightarrow 502 \rightarrow 251 \rightarrow 754 \rightarrow 377 \rightarrow 1\ 132 \rightarrow 566 \rightarrow 283 \rightarrow 850 \rightarrow 425 \rightarrow 1\ 276 \rightarrow$

$638 \rightarrow 319 \rightarrow 958 \rightarrow 479 \rightarrow 1\ 438 \rightarrow 719 \rightarrow 2\ 158 \rightarrow 1\ 079 \rightarrow 3\ 238 \rightarrow 1\ 619 \rightarrow$
$4\ 858 \rightarrow 2\ 429 \rightarrow 7\ 288 \rightarrow 3\ 644 \rightarrow 1\ 822 \rightarrow 911 \rightarrow 2\ 734 \rightarrow 1\ 367 \rightarrow 4\ 102 \rightarrow$
$2\ 051 \rightarrow 6\ 154 \rightarrow 3\ 077 \rightarrow 9\ 232 \rightarrow 4\ 616 \rightarrow 2\ 308 \rightarrow 1\ 154 \rightarrow 577 \rightarrow 1\ 732 \rightarrow$
$866 \rightarrow 433 \rightarrow 1\ 300 \rightarrow 650 \rightarrow 325 \rightarrow 976 \rightarrow 488 \rightarrow 244 \rightarrow 122 \rightarrow 61 \rightarrow 184 \rightarrow$
$92 \rightarrow 46 \rightarrow 23 \rightarrow 70 \rightarrow 35 \rightarrow 106 \rightarrow 53 \rightarrow 160 \rightarrow 80 \rightarrow 40 \rightarrow 20 \rightarrow 10 \rightarrow 5 \rightarrow 16 \rightarrow$
$8 \rightarrow 4 \rightarrow 2 \rightarrow 1$(步骤中变成最大的数是 9 232,共有 111 个步骤).

由此我们看出这一问题的复杂程度.

角谷猜想是否有类似于弱形的角谷猜想与 Fibonacci 数列有密切的联系呢? 请读者思考或能给出类似于弱形的角谷猜想与 Fibonacci 数列有联系的证明.

练 习 题 3

1. 若 $\{f_n\}$ 是 Fibonacci 数列,证明下列等式:

(1) $4f_{n+1}f_{n-2} + f_n f_{n-2} = f_{n+2}^2 - (-1)^n$;

(2) $f_{2n-1} - f_{2n-3} + f_{2n-5} - \cdots + (-1)^{n-1}f_1 = f_n^2$;

(3) $f_{n+m} + (-1)^{m+1}f_{n-m} = f_m(f_{n+1} + f_{n-1})$;

(4) $(f_n f_{n+3})^2 + (2f_{n+1}f_{n+2})^2 = f_{2n+3}^2$;

(5) $f_{n+2k+1} - f_{n-2k-1} = f_n(f_{2k} + f_{2k+2})$;

(6) $(1 + \sum_{i=1}^{n} \dfrac{1}{f_{2i-1}f_{2i+1}})(1 - \sum_{i=1}^{n} \dfrac{1}{f_{2i}f_{2i+2}}) = 1$.

2. 已知 $f_{n+2} = f_{n+1} + f_n$,$f_1 = f_2 = 1$,求证:$f_n < 2^n$.

3. 试证:$\text{arccot}\ 1 = \text{arccot}\ f_3 + \text{arccot}\ f_5 + \cdots + \text{arccot}\ f_{2n+1} + \cdots$,式中这些整数是 Fibonacci 数列中相间出现的那些数,它们还满足递推关系式

$$V_{n+1} = 3V_n - V_{n-1} \quad (n \geqslant 2)$$

4. (第 29 届国际数学竞赛预选题墨西哥供) 证明:数 A_n,B_n,C_n 相等,这里 A_n 表示 2×1 的矩形覆盖 $2 \times n$ 的矩形的种数,B_n 表示用 1 与 2 组成的和为 n 的数列个数,且

$$C_n = \begin{cases} C_m^0 + C_{m+1}^2 + \cdots + C_{2m}^{2m}, & n = 2m \\ C_{m+1}^1 + C_{m+2}^3 + \cdots + C_{2m+1}^{2m+1}, & n = 2m+1 \end{cases}$$

5. 已知数列 $\{f_n\}$,$f_{n+2} = f_{n+1} + f_n$,$f_1 = f_2 = 1$,试证明:对任意正整数 n,有

$$\text{arccot}\ f_n \leqslant \text{arccot}\ f_{n+1} + \text{arccot}\ f_{n+2}$$

并指出等号成立的条件.

6. 证明:$\sum_{k=0}^{m} C_{2m-k}^k = \Big(\sum_{k=0}^{m} C_{m-k}^k\Big)^2 + \Big(\sum_{k=0}^{m-1} C_{m-1-k}^k\Big)^2$.

Fibonacci 数列中的
明珠

7. 设 $\{f_n\}$ 是 Fibonacci 数列,试证:$\displaystyle\sum_{k=1}^{\infty} \frac{1}{f_{2^k}}$ 收敛,并求它的极限.

8. 求证:$\displaystyle\sum_{k=1}^{\infty} \frac{f_n}{2^n} = 2$.

9. 求证:$\displaystyle\sum_{n=0}^{\infty} \frac{f_{2n-1}}{10^{n+1}} = \frac{9}{710}$.

10. 若 $\{f_n\}$ 是 Fibonacci 数列,试证明:$\displaystyle\prod_{k=1}^{\infty}\left(1 - \frac{(-1)^{k+1}}{f_{k+2} f_k}\right) = \frac{\sqrt{5}-1}{2}$.

11. 设 x_1, x_2 是方程 $x^2 - x - 1 = 0$ 的两个根,现有一数列,其通项公式为
$$a_n = x_1^n + x_1^{n-1} x_2 + x_1^{n-2} x_2^2 + \cdots + x_1 x_2^{n-1} + x_2^n$$

试证明:数列 $\left\{\dfrac{a_n}{a_{n+1}}\right\}$ 是摆动数列.

12. 设 $\{f_n\}$ 是 Fibonacci 数列,则:

(1) $3^{n-1} f_2 + 3^{n-2} f_4 + \cdots + 3 f_{2n-2} + f_{2n} + f_{2n+4} = 3^{n+1}$;

(2) $3^{n-1} f_1 + 3^{n-2} f_3 + \cdots + 3 f_{2n-3} + f_{2n-1} + f_{2n+3} = 2 \cdot 3^n$.

13. 求 $N = \{1, 2, 3, 4, \cdots, n\}$ 中不含两个相邻元素的子集个数.

14. 从 $1, 2, 3, \cdots, 99, 100$ 这 100 个数中任意选取 k 个数,使得在所选数的集合中一定可以找到能构成一个三角形边长的三个数,试问满足条件的 k 的最小值是多少? 并说明理由.

15. 设 990 次的多项式 $P(x)$ 满足 $P(x) = f_k$,f_k 是 Fibonacci 数列中的项,$k = 1\,000, 1\,001, \cdots, 1\,989, 1\,990$,求 $P(1\,991)$.

16. 求出所有实数对 (a, b),使得对每一个 $n \in \mathbf{N}_+$,$a f_n + b f_{n+1}$ 是 Fibonacci 数列中的一项,并且紧接在后面的项是 $a f_{n+1} + b f_{n+2}$.

17. 若 X 是一个有限集,$|X|$ 表示集 X 中的元素的个数,S, T 是 $\{1, 2, 3, \cdots\}$ 的子集,称有序对 (S, T) 是允许的,如果对每一个 $s \in S$,$s > |T|$ 且对每一个 $t \in T$,$t > |S|$,问集 $\{1, 2, 3, \cdots, 10\}$ 有多少个允许的子集对? 证明你的结论.

18. 在 Fibonacci 数列中,任取连续八项,证明:这八项之和不可能是此数列中的某一项.

19. 考察由 n 个不同的砝码所组成的砝码组,其中每个砝码的重量均为不超过 21 克的整数克,试问:当 n 最小为多少时,砝码组中必定存在两对砝码的重量之和相等.

20. (波兰第 18 届数学竞赛试题)有限数组 $a_1, a_2, a_3, \cdots, a_n (n \geqslant 3)$ 满足关系式
$$a_1 = a_n = 0, \quad a_{k-1} + a_{k+1} \geqslant 2a_k \quad (k = 2, 3, 4, \cdots, n-1)$$

证明:数 $a_1, a_2, a_3, \cdots, a_n$ 中没有正数.

21.（第 31 届国际数学竞赛预选题摩洛哥）数列 $\{u_n\}$ 定义为 $u_n = u_{n-1} + 2u_{n-2}, u_1 = u_2 = 1, N = 3, 4, \cdots$，证明：对任意正整数 $n, p > 1$，有

$$u_{n+p} = u_{n+1}u_p + 2u_n u_{p-1}$$

并求出 u_n 与 u_{n+3} 的最大公约数.

22.在 Fibonacci 数列 $\{f_n\}$ 中，已知 $f_1 = f_2 = 1, f_{n+2} = f_{n+1} + f_n, n$ 条线段的长度都是 $[f_1, f_n]$ 内的值，$n \geqslant 3$. 求证：其中至少存在三条线段可以作为一个三角形的三边.

23.证明：边长为整数的直角三角形一定是 Heron（海伦）三角形.

24.证明：等边三角形不可能是 Heron 三角形.

25.求 $\sum\limits_{k=1}^{n} \dfrac{1}{f_{3 \cdot 2^k}}$；

26.设有 n 个红球和 n 个白球，于其中任取 n 个球排成一行，红球不许相邻，问有多少种排列方法（设同色的球不可辨别）？

Fibonacci 数列的数论性质

在第 3 章我们讨论了 Fibonacci 数列许多奇妙而有趣的性质,实际上,Fibonacci 数列在数论方面也有一些重要性质. 利用这些性质可以解决传统的数论问题,如整除问题、余数问题、最大公约数问题、素数问题、不定方程的整数解问题. 如我国数学家柯召应用 Fibonacci 数列中的完全平方数只有有限个,证明了一些不定方程的无解,或求出这些方程的全部整数解;又如数学家 Lame 应用 Fibonacci 数研究 Euclid 算法的有效性,Lucas 利用 Fibonacci 数证明了 $2^{127}-1$ 为素数,等等. 这些事例说明如果我们能够了解 Fibonacci 数列的数论性质,无疑对我们研究数论有积极的作用. 下面我们将分节来介绍这些数论性质.

4.1 Lucas 定理

下面的定理是描述两个 Fibonacci 数的最大公约数.

定理 1(Lucas 定理,1876 年)

$$\gcd(f_m, f_n) = f_{\gcd(m,n)}$$

其中 $\gcd(m,n)$ 表示 a,b 的最大公约数,也可简记为 (a,b).

证明 我们知道三个连续 Fibonacci 数有如下关系

$$f_n^2 - f_{n-1} f_{n+1} = (-1)^{n-1}$$

由此显然对一切正整数 n，都有

$$(f_{n+1}, f_n) = 1 \qquad\qquad ①$$

设 $m \geqslant n$，由加法定理得

$$f_m = f_n f_{m-n+1} + f_{n-1} f_{m-n} \qquad\qquad ②$$

由 ② 可知 f_{m-n} 与 f_n 的最大公约数一定是 f_m 与 f_n 的约数，f_m 与 f_n 的最大公约数一定是 f_{n-1} 与 f_{m-n} 的约数. 因为 $(f_n, f_{n-1}) = 1$ 也是 f_{m-n} 与 f_n 的约数，所以

$$(f_m, f_n) = (f_{m-n}, f_n) \qquad\qquad ③$$

设 $m = qn + r, 0 \leqslant r < n$，则由 ③ 得

$$(f_m, f_n) = (f_r, f_n)$$

如此继续下去，再注意到 $(m, n) = (r, n)$，便可得 $(f_m, f_n) = f_{(m,n)}$.

事实上，我们有更一般的结论：整数列 $\{a_n\}, a_0 = 0$，具有性质：若对任何角标 $m > k \geqslant 1$，都有 $(a_m, a_k) = (a_{m-k}, a_k)$，则必有 $(a_m, a_k) = a_d$，其中 $d = (m, k)$.

推论 1　素数的个数是无穷多的.

证明　假设素数只有有限个，在定理 1 中取下角标为这些素数的 Fibonacci 数两两互质，所以，素因子的个数多于素数的个数，与假设矛盾，故素数有无穷多个.

推论 2　若 $m - n = 1$ 或 $m - n = 2$，则 $(f_m, f_n) = 1$.

证明　当 $m - n = 1$，则 $(m, n) = 1$. 所以 $(f_m, f_n) = 1$.

当 $m - n = 2$，则 $(m, n) = 1$ 或 $(m, n) = 2$. 若 $(m, n) = 1$，则 $(f_m, f_n) = 1$；若 $(m, n) = 2$，由定理 1 得 $(f_m, f_n) = 2$. 在相继间隔的 Fibonacci 数中不可能都是偶数，故 $(f_m, f_n) = 2$ 不能成立.

推论 3　若 $n = 3(2l - 1), l \in \mathbf{N}_+$，则 $2 \parallel f_n$，其中 $a \parallel b$ 表示 a 整除 b 但 a 的平方不整除 b.

证明　因为 $(f_{3(2l-1)}, f_{3 \times 2}) = f_3 = 2$，又因为 $4 \mid f_6$，所以 $f_{3(2l-1)}$ 只能被 2 整除，不能被 4 整除.

推论 4　若 $(k, 3) = 1$，则 $3 \parallel f_{4k}$.

证明　因为 $(f_{4k}, f_{12}) = f_4 = 3$，又因为 $9 \mid f_{12}$，所以 $3 \parallel f_{4k}$.

推论 5　$\left(f_{3n+2}, \dfrac{1}{2} f_{3n}\right) = 1$.

证明　因为

$$(2f_{3n+2}, f_{3n}) = (f_{3n}, 2f_{3n+1})$$

由推论 3 知 f_{3n} 是偶数，所以

$$(f_{3n}, 2f_{3n+1}) = 2$$
$$(2f_{3n+2}, f_{3n}) = 2$$

因此

$$\left(f_{3n+2}, \frac{1}{2}f_{3n}\right) = 1$$

4.2 Euclid 算法的有效性

1884 年,法国数学家 Lamb(拉姆)利用 Fibonacci 数列证明了:应用辗转相除法(Euclid 除法),步数即辗转相除法的次数不大于较小那个数的位数的五倍. 我们把这一结论也叫 Lamb 定理. 这是 Fibonacci 数列第一次应用于研究数学本身.

Euclid(欧几里得,公元前 350 年)是史上最成功的数学教科书作者,他著名的《几何原本》(Elements)从古至今已经有了上千种版本,除了曾经在亚历山大学院教书外,Euclid 的生活很少为人所知. 显然他并不强调数学的应用. 一个很有名的故事是当他的一个学生问他学几何有什么用时,Euclid 让他的奴隶给了这个学生三个硬币,"因为他想在学习中获取实利."Euclid 的《几何原本》介绍了从平面到刚体几何以及数论的知识,Euclid 算法可以在《几何原本》第 13 卷的第 7 章找到,关于素数无限性的证明在第 9 章. Euclid 还写过很多关于天文、光学、音乐和力学等领域的书.

下面的定理是说明 Euclid 算法的有效性.

定理 1(Lamb 定理) 设 $a, b \in \mathbf{N}_+$ 且 $a > b$,设用辗转相除法求 (a, b) 的最大公约数时进行的除法次数为 n, b 在十进制数中的位数是 l,则 $n \leqslant 5l$.

证明 在 3.10 节中,(12) 若 $\{f_n\}$ 是 Fibonacci 数列,则

$$f_{n+5} > 10f_n \quad (n \geqslant 2)$$

由此可得

$$f_{n+5t} > 10^t f_n \quad (n \geqslant 2, t \in \mathbf{N}_+) \tag{①}$$

设 $a = n_0, b = n_1$,用辗转相除法,得

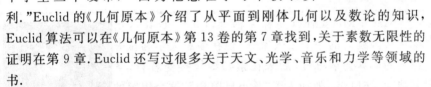

$$n_0 = q_1 n_1 + n_2 \quad (0 < n_2 < n_1)$$
$$n_1 = q_2 n_2 + n_3 \quad (0 < n_3 < n_2)$$
$$\vdots$$
$$n_{k-2} = q_{k-1} n_{k-1} + n_k \quad (0 < n_k < n_{k-1}) \tag{②}$$
$$n_{k-1} = q_k n_k$$

因为 $q_{k+1} \geqslant 2$,由 ② 得

$$n_{k-1} = q_k n_k \geqslant 2n_k \geqslant 2 = f_3$$
$$n_{k-2} \geqslant n_{k-1} + n_k \geqslant f_3 + f_2 = f_4$$
$$n_{k-3} \geqslant n_{k-2} + n_{k-1} \geqslant f_3 + f_4 = f_5$$
$$\vdots$$
$$n_1 \geqslant n_2 + n_3 \geqslant f_k + f_{k-1} = f_{k+1}$$

假设 $k \geqslant 5l+1$,则 $n_1 \geqslant f_{k+1} \geqslant f_{5l+2}$. 由式 ① 得

$$b = n_1 \geqslant f_{5l+2} > 10^l f_2 = 10^l \quad (10^l \text{ 是 } l+1 \text{ 位}) \tag{③}$$

因为 $b = n_1$ 的位数是 l 位,故 ③ 不能成立,所以 $n \leqslant 5l$.

由 Lamb 定理证明过程可知 $b = r_0 \geqslant f_{n+1}$,不难得到下面的两个定理.

定理 2　式 ② 中的 n 满足

$$b \geqslant \frac{1}{\sqrt{5}} \left[\left(\frac{1+\sqrt{5}}{2} \right)^{n+2} - \left(\frac{1-\sqrt{5}}{2} \right)^{n+2} \right]$$

定理 3　式 ② 中的 n 满足 $n \leqslant \left[\dfrac{2\lg b}{\lg 2} \right]$($[x]$ 表示不超过 x 的最大整数).

4.3　Fibonacci 数中的素数、合数

Marin Mersenne(马林·梅森,1588—1648),出生在法国缅因的一个工人家庭.他在曼恩大学和拉夫赖士的耶稣会学习过,后来在索邦继续接受教育,学习神学.1611 年,他加入了"最小兄弟会",这个组织的名字来源于单词"minimi",这些人自认为是宗教信条最少的团体.除了祷告,成员们设法获得奖学金去学习.1612 年,Mersenne 成了巴黎皇宫的一名牧师. 1614 年到 1618 年间,他在纳韦尔女修道院教授哲学.1619 年他返回巴黎,在那里,Minims de I'Annociade 的房间成了科学家、哲学家和数学家聚会的地方,其中有 Fermat 和 Pascal(帕斯卡).Mersenne 与欧洲许多学者有过通信,很多新的思想在他这里得到了交流传播.Mersenne 写过关于力学、物理、数学、音乐和声学方面的书.他研究过素数并且试图给出一个能表达出所有素数的公式,但没有成功.1644 年,他宣称找到了所有小于 257 的素数 p,使得 $2^\mu - 1$ 是素数,当然这个结论并不准确.Mersenne 还因替他同时代的名人 Descartes(笛卡儿)和 Galilei(伽利略)做宗教辩护而闻名,同时他也帮助揭露炼金术士和占星家的骗术.

我们知道,在 Fibonacci 数列中有素数,有无穷多的合数.该数列中前几个素数是 $2,3,5,13,89,233,\cdots$. 随着 n 的增大,Fibonacci 数中的素数越来越稀少,在正整数中素数有无穷多个,但是,对于 Fibonacci 数列中的素数是无穷多个还是有穷多个呢?有没有判定一个 Fibonacci 数为素数的有效方法呢?这两个问题目前都没有得到解决.本节将解决一些较简单的问题,如什么样的 Fibonacci 数是合数呢?Fibonacci 数为素数的必要条件是什么?

定理 1 如果 Fibonacci 数列的某项的角标是合数(除 $f_4 = 3$ 外),那么这项的 Fibonacci 数一定是合数.

证明 用 4.4 节定理 2 很容易证明定理 1.

推论 1 Fibonacci 数为素数的必要条件是这个 Fibonacci 数的角标为素数(除 $f_4 = 3$ 外).

推论说明了要判定一个 Fibonacci 数为素数,首先应考虑 Fibonacci 数的角标是否为素数,但值得注意的是角标是,素数的 Fibonacci 数不一定是素数,如 $f_{19} = 4\ 181$,而 $4\ 181 = 37 \times 113$.

到目前我们虽然不能肯定或否定 Fibonacci 数中素数的个数是无穷多个或是有穷多个,但我们可以肯定在 Fibonacci 数列中各项素因子包含了所有素数,这个结论由下面的定理 5 可以做肯定回答.

定理 2 若 p 是大于 5 的素数,则 $p \mid f_{p-1}$ 或 $p \mid f_{p+1}$ 有且仅有一个成立.

证明 因为 p 是大于 5 的素数,所以

$$(2, p) = 1, (5, p) = 1, p \mid C_n^m \quad (0 < m < p)$$

由 Fermat 小定理得

$$2^{p-1} \equiv 1 \pmod p, 5^{p-1} \equiv 1 \pmod p$$

所以

$$2^{p-1} f_p = \frac{1}{2\sqrt{5}} [(\sqrt{5} + 1)^p - (\sqrt{5} - 1)^p]$$

$$= \frac{1}{\sqrt{5}} [(\sqrt{5})^p + C_p^2 (\sqrt{5})^{p-2} + \cdots + C_p^{p-1} \sqrt{5}]$$

$$= 5^{\frac{p-1}{2}} + C_p^2 5^{\frac{p-3}{2}} + \cdots + C_p^{p-1}$$

$$\equiv 5^{\frac{p-1}{2}} \pmod p$$

因此

$$f_p^2 = 2^{2p-2} f_p^2 = 5^{p-1} \equiv 1 \pmod p$$

又因为

$$f_{p+1} f_{p-1} = f_p^2 - 1$$

所以

$$f_{p+1} f_{p-1} \equiv 0 \pmod p$$

99

由于$(f_{p+1}, f_{p-1})=1$,因此

$$f_{p+1} \equiv 0 (\bmod\ p)$$

或

$$f_{p-1} \equiv 0 (\bmod\ p)$$

显然有且只有一个成立.

定理 3 若 Fibonacci 数到中具有奇数角标的项,则它的全部奇因数都具有 $4k+1$ 的形式.

证明 当 n 为奇数时,有

$$f_n^2 = f_{n-1} f_{n+1} + 1$$

推得

$$f_{n-1}^2 + f_{n-1} f_n - f_n^2 = -1$$

所以 $f_{n-1}^2 + 1$ 被 f_n 整除.设 p 是 f_n 的奇质因数,所以 $f_{n-1}^2 + 1$ 也被 p 整除,即

$$f_{n-1}^2 \equiv -1 (\bmod\ p), \quad f_{n-1}^{p-1} \equiv (-1)^{\frac{p-1}{2}} (\bmod\ p)$$

另外,由 Fermat 小定理得

$$f_{n-1}^{p-1} \equiv 1 (\bmod\ p)$$

所以

$$(-1)^{\frac{p-1}{2}} \equiv 1 (\bmod\ p)$$

即 $\dfrac{p-1}{2}$ 为偶数,故 p 是 $4k+1$ 形式的素数.

定理 4 若 p 是素数,则

$$p \mid (f_{p-1} + f_{p+1} - 1)$$

证明 若 $p=2$,则 $2 \mid 2 = f_1 + f_3 - 1$ 成立.

若 p 是奇素数,则由

$$f_{2p} = f_{p+1}^2 - f_{p-1}^2 = f_p (f_{p-1} + f_{p+1})$$

$$f_{p-1} + f_{p+1} = L_p = \left(\frac{1+\sqrt{5}}{2}\right)^p + \left(\frac{1-\sqrt{5}}{2}\right)^p$$

$$= \frac{1}{2^{p-1}} [1 + C_P^2 \cdot 5 + C_p^4 \cdot 5^2 + \cdots + C_p^{p-1} 5^{\frac{p-1}{2}}]$$

所以

$$2^{p-1}(f_{p-1} + f_{p+1}) - 1 = [C_p^2 \cdot 5 + C_p^4 \cdot 5^2 + \cdots + C_p^{p-1} 5^{\frac{p-1}{2}}]$$

显然右边含有素因子 p,所以

$$p \mid [2^{p-1}(f_{p-1} + f_{p+1}) - 1]$$

$$p \mid [(2^{p-1} - 1)(f_{p-1} + f_{p+1}) + f_{p-1} + f_{p+1} - 1]$$

因为

$$p \mid (2^{p-1} - 1)$$

所以

$$p \mid (f_{p-1} + f_{p+1} - 1)$$

定理得证.

由定理 2,定理 3 得如下推论.

推论 2   若 p 是大于 5 的素数,则

$$p \mid f_{p-1}(f_{p-1} - 1)$$

推论 3   若 p 是大于 5 的素数,则

$$p \mid f_{p+1}(f_{p+1} - 1)$$

Lagrange(拉格朗日) 对 N 阶线性递归数列的模数列给出了周期存在性的证明,由此得到如下定理:

定理 5   若 $m \geqslant 2, m \in \mathbf{N}$,则 $f_n (\bmod\ m)$ 的余数至多在 $m^2 + 1$ 项循环.

定理 6   对任何正整数 m,在 m^2 个连续的 Fibonacci 数中必有一个可被 m 整除.

定理 7   Fibonacci 数列 $\{f_n\}$ 的孪生素数(一对孪生素数中的任一个)只能是 3,5,13.

定理 8 $(1) f_{3 \cdot 2^k} \equiv 0 (\bmod\ 2^{k+2})$;$(2) f_{3 \cdot 2^k} \equiv 0 (\bmod\ 2^{k+3})$;$(3) f_{3 \cdot 2^k p} \equiv 0 (\bmod\ 2^{k+2})$(其中 k 是正整数,p 是正奇数).

4.4   Fibonacci 数与 Fibonacci 数之间的整除关系

定理 1 $f_m \mid f_n$ 的充要条件是 $m \mid n$.

证明   先证充分性

$$m \mid n \Rightarrow f_m \mid f_n$$

因为 $m \mid n$,所以可设 $n = ml$,对 l 用数学归纳法.

(1) 当 $l = 1$ 时,结论显然成立.

(2) 假设当 $l = k - 1$ 时结论成立,即 $f_m \mid f_{m(k-1)}$,则

$$f_n = f_{mk} = f_{m(k-1)+m} = f_{m-1} f_{m(k-1)} + f_m f_{m(k-1)}$$

由归纳假设可知

$$f_m \mid f_{ml}$$

再证必要性

$$f_m \mid f_n \Rightarrow m \mid n$$

假设 m 不整除 n,即

$$n = qm + r \quad (0 < m < n, 0 < r < m)$$

因为 $f_m \mid f_n$,所以

101

$$f_m \mid [f_{qm}f_{r-1} + f_{qm+1}f_r]$$

由 $f_m \mid f_{qm}$,得

$$f_m \mid f_{qm+1}f_r$$

再由关系 $f_{n+2} = f_{n+1} + f_n$,推得

$$f_m \mid f_{qm-1}f_r, f_m \mid f_{qm-2}f_r$$

如此继续推下去得

$$f_m \mid f_r$$

因为 $r < m$ 矛盾,所以 $r = 0$,因此 $n = qm$. 故定理得证.

推论 1 若 $m \mid f_n$,则

$$m \mid f_{kn} \quad (k = 2, 3, \cdots)$$

推论 2 若 $n = 3 \cdot 2l, l \in \mathbf{N}_+$,则 $8 \mid f_{6l}$.

推论 3 Fibonacci 数中不存在除以 8 余数为 4 的数.

定理 2 $(1) f_n \mid (f_{n+2k} + f_{n-2k})$;

$(2) f_n \mid (f_{n+2k+1} - f_{n-2k-1})$.

定理 3 若 $n = ml(m, l$ 不为 1),则

$$\frac{f_n}{f_m} = \sum_{i=1}^{l-1} \mathrm{C}_i^i f_m^{l-(i+1)} f_{m-1}^i f_{m-i}$$

这一定理显然比定理 1 更强,不仅知道整除而且还知道商是什么.

定理 4 一个 Fibonacci 数除以另外一个 Fibonacci 数的余数,仍是正、负 Fibonacci 数,即

$$f_{mn+r} = \begin{cases} f_r, m \equiv 0 \pmod 4 \\ (-1)^{r+1} f_{n-r}, m \equiv 0 \pmod 4 \\ (-1)^n f_r, m \equiv 0 \pmod 4 \\ (-1)^{r+1+n} f_{n-r}, m \equiv 0 \pmod 4 \end{cases} \pmod{f_n}$$

由 Cassini 等式即加法定理

$$f_{n+m} = f_m f_{n-1} + f_n f_{m+1}$$

和

$$f_{n-k}f_{m+k} - f_n f_m = (-1)^n f_{m-n-k}f_k$$

不难推得定理 4.

定理 5 连续十个 Fibonacci 数之和是这连续十个 Fibonacci 数的第七个数的 11 倍,即

$$f_n + f_{n+1} + f_{n+2} + \cdots + f_{n+9} = 11 f_{n+6}$$

4.5 Fibonacci 数中的完全平方数和完全平方数的二倍

在第 1 章我们介绍了 Fibonacci 数的产生. Fibonacci 数列至少在公元 1225 年前就由 Fibonacci 收集在他的书中,后来人们对 Fibonacci 数列做了更深入的研究并发现了不少性质,但是关于 Fibonacci 数中的完全平方数问题,直到 20 世纪 60 年代初才被提出. 问题最先出现在美国《数学月刊》杂志上. 1964 年由我国数学家柯召和美国数学家 Wyler(威勒) 分别独立地用不同的方法证明了这个问题,相继给出了一些简单而初等的证明方法. 本节将给出一个初等证法[11].

定理 1 在 Fibonacci 数列中,除 $f_1 = f_2 = 1, f_{12} = 144$ 是完全平方数外,其他项都不是完全平方数.

证明 (1) 当 $n = 2k$ 时,由 3.2 节推论 2,得

$$f_{2k} = f_{k+1}^2 - f_{k-1}^2 \quad (k \geq 2)$$

假设有某项,$f_{2k} = m^2$,则得

$$f_{2k} = f_{k+1}^2 - f_{k-1}^2 = m^2$$

又设 t 是 f_{k-1} 的因数,$1 \leq t \leq f_{k-1}$,则

$$f_{k-1}t = f_{k+1} + m$$
$$f_{k-1} = (f_{k+1} - m)t$$

消去 m,得

$$f_{k+1} = \frac{f_{k-1}t + \dfrac{f_{k-1}}{t}}{2} = \frac{t^2+1}{2t}f_{k-1} \quad \text{①}$$

先证,当 $\dfrac{t^2+1}{2t} \geq 3$,即 $t \geq 6$ 时以上等式不成立.

由 ① 得

$$f_{k+1} = \frac{t^2+1}{2t}f_{k-1} \geq 3f_{k-1} > (f_{k-1} + f_{k-2}) + f_{k-1} \quad (k \geq 3)$$

所以 $f_{k+1} > f_k + f_{k-1} = f_{k+1}$,矛盾,再验证 $k = 2, f_3 \geq 3f_1$,矛盾.

现在我们再证 $1 \leq t \leq 5$,是否存在 m,使得 $f_{2k} = m^2$ 成立.

当 $t = 1$ 时,代入 ①,得 $f_{k+1} = f_{k-1}(k \geq 2)$,矛盾.

当 $t = 2$ 时,代入 ①,得

$$f_{k+1} = \frac{5}{4}f_{k-1} \quad (k \geq 2)$$

103

因为 $f_{k+1}=f_k+f_{k-1}$,所以
$$4f_k+4f_{k-1}=5f_{k-1}$$
因此 $f_{k-1}=4f_k$.又 $(f_k,f_{k-1})=1$,矛盾.

当 $t=3$ 时,代入 ①,得
$$f_{k+1}=\frac{5}{3}f_{k-1} \quad (k\geqslant 2)$$
因为 $f_{k+1}=f_k+f_{k-1}$,所以
$$3f_k+3f_{k-1}=5f_{k-1}$$
因此 $2f_{k-1}=3f_k(k\geqslant 2)$ 显然不成立.

当 $t=4$ 时,代入 ①,得
$$f_{k+1}=\frac{17}{8}f_{k-1} \quad (k\geqslant 2)$$
因为 $f_{k+1}=f_k+f_{k-1}$,所以
$$8f_k+8f_{k-1}=17f_{k-1}$$
因此
$$9f_{k-1}=8f_k \quad (k\geqslant 3)$$
故 $8f_{k-2}=f_{k-1}$,又 $(f_{k-2},f_{k-1})=1$,不能成立.

再验证,$k=2,8f_3=17f_1$,显然不成立.

当 $t=5$ 时,代入 ①,得
$$f_{k+1}=\frac{13}{5}f_{k-1} \quad (k\geqslant 2)$$
因为 $f_{k+1}=f_k+f_{k-1}$,所以
$$5f_k+5f_{k-1}=13f_{k-1}$$
因此
$$8f_{k-1}=5f_k$$
由关系 $f_{n+2}=f_{n+1}+f_n$ 可化简,得
$$f_{k-5}=f_{k-4}$$

当 $k=6$ 时成立,当 $k\geqslant 7$ 时不成立.

因此 $f_{12}=144$ 是完全平方数,是所求的解.

再验证 $k=2,8f_1=5f_2$,不成立;$k=3,8f_2=5f_3$,不成立;$k=4,8f_3=5f_4$,不成立;$k=5,8f_4=5f_5$,不成立.

最后验证 $k=1,n=2,f_2=1$ 是完全平方数.故对所有 f_{2k} 中,只有 $f_2=1$,$f_{12}=144$ 是完全平方数,其余都不是完全平方数.

(2) 当 $n=2k+1$ 时,由 3.2 节推论 1 得
$$f_{2k+1}=f_{k+1}^2+f_k^2$$
假设 $f_{2k+1}=m^2$,即

$$f_{k+1}^2 + f_k^2 = m^2 \quad (k \geqslant 1)$$

有解,所以

$$f_k^2 = (m - f_{k+1})(m + f_{k+1})$$

设 t 是 f_k^2 的因数,并且 $1 \leqslant t \leqslant f_k^2$,则

$$f_k t = m + f_{k+1}$$
$$f_k = t(m - f_{k+1})$$

消去 m,得

$$f_{k+1} = \frac{t^2 - 1}{2t} f_k \qquad ②$$

先证明,当 $\dfrac{t^2 + 1}{2t} > 2$,即 $t \geqslant 5$ 时,无解.

由 ② 得

$$f_{k+1} > 2f_k > f_k + f_{k-1} \quad (k \geqslant 2)$$

$f_{k+1} > f_{k+1}$ 矛盾.

验证当 $k = 1$ 时,$f_3 > 2f_2$,矛盾.

现在我们再证 $1 \leqslant t \leqslant 4$,是否存在 m,使得 $f_{2k+1} = m^2$ 成立.

当 $t = 1$ 时,代入 ② 得 $f_{k+1} = 0$,矛盾.

当 $t = 2$ 时,代入 ② 得 $f_{k+1} = \dfrac{3}{4} f_k$,矛盾.

当 $t = 3$ 时,代入 ② 得

$$f_{k+1} = \frac{4}{3} f_k$$

再由 $f_{k+1} = f_k + f_{k-1}$ 得

$$f_k = 3f_{k-1} \quad (k \geqslant 2)$$

又因为 $(f_k, f_{k-1}) = 1$,所以 $f_k = 3f_{k-1}$ 不可能成立. 验证 $k = 1$,$f_2 = \dfrac{4}{3} f_1$ 不成立.

当 $t = 4$ 时,代入 ② 得

$$f_{k+1} = \frac{15}{8} f_k$$

再由 $f_{k+1} = f_k + f_{k-1}$ 得

$$f_{k-1} = 3f_{k-2} \quad (k \geqslant 3)$$

又因为 $(f_{k-2}, f_{k-1}) = 1$,所以 $f_{k-1} = 3f_{k-2}$ 不成立. 再验证 $k = 1$,$f_2 = \dfrac{15}{8} f_1$ 不成立;$k = 2$,$f_3 = \dfrac{15}{8} f_2$ 不成立.

至此对 f_{2k+1} 没有完全平方数已证,由于 $f_1 = 1$,因此对 f_{2k-1} 只有 f_1 是完全平方数.

综合(1)(2)可知,在 Fibonacci 数列中是完全平方数的只有 $f_1=1,f_2=1,$
$f_{12}=144,$ 其余项都不是完全平方数.

定理 2   在 Fibonacci 数列中,除 $f_3=2,f_6=8$ 外,其余各项都不是完全平方数的二倍(这个定理已由 Cohn(科恩)解决).

还有一些更复杂的问题:是否有无穷多个 Fibonacci 数是两个立方数的差(或和)的一半,例如

$$f_1=1=\frac{1}{2}(1^3+1^3)$$

$$f_6=8=\frac{1}{2}(2^3+2^3)$$

$$f_7=13=\frac{1}{2}(3^3-1^3)$$

有兴趣的读者可去研究.

4.6 Fibonacci 数和 Lucas 数中 三角形数的罗明结论

什么是三角形数? 我们把 $\frac{1}{2}n(n+1)$,$n\in\mathbf{N}_+$ 的数叫三角形数. 这种数有一个十分明显而又简单的性质:两个相邻的三角形数之和是一个完全平方数. 在三角形数中有没有 Fibonacci 数,实际上我们应该这样问,在 Fibonacci 数列中是否有三角形数? 如果有,是有有限个还是无限个?

定理 1   在 Fibonacci 数列中,除 $f_1=1,f_2=1,f_4=3,f_8=21,f_{10}=55$ 是三角形数外,其余项都不是三角形数.

这个定理由我国青年学者罗明于 1987 年用递推序列方法给出了肯定的证明,并在美国威克·弗雷斯特大学第四届国际 Fibonacci 数及其应用大会上做了关于这个问题的学术报告,这篇论文发表在 1989 年 *Fibonacci Quarterly* 第二期的首篇位置.

罗明给出这个定理的证明有一些烦琐,那么是否有一个简洁而又初等的证明呢. 下面由作者[11]给出对于 f_{2n} 中仅有 $f_2=1,f_4=3,f_8=21,f_{10}=55$ 是三角形数的初等而又简洁的证明.

证明   设 $f_{2k}=\frac{1}{2}m(m+1)$,$m\in\mathbf{N}_+$. 因为

$$f_{2k}=f_k(f_{k+1}+f_{k-1})$$

所以

$$f_{2k} = f_k(f_{k+1} + f_{k-1}) = \frac{1}{2}m(m+1)$$

因此

$$2f_k(f_{k+1} + f_{k-1}) = m(m+1) \qquad \qquad \textcircled{1}$$

设 t 是 m 的因数,又$(m, m+1) = 1$,则 t 只能是 m 的因数,因此方程 $\textcircled{1}$ 等价于以下四个方程组的解

$$2tf_k = m, tf_k = m$$
$$f_{k+1} + f_{k-1} = (m+1)t, 2(f_{k+1} + f_{k-1}) = (m+1)t$$
$$t(f_{k+1} + f_{k-1}) = m, 2t(f_{k+1} + f_{k-1}) = m$$
$$2f_k = (m+1)t, f_k = (m+1)t$$

先证第一组,消去 m 得

$$f_{k+1} + f_{k-1} = (2tf_k + 1)t$$

再化简得

$$f_k = \frac{2f_{k-1} - t}{2t^2 - 1} \quad (k \geqslant 2)$$

当 $\frac{2}{2t^2 - 1} < 1$,即 $t \geqslant 2$ 时,$f_k < f_{k-1} - 1$ 这显然不能成立.

现证当 $t = 1$ 时,$f_k = 2f_{k-1} - 1(k \geqslant 2)$,再化简得

$$f_{k-1} = f_{k-2} + 1$$

当 $k \geqslant 6$ 时,这个等式显然不成立.

现验证 $k = 2$,$f_2 = 2f_1 - 1$ 成立,$f_4 = 3$ 是三角形数;$k = 3$,$f_2 = f_1 + 1$ 不成立;$k = 4$,$f_3 = f_2 + 1$ 成立,$f_8 = 21$ 是三角形数;$k = 5$,$f_4 = f_3 + 1$ 成立,$f_{10} = 55$ 是三角形数.

最后再验证 $k = 1$,$f_2 = 1$ 是三角形数.

考察第二组,消去 m 得

$$t^2 f_k + t = 2(f_{k+1} + f_{k-1})$$

再化简得

$$f_k = \frac{4f_{k-1} - t}{t^2 - 2}$$

当 $\frac{4}{t^2 - 2} < 1$,即 $t^2 > 6$,$t \geqslant 3$ 时,$f_k < f_{k-1} - 1$,这显然不能成立,故 $k \geqslant 2$.

再证 $t = 2$ 时,$f_k = 2f_{k-1} - 1(k \geqslant 2)$ 与第一组解的情况完全一样.

当 $t = 1$ 时,等式显然不能成立.

考察第三组,消去 m 得

$$2f_k = t^2(f_{k+1} + f_{k-1}) + t$$

107

再化简得

$$f_k = \frac{2t^2 f_{k-1} + t}{2 - t^2}$$

当 $t \geqslant 2$ 时,显然不能成立.

当 $t = 1$ 时,$f_k = 2f_{k-1} + 1$,再化简得

$$f_{k-2} = f_{k-1} + 1 \quad (k \geqslant 3)$$

再验证 $k = 2$ 时,$f_2 = 2f_1 + 1$ 不成立.

考察第四组,消去 m 得

$$f_k = -\frac{4t^2 f_{k-1} + t}{2t^2 - 1}$$

因为 $t \geqslant 1$,所以 $f_k < 0$ 显然不能成立.

至此,对 f_{2n} 中的三角形数仅有 $f_2 = 1, f_4 = 3, f_8 = 21, f_{10} = 55$.

关于 f_{2n+1}($f_1 = 1$ 除外),用这种初等方法证明无三角形数较烦琐,略.

1990 年罗明教授证明了:

罗明定理 Lucas 数列 $\{L_n\}$,$L_1 = 1, L_2 = 3, L_{n+2} = L_{n+1} + L_n, 1, 3, 4, 7,$

$11, \cdots$ 中仅有 $L_1 = 1, L_2 = 3, L_{18} = 5\ 778 = \frac{1}{2} \times 107 \times 108$ 为三角形数.

罗明还证明了:在数列 $\{8f_n + 1\}$ 中仅有

$8f_1 + 1 = 9, 8f_2 + 1 = 9, 8f_4 + 1 = 25, 8f_8 + 1 = 169, 8f_{10} + 1 = 441$

是完全平方数.

4.7 Fibonacci 数中的 Diophantus 数组

Diophantus(丢番图,公元前 250)编写了《算数》,这是已知代数方面最早的一本书,这本书第一次系统的用数学符号表示方程中的未定元和未定元的乘方.除了知道 Diophantus 大约居住在公元 250 年前的亚历山大外,人们对他的生活一无所知,关于他生平细节的唯一资料来源于一本名为《希腊诗选》的诗句.诗中描述"Diophantus 的一生,幼年占去 $\frac{1}{6}$,又过了 $\frac{1}{12}$ 的青春期,又过了 $\frac{1}{7}$ 才结婚,五年后生了儿子,子先父四年面卒,寿为其父之半." 从中读者可以推出 Diophantus 活了 84 岁.

在一组数中,任意两数之积加 1 均为完全平方数,称此组数为 Diophantus 数组.

定理 数组 $f_{2n}, f_{2n+2}, f_{2n+4}, 4f_{2n+1} f_{2n+2} f_{2n+3}$ 是 Diophantus 数组.

证明 因为

$$f_n^2 = f_{n-m} f_{n+m} + (-1)^{m+n} f_m^2$$

所以

$$f_{2n} f_{2n+2} + 1 = f_{2n+1}^2$$
$$f_{2n} f_{2n+4} + 1 = f_{2n+2}^2$$
$$f_{2n+2} f_{2n+4} + 1 = f_{2n+3}^2$$

设 $F = 4 f_{2n+1} f_{2n+2} f_{2n+3}$,则

$$f_{2n} F + 1 = (2 f_{2n+1} f_{2n+2} - 1)^2$$
$$f_{2n+2} F + 1 = (2 f_{2n+1} f_{2n+3} - 1)^2$$
$$f_{2n+4} F + 1 = (2 f_{2n+2} f_{2n+3} - 1)^2$$

数组 $1, 3, 8, x$ 为 Diophantus 数组的充要条件是 $x = 120$.

仿照上面的定理作者提出如下猜想:

数组 $f_{2n+1}, f_{2n+3}, f_{2n+5}, d$ 中(其中 d 是不等于 $f_{2n+1}, f_{2n+3}, f_{2n+5}$ 的任意正整数),任意两数之积减 1 不可能都为完全平方数.

事实上,因为

$$f_n^2 = f_{n-m} f_{n+m} + (-1)^{m+n} f_m^2$$

所以

$$f_{2n+1} f_{2n+3} - 1 = f_{2n+2}^2$$
$$f_{2n+1} f_{2n+5} - 1 = f_{2n+3}^2$$
$$f_{2n+3} f_{2n+5} - 1 = f_{2n+4}^2$$

因此只能是 $d f_{2n+1} - 1, d f_{2n+3} - 1, d f_{2n+5} - 1$ 这三个数不都为完全平方数,即这个不定方程组

$$d f_{2n+1} - 1 = x^2, d f_{2n+3} - 1 = y^2, d f_{2n+5} - 1 = z^2$$

无正整数解.

这个猜想作者还没有给出证明. 有这样一个实例就是第 27 届国际数学奥林匹克第一题,设正整数 d 不等于 $2, 5, 13$,证明:在集合 $\{2, 5, 13, d\}$ 中可以找到两个不同的元素 a, b,使 $ab - 1$ 不是完全平方数.

证明　用反证法,设有正整数 d,使得

$$2d - 1 = x^2, 5d - 1 = y^2, 13d - 1 = z^2$$

其中 x, y, z 均为整数,则显然 x 为奇数,于是有

$$x^2 = 8u + 1, d = 4u + 1$$

d 为奇数,从而 y, z 均为偶数.

由 $13d - 1 = z^2$ 与 $5d - 1 = y^2$ 两式相减,得

$$8d = z^2 - y^2 = (z - y)(z + y)$$

因为 y, z 均为偶数,所以可设 $y = 2y', z = 2z'$,则

$$2d = (z' - y')(z' + y')$$

109

因 $z'-y'$ 与 $z'+y'$ 有相同的奇偶性,故必须都为偶数,于是得 d 为偶数,与已证 d 为奇数矛盾.故问题得证.

4.8 含 Fibonacci 数的 Pythagoras 数组

Pythagoras(毕达哥拉斯,公元前约 572—公元前约 497)生于希腊的萨摩斯岛.在进行了广泛的游学后,Pythagoras 在古希腊的克罗托纳(现位于意大利南部)创建了著名的学校.该学校除了是一个致力于研究数学、哲学和科学的学术组织外,还是学员进行神秘仪式的地点.学员们自称 Pythagoras 的追随者,不发表任何东西,并且把所有发现归功于 Pythagoras 本人.然而,人们相信是  Pythagoras 本人发现了现在所说的 Pythagoras 定理,即 $a^2+b^2=c^2$,其中 a,b 和 c 分别是直角三角形的两直角边和斜边的长度.Pythagoras 学派相信,理解世界的关键在于自然数和形式.他们的中心信条是"万物皆数",由于对自然数的痴迷,Pythagoras 学派在数论方面做出了很多贡献.特别地,他们研究过完全数和亲和数,因为他们觉得这些数具有神秘的性质.

以正整数为边长的可构成直角三角形的数组叫 Pythagoras 数组.显然,以纯 Fibonacci 数为边长的 Pythagoras 数组不存在,那么以 Fibonacci 数组合的数是否有 Pythagoras 数组呢?

答案是肯定的,1948 年瑞恩发现 Fibonacci 数列 $\{f_n\}$ 中的项存在关系

$$(f_n f_{n+3})^2 + (2f_{n+1} f_{n+2})^2 = f_{2n+3}^2$$

因此 $f_n f_{n+3}, 2f_{n+1} f_{n+2}, f_{2n+3}$ 是 Pythagoras 数组.

当然不止这一组,还有

$$(f_n f_{n+4})^2 - (f_{n+1} f_{n+3})^2 = (-1)^{n-1} (2f_{n+2})^2$$

当 n 为偶数时,有

$$(f_{2n} f_{2n+4})^2 + (2f_{2n+2})^2 = (f_{2n+1} f_{2n+3})^2$$

当 n 为奇数时,有

$$(2f_{2n+1})^2 + (f_{2n} f_{2n+2})^2 = (f_{2n-1} f_{2n+3})^2$$

故 $f_{2n} f_{2n+4}, 2f_{2n+2}, f_{2n+1} f_{2n+3}$ 和 $2f_{2n+1}, f_{2n} f_{2n+2}, f_{2n-1} f_{2n+3}$ 是 Pythagoras 数组.

我们把这类问题叫斐数二积 Pythagoras 数组

$$(\alpha f_n f_m)^2 + (\beta f_k f_l)^2 = (\gamma f_s f_t)^2$$

基于这些等式作者提出如下问题:

1. 是否存在只含有单一的 Fibonacci 数的 Pythagoras 数组,即

$$(\alpha f_n)^2 + (\beta f_m)^2 = (\gamma f_s)^2$$

其中 α, β, γ 都是正整数.

2. 是否存在含有三个 Fibonacci 数的积的 Pythagoras 数组,即

$$(\alpha f_n f_m f_k)^2 + (\beta f_u f_v f_l)^2 = (\gamma f_s f_t f_r)^2$$

4.9　Fibonacci 数的三角形

我们知道 Fibonacci 数列有递推关系

$$f_{n+2} = f_{n+1} + f_n, f_1 = f_2 = 1$$

当 $m > n > l \geqslant 2$ 时, $f_m \geqslant f_n + f_l$, 这与三角形任意两边之和大于第三边矛盾. 因此有下面的定理.

定理 1　不存在以不同的三个 Fibonacci 数为边长的三角形.

由此可得:

定理 2　以 Fibonacci 数为边长的三角形存在, 只能是以下三种形式:

(1) 以 f_{n-1}, f_{n-1}, f_n 为三边长的情形, 其中 $n \geqslant 4$;

(2) 以 f_{n-k}, f_n, f_n 为三边长的情形, 其中 $1 \leqslant k < n$;

(3) 以 f_n, f_{n+k}, f_{n+k} 为三边长的情形.

定理 3　若 $\alpha \in (0,1)$, 则以 $f_{n-1}^\alpha, f_n^\alpha, f_{n+1}^\alpha$ 为三边长可构成三角形.

因为

$$f_{n-1}^\alpha + f_n^\alpha > (f_{n-1} + f_n)^\alpha = f_{n+1}^\alpha$$

所以 $f_{n-1}^\alpha, f_n^\alpha, f_{n+1}^\alpha$ 为三边长可构成三角形.

4.10　$F - H$ 三角形

在中学我们学习和研究过三角形的许多性质, 但是, 我们要寻找边长和面积都为整数时的三角形并研究它的性质就很困难了. 实际上, 这是数论中比较难的问题之一.

我们知道, 边长是整数的三角形的面积不一定是整数; 边长是无理数的三角形的面积可能是整数. 如边长为 $6, 7, 8$ 组成的三角形, 其面积 $S_\triangle = 6\sqrt{6}$, 这个由 Heron 公式

$$S_\Delta = \sqrt{p(p-a)(p-b)(p-c)}$$

其中 $p = \dfrac{a+b+c}{2}$，不难算得. 又如，边长为 $\sqrt{2}$，$2\sqrt{2}$，$\sqrt{10}$ 的三角形，其面积 $S_\Delta =$

2. 为了研究边长和面积都为整数的三角形，我们引入下面的定义.

定义 1　边长和面积都为整数的三角形，叫作 Heron 三角形.

定理 1　Heron 三角形中，有：

（1）三条高、内切圆半径、外接圆半径都是有理数；

（2）内角的正弦、余弦、正切、余切值（如果存在）都是有理数.

证明　（1）设 a,b,c 分别表示 $\triangle ABC$ 的三边，S 为面积，r 为内切圆半径，R 为外接圆半径，h_a，h_b，h_c 分别表示 a，b，c 的高，则

$$S = \frac{1}{2}ah_a, S = \frac{1}{2}bh_b, \ S = \frac{1}{2}ch_c$$

$$R = \frac{abc}{4S}, r = \frac{2S}{a+b+c}$$

由此可知定理成立.

（2）由三角函数定义可知结论成立.

我们可以找一些特殊的 Heron 三角形，就这样都要涉及 Binet 方程的相关知识才能解决.

定理 2　三边长是三个连续的整数 x_n-1，x_n，x_n+1（$x_n \geqslant 3$）的 Heron 三角形的全部解是

$$x_n = (2+\sqrt{3})^n + (2-\sqrt{3})^n \quad (n \in \mathbf{N}_+)$$

或

$$x_{n+2} = 4x_{n+1} - x_n, x_1 = 4, x_2 = 14$$

若 $n=1$，则三边长为 $3,4,5$，$S_\Delta = 6$；若 $n=2$，则三边长为 $13,14,15$，$S_\Delta = 84$；若 $n=3$，则三边长为 $51,52,53$，$S_\Delta = 1\ 170$.

定理 3　若 $x_n = \dfrac{1+z_n}{3}$，$z_{n+2} = 4z_{n+1} - z_n$，$z_1 = 4$，$z_2 = 14$，则：

（1）当 $x_n \in \mathbf{N}$，三边长为 $2x_n+1$，x_n^2，$x_n^2+x_n$ 的三角形是：一个角是另一个角二倍的 Heron 三角形.

（2）当 x_n 是分数时，三边长为 $18x_n+9$，$9x_n^2$，$9(x_n^2+x_n)$ 的三角形是：一个角是另一个角二倍的 Heron 三角形.

若三边长为 $11,25,30$，则 $S_\Delta = 132$；若三边长为 $39,25,40$，则 $S_\Delta = 468$；若三边长为 $129,4\ 096,4\ 160$，则 $S_\Delta = 231\ 149$.

定理 4[12]　若三角形的最大边为 n，则 Heron 三角形共有 $\dfrac{1}{4}(n^2 + 2n + \sin^2 \dfrac{n\pi}{2})$ 个.

定义 2 边长为 Fibonacci 数的 Heron 三角形,叫作 $F-H$ 三角形.

引理 1 数列 $\{f_n\}$ 是 Fibonacci 数列,不存在以 f_n, f_m, f_k(其中 $n > m > k$)为边长的三角形.

证明 由 3.10 节中的不等式(1)知,引理 1 不难证得.

由引理 1 我们容易推得如下定理.

定理 5 三角形是 $F-H$ 三角形的边长只可能是:

(1) (f_{n-1}, f_{n-1}, f_n),其中 $n \geqslant 4$;

(2) (f_{n-k}, f_n, f_n),其中 $1 \leqslant k < n$;

(3) (f_n, f_{n+k}, f_{n+k}).

引理 2 以 a, a, b 为边的等腰 Heron 三角形,其底边上的高 h 为整数.

证明 由 Heron 公式得 $S_\Delta = \dfrac{b}{2}\sqrt{a^2 - \dfrac{b^2}{4}}$ 是整数,所以 b 必是偶数.

另外,$S_\Delta = \dfrac{1}{2}bh$,因此 h 必为整数.

引理 3 设 $\{f_n\}$ 是 Fibonacci 数列,$\{L_n\}$ 是 Lucas 数列,则:

(1) $f_{n-1} + f_{n+1} = L_n$;

(2) $(f_m, L_{m\pm n}) \mid L_n$;

(3) $L_n = a^2 \Leftrightarrow n = 1, 3$;

(4) $L_n = 2a^2 \Leftrightarrow n = 0, 6$;

(5) $f_{n-3}L_n = a^2 \Leftrightarrow n = 0, 6$,其中 a 是整数.

定理 6 三角形是 $F-H$ 三角形的边长只可能是:

(1) (f_{n-1}, f_{n-1}, f_n),其中 $n \geqslant 4$,则 $n = 3j$,即 $(f_{3j-1}, f_{3j-1}, f_{3j})$;

(2) (f_{n-k}, f_n, f_n),其中 $1 \leqslant k < n$,则 $n = 3j + k$,即 $(f_{3j}, f_{3j+k}, f_{3j+k})$;

(3) (f_n, f_{n+k}, f_{n+k}),则 $n = 3j$,即 $(f_{3j}, f_{3j+k}, f_{3j+k})$.

证明 (1) 若满足条件的三角形存在,设 h 为底边上的高,由引理 2,则 h 为整数,所以

$$f_{n-1}^2 = h^2 + \left(\frac{1}{2}f_n\right)^2$$

因 f_n 是偶数,$h, \dfrac{1}{2}f_n$ 都是整数,故 $n = 3j$.同理可证另外两种情形.

定理 7[13] (1) 当 $k \geqslant n - 4$ 时,不存在以 (f_n, f_{n+k}, f_{n+k}) 为边长的 $F-H$ 三角形.

(2) 若 (f_n, f_{n+k}, f_{n+k}) 为边长的 $F-H$ 三角形存在,则必有 $f_{n+k} < (16 - 6\sqrt{7})f_n^2, k \geqslant 3$.

定理 8[14] 若 (f_{n-1}, f_{n-1}, f_n) 是 $F-H$ 三角形的边长,则 $n = 6$.

证明 设 h 是底边上的高,对等腰 Heron 三角形,高 h 必为整数,由勾股定

113

理得

$$4h^2 = 4f_{n-1}^2 - f_n^2 = (2f_{n-1} - f_n)(2f_{n-1} + f_n)$$
$$= (f_{n-1} - f_{n-2})(f_{n+1} + f_{n-1})$$
$$= f_{n-3}L_n$$

由引理 3 得 $f_{n-3}L_n = (2h)^2$, $n \geqslant 4$, 再由引理 3, 得 $n = 6$. 故定理得证.

定理 9[15]   如果存在 Fibonacci 数 f_{n-1}, f_{n+1}, 使得 $4f_{n-1}f_{n+1}, f_{n-1}^2 + f_{n+1}^2$ 仍是 Fibonacci数, 那么以 $4f_{n-1}f_{n+1}, f_{n-1}^2 + f_{n+1}^2, f_{n-1}^2 + f_{n+1}^2$ 为边长的三角形是 $F-H$ 三角形, 且面积 $S = 2f_{n-1}f_{n+1}(f_{n+1}^2 - f_{n-1}^2)$.

例如 $f_1 = 1, f_3 = 2, 4f_1f_3 = 8 = f_6, f_1^2 + f_3^2 = 5 = f_5$, 则存在以 f_5, f_5, f_6 为三边的 $F-H$ 三角形, 面积 $S = 12$.

定理 10[16]   不存在以 $f_{n-2}, f_n, f_n (n \geqslant 2)$ 为边长的 $F-H$ 三角形.

由引理 2 的证明过程和 4.1 节的推论 3 可得下面的定理.

定理 11[17]   当 $j, k \in \mathbf{N}$ 时, 不存在以 $f_{3j-1}, f_{3j+k-1}, f_{3j+k-1}$ 或 f_{3j-2}, f_{3j+k-2}, f_{3j+k-2} 为边长的 $F-H$ 三角形.

定理 12[17]   不存在以 $f_{6k-3}, f_{6k}, f_{6k}(k \in \mathbf{N}_+)$ 为边长的 $F-H$ 三角形.

证明   若满足条件的三角形存在, 设 h 为底边上的高, 由引理 2, 则 h 为整数. 所以

$$f_{6k}^2 = h^2 + \left(\frac{1}{2}f_{6k-3}\right)^2$$

由推论 3 知, f_{6k} 是偶数, $h, \frac{1}{2}f_{6k-3}$ 都是偶数. 因此 f_{6k-3} 是 4 的倍数, 这与 4.1 节的推论 3 矛盾. 故定理 12 得证.

定理 13   当 $k \geqslant n-4$ 时, 不存在以 $f_n, f_{n-k}, f_{n-k}(k \in \mathbf{N}_+)$ 为边长的 $F-H$ 三角形.

4.11   Fibonacci 数列的密率

密率概念是20世纪30年代初, 由著名的苏联数学家斯尼列利曼提出的, 并推出了许多重要结论. 它是数论中十分重要的概念之一, 主要用于研究堆垒数论中的数列和, 如 Goldbach 猜想等问题. 因为密率是一个较复杂的问题, 所以在这里我们只做非常简单地介绍.

1. 密率概念

定义   设数列

$$0, a_1, a_2, a_3, a_4, \cdots, a_n, \cdots \qquad ①$$

114

其中 a_n 是正整数,$a_n < a_{n+1}$,用 $A(n)$ 表示数列 ① 中不超过 n 的正整数的个数(零不算在内),规定 $\dfrac{A(n)}{n}$ 这些分数全体的最大下界,称为数列 ① 在全体正整数列中的密率,用 $d(A)$ 表示.

如数列

$$1,4,7,10,13,16,19,22,25,28,\cdots$$

$$\frac{1}{1},\frac{1}{2},\frac{1}{3},\frac{2}{4},\frac{2}{5},\frac{2}{6},\frac{3}{7},\frac{3}{8},\frac{3}{9},\frac{4}{10},\frac{4}{11},\frac{4}{12},\frac{5}{13},\cdots$$

所以数列密率 $d(A) = \dfrac{1}{3}$.

如数列

$$1,1,2,2,3,3,4,4,5,5,6,6,\cdots$$

$$\frac{1}{1},\frac{2}{2},\frac{3}{3},\frac{4}{4},\frac{5}{5},\cdots$$

所以数列密率 $d(A) = 1$.

这个数列包含了所有正整数.

由密率定义不难得到下列简单性质:

(1) $A(n) \geqslant d(A)n$;

(2) 如果 $a_1 > 1$,那么 $d(A) = 0$;

(3) 如果 $a_n = 1 + r(n-1)$,那么 $d(A) = \dfrac{1}{r}$;

(4) 数列 ① 含有全体正整数当且仅当 $d(A) = 1$;

(5) 如果 $a_n = n^2$,那么 $d(A) = 0$.

2. Fibonacci 数列的密率为零

我们知道去掉首项 1(为满足 $a_n < a_{n+1}$),Fibonacci 数列的前几个数为

$$1,2,3,5,8,13,21,34,55,89,144,\cdots$$

计算 $\dfrac{A(n)}{n}$ 的前几个值

$$\frac{1}{1},\frac{2}{2},\frac{3}{3},\frac{3}{4},\frac{5}{5},\frac{5}{6},\frac{5}{7},\frac{6}{8},\frac{6}{9},\frac{6}{10},\frac{6}{11},\frac{6}{12},\frac{7}{13},\cdots$$

我们发现在这些分数中有 $\dfrac{n}{f_n}$ 这样的分数,随 n 的无限增大,$\dfrac{n}{f_n} \to 0$,再由密率的定义,知 Fibonacci 数列的密率为零(为满足 $a_n < a_{n+1}$).

4.12 Pell 方程

  John Pell(约翰·佩尔,1611—1685) 是一位牧师
的儿子,出生于英格兰苏塞克斯,就读于剑桥三一学
院.他成了一名教师而不是像他父亲期待的那样进入
教会.在语言学和数学上崭露头角后,Pell 在阿姆斯特
丹大学获得了一个职位,他一直待在那里,直到在奥
伦治亲王的邀请下,他加入了一所在布雷达的新的大
学.Pell 在数学上的著作包括一本名为《数学的思想》
的书,还有许多小册子和文章.他和当时的一些一流数学家都有过通信,
包括微积分的创始人 Leibniz(莱布尼兹)和 Newton,Euler 把 $x^2 - Dy^2 = 1$ 称为"Pell 方程"是因为在他熟悉的一本书中,Pell 推广了一些其他数学
家解决方程 $x^2 - 12y^2 = n$ 的工作.

  Pell 后来加入了外交使团,他在瑞士担任过 Oliver Cromwell(奥利弗·克
伦威尔) 的发言人.1654 年进入英国外交部,最终他决定成为一位教士,并于
1661 年接受了神职,伦敦主教推荐他为牧师,不幸的是,直到去世,他都一直生
活在赤贫中.

  Fibonacci 数列与不定方程有密切联系.一些典型的不定方程的解都与
Fibonacci 数有关.我国著名的不定方程的专家柯召教授,在这方面的研究处于
领先地位.本节简要地介绍这方面的结果及其应用.

  不定方程具有悠久的历史,它的内容极其丰富,它的发展与整数论密切相
关.古今中外许多优秀的数学家对此进行过深入的讨论,如古希腊数学家
Diophantus 在公元 3 世纪初研究过不定方程,因此我们也把不定方程叫作
Diophantus 方程.我国古代《周髀算经》记载的商高定理即勾股定理,勾三股四
弦五就是不定方程 $x^2 + y^2 = z^2$ 的一组整数解,在近代有 Fermat,Euler,Gauss,
Lagrange,Kummer,Hilbert 研究过不定方程,得到很多重要的结论,形成一
门数学分支.

  什么叫不定方程? 就是未知数的个数多于方程的个数,但它们的解受某种
限制(如整数、正整数或有理数等) 的方程.

  下面我们来求一个系数为 Fibonacci 数的二元一次不定方程的解.

  例 求不定方程 $f_n x + f_{n+1} y = f_{n+2}$ 的全部整数解.

  解 因为 $(f_{n+1}, f_n) = 1$,所以不定方程有整数解.

显然有一组特解$(x_0,y_0)=(1,1)$,故全部整数解为
$$x_n=1+f_{n+1}t,\ y_n=1-f_n t \quad (\text{其中 } t \text{ 是任意整数})$$
并且只有唯一的一组正整数解.

本节要研究一些特殊的 Pell 方程的解,因此,我们应了解什么是 Pell 方程.

我们把形如 $x^2-Dy^2=1$ 的二元二次不定方程叫 Pell 方程(D 是非完全平方数的正整数).

形如 $x^2-Dy^2=-1$ 的二元二次不定方程也叫 Pell 方程(D 是非完全平方数的正整数),但研究它的解要比第一种情形复杂得多.

定理 1 如果 (x_1,y_1),(x_2,y_2) 是方程 $x^2-Dy^2=1$ 的两组整数解,那么
$$x_3+\sqrt{D}y_3=(x_1+\sqrt{D}y_1)(x_2+\sqrt{D}y_2)$$
所决定的 (x_3,y_3) 也是方程的整数解.

证明
$$\begin{aligned}
x_3+\sqrt{D}y_3 &=(x_1+\sqrt{D}y_1)(x_2+\sqrt{D}y_2)\\
&=(x_1x_2+Dy_1y_2)+\sqrt{D}(x_2y_1+x_1y_2)
\end{aligned}$$

推得
$$\begin{cases}x_3=x_1x_2+Dy_1y_2\\ y_3=x_2y_1+x_1y_2\end{cases}$$

因此
$$\begin{aligned}
x_3^2-Dy_3^2 &=(x_3-\sqrt{D}y_3)(x_3+\sqrt{D}y_3)\\
&=(x_1x_2+Dy_1y_2-\sqrt{D}x_2y_1-\sqrt{D}x_1y_2)\cdot\\
&\quad (x_1x_2+Dy_1y_2+\sqrt{D}x_2y_1+\sqrt{D}x_1y_2)\\
&=(x_1-\sqrt{D}y_1)(x_2-\sqrt{D}y_2)(x_1+\sqrt{D}y_1)(x_2+\sqrt{D}y_2)\\
&=(x_1^2-Dy_1^2)(x_2^2-Dy_2^2)\\
&=1
\end{aligned}$$
故 (x_3,y_3) 是方程 $x^2-Dy^2=1$ 的整数解,定理得证.

在定理 1 中,若 (x_1,y_1) 与 (x_2,y_2) 完全相同,则定理也成立.
此时
$$x_3+\sqrt{D}y_3=(x_1+\sqrt{D}y_1)^2$$
由此推下去,得
$$x_4+\sqrt{D}y_4=(x_1+\sqrt{D}y_1)^3$$
$$\vdots$$
$$x_n+\sqrt{D}y_n=(x_1+\sqrt{D}y_1)^n$$
由上面这个关系所决定的

117

$$(x_4, y_4), \cdots, (x_n, y_n)$$

都是 $x^2 - Dy^2 = 1$ 的整数解.

以最小正整数解 (x_0, y_0) 代替 (x_1, y_1) 得下面的定理.

定理 2　若 (x_0, y_0) 是 $x^2 - Dy^2 = 1$ 的最小正整数解

$$x_n + \sqrt{D} y_n = (x_0 + \sqrt{D} y_0)^n \quad (n \text{ 是正整数})$$

和

$$x_n - \sqrt{D} y_n = (x_0 - \sqrt{D} y_0)^n \quad (n \text{ 是正整数})$$

则由上式所决定的 (x_n, y_n) 都是方程 $x^2 - Dy^2 = 1$ 的正整数解.

这个定理解决了寻求 $x^2 - Dy^2 = 1$ 的正整数解的通式, 现在是如何找最小正整数解, 这个问题要用到连分数知识. 在第 6 章 Fibonacci 数列与连分数中有讲解.

现在用 Pell 方程的通解解决 4.9 节中的定理 2, 定理 3.

设连续的三个整数为 $x_n - 1, x_n, x_n + 1$. 由 Heron 公式

$$S_\Delta = \sqrt{p(p-a)(p-b)(p-c)}$$

$$= \sqrt{\frac{3x_n}{2}\left(\frac{x_n}{2} + 1\right)\frac{x_n}{2}\left(\frac{x_n}{2} - 1\right)}$$

$$= \frac{x_n}{2}\sqrt{3\left(\frac{x_n^2}{4} - 1\right)}$$

令 $a_n = \dfrac{x_n}{2}$, a_n 是正整数, 则

$$S_\Delta = a_n \sqrt{3(a_n^2 - 1)}$$

又 S_Δ 是正整数, 则存在正整数 b_n, 使得 $a_n^2 - 1 = 3b_n^2$, 即 $a_n^2 - 3b_n^2 = 1$. 显然 $(2, 1)$ 是 Pell 方程 $a_n^2 - 3b_n^2 = 1$ 的一组最小正整数解, 由定理 2 得

$$a_n + \sqrt{3} b_n = (2 + \sqrt{3})^n \quad (n \text{ 是正整数})$$

和

$$a_n - \sqrt{3} b_n = (2 - \sqrt{3})^n \quad (n \text{ 是正整数})$$

两式相加, 得

$$2a_n = (2 + \sqrt{3})^n + (2 - \sqrt{3})^n$$

即

$$x_n = (2 + \sqrt{3})^n + (2 - \sqrt{3})^n$$

由此可推得

$$x_{n+2} = 4x_{n+1} - x_n, \quad x_1 = 4, \quad x_2 = 14$$

下面证明 4.9 节定理 3.

证明　设三角形三边长为整数

$$2x_n + 1, x_n^2, x_n^2 + x_n$$

先证,一个角是另一个角的二倍.

由余弦定理得

$$\cos \alpha = \frac{x_n^4 + (2x_n + 1)^2 - x_n^2 (x_n + 1)^2}{2x_n^2 (2x_n + 1)} = \frac{2x_n - x_n^2 + 1}{2x_n^2}$$

$$\cos \beta = \frac{(x_n^2 + x_n)^2 + (2x_n + 1)^2 - x_n^4}{2(2x_n + 1)(x_n^2 + x_n)} = \frac{x_n + 1}{2x_n}$$

$$\cos 2\beta = 2 \cos^2 \beta - 1 = \left(\frac{x_n + 1}{2x_n}\right)^2 - 1 = \frac{2x_n - x_n^2 + 1}{2x_n^2}$$

所以

$$\cos \alpha = \cos 2\beta$$

故

$$\alpha = 2\beta$$

由 Heron 公式

$$S_\Delta = \sqrt{p(p-a)(p-b)(p-c)}$$

$$= \sqrt{\frac{2x_n^2 + 3x_n + 1}{2} \left(\frac{2x_n^2 - x_n - 1}{2}\right) \frac{3x_n + 1}{2} \left(\frac{x_n + 1}{2}\right)}$$

$$= \frac{1}{4}(2x_n + 1)(x_n + 1)\sqrt{3x_n^2 - 2x_n - 1}$$

若三角形的面积 S_Δ 为整数,则必有正整数 x_n, y_n,使得 $3x_n^2 - 2x_n - 1 = y_n^2$ 成立,即

$$3x_n^2 - 2x_n - (1 + y_n^2) = 0$$

这个方程有正整数解,则 $\Delta = 4(3y_n^2 + 4)$ 必为完全平方数,即 $3y_n^2 + 4$ 为完全平方数.这等价于求 Pell 方程 $z_n^2 - 3y_n^2 = 4$ 的解.这里的 y_n 显然不能为奇数.于是 z_n, y_n 必为偶数.设 $z_n = 2z'_n, y_n = 2y'_n$,代入 $z_n^2 - 3y_n^2 = 4$,得

$$z'^2_n - 3y'^2_n = 1$$

由观察得 $z'_1 = 2, y'_1 = 1$ 是方程的一组最小正整数解.

由本节定理 2 得

$$z'_n + \sqrt{3}\, y'_n = (2 + \sqrt{3})^n \quad (n \text{ 是正整数})$$

和

$$z'_n - \sqrt{3}\, y'_n = (2 - \sqrt{3})^n \quad (n \text{ 是正整数})$$

两式相加,得

$$2z'_n = (2 + \sqrt{3})^n + (2 - \sqrt{3})^n$$

即

$$z_n = (2 + \sqrt{3})^n + (2 - \sqrt{3})^n$$

比着 **两式相减**，得 h 猜想还要难.

由此思路作者提出

$$2\sqrt{3}\,y'_n = (2+\sqrt{3})^n - (2-\sqrt{3})^n$$

即 问题 12 大于 1 的整数都可以表示成一个奇素数与一个 Fibonacci 数与一个 Lucas 数之和. 例如 6 = 37 + 13 + 11, 其中 27 为奇素数, $f = 13$ 为

$$y_n = \frac{1}{\sqrt{3}}((2+\sqrt{3})^n - (2-\sqrt{3})^n)$$
Fibonacci 数与 $L = 11$ 为 Lucas 数.

由此可推得

$$z_{n+2} = 4z_{n+1} - z_n,\ z_1 = 4,\ z_2 = 14$$
$$y_{n+2} = 4y_{n+1} - y_n,\ y_1 = 2,\ y_2 = 8$$

这里的 y_n 不一定使三角形的面积 S_Δ 为整数, 甚至不一定使 x_n 为整数, 但他们一定是有理数.

由一元二次方程求根公式得

$$x_n = \frac{1 + \sqrt{3y_n^2 + 4}}{3} = \frac{1 + z_n}{3}$$

由递推关系可知 z_n 都是偶数, 为了使 x_n 为整数, 则 z_n 是被 6 除余 2 的数, 故 x_n 必为奇数. 又因 y_n 为偶数

$$S_\Delta = \frac{1}{4}(2x_n + 1)(x_n + 1)\sqrt{3x_n^2 - 2x_n - 1}$$
$$= \frac{1}{4}(2x_n + 1)(x_n + 1)y_n$$

故 S_Δ 必为整数.

若 x_n 不为整数时, 则三边 $18x_n + 9, 9x_n^2, 9(x_n^2 + x_n)$ 必为整数 (因为 $x_n = \frac{1 + z_n}{3}$).

用 z_n 表示三边为 $6z_n + 15, (z_n + 1)^2, (z_n + 1)^2 + 3(z_n + 1)$ 的三角形, 代入 Heron 公式, 化简得

$$S_\Delta = \frac{3}{4}(2z_n + 5)(z_n + 4)\sqrt{3(z_n^2 - 4)}$$
$$= \frac{9}{4}(2z_n + 5)(z_n + 4)y_n$$

由于 z_n 都是偶数, 令 $z_n^2 - 4 = 3y_n^2$, 其中 y_n 必为偶数, 因此 S_Δ 必为整数.

4.13 Pell 方程的 Fibonacci 数和 Lucas 数的解

定理 $1^{[18]}$ 不定方程 $x^2 - 5y^2 = 1$ 的全部正整数解都是

$$x = \frac{1}{2}L_{6n},\ y = \frac{1}{2}f_{6n}$$

不定方程 $x^2-5y^2=-1$ 的全部正整数解都是

$$x=\frac{1}{2}L_{3n},y=\frac{1}{2}f_{3n}$$

证明 显然 $(9,4)$ 是方程 $x^2-5y^2=1$ 的最小正整数解,由上面的定理可得通解

$$x+\sqrt{5}\,y=(9+4\sqrt{5}\,)^n=\left(\frac{1+\sqrt{5}}{2}\right)^{6n}$$

$$x-\sqrt{5}\,y=(9-4\sqrt{5}\,)^n=\left(\frac{1-\sqrt{5}}{2}\right)^{6n}$$

推得

$$2x=\left(\frac{1+\sqrt{5}}{2}\right)^{6n}+\left(\frac{1-\sqrt{5}}{2}\right)^{6n}=L_{6n}$$

$$2y=\frac{1}{\sqrt{5}}\left[\left(\frac{1+\sqrt{5}}{2}\right)^{6n}-\left(\frac{1-\sqrt{5}}{2}\right)^{6n}\right]=f_{6n}$$

因此不定方程 $x^2-5y^2=1$ 的全部正整数解为

$$y=\frac{1}{2}f_{6n},x=\frac{1}{2}L_{6n}$$

不定方程 $x^2-5y^2=-1$ 的最小正整数解为 $(2,1)$,则

$$x+\sqrt{5}\,y=(2+\sqrt{5}\,)^n=\left(\frac{1+\sqrt{5}}{2}\right)^{3n}$$

$$x-\sqrt{5}\,y=(2-\sqrt{5}\,)^n=\left(\frac{1-\sqrt{5}}{2}\right)^{3n}$$

推得

$$2x=\left(\frac{1+\sqrt{5}}{2}\right)^{3n}+\left(\frac{1-\sqrt{5}}{2}\right)^{3n}=L_{3n}$$

$$2y=\frac{1}{\sqrt{5}}\left[\left(\frac{1+\sqrt{5}}{2}\right)^{3n}-\left(\frac{1-\sqrt{5}}{2}\right)^{3n}\right]=f_{3n}$$

因此不定方程 $x^2-5y^2=-1$ 的全部正整数解为

$$y=\frac{1}{2}f_{3n},x=\frac{1}{2}L_{3n}$$

定理 2 不定方程 $x^2-5y^2=4$ 的全部正整数解都是

$$y=f_{2n},x=L_{2n}$$

不定方程 $x^2-5y^2=-4$ 的全部正整数解都是

$$y=f_{2n-1},x=L_{2n-1}$$

下面我们用连分数方法来证明定理 2 中不定方程的解都是 $y=f_{2n},x=L_{2n}$ 或 $y=f_{2n-1},x=L_{2n-1}$.

121

将原方程变为等价的方程

$$\left(\frac{x}{2}\right)^2 - 5\left(\frac{y}{2}\right)^2 = 1$$

或

$$\left(\frac{x}{2}\right)^2 - 5\left(\frac{y}{2}\right)^2 = -1$$

由 Pell 方程的连分数解法可知以上两方程都有解,并且有这样的结论:若 $t+s\sqrt{d}$ 是 $x^2 - dy^2 = 4$ 的最小正整数解,则它的全部正整数解为

$$\frac{x+y\sqrt{d}}{2} = \left(\frac{t+s\sqrt{d}}{2}\right)^n$$

d 是非完全平方数.

不定方程 $x^2 - 5y^2 = 4$ 的最小正整数解为 $(3,1)$,则

$$\frac{x+y\sqrt{5}}{2} = \left(\frac{3+\sqrt{5}}{2}\right)^n = \left(\frac{1+\sqrt{5}}{2}\right)^{2n} \qquad ①$$

$$\frac{x-y\sqrt{5}}{2} = \left(\frac{1-\sqrt{5}}{2}\right)^{2n} \qquad ②$$

① + ② 得

$$x = \left(\frac{1+\sqrt{5}}{2}\right)^{2n} + \left(\frac{1-\sqrt{5}}{2}\right)^{2n} = L_{2n}$$

① − ② 得

$$y = \frac{1}{\sqrt{5}}\left[\left(\frac{1+\sqrt{5}}{2}\right)^{2n} - \left(\frac{1-\sqrt{5}}{2}\right)^{2n}\right] = f_{2n}$$

下面来求 $x^2 - 5y^2 = -4$ 的全部正整数解.

若 $t+s\sqrt{d}$ 是 $x^2 - dy^2 = -4$ 的最小正整数解,则它的全部正整数解为

$$\frac{x+y\sqrt{d}}{2} = \left(\frac{t+s\sqrt{d}}{2}\right)^{2n-1}$$

d 是非完全平方数.

不定方程 $x^2 - 5y^2 = -4$ 的最小正整数解为 $(1,1)$,则

$$\frac{x+y\sqrt{5}}{2} = \left(\frac{1+\sqrt{5}}{2}\right)^{2n-1} \qquad ③$$

$$\frac{x-y\sqrt{5}}{2} = \left(\frac{1-\sqrt{5}}{2}\right)^{2n-1} \qquad ④$$

③ + ④ 得

$$x = \left(\frac{1+\sqrt{5}}{2}\right)^{2n-1} + \left(\frac{1-\sqrt{5}}{2}\right)^{2n-1} = L_{2n-1}$$

③ − ④ 得

Fibonacci 数列中的
明珠

$$y = \frac{1}{\sqrt{5}}\left[\left(\frac{1+\sqrt{5}}{2}\right)^{2n-1} - \left(\frac{1-\sqrt{5}}{2}\right)^{2n-1}\right] = f_{2n-1}$$

因此 $x = L_{2n-1}, y = f_{2n-1}(n \in \mathbf{N})$ 是 $x^2 - 5y^2 = -4$ 的全部正整数解.

由这个定理我们可以得以下定理.

定理 3　不定方程 $x^2 - 45y^2 = 36$ 的全部正整数解都是

$$x = 3L_{2n}, y = f_{2n}$$

不定方程 $x^2 - 45y^2 = -36$ 的全部正整数解都是

$$x = 3L_n, y = f_n$$

将原方程变为等价的方程

$$\left(\frac{x}{6}\right)^2 - 45\left(\frac{y}{6}\right)^2 = 1$$

或

$$\left(\frac{x}{6}\right)^2 - 45\left(\frac{y}{6}\right)^2 = -1$$

由 Pell 方程的连分数解法可知以上两方程都有解,并且有这样的结论:若 $t + s\sqrt{d}$ 是 $x^2 - dy^2 = 4$ 的最小正整数解,则它的全部正整数解为

$$\frac{x + y\sqrt{d}}{2} = \left(\frac{t + s\sqrt{d}}{2}\right)^n$$

d 是非完全平方数.

不定方程 $x^2 - 45y^2 = 36$ 的最小正整数解为 $(9,1)$,则

$$\frac{x + y\sqrt{45}}{6} = \left(\frac{9 + \sqrt{45}}{6}\right)^n = \left(\frac{1+\sqrt{5}}{2}\right)^{2n} \qquad ⑤$$

$$\frac{x - y\sqrt{45}}{6} = \left(\frac{9 - \sqrt{45}}{6}\right)^n = \left(\frac{1-\sqrt{5}}{2}\right)^{2n} \qquad ⑥$$

⑤ + ⑥ 得

$$x = 3\left(\frac{1+\sqrt{5}}{2}\right)^{2n} + 3\left(\frac{1-\sqrt{5}}{2}\right)^{2n} = 3L_{2n}$$

⑤ − ⑥ 得

$$y = \frac{1}{\sqrt{5}}\left[\left(\frac{1+\sqrt{5}}{2}\right)^{2n} - \left(\frac{1-\sqrt{5}}{2}\right)^{2n}\right] = f_{2n}$$

同理可证,不定方程 $x^2 - 45y^2 = -36$ 的最小正整数解为 $(3,1)$,则

$$\frac{x + y\sqrt{45}}{6} = \left(\frac{3 + \sqrt{45}}{6}\right)^n = \left(\frac{1+\sqrt{5}}{2}\right)^n \qquad ⑦$$

$$\frac{x - y\sqrt{45}}{6} = \left(\frac{3 - \sqrt{45}}{6}\right)^n = \left(\frac{1-\sqrt{5}}{2}\right)^n \qquad ⑧$$

⑦ + ⑧ 得

$$x = 3\left(\frac{1+\sqrt{5}}{2}\right)^n + 3\left(\frac{1-\sqrt{5}}{2}\right)^n = 3L_n$$

⑦－⑧ 得

$$y = \frac{1}{\sqrt{5}}\left[\left(\frac{1+\sqrt{5}}{2}\right)^n - \left(\frac{1-\sqrt{5}}{2}\right)^n\right] = f_n$$

我们知道 Fibonacci 数中除 $1,144$ 是完全平方数外,无其他数是完全平方数,利用这一结论和定理,可证明不定方程 $y^2 = 5x^4 + 4$,仅有解 $x=0, x=\pm1$, $x=\pm12$;$y^2 = 5x^4 - 4$ 仅有解 $x=\pm1$.

定理 4 不定方程 $y^2 = 5x^4 + 1$ 只有解 $x=0, x=\pm2$;不定方程 $y^2 = 5x^4 - 1$ 只有解 $x=\pm1$;$y^2 = 5x^4 + 4$ 只有解 $x=0, x=\pm1, x=\pm12$;不定方程 $y^2 = 5x^4 - 4$ 只有解 $x=\pm1$.

证明 在不定方程 $y^2 = 5x^4 + 1$ 中,令 $x^2 = u$,则方程变为

$$y^2 = 5u^2 + 1$$

由定理 1 知,不定方程 $v^2 - 5u^2 = 1$ 的全部正整数解都是

$$u = \frac{1}{2}f_{6n}, v = \frac{1}{2}L_{6n}$$
$$f_{6n} = 2x^2$$

又因为 f_{6n} 的 Fibonacci 数中完全平方数的 2 倍的数只有 $f_6 = 8$,所以方程 $y^2 = 5x^4 + 1$ 只有解 $x=0, x=\pm2$.

在不定方程 $y^2 = 5x^4 + 4$ 中,令 $x^2 = v$,则方程变为

$$y^2 = 5v^2 + 4$$

由定理 2 知,不定方程 $u^2 - 5v^2 = 4$ 的全部正整数解都是

$$u = L_{2n}, v = f_{2n}$$
$$f_{2n} = x^2$$

又因为 Fibonacci 数中完全平方数只有 $1,12$,所以方程 $y^2 = 5x^4 + 4$ 显然只有解 $x=0, x=\pm1, x=\pm12$.

另外两种情况同理可证.

如果读者对 Pell 不定方程 $x^2 - dy^2 = 1$ 的连分数的解法不熟悉,可以采用下面的方法证明方程 $x^2 - 5y^2 = \pm4$ 的全部正整数解都是 Fibonacci 数和 Lucas 数.

证明 由 Fibonacci 数与 Lucas 数的性质,不难得到

$$L_n^2 - 5F_n^2 = 4(-1)^n \quad (n \in \mathbf{N})$$

这表明 L_n, F_n 是不定方程 $x^2 - 5y^2 = \pm4$ 的解.

下面我们构造如下函数,来证明方程 $x^2 - 5y^2 = \pm4$ 的解只能是 L_n, F_n

$$F(x) = \frac{1}{2}(3x - \sqrt{5x^2 + 4})$$

或

$$F(x) = \frac{1}{2}(3x - \sqrt{5x^2 - 4})$$

不难证明

$$x_{n+1} = \frac{1}{2}(3x_n + \sqrt{5x_n^2 + 4}), x_0 = 0 \qquad ⑨$$

$$x_{n+1} = \frac{1}{2}(3x_n + \sqrt{5x_n^2 - 4}), x_0 = 1 \qquad ⑩$$

$$x_{n-1} = \frac{1}{2}(3x_n + \sqrt{5x_n^2 + 4})$$

$$x_{n-1} = \frac{1}{2}(3x_n + \sqrt{5x_n^2 - 4})$$

分别是方程 $x^2 - 5y^2 = 4$ 或 $x^2 - 5y^2 = -4$ 的解. 下面证明是方程的全部解.

因为 $F(x) = 3x - \sqrt{5x^2 \pm 4}$，当 $x > 1$ 时严格增加. 假设 ⑨ 和 ⑩ 不是方程的全部解，则必存在方程的解 x 不含于 ⑨ 和 ⑩ 之中，故必存在方程 $x^2 - 5y^2 = \pm 4$ 的两个解 x_n, x_{n+1}，使得 $x_n < x < x_{n+1}$. 又由 $F(x)$ 的单调性可知，关系 $x_{n-1} = \frac{1}{2}(3x_n + \sqrt{5x_n^2 \pm 4})$ 存在，$x' = F(x)$ 使得 $x_{n-1} < x' < x_n$，继续推下去，可知存在解 x，使得 $x_0 < x < x_1$. 因 $x_0 = 0, x_1 = 1$（或 $x_1 = 1, x_2 = 2$），故这样的解 x 不存在，因此得证.

4.14　特殊不定方程的 Fibonacci 数和 Lucas 数的解

定理1 (1) 不定方程 $\frac{1}{x} = \frac{1}{y} + \frac{1}{z} + \frac{a}{xyz}$ 的全部正整数解是 (x_0, y_0, z_0)，其中

$$y_0 = x_0 + u, z_0 = x_0 + v, uv = x_0^2 + 1$$

u, v 是 $x^2 + 1$ 的全部因子对.

(2) $(f_{2n}, f_{2n+1}, f_{2n+2})$ 是不定方程 $\frac{1}{x} = \frac{1}{y} + \frac{1}{z} + \frac{1}{xyz}$ 的一部分解.

(3) $(L_{2n-1}, L_{2n}, L_{2n+1})$ 是不定方程 $\frac{1}{x} = \frac{1}{y} + \frac{1}{z} + \frac{5}{xyz}$ 的一部分解.

证明 (1) 下面我们来求这个方程的全部解.

如果方程有正整数解，那么 $y_0 > x_0, z_0 > x_0$，于是可设

$$y_0 = x_0 + u, z_0 = x_0 + v$$

125

代入方程去分母,得

$$(x_0 + u)(x_0 + v) = x_0(x_0 + u + x_0 + v) + a$$

再化简整理,得

$$uv = x_0^2 + a$$

如果我们找出了 $x_0^2 + a$ 的全部因子对 u, v,也就找出了方程的全部解.

因此 $y_0 = x_0 + u, z_0 = x_0 + v$ 是方程的全部解,其中 u, v 是 $x^2 + 1$ 的全部因子对.

(2) 令 $x = f_{2n}, y = f_{2n} + f_{2n-1} = f_{2n+1}, z = f_{2n} + f_{2n+1} = f_{2n+2}$. 在 3.6 节中有倒数关系

$$\frac{1}{f_{2n}} = \frac{1}{f_{2n+1}} + \frac{1}{f_{2n+2}} + \frac{1}{f_{2n}f_{2n+1}f_{2n+2}}$$

故 $(f_{2n}, f_{2n+1}, f_{2n+2})$ 是方程的解,或根据 $f_{2n}^2 + 1 = f_{2n-1}f_{2n+1}$,由本定理 1(1) 知 f_{2n-1}, f_{2n+1} 是 $f_{2n}^2 + 1$ 的一对因子,所以

$$x = f_{2n}, y = f_{2n} + f_{2n-1} = f_{2n+1}, z = f_{2n} + f_{2n+1} = f_{2n+2}$$

是不定方程 $\frac{1}{x} = \frac{1}{y} + \frac{1}{z} + \frac{1}{xyz}$ 的解.

(3) $L_{2n-1}^2 + 5 = L_{2n-2}L_{2n}$.

由本定理 1(1) 知 L_{2n-2}, L_{2n} 是 $L_{2n-1}^2 + 5$ 的一对因子,所以

$$x = L_{2n-1}, y = L_{2n}, z = L_{2n+1}$$

定理 2 (1) $(f_1, f_{2n+1}, f_{2n+3})$ 是不定方程 $x^2 + y^2 + z^2 = 3xyz$ 的一部分解.

(2) (f_1, f_{2n}, f_{2n+2}) 是不定方程 $x^2 + y^2 + z^2 = 3xyz + 2$ 的一部分解.

(3) $(L_1, L_{2n-1}, L_{2n+1})$ 是不定方程 $x^2 + y^2 + z^2 = 3xyz + 6$ 的一部分解.

(4) (L_1, L_{2n}, L_{2n+2}) 是不定方程 $x^2 + y^2 + z^2 = 3xyz - 4$ 的一部分解.

证明 (1) 因为

$$f_1^2 + f_{2n+1}^2 + f_{2n+3}^2 = 3f_1 f_{2n+1} f_{2n+3}$$

所以 $(f_1, f_{2n+1}, f_{2n+3})$ 是不定方程 $x^2 + y^2 + z^2 = 3xyz$ 的解.

显然这不是该不定方程的全部解,因为 $(2, 5, 29)$ 也是该不定方程的一组解.

事实上,若 (x_1, y_1, z_1) 是该不定方程的解,则

$$(x_1, y_1, 3x_1 y_1 - z_1), (y_1, z_1, 3y_1 z_1 - x_1), (z_1, x_1, 3z_1 x_1 - y_1)$$

也是该不定方程的解.

将这三组数分别代入原不定方程不难验证是该不定方程的解.

因此,结合初始解 $(1, 1, 1)$ 及下列三组递推关系所得的数组是该不定方程的全部解

$$(x_{n+1}, y_{n+1}, z_{n+1}) = (x_n, y_n, 3x_n y_n - z_n)$$

126

$$(x_{n+1}, y_{n+1}, z_{n+1}) = (y_n, z_n, 3y_n z_n - x_n)$$
$$(x_{n+1}, y_{n+1}, z_{n+1}) = (z_n, x_n, 3x_n z_n - y_n)$$

(2) 因为

$$f_1^2 + f_{2n}^2 + f_{2n+2}^2 = 3f_1 f_{2n} f_{2n+2} + 2$$

所以 (f_1, f_{2n}, f_{2n+2}) 是不定方程 $x^2 + y^2 + z^2 = 3xyz + 2$ 的一部分解.

(3) 因为

$$L_1^2 + L_{2n-1}^2 + L_{2n+1}^2 = 3L_1 L_{2n-1} L_{2n+1} + 6$$

所以 $(L_1, L_{2n-1}, L_{2n+1})$ 是不定方程 $x^2 + y^2 + z^2 = 3xyz + 6$ 的一部分解.

(4) 因为

$$L_1^2 + L_{2n}^2 + L_{2n+2}^2 = 3L_1 L_{2n} L_{2n+2} - 4$$

所以 (L_1, L_{2n}, L_{2n+2}) 是不定方程 $x^2 + y^2 + z^2 = 3xyz - 4$ 的一部分解.

Bencze 和 Jaroma[19] 提出不定方程 $\dfrac{x+1}{f_y} = \sum\limits_{k=1}^{x} \dfrac{1}{f_{2^k}}$ 仅有解 $(x, y) = (1, 3)$.

证明 设 (x, y) 是不定方程 $\dfrac{x+1}{f_y} = \sum\limits_{k=1}^{x} \dfrac{1}{f_{2^k}}$ 的一组解. 当 $x = 1$ 时,可得 $f_y = 2, y = 3$,所以此时方程有解 $(x, y) = (1, 3)$.

当 $x = 2$ 时,可得 $f_y = \dfrac{9}{4}$,故不可能.

当 $x > 2$ 时,根据

$$\sum_{k=1}^{m} \frac{1}{f_{2^k}} = 2 - \frac{f_{2^m - 1}}{f_{2^m}}, \quad \frac{x+1}{f_y} = 2 - \frac{f_{2^x - 1}}{f_{2^x}}$$

又由 $(f_{2^m - 1}, f_{2^m}) = 1$,得

$$(2f_{2^x} - f_{2^x - 1}) \mid (x + 1)$$

所以 $x + 1 \geqslant 2f_{2^x} - f_{2^x - 1} > f_{2^x}$ 与 $m + 1 < f_{2^m}$ 矛盾.

综上所述问题得证.

定理 3 一元二次方程

$$(a^2 + 1)x^2 + ax - 1 = 0 \quad (a \in \mathbf{N}) \tag{①}$$

或

$$(a^2 - 1)x^2 + ax - 1 = 0 \quad (a > 1, a \in \mathbf{N}) \tag{②}$$

有有理根的充要条件是 $a = f_{2n}$ 或 $a = f_{2n-1}(n \geqslant 2)$.

证明 方程 ① ② 有有理根的充要条件是:$\Delta = a^2 + 4(a^2 \pm 1) = 5a^2 \pm 4$ 为完全平方数.

4.15　与 Fibonacci 数有关的高次方程

下面我们进一步研究与 Fibonacci 数有关的高次方程的性质.

127

定理 1　一元 n 次方程

$$x^n - f_n x - f_{n-1} = 0 \quad (n \geqslant 2)$$

至少有两个实根,且

$$x_1 = \frac{1+\sqrt{5}}{2}, x_2 = \frac{1-\sqrt{5}}{2}$$

证明　只需证明 $x^2 - x - 1 = 0$ 的解一定是方程 $x^n - f_n x - f_{n-1} = 0$ 的

解即可,显然方程 $x^2 - x - 1 = 0$ 有两个实根 $x_1 = \frac{1+\sqrt{5}}{2}, x_2 = \frac{1-\sqrt{5}}{2}$.

用数学归纳法证明

当 $n = 2$ 时,结论成立,即 $x_1^2 - f_2 x_1 - f_1 = 0, x_2^2 - f_2 x_2 - f_1 = 0$ 成立.

假设当 $n = k, n = k-1$ 时,结论成立,即

$$x_1^k - f_k x_1 - f_{k-1} = 0$$

且

$$x_1^{k-1} - f_{k-1} x_1 - f_{k-2} = 0$$

则当 $n = k+1$ 时

$$
\begin{aligned}
x_1^{k+1} - f_{k+1} x_1 - f_k &= x_1^{k+1} - (f_k + f_{k-1}) x_1 - f_k \\
&= x_1^k + x_1^{k-1} - (f_k + f_{k-1}) x_1 - f_{k-1} - f_{k-2} \\
&= (x_1^k - f_k x_1 - f_{k-1}) + (x_1^{k-1} - f_{k-1} x_1 - f_{k-2}) \\
&= 0 + 0 = 0
\end{aligned}
$$

同理可证 $x_2^n - f_n x_2 - f_{n-1} = 0$.

推论 1　n 次三项式 $x^n - f_n x - f_{n-1}$ 可以分解为

$$x^n - f_n x - f_{n-1}$$

$$= (x^2 - x - 1)(f_1 x^{n-2} + f_2 x^{n-3} + f_3 x^{n-4} + \cdots + f_{n-2} x + f_{n-1}) \qquad ①$$

推论 2　方程 $x^n - f_n x - f_{n-1} = 0$,当 n 为奇数时,只有三个实根;当 n 为偶数时,只有两个实根.

推论 2 的证明只需用到幂函数与直线的关系,不难得证.虽然我们知道,当 n 为奇数时,方程 $x^n - f_n x - f_{n-1} = 0$ 只有三个实根,其中两个已知,然而当 n 较大时,第三个实根也并不是那么容易得到的.

在推论 1 的式 ① 中,令 $x = 1$ 时

$$x^{n+1} - f_{n+1} x - f_n$$

$$= (x^2 - x - 1)(f_1 x^{n-1} + f_2 x^{n-2} + f_3 x^{n-3} + \cdots + f_{n-1} x + f_n)$$

得

$$1 - (f_{n+1} + f_n) = -(f_1 + f_2 + f_3 + \cdots + f_{n-1} + f_n)$$

所以

$$f_1 + f_2 + \cdots + f_{n-1} + f_n = f_{n+2} - 1$$

128

由推论 1 中式 ① 得

$$f_1 x^{n-1} + f_2 x^{n-2} + f_3 x^{n-3} + \cdots + f_{n-1} x + f_n = \frac{x^{n+1} - f_{n+1} x - f_n}{x^2 - x - 1}$$

$$f_1 + \frac{f_2}{x} + \frac{f_3}{x^2} + \cdots + \frac{f_{n-1}}{x^{n-2}} + \frac{f_n}{x^{n-1}} = \frac{x^{n+1} - f_{n+1} x - f_n}{x^{n-1}(x^2 - x - 1)}$$

令 $x = 2$ 时

$$f_1 + \frac{f_2}{2} + \frac{f_3}{2^2} + \cdots + \frac{f_{n-1}}{2^{n-2}} + \frac{f_n}{2^{n-1}} = \frac{2^{n+1} - 2f_{n+1} - f_n}{2^{n-1}} = \frac{2^{n+1} - f_{n+3}}{2^{n-1}}$$

4.16 定理的应用

下面的例题是 4.13 节定理 1 的一个应用.

例 1 试证明:不定方程 $x^2 - xy - y^2 = \pm 1$ 的全部正整数解 (x, y) 是相邻的 Fibonacci 数对.

证明 $x^2 - xy - y^2 = \pm 1$ 有正整数解的充要条件是 $\Delta = y^2 + 4(y^2 \pm 1) = 5y^2 \pm 4$ 为完全平方数,即 $l^2 - 5y^2 = \pm 4$ 有正整数解.由 4.13 节定理 1 不难得到 y 是 Fibonacci 数,由方程的对称性可知,x 也必是 Fibonacci 数.

设 $y = f_n$,则

$$x = \frac{f_n + \sqrt{5f_n^2 \pm 4}}{2} = \frac{f_n + L_n}{2} = \frac{f_n + f_{n-1} + f_{n+1}}{2}$$

$$= \frac{2f_{n+1}}{2} = f_{n+1}$$

故不定方程 $x^2 - xy - y^2 = \pm 1$ 的全部正整数解 (x, y) 是相邻的 Fibonacci 数 (f_{n+1}, f_n) 数对,$n \in \mathbf{N}$.

例 2 确定 $m^2 + n^2$ 的最大值,其中 $m, n \in \{1, 2, 3, \cdots, 1\ 981\}$,且 $(n^2 - mn + m^2)^2 = 1$.

解 由例 1 可知,如果 (m, n) 是方程 $(n^2 - mn + m^2)^2 = 1$ 的解,那么 m, n 组成 Fibonacci 数,每相邻两个 Fibonacci 数是一组解,$1, 1, 2, 3, 5, 8, 13, 21, 34, 55, 89, 144, 233, 337, 610, 987, 1\ 597$,因此 $m^2 + n^2$ 的最大值为 $987^2 + 1\ 597^2 = 3\ 524\ 578$.

例 3 证明:不定方程 $x^2 + y^2 + 1 = 3xy$ 有无穷多组解,并且所有的正整数解都是 Fibonacci 数.

证明 因为有恒等式

$$f_{2n}^2 + 1 = f_{2n+1} f_{2n-1}$$

所以

$$(f_{2n+1} - f_{2n-1})^2 + 1 = f_{2n+1} f_{2n-1}$$

即

$$f_{2n+1}^2 + f_{2n-1}^2 + 1 = 3f_{2n+1} f_{2n-1}$$

由方程的对称性可知,(f_{2n+1}, f_{2n-1}) 或 (f_{2n-1}, f_{2n+1}) 是不定方程 $x^2 + y^2 + 1 = 3xy$ 的正整数解.

由一元二次方程求根公式得

$$x = \frac{3y \pm \sqrt{5y^2 - 4}}{2}$$

设 $m^2 = 5y^2 - 4$,当 m 为偶数时,y 为偶数,当 m 为奇数时,y 为奇数,因此方程 $x^2 + y^2 + 1 = 3xy$ 有正整数解的充要条件是 $\Delta = 5y^2 - 4$ 为完全平方数,由 y 为 Fibonacci 数,再由对称性知,x 也必为 Fibonacci 数. 故这个结论成立.

例 4 求不定方程 $x^2 + y^2 + 4 = 6xy$ 的正整数解.

解 已知方程整理得

$$x^2 - 6yx + y^2 + 4 = 0$$

由一元二次方程求根公式得

$$x = 3y \pm 2\sqrt{2y^2 - 1}$$

因此方程 $x^2 + y^2 + 1 = 3xy$ 有正整数解的充要条件是 $\Delta = 2y^2 - 1$ 为完全平方数.

设 $m^2 = 2y^2 - 1, m^2 - 2y^2 = -1$,初始解 $m = 1, y = 1$,则

$$m_n - \sqrt{2}\, y_n = (1 - \sqrt{2})^{2n-1}$$
$$m_n + \sqrt{2}\, y_n = (1 + \sqrt{2})^{2n-1}$$

所以

$$m_n = \frac{(1 - \sqrt{2})^{2n-1} + (1 + \sqrt{2})^{2n-1}}{2}$$

$$y_n = \frac{(1 + \sqrt{2})^{2n-1} - (1 - \sqrt{2})^{2n-1}}{2\sqrt{2}}$$

$$x_n = \frac{(4 + 3\sqrt{2})(1 + \sqrt{2})^{2n-1} + (4 - 3\sqrt{2})(1 - \sqrt{2})^{2n-1}}{4}$$

$$x_n = \frac{(3\sqrt{2} - 4)(1 + \sqrt{2})^{2n-1} - (4 + 3\sqrt{2})(1 - \sqrt{2})^{2n-1}}{4}$$

例 5 试在有理数范围内,分解二次多项式 $442x^2 + 21x - 1$.

解 显然有 $(21^2 + 1)x^2 + 21x - 1$,因为 21 是 Fibonacci 数,所以在有理数范围内一定可以分解为

$$442x^2 + 21x - 1 = (34x - 1)(13x + 1)$$

4.17 Fibonacci 数列与类 Goldbach 猜想

Christian Goldbach(克里斯汀·哥德巴赫, 1690—1764)生于普鲁士哥尼斯堡(这个城市因七桥问题而在数学界很有名).1725 年,他成为圣彼得堡皇家学院的数学教授.1728 年,Goldbach 来到莫斯科,并且成为沙皇彼得二世的教师.1742 年他任职于俄国外交部.Goldbach 主要是因为和一些著名的数学家的通信而经常被提及,特别是和 Euler 和 Daniel 的通信.除了"每个大于 2 的偶数都能写为两个素数的和以及每个大于 5 的奇数都能写为三个素数的和"这些著名的猜想外,Goldbach 对数学分析也做出了令人瞩目的贡献.

陈景润(1933—1996)是著名数论学家华罗庚的学生,陈景润全身心地投入到数学研究中,在"文化大革命"中,他继续自己的研究.他夜以继日地在一个没有电灯,没有桌子和椅子,只有一张小床和几本书的小房子里工作.就是在这段时间内他取得了关于孪生素数和 Goldbach 猜想的重要结果.尽管他是一个杰出的数学家,但他的生活却一团糟.在长时间病痛折磨后,他于 1996 年去世.

在数论史上有一个十分著名的猜想叫 Goldbach 猜想[20]:每个大于或等于 6 的偶数,都可以表示为两个奇素数之和;每个大于或等于 9 的奇数,都可以表示为三个奇素数之和.其实,后一个命题就是前一个命题的推论.到目前为止,我国数学家陈景润已证得最好的结果"1+2".在数论史上还有另一个不成熟的猜想,这就是法国数学家德波林尼雅克猜想:每一个奇数都可以表示成 2 的某个幂和一个素数之和.

例如:15 可以写成

$$15 = 8 + 7 = 2^3 + 7$$
$$53 = 16 + 37 = 2^4 + 37$$
$$4\ 107 = 4\ 096 + 11 = 2^{12} + 11$$

德波林尼雅克声称他已经检验了 300 万以内所有奇数猜想都成立.然而德波林尼雅克猜想显然是错的,因为一个相对较小的 Mersenne 数 127 就反驳了他的结论,我们没法把 127 写成 2 的幂加上一个素数.如果我们用各种可能的方式把 127 分解成 2 的幂和一个余数,就会发现这个余数不是素数,因此说他显然错了.

$$127 = 2 + 125 = 2 + 5 \times 25, 127 = 4 + 123 = 2^2 + 3 \times 41$$
$$127 = 8 + 119 = 2^3 + 7 \times 17, 127 = 16 + 111 = 2^4 + 3 \times 37$$
$$127 = 32 + 95 = 2^5 + 5 \times 19, 127 = 64 + 63 = 2^6 + 3 \times 31$$

由于这一猜想的显然错误,今天我们将这一猜想扔到了数论的垃圾堆之中.

关于这一类问题(一类数表示为另一类数的两个或两个以上的数之和)我们把它称之为类 Goldbach 猜想问题.

问题 1 每个大于 6 的正整数 N 都可以表示成两个大于 1 的且互质的正整数之和.

证明 对 N 进行奇数和偶数分类证明:

① 当 $N = 2k + 1 = k + (k+1)(k \geqslant 1)$ 时,显然有 $(k, (k+1)) = 1$,结论成立.

② 当 $N = 2k$ 时,又分为被 4 整除和被 4 除余 2,即
$$N = 4l = (2l+1) + (2l-1) \quad (l \geqslant 2)$$
$$N = 4l \geqslant 8$$
显然有 $((2l-1), (2l+1)) = 1$,结论成立.
$$N = 4l + 2 = (2l-1) + (2l+3) \quad (l \geqslant 2)$$
$$N = 4l + 2 \geqslant 10$$

现在证明:$((2l-1), (2l+3)) = 1$.

用反证法证明,假设 $2l - 1$ 与 $2l + 3$ 的公约数 $d \geqslant 2$,则 $2l - 1 = md$,$2l + 3 = nd$,$4 = (n-m)d$,所以 d 整除 4,故 $d = 2$ 或 $d = 4$ 矛盾,则 $d = 1$.故 $((2l-1), (2l+3)) = 1$,结论成立.

经验算 6 显然不能表示成两个大于 1 的且互质的正整数之和.

综合 ①② 可知,每个大于 6 的正整数 N 都可以表示成两个大于 1 的且互质的正整数之和.

就此问题我们做一些引申,得如下几个简单的类 Goldbach 猜想问题,并给出证明和进一步的研究.

问题 2 每个大于 11 的正整数 N 总可以表示成两个合数之和.

证明 对 N 进行 3 的余数分类证明:

① $N = 3k = 6 + 3(k-2) \quad (k \geqslant 4)$;

②$N = 3k + 1 = 4 + 3(k - 1) \ (k \geqslant 3)$;

③$N = 3k + 2 = 8 + 3(k - 2) \ (k \geqslant 4)$.

经验算,11 不能表示成两个合数之和,由①②③得,即每个大于 11 的正整数 N 都可以表示成两个合数之和.证毕.

这一问题我们可以用不定方程的正整数解来证明.

构造一个二元一次不定方程

$$2x + 3y = N \tag{①}$$

事实上,由初等数论知识得,当 $N \geqslant 12$ 时,方程 ① 至少有三组正整数解,所以方程 ① 至少有一组 $x_0 \geqslant 2, y_0 \geqslant 2$ 正整数解,即 N 都可以表示成两个合数之和.证毕.

由问题 2 证明过程不难得下面的结论.

问题 3 每个大于 11 的正奇数 N 总可以表示成一个奇合数与一个偶合数之和.

问题 4 每个大于 38 的正偶数 N 总可以表示成两个奇合数之和.

证明 对 N 进行 10 的余数分类证明:

①$N = 10k = 15 + 5(2k - 3) \ (k \geqslant 3)$;

②$N = 10k + 2 = 27 + 5(2k - 5) \ (k \geqslant 4)$;

③$N = 10k + 4 = 9 + 5(2k - 1) \ (k \geqslant 2)$;

④$N = 10k + 6 = 21 + 5(2k - 3) \ (k \geqslant 3)$;

⑤$N = 10k + 8 = 33 + 5(2k - 5) \ (k \geqslant 4)$.

由以上证明可知,每个大于 38 的正偶数 N 总可以表示成两个奇合数之和.经验算,38 是不能表示成两个奇合数之和的最大偶数.

以上四个简单的类 Goldbach 猜想问题的讨论并不复杂.但如果对这些问题做进一步引申,得如下两个较复杂的问题,对这两个问题的讨论正是本文讨论的主要内容和目的.

问题 5 每个大于 105 的正奇数 N 总可以表示成两个互质的合数之和.先借助于以上问题的讨论方法来讨论正奇数 N 的个位数为 1,3,7,9 的情况.

证明 对 N 进行 10 的余数分类证明:

①$N = 10k + 1 = 25 + 2(5k - 12) \ (k \geqslant 3), (25, 2(5k - 12)) = 1$;

②$N = 10k + 3 = 25 + 2(5k - 11) \ (k \geqslant 3), (25, 2(5k - 11)) = 1$;

③$N = 10k + 7 = 25 + 2(5k - 9) \ (k \geqslant 3), (25, 2(5k - 9)) = 1$;

④$N = 10k + 9 = 4 + 5(2k + 1) \ (k \geqslant 1), (4, 5(2k + 1)) = 1$.

下面分析正奇数 N 的个位数为 5 的情况:

① 设 N 不是 3 的倍数,显然是 5 的倍数且不是 2 的倍数,则 $N = (N - 9) + 9$,只需要求 $N - 9 > 3$,则 $N - 9$ 是偶合数(个位数是 6)且 $((N - 9), 9) = 1$;

② 设 N 不是 7 的倍数且是 3 的倍数,显然是 5 的倍数且不是 2 的倍数,只需要求 $N-49>3$,则 $N-49$ 是偶合数且 $N=(N-49)+49$;

③ 设 N 不是 11 的倍数是 7 的倍数且是 3 的倍数,显然是 5 的倍数且不是 2 的倍数,只需要求 $N-11^2>3$,则 $N-11^2$ 是偶合数且 $N=(N-11^2)+11^2$.

由此我们只要将 N 表示成 N 减去 N 中所含质因数中最大的质因数的下一个质因数的平方再加上这个质因数的平方,即 $N=(N-P_{i+1}^2)+P_{i+1}^2$,其中 P_{i+1} 是 N 中所含质因数中最大的质因数的下一个质因数,或是 N 中所不含质因数中最小的质因数.

现在的问题是要解决 $N-P_{i+1}^2>3$ 是否成立,为解决此问题引入下面的引理.

引理 1 设 $N=P_1P_2\cdots P_k$ 是除 2 以外的前 k 个质数之积,当 $k\geqslant 4$ 时,则 $N\geqslant P_{k+1}^2+4$.

证明 假设 $N=P_1P_2\cdots P_k<P_{i+1}^2$,由 Bertrand 猜想有 $P_k<P_{k+1}<2P_k$. 则

$$N<P_{i+1}^2<2P_k<8P_kP_{k-1} \quad (k\geqslant 4)$$

所以

$$P_1P_2\cdots P_{k-2}<8 \quad (k\geqslant 4)$$

于是 $3\times 5\times\cdots<8$ 矛盾,则 $N=P_1P_2\cdots P_k>P_{i+1}^2(k\geqslant 4)$.

由于 N 的个位数为 5,而质数 P_{k+1} 的平方,即 P_{k+1}^2 的个位数是 1 或 9,因此

$$N\geqslant P_{k+1}^2+4$$

Joseph Louis Francois Bertrand(约瑟夫·路易斯·弗朗索瓦·贝特朗,1882—1900)生于巴黎,1839 ~ 1841 年在综合工科学院学习,1841 ~ 1844 年在矿业学院学习.他决心成为一个数学家而不是矿业工程师.1856 年 Bertrand 获得了综合工科学院的一个职位,1862 年他同时成为法兰西学院的教授,1845 年根据素数表大量的数字证据,Bertrand 猜想对每个大于 1 的整数 n,n 和 $2n$ 之间必有一个素数,这一结果由 Chebyshev(切比雪夫)于 1852 年证明.除了数论,他的研究领域还包括概率论和微分几何,他写过几卷关于概率和通过观察分析数据的小册子.1888 年他完成的著作 *Calcul des Probabilités* 包含了一个关于连续概率的悖论,该悖论现在被称之为 Bertrand 悖论,Bertrand 为人友善,极为聪明,精神饱满.

引理 2 设 $N=P_{e_1}P_{e_2}\cdots P_{e_k}$,$P_{e_i}$ 都是奇质数且含有质数 5,$k\geqslant 4$,P_{e_k} 是最大质因数.若 N 不含有小于 P_{e_k} 的一部分质数,并且 P_i 是这些质数中最小的一

134

个,那么 $N \geqslant P_i^2 + 4$.

引理 2 的证明与引理 1 的证明类似,证明略.

下面再来证明个位数为 5 时问题 5 的正确性.

设 $N = 5^{\alpha_1} P_2^{\alpha_2} P_3^{\alpha_3} \cdots P_k^{\alpha_k}$,其中 $\alpha_1 \geqslant 1, \alpha_k \geqslant 1, \alpha_2, \alpha_3, \cdots, \alpha_{k-1}$ 都是非负整数,并且 $k \geqslant 4$.

(1) 若 N 不含有小于质数 P_k 的某一部分质因数,其中 P_i 是这些质数中最小的一个,显然 $N \geqslant P_{e_1} P_{e_2} \cdots P_{e_k}$.再由引理 2 可知

$$N \geqslant P_i^2 + 4, N = (N - P_i^2) + P_i^2$$

$N - P_i^2$ 是偶合数,P_i^2 是奇合数且 $((N - P_i^2), P_i^2) = 1$.

(2) 若 N 含有小于质数 P_{k+1} 的全部奇质因数,$k \geqslant 4$,显然 $N = 5^{\alpha_1} P_2^{\alpha_2} P_3^{\alpha_3} \cdots P_k^{\alpha_k} \geqslant 5 P_2 P_3 \cdots P_k$.再由引理 1 可知

$$N \geqslant P_{k+1}^2 + 4, N = (N - P_{k+1}^2) + P_{k+1}^2$$

$N - P_{k+1}^2$ 是偶合数,P_{k+1}^2 是奇合数且 $((N - P_{k+1}^2), P_{k+1}^2) = 1$.

当 $k = 3$ 时,$N = P_1 P_2 P_3 = 3 \times 5 \times 7 = 105$,经验算可知 105 不能表示成两个互质的合数之和的最大奇数,即每个大于 105 的正奇数 N 总可以表示成两个互质的合数之和.

至此,问题 5 得以彻底解决.

作者提出如下猜想:

问题 6 每个大于 210 的正偶数 N 总可以表示成两个互质的合数之和.

我们自然要问在 Fibonacci 数列中是否有类似的问题.

问题 7 任何正整数 N 可以表示成不同 Fibonacci 数的和.

问题 8 任何正整数 N 可以用 Fibonacci 数列中任意删去一项后剩下的某些数之和表示,而任意删去两项后剩下的数,这时,任何正整数 N 就不能用剩下的数中某些数之和表示.

问题 9 Zeckendorf 定理:任何正整数 N 可以唯一地表示成不同的不相邻的 Fibonacci 数的和,即 $n = f_{k_1} + f_{k_2} + \cdots + f_{k_r}$ 形式,并且表示法是唯一的.其中 $k_1 \gg k_2 \gg \cdots \gg k_r \gg 0$,符号 $k \gg m$ 表示 $k \geqslant m + 2$.

问题 10 每个奇角标的 Fibonacci 数都可以表示成两个完全平方数之和.
由 $f_{2n-1} = f_{n-1}^2 + f_n^2$ 显然成立.

但偶角标的 Fibonacci 数并不是每个都可以表示成两个完全平方数之和,如 $f_8 = 21$ 不能表示成两个完全平方数之和.

有人提出了一个与 Fibonacci 数有关的猜想:

问题 11 大于 4 的整数都可以表示成一个奇素数与两个 Fibonacci 数之和.例如:$25 = 7 + 5 + 13$,其中 7 为奇素数,$f_5 = 5$ 与 $f_7 = 13$ 为 Fibonacci 数.英国天文学家 McNeil 已验证到 10 的 14 次方,也没有发现反例.这个猜想可能

比著名的 Goldbach 猜想还要难.

由此思路作者提出如下猜想:

问题 12 大于 4 的整数都可以表示成一个奇素数与一个 Fibonacci 数与一个 Lucas 数之和. 例如:$61 = 37 + 13 + 11$,其中 37 为奇素数,$f_7 = 13$ 为 Fibonacci 数与 $L_5 = 11$ 为 Lucas 数.

4.18 两个特殊不定方程与不变数[21]

正整数有许多奇妙的性质,本节将介绍利用两个特殊不定方程
$$5^n x + 2^n y = 10^n + 1, 5^n x + 2^n y = 10^n - 1$$
(n 是任意给定的正整数) 发现正整数另一些有趣的性质.

定理 1 对任意给定的正整数 n,不定方程
$$5^n x + 2^n y = 10^n + 1 \qquad\qquad ①$$
和
$$5^n x + 2^n y = 10^n - 1 \qquad\qquad ②$$
都分别有唯一的一组正整数解.

证明 先证不定方程 ①.

由 $(5,2) = 1$,则 $(5^n, 2^n) = 1$. 于是不定方程 ① 有整数解.

设 (x_0, y_0) 是不定方程 ① 的一组特解,那么不定方程 ① 的整数解的通式为
$$\begin{cases} x = x_0 + 2^n t \\ y = y_0 - 5^n t \end{cases} \quad (t \text{ 为整数}) \qquad ③$$
要证明不定方程 ① 有唯一的一组正整数解,只需证明有唯一的一个正整数 t,使得 $x > 0, y > 0$.

由不定方程 ①,我们不难看到 x_0 不可能是偶数,y_0 不可能是个位数为 0 或 5 的整数,所以 $\dfrac{y_0}{5^n}, \dfrac{x_0}{2^n}$ 两个都不是整数. 因此在区间 $\left(\dfrac{y_0}{5^n} - 1, \dfrac{y_0}{5^n}\right)$ 上存在唯一的一个整数. 不妨设这个整数为 t',即
$$\frac{y_0}{5^n} - 1 < t' < \frac{y_0}{5^n}$$

另外,(x_0, y_0) 是不定方程 ① 的一组特解,即
$$5^n x_0 + 2^n y_0 = 10^n + 1$$
所以
$$\frac{1 - 5^n x_0}{10^n} < t' < \frac{y_0}{5^n}$$

136

整数 t' 使得 ③ 中的 x,y 都大于 0,而在区间 $(\frac{y_0}{5^n}-1,\frac{y_0}{5^n})$ 外的任何一个整数都不能使 x,y 都大于 0.

同理可证不定方程 ② 有唯一的一组正整数解,故定理得证.

定理 2 (1) 若 (x_0,y_0) 是不定方程 ① 唯一的一组正整数解,则

$$(5^n x_0)^m \equiv 5^n x_0 \pmod{10^n}$$

$$(2^n y_0)^m \equiv 2^n y_0 \pmod{10^n}$$

其中 m 是任意正整数.

(2) 若 (x_0,y_0) 是不定方程 ② 唯一的一组正整数解,则

$$(5^n x_0)^{2m-1} \equiv 5^n x_0 \pmod{10^n}$$

$$(2^n y_0)^{2m-1} \equiv 2^n y_0 \pmod{10^n}$$

其中 m 是任意正整数.

(3) 若 (x_0,y_0) 是不定方程 ② 唯一的一组正整数解,则

$$(5^n x_0)^{2m} \equiv 2^n y_0 + 1 \pmod{10^n}$$

$$(2^n y_0)^{2m} \equiv 5^n x_0 + 1 \pmod{10^n}$$

其中 m 是任意正整数.

证明 (1) 将不定方程 ① 两端同乘以 $5^n x_0$ 并移项,得

$$(5^n x_0)^2 - 5^n x_0 = (5^n x_0 - x_0 y_0) \cdot 10^n$$

即

$$(5^n x_0)^2 \equiv 5^n x_0 \pmod{10^n}$$

由此可推得

$$(5^n x_0)^m \equiv 5^n x_0 \pmod{10^n}$$

同理可推得

$$(2^n y_0)^m \equiv 2^n y_0 \pmod{10^n}$$

(2) 将不定方程 ② 两端同乘以 $5^n x_0$,得

$$(5^n x_0)^2 = 5^n x_0 \cdot 10^n - x_0 y_0 \cdot 10^n - 5^n x_0 \qquad ④$$

再将上式乘以 $5^n x_0$,得

$$(5^n x_0)^3 = (5^n x_0)^2 \cdot 10^n - x_0 y_0 \cdot 5^n \cdot 10^n - (5^n x_0)^2 \qquad ⑤$$

将 ④ 代入 ⑤,整理得

$$(5^n x_0)^3 = M \cdot 10^n + 5^n x_0 \quad (M \text{ 是正整数})$$

由此可推得

$$(5^n x_0)^{2m-1} \equiv 5^n x_0 \pmod{10^n}$$

同理可推得

$$(2^n y_0)^{2m-1} \equiv 2^n y_0 \pmod{10^n}$$

(3) $\qquad (5^n x_0)^2 = 5^n x_0 \cdot 10^n - x_0 y_0 \cdot 10^n - 5^n x_0 \qquad ⑥$

137

将不定方程 ② 代入 ⑥ 得

$$(5^n x_0)^2 = M \cdot 10^n + 5^n x_0 + 1$$

即

$$(5^n x_0)^2 \equiv 2^n y_0 + 1 (\bmod 10^n)$$

由此可推得

$$(5^n x_0)^{2m} \equiv 2^n y_0 + 1 (\bmod 10^n)$$

同理可推得

$$(2^n y_0)^{2m} \equiv 5^n x_0 + 1 (\bmod 10^n)$$

故定理 2 得证.

为了研究问题方便,将引入以下记号和概念.

记 α_n, β_n 表示不定方程 $5^n x + 2^n y = 10^n + 1$ 的唯一的一组正整数解,γ_n, δ_n 表示不定方程 $5^n x + 2^n y = 10^n - 1$ 的唯一的一组正整数解.

(1) 把 n 位数和补零 n 位数统称为广义 n 位数.如 9376 是四位数,0625 补一个零是四位数.

(2) 一个 n 位正整数的任何正整数次方幂的末 n 位数不变称为 n 位不变数.

(3) 一个在最高位前面添零而得的 n 位正整数的任何正整数次方幂的末 n 位数不变称为补零 n 位不变数.如 0625^n 的末四位数仍为 0625.

(4) 把 n 位不变数和补零 n 位不变数统称为广义 n 位不变数.

(5) 一个广义 n 位正整数的任何正奇次方幂的末 n 位数不变称为弱广义 n 位不变数.如 75^{2m-1} 的末两位数都是 $75, 0624^{2m-1}$ 的末四位数都是 0624.

由定理 2,我们要找广义 n 位不变数或弱广义 n 位不变数就只需要分别求不定方程 $5^n x + 2^n y = 10^n + 1$ 和 $5^n x + 2^n y = 10^n - 1$ 的唯一一组正整数解即可.

为了读者更直观感受广义 n 位不变数或弱广义 n 位不变数,下面给出几对.

广义 n 位不变数		弱广义 n 位不变数	
α_n	β_n	γ_n	δ_n
5	6	5	4
25	76	75	24
625	376	375	624
0625	9376	9375	0624
90625	09376	09375	90624
890625	109376	109375	890624

138

事实上只要给出一对广义 n 位不变数或弱广义 n 位不变数就可得到前 n 组广义不变数或弱广义不变数.

这是一对广义 21 位不变数

$$392256259918212890625 ; 607743740081787109376$$

这是一对弱广义 21 位不变数

$$607743740081787109375 ; 392256259918212890624$$

定理 3 设 $5^n x_0, 2^n x_0$ 是广义 n 位数,n 是任意给定的正整数,则

$$5^n x_0 + 2^n y_0 = 10^n + 1$$

是 $(5^n x_0)^2 \equiv 5^n x_0 (\mathrm{mod}\, 10^n)$ 和 $(2^n x_0)^2 \equiv 2^n x_0 (\mathrm{mod}\, 10^n)$ 的充要条件,并且在广义 n 位数中具有这样性质的正整数有且仅有一对.

证明 充分性及唯一性由定理 1 和定理 2 不难证得.

下面证明必要性(用反证法).

假设结论不成立,即 $5^n x_0 + 2^n y_0 = 10^n + u$(由于 $5^n x_0, 2^n y_0$ 是广义 n 位数),其中 $u \neq 1, u \in \mathbf{Z}$.

(1) 当 $u \geqslant 2$ 时,将 $5^n x_0 + 2^n y_0 = 10^n + u$ 的两端同乘以 $5^n x_0$,整理得

$$(5^n x_0)^2 - 5^n x_0 = (5^n x_0 - st) \cdot 10^n + (u-1) \cdot 5^n x_0$$

又由已知 $(5^n x_0)^2 - 5^n x_0 = l \cdot 10^n$,将此式代入上式,整理得

$$(k + x_0 y_0 - 5 x_0) \cdot 10^n = (u-1) \cdot 5^n x_0$$

x_0 是正奇数. 于是 $u - 1 = 2^n l$. 由于 $u \geqslant 2$,则 $l \geqslant 1$, $l \in \mathbf{Z}$. 将 $u = 1 + 2^n l$ 代入 $5^n x_0 + 2^n y_0 = 10^n + u$,整理得

$$5^n x_0 + 2^n (y_0 - l) = 10^n + 1$$

显然 $y_0 - l > 0$. 于是由本定理的充分性及唯一性知,存在唯一的 $y_0 - l$,使得

$$(2^n (x_0 - l))^2 \equiv 2^n (x_0 - l)(\mathrm{mod}\, 10^n)$$

这与题设 $(2^n x_0)^2 \equiv 2^n x_0 (\mathrm{mod}\, 10^n)$ 矛盾,即 $u \geqslant 2$ 不成立.

(2) 当 $u \leqslant 0$ 时,令 $u = -v, v \geqslant 0$. 按上面同样的方法可证明 $u \leqslant 0$ 也不可能成立,故只有 $u = 1$ 成立.

定理 3 得证.

定理 4 设 $5^n x_0, 2^n y_0$ 是广义 n 位数,n 是任意给定的正整数,则

$$5^n x_0 + 2^n y_0 = 10^n - 1$$

是 $(5^n x_0)^3 \equiv 5^n x_0 (\mathrm{mod}\, 10^n)$ 和 $(2^n x_0)^3 \equiv 2^n x_0 (\mathrm{mod}\, 10^n)$ 的充要条件,并且在广义 n 位数中具有这样性质的正整数有且仅有一对.

定理 4 证明略.

定理 5 (1) 当 M 的个位数为 5 时,M^k(其中 $k = 2^{n-1} u$)的末 n 位数是 $5^n x_0$ 的广义 n 位不变数;

(2) 当 M 的个位数为 $4,6$ 时，M^k（其中 $k=2 \cdot 5^{n-1}u$）的末 n 位数是 $2^n y_0$ 的广义 n 位不变数；

(3) 当 M 的个位数为 $2,8$ 时，M^k（其中 $k=4 \cdot 5^{n-1}u$）的末 n 位数是 $2^n y_0$ 的广义 n 位不变数.

证明 （1）$M=10t+5$，$M^k=(10t+5)^{2^{n-1}u}=10^n h+5^{2^{n-1}u}$，$M^k$ 与 $5^{2^{n-1}u}$ 的末 n 位数相同，为 $5^{2^{n-1}u}$. 显然能被 5^n 整除.

另外，有

$$5=2 \cdot 2+1$$
$$5^{2^{n-1}}=(2 \cdot 2+1)^{2^{n-1}}=2^n l+1$$
$$5^n \cdot 2^n=10^n$$

因此我们只需从最后末 n 位数考虑那些被 2^n 除时余 1 而被 5^n 整除的数. 这样的数只有不定方程 $5^n x_0+2^n y_0=10^n+1$ 中的正整数 $5^n x_0$ 的广义 n 位不变数.

由定理 2 得 $5^{2^{n-1}u}=(5^{2^{n-1}})^u$ 的广义 n 位不变数，所以 M^k 末 n 位数是 $5^n x_0$ 的广义 n 位不变数. 同样可证定理 5 (2)(3).

定理 6 同余方程 $x^3 \equiv x(\mod 10^n)$（n 是任意正整数）至少有以下 9 组解

$$x=0, x=1, x=\alpha_n, x=\beta_n, x=\gamma_n, x=\delta_n$$
$$x=2\alpha_n-1, x=2\beta_n-1, x=\gamma_n+\delta_n$$

证明 显然 $x=0, x=1$ 是同余方程 $x^3 \equiv x(\mod 10^n)$ 的解.

由定理 2 知，$x=\alpha_n, x=\beta_n, x=\gamma_n, x=\delta_n$ 也是同余方程 $x^3 \equiv x(\mod 10^n)$ 的解.

下面证明 $x=2\alpha_n-1$ 是同余方程 $x^3 \equiv x(\mod 10^n)$ 的解.

因为

$$x^3=(2\alpha_n-1)^3=8\alpha_n^3-12\alpha_n^2+6\alpha_n-1$$
$$\equiv 8\alpha_n-12\alpha_n+6\alpha_n-1 \equiv 2\alpha_n-1(\mod 10^n)$$

所以

$$x^3 \equiv x(\mod 10^n)$$

同理可证 $x=2\beta_n-1, x=\gamma_n+\delta_n$ 也是 $x^3 \equiv x(\mod 10^n)$ 的解.

下面我们用以上定理求高次幂的末 n 位数.

例 1 求 $2^{3^{1\,000}}$ 的末五位数.

解 因为

$$3^{1\,000}=9^{500}=(10-1)^{500}=M \cdot 10^4+1$$

所以

$$2^{3^{1\,000}}=2 \cdot (2^{4 \times 5^4})^{4m}$$

由定理 5(3) 得 $2^{4 \times 5^4}$ 的末五位数是 $2^5 y_0$ 的广义五位不变数 09376. 再由定理 2 得

$(2^{4\times5^4})^{4m}$ 的末五位数也是广义五位不变数 09376.

因此 $2^{3^{1\,000}}=2\cdot(2^{4\times5^4})^{4m}$ 的末五位数是 18752.

例 2 求适合方程 $x^4=5\,802\,782\,976$ 的正整数解 x.

解 由于 $100^4<x^4<300^4$,则 x 是三位数且首位数为 2. 因为 x^4 的末两位数为 76,由定理 2 知,x 的末两位数也为 76,故 $x=276$.

例 3 求同余方程 $x^3\equiv x(\bmod 1\,000)$ 的全部解(只考虑末三位数).

解 由定理 6 知,同余方程 $x^3\equiv x(\bmod 1\,000)$ 至少有以下九组解

$$x=0,x=1,x=625,x=376,x=375,x=624$$
$$x=249,x=751,x=999$$

则

$$x^3-x\equiv 0(\bmod 1\,000)$$
$$x(x-1)(x+1)\equiv 0(\bmod 1\,000)$$

因为 $x-1,x,x+1$ 两两互质,所以当 $x=125k(k\in\mathbf{Z})$ 且 $(x-1)(x+1)=8t$,或 $x+1=125k$ 且 $(x-1)x=8t$,或 $x-1=125k$ 且 $x(x+1)=8t$ 时,求得同余方程 $x^3\equiv x(\bmod 1\,000)$ 末三位数的其他五组解

$$x=125,x=251,x=499,x=749,x=875$$

故同余方程 $x^3\equiv x(\bmod 1\,000)$ 的全部解(只考虑末三位数)为

$$x=000,x=001,x=625,x=376,x=375,x=624,x=249,$$
$$x=751,x=999,x=125,x=251,x=499,x=749,x=875$$

例 4 证明:至少存在一个正整数 n_0,使得 2^{n_0} 的任意正整数次幂的末 n 位数不变,并且 2^{n_0+n} 至少有连续的 $n-[n\log 2]-1$ 个零.

证明 由定理 5(3) 知,n_0 的存在性是显然的,只要 $n_0=10^{n-1}$,$2^{10^{n-1}}$ 的末 n 位数不变

$$2^{n_0+n}=2^{10^{n-1}}2^n\equiv M\cdot 10^n+2^n\beta_n\cdot 2^n(\bmod 10^n)$$

其中 α_n,β_n 表示不定方程 $5^nx+2^ny=10^n+1$ 的唯一一组正整数解

$$5^n\alpha_n\cdot 2^n+2^n\beta_n\cdot 2^n=10^n\cdot 2^n+1\cdot 2^n\equiv 2^n(\bmod 10^n)$$
$$2^n\beta_n\cdot 2^n\equiv 2^n(\bmod 10^n)$$
$$2^{10^{n-1}+n}\equiv 2^n(\bmod 10^n)$$

由于 2^n 有 $[n\lg 2]+1$ 位,则 $2^n\beta_n\cdot 2^n$ 有 $n-[n\log 2]-1$ 个零,因此 2^{n_0+n} 至少有连续的 $n-[n\log 2]-1$ 个零.

利用两个特殊不定方程 $5^nx+2^ny=10^n+1$ 和 $5^nx+2^ny=10^n-1$(n 是任意给定的正整数)研究了某些正整数的任何次方幂的不变性,用这两个不定方程求广义 n 位不变数或弱广义 n 位不变数是比较方便的,读者不妨试一试.

练 习 题 4

1.(第 29 届 IMO 备选题韩国) Fibonacci 数定义为
$$f_1 = f_2 = 1, f_{n+2} = f_{n+1} + f_n \quad (n \geqslant 1)$$
求 $f_{1\,960}$ 与 $f_{1\,988}$ 的最大公约数.

2.已知 $f_1 = f_2 = 1, f_{n+2} = f_{n+1} + f_n (n \geqslant 1)$,试证:

① f_{3k} 都是偶数;

② f_{4k} 能被 3 整除;

③ f_{5k} 能被 5 整除;

④ f_{15k} 的个位数是 0.

3.求证:Fibonacci 数列中,必存在无穷多个项,它们都是 m 的倍数,其中 m 是大于 1 的正整数.

4.试证:存在正整数 m,使 Fibonacci 数列中任意连续 m 项之和均为 m 的倍数.

5.(第 29 届 IMO 备选题爱尔兰) 设 $g(n)$ 定义如下
$$g(1) = 0, g(2) = 1$$
$$g(n+2) = g(n+1) + g(n) + 1 \quad (n \geqslant 1)$$
证明:若有素数 $n > 5$,则 $n \mid g(n)g(n+1)$.

6.设 a, b 是不同时为零的整数
$$x_1 = a, x_2 = b$$
$$x_{n+2} = x_{n+1} + x_n \quad (n \geqslant 1)$$
求证:存在唯一的整数 y,使得对一切正整数 n,$x_n x_{n+2} + (-1)^n y$ 和 $x_n x_{n+4} + (-1)^n y$ 都是完全平方数.

7.(1991 年全国高中数学竞赛第二试)设 a_n 为下述正整数 N 的个数,N 的各位数字之和为 n,且每位数字只能是 1 或 3 或 4.求证:a_{2n} 是完全平方数.

8.数列 $\{a_n\}$ 满足 $a_{n+1} = a_n^2 - 1, a_1 = 3$(我们把这个数列称为 Mersenne 数列).证明:$a_k = \dfrac{f_{2^{k+1}}}{f_{2^k}}$,其中 f_n 是 Fibonacci 数.

9.(1983 年英国数学奥林匹克) 设 f_n 是 Fibonacci 数列,试证:有唯一一组正整数 a, b, m,使得 $0 < a < m, 0 < b < m$,并且对一切正整数 $n, f_n - anb^n$ 都能被 m 整除.

10.数列 $\{a_n\}$ 由如下关系式定义
$$a_0 = 0, a_n = P(a_{n-1})$$

Fibonacci 数列中的
明珠

其中 $P(x)$ 为正整数系数多项式. 证明:对于任何两个具有最大公约数 d 的正整数 m 和 k, 数 a_m 和 a_k 的最大公约数是 a_d.

11. (1993 年数学试验班试题) 证明:有无穷多对正整数 a, b 满足 $a \mid (b^2 + 1)$, $b \mid (a^2 + 1)$, 其中 $x \mid y$ 既 x 整除 1.

12. 已知数列 $\{f_n\}$, $f_1 = f_2 = 1$, $f_{n+2} = f_{n+1} + f_n$, 证明:在 $5f_n^2 + 4$ 与 $5f_n^2 - 4$ 中至少有一个是完全平方数.

13. 证明:边长为整数的直角三角形一定是 Heron 三角形.

14. 证明:等边三角形不可能是 Heron 三角形.

15. 试求出所有周长和面积相等的 Heron 三角形.

16. 有数千块正方形的小瓷砖, 用来铺一些同样小的正方形平面, 正好可以铺 7 个这样的平面. 如果全都用来铺一块大正方形平面, 最后还多 3 块, 求这批小瓷砖的数目.

17. 有两种方形的包装箱, 横竖每边可放货物的重量相等, 箱内装一层货物. 若将一只大包装箱内装的货物分装到 3 只小包装箱内, 那么还少 2 件才能使 3 只小包装箱都装满, 问两种包装箱各能装多少件货物?

18. (1990 年苏联数学奥林匹克试题) 正整数序列 $\{x_n\}$ 按如下法则构造出来, 现知序到中的某项为 1 000, 试问, 和数 $a + b$ 的最小可能值是多少

$$x_1 = a, x_2 = b, x_{n+2} = x_n + x_{n+1} \quad (n \geqslant 1)$$

19. 不定方程 $x^2 + y^2 + 9 = 7xy$ 有无穷多组解, 并且所有的正整数解都是 Fibonacci 数.

20. 求不定方程 $x^2 + 4y^2 + 1 = 6xy$ 的正整数解.

21. 试证明: $\left[\dfrac{(3 + \sqrt{5})^n}{\sqrt{5}} \right]$ 是 2^n 的整数倍, 其中 $[x]$ 表示不超过 x 的最大整数.

22. 证明:任意两个 Fibonacci 数的差都可以表示为 Fibonacci 数列中若干个相邻的 Fibonacci 数的和.

Fibonacci 数列与母函数

5.1 母函数的预备知识

我们在研究 Fibonacci 数列的性质时,通常用 Fibonacci 数列的递推关系和通项公式以及数学归纳等来解决,本节将采用新颖而别致的方法(即母函数方法)来研究 Fibonacci 数列和 Lucas 数列的一些性质,我们在用这一方法研究 Fibonacci 数列和 Lucas 数列的性质时将得到用其他方法不容易得到的结果.将这一方法介绍给读者,不仅只是用来研究 Fibonacci 数列的性质,更重要的是扩充自己的数学知识,提高数学修养,多掌握一种研究数列的工具.

我们来看究竟什么是母函数法?下面的一段话对我们初步理解母函数有一定的帮助,母函数就像一个口袋,可以装许多零碎的东西,我们把携带不方便的零碎的东西都把它放在口袋里,就只需携带单独一个对象 —— 口袋.

当我们处理数列 $a_1, a_2, a_3, a_4, \cdots, a_n, \cdots$ 各项时,这显然不方便[18],但把它们放在形式幂级数即母函数 $\sum\limits_{n=1}^{\infty} a_n x^{n-1}$ 里,就只需处理单独一个数学对象了.这是一件极为方便的事,但也需要中学的分式的运算技巧,如部分分式定理、因式分解、待定系数法.

Fibonacci 数列中的
明珠

为了能更顺利和方便地用母函数研究问题,必须先了解部分分式的相关知识.

我们在这里讨论的分式是指含有一个变数并且分子和分母都是整式的分式,如果分子的次数低于分母的次数,就叫作真分式;如果分子的次数不低于分母的次数,就叫作假分式.假分式总可以化成一个整式与一个真分式之和.如果将一个真分式化成两个真分式之和也叫作部分分式.下面的定理保证了任何一个真分式总可以化成两个真分式之和.

定理 1　设 $\dfrac{P(x)}{Q(x)}$ 是一个真分式,a 是 $Q(x)$ 的一个 k 重根,那么存在常数 $A_1,A_2,\cdots,A_k$,使得

$$\frac{P(x)}{Q(x)}=\frac{A_k}{(x-a)^k}+\frac{A_{k-1}}{(x-a)^{k-1}}+\cdots+\frac{A_1}{x-a}+\frac{P_1(x)}{Q_1(x)}$$

这里 $\dfrac{P_1(x)}{Q_1(x)}$ 仍是真分式.

定理 2(部分分式定理)　设 $\dfrac{P(x)}{Q(x)}$ 是一个真分式,如果 $a_1,a_2,a_3,\cdots,a_m$ 分别是多项式 $Q(x)$ 的 $k_1,k_2,k_3,\cdots,k_m$ 重根,那么存在常数 $A_1^{(1)},\cdots,A_k^{(1)}$;$A_1^{(2)},\cdots,A_k^{(2)}$;$\cdots$;$A_1^{(m)},\cdots,A_k^{(m)}$,使得

$$\begin{aligned}\frac{P(x)}{Q(x)}={}&\frac{A_k^{(1)}}{(x-a_1)^k}+\frac{A_{k-1}^{(1)}}{(x-a_1)^{k-1}}+\cdots+\frac{A_1^{(1)}}{x-a_1}+\\[6pt]&\frac{A_k^{(2)}}{(x-a_2)^k}+\frac{A_{k-1}^{(2)}}{(x-a_2)^{k-1}}+\cdots+\frac{A_1^{(2)}}{x-a_2}+\cdots+\\[6pt]&\frac{A_k^{(m)}}{(x-a_m)^k}+\frac{A_{k-1}^{(m)}}{(x-a_m)^{k-1}}+\cdots+\frac{A_1^{(m)}}{x-a_m}\end{aligned}$$

简记为

$$\frac{P(x)}{Q(x)}=\sum_{i=1}^{m}\sum_{j=1}^{k}\frac{A_j^{(i)}}{(x-a_i)^j}$$

这两个定理的证明略,有兴趣的读者可参看史济怀著《母函数》一书.部分分式定理在高等数学中的积分时常用到.

下面给两个例子将真分式分解成部分分式之和.

例 1　将分式 $\dfrac{8x}{x^3+x^2-x-1}$ 分解成部分分式之和.

解
$$\begin{aligned}\frac{8x}{x^3+x^2-x-1}&=\frac{8x}{(x+1)^2(x-1)}\\[6pt]&=\frac{A}{x+1}+\frac{B}{(x+1)^2}+\frac{C}{x-1}\end{aligned}$$

所以

$$8x\equiv A(x+1)(x-1)+B(x-1)+C(x+1)^2$$

145

取 $x=1$，得 $8=4C$，则 $C=2$，取 $x=-1$，得 $-8=-2B$，则 $B=4$，取 $x=0$，得 $0=-A-B-C$，则 $A=-2$. 因此

$$\frac{8x}{x^3+x^2-x-1}=-\frac{2}{x+1}+\frac{4}{(x+1)^2}+\frac{2}{x-1}$$

例 2 将分式 $\dfrac{2x-2}{x^2-2x-1}$ 分解成部分分式之和.

解
$$\frac{2x-2}{x^2-2x-1}=\frac{2x-2}{(x-1+\sqrt{2})(x-1-\sqrt{2})}$$
$$=\frac{A}{x-1+\sqrt{2}}+\frac{B}{x-1-\sqrt{2}}$$

所以

$$2x-2=A(x-1-\sqrt{2})+B(x-1+\sqrt{2})$$

取 $x=1-\sqrt{2}$，得 $A=1$，比较 x 的系数，得 $B=1$. 因此

$$\frac{2x-2}{x^2-2x-1}=\frac{1}{x-1+\sqrt{2}}+\frac{1}{x-1-\sqrt{2}}$$

现在我们给出无穷数列的母函数的定义.

定义 1 给定一个数列 $a_1,a_2,a_3,a_4,\cdots,a_n,\cdots$，设形式幂级教

$$A(x)=a_1+a_2x+a_3x^2+\cdots+a_nx^{n-1}+\cdots \qquad ①$$

我们称形式幂级数 $A(x)$ 为数列 $\{a_n\}$ 的母函数，将 ① 简记为

$$A(x)=\sum_{n=1}^{\infty}a_nx^{n-1}$$

我们在用母函数研究数列的性质时，必须要做到母函数之间能进行运算，才能真正应用母函数研究数列的性质. 因此，我们将给出以下一些必要的概念和运算法则.

定义 2 两个形式幂级数 $\sum\limits_{n=1}^{\infty}a_nx^{n-1}$，$\sum\limits_{n=1}^{\infty}b_nx^{n-1}$ 相等，当且仅当 $a_n=b_n$，$n=1,2,3,\cdots$.

由定义 2 我们知道，数列 $\{a_n\}$ 与它的母函数之间是一一对应的，即不同的数列对应的母函数不相同. 这一点是非常重要的，在研究和解决数学问题时经常用一一对应把一个复杂问题转化成另一个简单问题.

定义 3 对于数列 $\{a_n\},\{b_n\}$，有

$$\sum_{n=1}^{\infty}a_nx^{n-1}+\sum_{n=1}^{\infty}b_nx^{n-1}=\sum_{n=1}^{\infty}(a_n+b_n)x^{n-1}=\sum_{n=1}^{\infty}c_nx^{n-1}$$

当且仅当

$$c_n=a_n+b_n$$

定义 4 定义 3 对于数列 $\{a_n\},\{b_n\}$，有

$$\sum_{n=1}^{\infty} a_n x^{n-1} - \sum_{n=1}^{\infty} b_n x^{n-1} = \sum_{n=1}^{\infty} (a_n - b_n) x^{n-1} = \sum_{n=1}^{\infty} c_n x^{n-1}$$

当且仅当

$$c_n = a_n - b_n$$

定义 5 对于数列 $\{a_n\}, \{b_n\}$, 有

$$(\sum_{n=1}^{\infty} a_n x^{n-1})(\sum_{n=1}^{\infty} b_n x^{n-1}) = \sum_{n=1}^{\infty} c_n x^{n-1}$$

当且仅当

$$c_n = a_n b_1 + a_{n-1} b_2 + \cdots + a_1 b_n$$

定义 6 对于数列 $\{(n-1)a_n\}$, 有

$$(\sum_{n=1}^{\infty} a_n x^{n-1})' = \sum_{n=1}^{\infty} c_n x^{n-1}$$

当且仅当

$$c_n = (n-1)a_n$$

以上定义本章中常用到,关于其他概念如两个母函数相除这里就不展开讨论了,有兴趣的读者可参看有关书籍.

5.2 常见数列的母函数

定理 1 数列 $\{r^{n-1}\}$ (其中 r 是不等于零的任意实数)

$$\sum_{n=1}^{\infty} r^{n-1} x^{n-1} = \frac{1}{1-rx}$$

即 $f(x) = \dfrac{1}{1-rx}$ 是数列 $\{r^{n-1}\}$ 的母函数.

定理 2 (数列求和母函数) 设 $f(x) = \displaystyle\sum_{n=1}^{\infty} a_n x^{n-1}$, 则

$$\sum_{n=1}^{\infty} (\sum_{i=1}^{n} a_i) x^{n-1} = \frac{f(x)}{1-x}$$

证明 在定理 1 中令 $r=1$, 则

$$\sum_{n=1}^{\infty} x^{n-1} = \frac{1}{1-x}$$

由 5.1 节定义 5, 有

$$\frac{f(x)}{1-x} = (\sum_{n=1}^{\infty} a_n x^{n-1})(\sum_{n=1}^{\infty} x^{n-1}) = \sum_{n=1}^{\infty} (\sum_{i=1}^{n} a_i) x^{n-1}$$

定理 3 设 $f(x) = \displaystyle\sum_{n=1}^{\infty} a_n x^{n-1}$, 则

147

$$\sum_{n=1}^{\infty} \left(\sum_{i=1}^{n} (-1)^{i-1} a_{n+1-i} \right) x^{n-1} = \frac{f(x)}{1+x}$$

证明　在定理 1 中令 $r=-1$，则

$$\sum_{n=1}^{\infty} (-1)^{n-1} x^{n-1} = \frac{1}{1+x}$$

由 5.1 节定义 5，得

$$\frac{f(x)}{1+x} = \left(\sum_{n=1}^{\infty} a_n x^{n-1} \right) \left(\sum_{n=1}^{\infty} (-1)^{n-1} x^{n-1} \right)$$

$$= \sum_{n=1}^{\infty} \left(\sum_{i=1}^{n} (-1)^{i-1} a_{n+1-i} \right) x^{n-1}$$

定理 4

$$\frac{1}{(1-x)^n} = C_{n-1}^{n-1} + C_n^{n-1} x + C_{n+1}^{n-1} x^2 + \cdots + C_{n+j-1}^{n-1} x^j + \cdots$$

定理 5　设 $f(x) = \dfrac{1}{(1-ax)(1-bx)}$ 是数列 $\{c_n\}$ 的母函数，即

$$\sum_{n=1}^{\infty} c_n x^{n-1} = \frac{1}{(1-ax)(1-bx)}$$

则数列 $\{c_n^2\}$ 的母函数是

$$g(x) = \frac{1+abx}{(1-abx)(1-a^2 x)(1-b^2 x)}$$

证明　数列 $\{c_n\}$ 的母函数的形式幂级数展开为

$$f(x) = \frac{1}{(1-ax)(1-bx)}$$

$$= \frac{1}{b-a} \left(\frac{-a}{1-ax} + \frac{b}{1-bx} \right)$$

$$= \frac{1}{b-a} \left(b \sum_{n=1}^{\infty} b^{n-1} x^{n-1} - a \sum_{n=1}^{\infty} a^{n-1} x^{n-1} \right)$$

$$= \frac{1}{b-a} \sum_{n=1}^{\infty} (b^{n-1} - a^{n-1}) x^{n-1}$$

则

$$c_n = \frac{b^n - a^n}{b-a}$$

所以

$$c_n^2 = \frac{1}{(b-a)^2} (b^{2n} - 2a^n b^n + a^{2n})$$

因此

$$g(x) = \sum_{n=1}^{\infty} c_n^2 x^{n-1} = \frac{1}{(b-a)^2} \sum_{n=1}^{\infty} (a^{2n} - 2a^n b^n + b^{2n}) x^{n-1}$$

148

$$= \frac{1}{(b-a)^2} \Big[a^2 \sum_{n=1}^{\infty} a^{2(n-1)} x^{n-1} - 2ab \sum_{n=1}^{\infty} (ab)^{n-1} x + b^2 \sum_{n=1}^{\infty} b^{2(n-1)} x^{n-1} \Big]$$

$$= \frac{1}{(b-a)^2} \Big(\frac{a^2}{1-a^2 x} - \frac{2ab}{1-abx} + \frac{b^2}{1-b^2 x} \Big)$$

$$= \frac{1+abx}{(1-abx)(1-a^2 x)(1-b^2 x)}$$

由于本章的主要目的是利用母函数研究 Fibonacci 数列和 Lucas 数列的性质,因此必须先找到它们的母函数. Fibonacci 数列是一个典型的二阶线性递推数列 $f_{n+2} = f_{n+1} + f_n, f_1 = 1, f_2 = 1$. Lucas 数列也满足这一递推关系 $f_{n+2} = f_{n+1} + f_n$,只是初始值是 $f_1 = 1, f_2 = 3$,我们用 $\{L_n\}$ 表示 Lucas 数列.

数列 $\{L_n\}$ 满足 $L_{n+2} = L_{n+1} + L_n, L_1 = 1, L_2 = 3$,称数列 $\{L_n\}$ 为 Lucas 数列.

关于线性递推数列的母函数怎样找呢? 我们有下面的定理可以解决这个问题.

定理 6   设 r 阶线性递推数列 $\{a_n\}$,满足关系式

$$a_n = c_1 a_{n-1} + c_2 a_{n-2} + \cdots + c_r a_{n-r}$$

$c_r \neq 0, n \geqslant r+1$.如果已知它的 r 个初始值 $a_1, a_2, a_3, \cdots, a_r$,那么,数列 $\{a_n\}$ 的母函数为

$$f(x) = \frac{b_1 + b_2 x + \cdots + b_r x^{r-1}}{1 - c_1 x - c_2 x^2 - \cdots - c_r x^r}$$

其中

$$b_1 = a_1, b_2 = a_2 - c_1 a_1$$
$$b_3 = a_3 - c_1 a_2 - c_2 a_1, \cdots$$
$$b_r = a_r - c_1 a_{r-1} - c_2 a_{r-2} - \cdots - c_r a_1$$

当 $n \geqslant r+1$ 时

$$b_n = a_n - c_1 a_{n-1} - c_2 a_{n-2} - \cdots - c_r a_{n-r} = 0$$

定理 6 证明略,有兴趣的读者可参看史济怀著《母函数》[22] 一书.

现在我们来梳理一下,如何用母函数解决数列问题,首先应找到数列对应的母函数,然后对"紧凑形式"的母函数作恒等变形,变成基本数列的母函数或变成我们预期的形式母函数(当然是要在可能的情况下),在恒等变形的过程中将用到有理真分式进行部分分式,最后再还原成数列问题. 在后面的具体问题中将给出比较详细的解答过程,以便领会母函数方法.

5.3   与 Fibonacci 数列和
Lucas 数列有关的母函数的求法

(1) 用递推关系直接求母函数

例 1 Fibonacci 数列 $\{f_n\}$ 的母函数是

$$f(x) = \frac{1}{1-x-x^2}$$

证明 设 $f(x)$ 是数列 $\{f_n\}$ 的母函数,即

$$f(x) = \sum_{n=1}^{\infty} f_n x^{n-1} \tag{①}$$

根据 Fibonacci 数列的定义

$$f_n = f_{n-1} + f_{n-2} \quad (n \geqslant 3)$$
$$f_1 = f_2 = 1$$

将式 ① 两端分别乘以 $-x, -x^2$,得

$$f(x) = f_1 + f_2 x + f_3 x^2 + \cdots + f_n x^{n-1} + \cdots$$
$$-xf(x) = -f_1 x - f_2 x^2 - f_3 x^3 - \cdots - f_n x^n - \cdots$$
$$-x^2 f(x) = -f_1 x^2 - f_2 x^3 - f_3 x^4 - \cdots - f_n x^{n+2} - \cdots$$

把这三个式子相加,得

$$(1-x-x^2)f(x) = f_1 + (f_2 - f_1)x + (f_3 - f_2 - f_1)x^2 + \cdots +$$
$$(f_n - f_{n-1} - f_{n-2})x^{n-1} + \cdots$$

又因为 $f_n - f_{n-1} - f_{n-2} = 0$ 且 $f_1 = f_2 = 1$,所以 $f(x) = \dfrac{1}{1-x-x^2}$. 故 Fibonacci 数列 $\{f_n\}$ 的母函数是

$$f(x) = \frac{1}{1-x-x^2}$$

下面我们将 $f(x) = \dfrac{1}{1-x-x^2}$ 展成形式幂级数来求 Fibonacci 数列的通项公式.

设

$$f(x) = \frac{1}{1-x-x^2} = \frac{1}{(1-ax)(1-bx)} \tag{②}$$

比较分母中 x 的同次项系数,得 $ab = -1, a+b = 1$,解之得

$$a = \frac{1+\sqrt{5}}{2}, b = \frac{1-\sqrt{5}}{2} \tag{③}$$

将 $f(x) = \dfrac{1}{(1-ax)(1-bx)}$ 分解成部分分式,设

$$\frac{1}{(1-ax)(1-bx)} = \frac{A}{1-ax} + \frac{B}{1-bx}$$

去分母,得

$$B(1-ax) + A(1-bx) = 1$$

令 $x = \dfrac{1}{a}$,得 $A = \dfrac{a}{a-b}$;令 $x = \dfrac{1}{b}$,得 $B = \dfrac{b}{b-a}$. 故

150

$$f(x) = \frac{1}{(1-ax)(1-bx)}$$

$$= \frac{1}{a-b}\left(\frac{a}{1-ax} - \frac{b}{1-bx}\right)$$

$$= \frac{1}{a-b}\sum_{n=1}^{\infty}(a^n - b^n)x^{n-1} \qquad \text{④}$$

比较 ①② 对应系数,得

$$f_n = \frac{a^n - b^n}{a-b}$$

将 ③ 代入此式,得

$$f_n = \frac{1}{\sqrt{5}}\left[\left(\frac{1+\sqrt{5}}{2}\right)^n - \left(\frac{1-\sqrt{5}}{2}\right)^n\right]$$

数列 $\{f_n\}$ 的母函数,本来由 5.2 节定理 6 直接可推得,但我们还是把这一过程展现给初学者,以便体会求母函数的过程.

(2) 先找出递推关系再由 5.2 节定理 5 和定理 6 直接求母函数.

例 2　数列 $\{f_{2n}\}$ 的母函数是

$$f_{2n}(x) = \frac{1}{1-3x+x^2}$$

数列 $\{f_{2n-1}\}$ 的母函数是

$$f_{2n-1}(x) = \frac{1-x}{1-3x+x^2}$$

证明　如果我们能找到角标是偶数的递推关系,再由 5.2 节定理 6 不难推得母函数.

因为

$$f_{2n} = f_{2n-1} + f_{2n-2} = 2f_{2n-2} + f_{2n-3}$$
$$= 3f_{2n-2} - f_{2n-4}$$
$$f_2 = 1, f_4 = 3$$

再由 5.2 节定理 6 推得

$$f_{2n}(x) = \sum_{n=1}^{\infty} f_{2n}x^{n-1} = \frac{1}{1-3x+x^2}$$

因为

$$f_{2n-1} = f_{2n-2} + f_{2n-3} = 2f_{2n-3} + f_{2n-4}$$
$$= 3f_{2n-3} - f_{2n-5} \quad (n \geqslant 2)$$
$$f_1 = 1, f_3 = 2$$

再由 5.2 节定理 6 推得

$$f_{2n-1}(x) = \sum_{n=1}^{\infty} f_{2n-1}x^{n-1} = \frac{1-x}{1-3x+x^2}$$

151

例 3 数列 $\{f_{n-1}f_{n+1}\}$ 的母函数是

$$f(x) = \frac{2x - x^2}{(1+x)(1-3x+x^2)}$$

证明 数列 $\{f_{n-1}f_{n+1}\}$ 的递推关系为

$$f_{n-1}f_{n+1} = 2f_{n-2}f_n + 2f_{n-1}f_{n-3} - f_{n-4}f_{n-2} \quad (n \geqslant 4)$$
$$f_0 = 0, f_1 = f_2 = 1$$

令 $a_n = f_{n-1}f_{n+1}$,即

$$a_n = 2a_{n-1} + 2a_{n-2} - a_{n-3} \quad (n \geqslant 4)$$
$$a_1 = 0, a_2 = 2, a_3 = 3$$

设 $f(x) = \sum_{n=1}^{\infty} a_n x^{n-1}$,由 5.2 节定理 6,得

$$f(x) = \frac{2x - x^2}{1 - 2x - 2x^2 + x^3} = \frac{x(2-x)}{(1+x)(1-3x+x^2)}$$

例 4 数列 $\{f_n^2\}$ 的母函数是

$$f(x) = \sum_{n=1}^{\infty} f_n^2 x^{n-1} = \frac{1-x}{(1+x)(1-3x+x^2)}$$

证明 Fibonacci 数列 $\{f_n\}$ 的母函数是

$$f(x) = \frac{1}{1-x-x^2} = \frac{1}{(1-ax)(1-bx)}$$

其中 $ab = -1, a+b = 1$,解之得

$$a = \frac{1+\sqrt{5}}{2}, b = \frac{1-\sqrt{5}}{2}$$

再由 5.2 节定理 5,得

$$f(x) = \sum_{n=1}^{\infty} f_n^2 x^{n-1} = \frac{1+abx}{(1-abx)(1-a^2x)(1-b^2x)}$$
$$= \frac{1-x}{(1+x)(1-3x+x^2)}$$

另证:在例 3 中令 $s = t = 0$,得数列 $\{f_n^2\}$ 的母函数是

$$f(x) = \frac{1-x}{(1+x)(1-3x+x^2)}$$

例 5 数列 $\{f_{n+s}f_{n+t}\}$ 的母函数是

$$f(x) = \frac{f_{s+1}f_{t+1} + (f_{s+2}f_{t+2} - 2f_{s+1}f_{t+1})x - f_s f_t x^2}{(1+x)(1-3x+x^2)}$$

证明 因为

$$f_{n+s+3}f_{n+t+3} = (f_{n+s+2} + f_{n+s+1})(f_{n+t+2} + f_{n+t+1})$$
$$= f_{n+s+2}f_{n+t+2} + f_{n+s+1}f_{n+t+1} + f_{n+s+2}f_{n+t+1} + f_{n+s+1}f_{n+t+2}$$
$$= f_{n+s+2}f_{n+t+2} + f_{n+s+1}f_{n+t+1} + (f_{n+s+1} + f_{n+s})f_{n+t+1} + f_{n+s+1}f_{n+t+2}$$

152

$$= f_{n+s+2}f_{n+t+2} + f_{n+s+1}f_{n+t+1} + f_{n+s+1}f_{n+t+1} + f_{n+s}f_{n+t+1} + f_{n+s+1}f_{n+t+2}$$

$$= f_{n+s+2}f_{n+t+2} + 2f_{n+s+1}f_{n+t+1} + f_{n+s}f_{n+t+1} + f_{n+s+1}f_{n+t+2}$$

$$= 2f_{n+s+2}f_{n+t+2} + 2f_{n+s+1}f_{n+t+1} + f_{n+s}f_{n+t+1} + f_{n+s+1}f_{n+t+2} - f_{n+s+2}f_{n+t+2}$$

$$= 2f_{n+s+2}f_{n+t+2} + 2f_{n+s+1}f_{n+t+1} + f_{n+s}f_{n+t+1} - (f_{n+s+2} - f_{n+s+1})f_{n+t+2}$$

$$= 2f_{n+s+2}f_{n+t+2} + 2f_{n+s+1}f_{n+t+1} + f_{n+s}f_{n+t+1} - f_{n+s}f_{n+t+2}$$

$$= 2f_{n+s+2}f_{n+t+2} + 2f_{n+s+1}f_{n+t+1} - f_{n+s}f_{n+t}$$

设 $a_n = f_{n+s}f_{n+t}$，则

$$a_{n+3} = 2a_{n+2} + 2a_{n+1} - a_n$$

$$a_1 = f_{s+1}f_{t+1}, a_2 = f_{s+2}f_{t+2}, a_3 = f_{s+3}f_{t+3}$$

再由 5.2 节定理 6 推得数列 $\{f_{n+s}f_{n+t}\}$ 的母函数是

$$f(x) = \sum_{n=1}^{\infty} f_{n+s}f_{n+t}x^{n-1}$$

$$= \frac{f_{s+1}f_{t+1} + (f_{s+2}f_{t+2} - 2f_{s+1}f_{t+1})x + (f_{s+3}f_{t+3} - 2f_{s+2}f_{t+2} - 2f_{s+1}f_{t+1})x^2}{1 - 2x - 2x^2 + x^3}$$

$$= \frac{f_{s+1}f_{t+1} + (f_{s+2}f_{t+2} - 2f_{s+1}f_{t+1})x + (f_{s+3}f_{t+3} - 2f_{s+2}f_{t+2} - 2f_{s+1}f_{t+1})x^2}{(1+x)(1 - 3x + x^2)}$$

$$= \frac{f_{s+1}f_{t+1} + (f_{s+2}f_{t+2} - 2f_{s+1}f_{t+1})x - f_s f_t x^2}{(1+x)(1 - 3x + x^2)}$$

例 6 数列 $\{f_{4n-3}\}$ 的母函数是

$$f(x) = \frac{1 - 2x}{1 - 7x + x^2}$$

证明 设 $a_n = f_{4n-3}$，则

$$a_{n+2} = 7a_{n+1} - a_n, a_1 = 1, a_2 = 5$$

由 5.2 节定理 6 推得母函数是

$$f(x) = \frac{1 - 2x}{1 - 7x + x^2}$$

例 7 数列 $\{f_{4n-2}\}$ 的母函数是

$$f(x) = \frac{1 - x}{1 - 7x + x^2}$$

证明 设 $a_n = f_{4n-2}$，则

$$a_{n+2} = 7a_{n+1} - a_n, a_1 = 1, a_2 = 8$$

由 5.2 节定理 6 推得母函数

$$f(x) = \frac{1 - x}{1 - 7x + x^2}$$

例 8 Lucas 数列 $\{L_n\}$ 的母函数是

$$L(x) = \frac{1 + 2x}{1 - x - x^2}$$

153

Lucas 对 Fibonacci 数列有很深的研究并得到很多重要的结论,Lucas 数列 $\{L_n\}$ 就是在他研究 Fibonacci 数列时所产生的.

Lucas 数列与 Fibonacci 数列有着十分密切的关系,如 $L_n = f_{n-1} + f_{n+1}$. 关于这两个数列之间的关系在第 3 章中有一部分结论.

由 Lucas 数列 $\{L_n\}$ 的递推关系 $L_{n+2} = L_{n+1} + L_n, L_1 = 1, L_2 = 3$ 及 5.2 节定理 6 推得 Lucas 数列 $\{L_n\}$ 的母函数为

$$L(x) = \frac{1+2x}{1-x-x^2}$$

设

$$L(x) = \sum_{n=1}^{\infty} L_n x^{n-1}$$

又设

$$L(x) = \frac{1+2x}{1-x-x^2} = \frac{A}{1-ax} + \frac{B}{1-bx}$$

其中 $ab = -1, a+b = 1$,解之得

$$a = \frac{1+\sqrt{5}}{2}, b = \frac{1-\sqrt{5}}{2}$$

去分母,得

$$B(1-ax) + A(1-bx) = 1 + 2x$$

令 $x = \dfrac{1}{a}$,得 $A = \dfrac{2+a}{a-b}$;令 $x = \dfrac{1}{b}$,得 $B = \dfrac{2+b}{b-a}$,则

$$L(x) = \frac{1+2x}{1-x-x^2} = \frac{1}{a-b}\left(\frac{2+a}{1-ax} - \frac{2+b}{1-bx}\right)$$

$$= \frac{1}{a-b}\sum_{n=1}^{\infty}((2+a)a^{n-1} - (2+b)b^{n-1})x^{n-1} \qquad ⑤$$

$$ab = -1, a+b = 1, \frac{2+a}{a-b} = a, \frac{2+b}{b-a} = b$$

$$L(x) = \sum_{n=1}^{\infty} L_n x^{n-1} = \frac{1+2x}{1-x-x^2} = \sum_{n=1}^{\infty}(a^n + b^n)x^{n-1}$$

所以

$$L_n = a^n + b^n$$

将 $a = \dfrac{1+\sqrt{5}}{2}, b = \dfrac{1-\sqrt{5}}{2}$ 代入,得

$$L_n = \left(\frac{1+\sqrt{5}}{2}\right)^n + \left(\frac{1-\sqrt{5}}{2}\right)^n$$

例 9 数列 $\{L_{n+s}L_{n+t}\}$ 的母函数是

$$f(x) = \sum_{n=1}^{\infty} L_{n+s}L_{n+t}x^{n-1}$$

$$= \frac{L_{s+1}L_{t+1} + (L_{s+2}L_{t+2} - 2L_{s+1}L_{t+1})x - L_s L_t x^2}{1-2x-2x^2+x^3}$$

154

与例 3 解法一样略.

（3）转化为已知数列的母函数再求母函数.

例 10 数列 $\{L_n^2\}$ 的母函数是

$$L(x) = \sum_{n=1}^{\infty} L_n^2 x^{n-1} = \frac{1+7x-4x^2}{(1+x)(1-3x+x^2)}$$

证明 因为 $L_n = a^n + b^n$，其中 $ab = -1, a+b = 1$，解之得

$$a = \frac{1+\sqrt{5}}{2}, b = \frac{1-\sqrt{5}}{2}$$

所以

$$L_n^2 = (a^n + b^n)^2 = a^{2n} + 2(ab)^n + b^{2n}$$

$$\begin{aligned} L(x) &= \sum_{n=1}^{\infty} L_n^2 x^{n-1} \\ &= a^2 \sum_{n=1}^{\infty} a^{2(n-1)} x^{n-1} + b^2 \sum_{n=1}^{\infty} b^{2(n-1)} x^{n-1} - \\ &\quad 2 \sum_{n=1}^{\infty} (-1)^{n-1} x^{n-1} \\ &= \frac{a^2}{1-a^2 x} + \frac{b^2}{1-b^2 x} - \frac{2}{1+x} \\ &= \frac{3-2x}{1-3x+x^2} - \frac{2}{1+x} \\ &= \frac{1+7x-4x^2}{(1+x)(1-3x+x^2)} \end{aligned}$$

由例 10 的这种方法，我们来推导以下常用九类更一般形式的关于 Fibonacci 数列和 Lucas 数列的母函数. 以上所推数列的母函数都可以由这常用九类 Fibonacci 数列和 Lucas 数列的母函数推得.

结论 1 数列 $\{f_{kn+r}\}$ 的母函数是

$$f(x) = \sum_{n=1}^{\infty} f_{kn+r} x^{n-1} = \frac{f_{r+k} - (-1)^k f_r x}{1 - L_k x + (-1)^k x^2}$$

证明 由于 $f_n = \dfrac{a^n - b^n}{a - b}, L_n = a^n + b^n$，其中 $ab = -1, a+b = 1$，因此

$$\begin{aligned} f(x) &= \sum_{n=1}^{\infty} f_{kn+r} x^{n-1} = \frac{1}{b-a} \sum_{n=1}^{\infty} (a^{r+k} a^{k(n-1)} - b^{r+k} b^{k(n-1)}) x^{n-1} \\ &= \frac{1}{b-a} \Big[a^{r+k} \sum_{n=1}^{\infty} (a^k x)^{(n-1)} - b^{r+k} \sum_{n=1}^{\infty} (b^k x)^{(n-1)} \Big] \\ &= \frac{1}{a-b} \Big(\frac{a^{r+k}}{1-a^k x} - \frac{b^{r+k}}{1-b^k x} \Big) \\ &= \frac{1}{a-b} \cdot \frac{a^{r+k}(1-b^k x) - b^{r+k}(1-a^k x)}{(1-a^k x)(1-b^k x)} \end{aligned}$$

155

$$= \frac{1}{a-b} \cdot \frac{a^{r+k} - b^{r+k} - (ab)^k (a^r - b^r) x}{(1-a^k x)(1-b^k x)}$$

$$= \frac{a^{r+k} - b^{r+k} - (ab)^k (a^r - b^r) x}{a-b} \cdot \frac{1}{1-(a^k + b^k)x + (ab)^k x^2}$$

故得

$$f(x) = \sum_{n=1}^{\infty} f_{kn+r} x^{n-1} = \frac{f_{r+k} - (-1)^k f_r x}{1 - L_k x + (-1)^k x^2}$$

结论 2　数列 $\{f_{kn+r} f_{sn+t}\}$ 的母函数是

$$f(x) = \sum_{n=1}^{\infty} f_{kn+r} f_{sn+t} x^{n-1}$$

$$= \frac{1}{5} \left[\left(\frac{L_{k+s+r+t} - (-1)^{k+s} L_{r+t} x}{1 - L_{k+s} x + (-1)^{k+s} x^2} - \frac{(-1)^{k+r} L_{(s+t)-(k+r)} - (-1)^{k+s+r} L_{t-r} x}{1 - (-1)^s L_{k-s} x + (-1)^{k+s} x^2} \right) \right]$$

证明　由于

$$f_{kn+r} f_{sn+t} = \frac{a^{kn+r} - b^{kn+r}}{a-b} \cdot \frac{a^{sn+t} - b^{sn+t}}{a-b}$$

$$= \frac{a^{r+k} a^{k(n-1)} - b^{r+k} b^{k(n-1)}}{a-b} \cdot \frac{a^{t+s} a^{s(n-1)} - b^{t+s} b^{s(n-1)}}{a-b}$$

$$= \frac{1}{(a-b)^2} \left[a^{k+s+t+r} (a^{k+s})^{n-1} + b^{k+s+t+r} (b^{k+s})^{n-1} - (a^{k+r} b^{s+t} (a^k b^s)^{n-1} + a^{s+t} b^{k+r} (a^s b^k)^{n-1}) \right]$$

因此

$$f(x) = \sum_{n=1}^{\infty} f_{kn+r} f_{sn+t} x^{n-1}$$

$$= \frac{1}{(a-b)^2} \left[a^{k+s+t+r} \sum_{n=1}^{\infty} (a^{k+s} x)^{n-1} + b^{k+s+t+r} \sum_{n=1}^{\infty} (b^{k+s} x)^{n-1} - \right.$$

$$\left. (a^{k+r} b^{s+t} \sum_{n=1}^{\infty} (a^k b^s x)^{n-1} + a^{s+t} b^{k+r} \sum_{n=1}^{\infty} (a^s b^k x)^{n-1}) \right]$$

$$= \frac{1}{(a-b)^2} \left[\left(\frac{a^{k+s+r+t}}{1 - a^{k+s} x} + \frac{b^{k+s+r+t}}{1 - b^{k+s} x} \right) - \left(\frac{a^{k+r} b^{s+t}}{1 - a^k b^s x} + \frac{a^{s+t} b^{k+r}}{1 - a^s b^k x} \right) \right]$$

$$= \frac{1}{(a-b)^2} \left[\left(\frac{a^{k+s+r+t} + b^{k+s+r+t} - (a^{k+s+r+t} b^{k+s} + b^{k+s+r+t} a^{k+s}) x}{1 - (a^{k+s} + b^{k+s}) x + (ab)^{k+s} x^2} - \right. \right.$$

$$\left. \left. \frac{a^{k+r} b^{s+t} + a^{s+t} b^{k+r} - (a^{k+s+r} b^{k+s+t} + a^{k+s+t} b^{k+s+r}) x}{1 - (a^k b^s + a^s b^k) x + (ab)^{k+s} x^2} \right) \right]$$

$$= \frac{1}{(a-b)^2} \left[\left(\frac{L_{k+s+r+t} - (-1)^{k+s} L_{r+t} x}{1 - L_{k+s} x + (-1)^{k+s} x^2} - \right. \right.$$

$$\left. \left. \frac{(-1)^{k+r} L_{(s+t)-(k+r)} - (-1)^{k+s+r} L_{t-r} x}{1 - (-1)^s L_{k-s} x + (-1)^{k+s} x^2} \right) \right]$$

156

Fibonacci 数列中的
明珠

故得

$$f(x) = \sum_{n=1}^{\infty} f_{kn+r} f_{sn+t} x^{n-1}$$

$$= \frac{1}{5} \left[\left(\frac{L_{k+s+r+t} - (-1)^{k+s} L_{r+t} x}{1 - L_{k+s} x + (-1)^{k+s} x^2} - \right. \right.$$

$$\left. \left. \frac{(-1)^{k+r} L_{(s+t)-(k+r)} - (-1)^{k+s+r} L_{t-r} x}{1 - (-1)^s L_{k-s} x + (-1)^{k+s} x^2} \right) \right]$$

结论 3　数列 $\{L_{kn+r}\}$ 的母函数是

$$f(x) = \sum_{n=1}^{\infty} L_{kn+r} x^{n-1} = \frac{L_k - (-1)^k L_r x}{1 - L_k x + (-1)^k x^2}$$

结论 4　数列 $\{L_{kn+r} L_{sn+t}\}$ 的母函数是

$$f(x) = \sum_{n=1}^{\infty} L_{kn+r} L_{sn+t} x^{n-1}$$

$$= \frac{L_{k+s+r+t} - (-1)^{k+s} L_{r+t} x}{1 - L_{k+s} x + (-1)^{k+s} x^2} + \frac{(-1)^{k+r} L_{(s+t)-(k+r)} - (-1)^{k+r+s} L_{t-r} x}{1 - (-1)^k L_{s-k} x + (-1)^{k+s} x^2}$$

结论 5　数列 $\{f_{kn+r} L_{sn+t}\}$ 的母函数是

$$f(x) = \sum_{n=1}^{\infty} f_{kn+r} L_{sn+t} x^{n-1}$$

$$= \frac{f_{k+s+r+t} - (-1)^{k+s} f_{r+t} x}{1 - L_{k+s} x + (-1)^{k+s} x^2} + \frac{(-1)^{k+r} f_{(s+t)-(k+r)} - (-1)^{k+r+s} f_{t-r} x}{1 - (-1)^k L_{s-k} x + (-1)^{k+s} x^2}$$

结论 6　数列 $\{f_{kn+r} f_{sn+t} f_{pn+u}\}$ 的母函数是

$$f(x) = \sum_{n=1}^{\infty} f_{kn+r} f_{sn+t} f_{pn+u} x^{n-1}$$

$$= \frac{1}{5} \left[\frac{f_{k+s+p+r+t+u} - (-1)^{k+s+p} f_{r+t+u} x}{1 - L_{k+s+p} x + (-1)^{k+s+p} x^2} - \right.$$

$$(-1)^{p+u} \frac{f_{(k+s-p)+(r+t-u)} + (-1)^{s+k} f_{r+t-u} x}{1 - (-1)^p L_{s+k-p} x + (-1)^{s+p+k} x^2} -$$

$$(-1)^{k+r} \frac{f_{(p+s-k)+(u+t-r)} - (-1)^{s+p} f_{u+t-r} x}{1 - (-1)^k L_{p+s-k} x + (-1)^{k+s+p} x^2} +$$

$$\left. (-1)^{s+t} \frac{f_{(k+p-s)+(r+u-t)} - (-1)^{k+p} f_{r+u-t} x}{1 - (-1)^s L_{k+p-s} x + (-1)^{k+p+s} x^2} \right]$$

结论 7　数列 $\{L_{kn+r} L_{sn+t} L_{pn+u}\}$ 的母函数是

$$f(x) = \sum_{n=1}^{\infty} L_{kn+r} L_{sn+t} L_{pn+u} x^{n-1}$$

$$= \frac{L_{k+s+p+r+t+u} - (-1)^{k+s+p} L_{r+t+u} x}{1 - L_{k+s+p} x + (-1)^{k+s+p} x^2} +$$

$$(-1)^{p+u} \frac{L_{(s+k-p)+(t+r-u)} - (-1)^{k+s} L_{r+t-u} x}{1 - (-1)^p L_{s+k-p} x + (-1)^{s+p+k} x^2} +$$

157

$$(-1)^{k+r}\frac{L_{(p+s-k)+(u+t-r)}-(-1)^{s+p}L_{u+t-r}x}{1-(-1)^{k}L_{p+s-k}x+(-1)^{k+s+p}x^{2}}+$$

$$(-1)^{s+t}\frac{L_{(k+p-s)+(r+u-t)}-(-1)^{k+p}L_{r+u-t}x}{1-(-1)^{s}L_{k+p-s}x+(-1)^{k+p+s}x^{2}}$$

结论 8   数列$\{f_{kn+r}f_{sn+t}L_{pn+u}\}$的母函数是

$$f(x)=\sum_{n=1}^{\infty}f_{kn+r}f_{pn+u}L_{sn+t}x^{n-1}$$

$$=\frac{1}{5}\Big[\frac{L_{k+s+p+r+t+u}-(-1)^{k+s+p}L_{r+t+u}x}{1-L_{k+s+p}x+(-1)^{k+s+p}x^{2}}+$$

$$(-1)^{u+p}\frac{L_{(k+s-p)+(r+t-u)}-(-1)^{s+k}L_{r+t-u}x}{1-(-1)^{p}L_{k+s-p}x+(-1)^{s+p+k}x^{2}}-$$

$$(-1)^{t+s}\frac{L_{(k+p-s)+(r+u-t)}-(-1)^{k+p}L_{r+u-t}x}{1-(-1)^{s}L_{k+p-s}x+(-1)^{s+p+k}x^{2}}-$$

$$(-1)^{k+r}\frac{L_{(p+s-k)+(u+t-r)}-(-1)^{s+p}L_{u+t-r}x}{1-(-1)^{p}L_{k+s-p}x+(-1)^{s+p+k}x^{2}}\Big]$$

结论 9   数列$\{f_{kn+r}L_{sn+t}L_{pn+u}\}$的母函数是

$$f(x)=\sum_{n=1}^{\infty}f_{kn+r}L_{sn+t}L_{pn+u}x^{n-1}$$

$$=\frac{f_{k+s+p+r+t+u}-(-1)^{k+s+p}f_{r+t+u}x}{1-L_{k+s+p}x+(-1)^{k+s+p}x^{2}}+$$

$$(-1)^{t+s}\frac{f_{(k+p-s)+(r+u-t)}-(-1)^{k+p}f_{r+u-t}x}{1-(-1)^{s}L_{k+p-s}x+(-1)^{s+p+k}x^{2}}-$$

$$(-1)^{u+p}\frac{f_{(k+s-p)+(r+t-u)}-(-1)^{s+k}f_{r+t-u}x}{1-(-1)^{p}L_{k+s-p}x+(-1)^{s+p+k}x^{2}}-$$

$$(-1)^{k+r}\frac{f_{(p+s-k)+(u+t-r)}-(-1)^{s+p}f_{u+t-r}x}{1-(-1)^{p}L_{k+s-p}x+(-1)^{s+p+k}x^{2}}$$

在以上这些结论中下角标有时出现负角标,可用下面的关系来处理

$$f_{-n}=(-1)^{n-1}f_{n},L_{-n}=(-1)^{n}L_{n},L_{0}=2$$

(4) 对已知数列的母函数求导,再求新数列的母函数.

例 11   数列$\{nf_{n}\}$的母函数是

$$f(x)=\frac{1+x^{2}}{(1-x-x^{2})^{2}}$$

证明   设$f(x)$是数列$\{f_{n}\}$的母函数,即

$$f(x)=\sum_{n=1}^{\infty}f_{n}x^{n-1}=\frac{1}{1-x-x^{2}}$$

对$\sum_{n=1}^{\infty}f_{n}x^{n}=\dfrac{x}{1-x-x^{2}}$两边求导,得

$$\sum_{n=1}^{\infty} n f_n x^{n-1} = \left(\frac{x}{1-x-x^2} \right)' = \frac{1+x^2}{(1-x-x^2)^2}$$

故数列 $\{n f_n\}$ 的母函数是

$$f(x) = \frac{1+x^2}{(1-x-x^2)^2}$$

有时我们可以灵活应用以上方法和所求结论,就是把所求数列转化成已有母函数的数列来求该数列的母函数,有时这种方法更简单些.

例 12   数列 $\{f_{2n-1}^2\}$ 的母函数是

$$f(x) = \frac{1-4x+x^2}{(1-x)(1-7x+x^2)}$$

证明   由于

$$f_{2n-1}^2 = \frac{1}{(a-b)^2}(a^{2n-1} - b^{2n-1})^2$$

$$= \frac{1}{5}(a^{4n-2} + b^{4n-2} + 2)$$

$$= \frac{1}{5}(L_{4n-2} + 2)$$

再用数列 $\{L_{4n-2}\}$ 和常数列 $\{2\}$ 的母函数

$$\frac{3-3x}{1-7x+x^2} \quad 与 \quad \frac{2}{1-x}$$

故 $\{f_{2n-1}^2\}$ 的母函数是

$$f(x) = \frac{1}{5} \left(\frac{3-3x}{1-7x+x^2} + \frac{2}{1-x} \right) = \frac{1-4x+x^2}{(1-x)(1-7x+x^2)}$$

5.4   用母函数推导和寻找 Fibonacci 数列与 Lucas 数列的性质

我们利用母函数找到了 Fibonacci 数列的通项公式,现在将利用母函数推导 Fibonacci 数列和 Lucas 数列的一些性质,由此可看到这一方法的神奇而优美,统一而又简洁. 我们甚至可以这样说:Fibonacci 数列和 Lucas 数列的许多性质都可以用母函数法推得.

性质 1(加法定理)   设数列 $\{f_n\}$ 是 Fibonacci 数列,即

$$f_1 = f_2 = 1, f_{n+2} = f_{n+1} + f_n$$

则

$$f_{n+m} = f_m f_{n-1} + f_n f_{m+1}$$

证明   设 $f(x)$ 是 Fibonacci 数列的母函数,$f(x) = \dfrac{1}{1-x-x^2}$,则

159

$$\sum_{n=1}^{\infty} f_{n+m} x^{n+m-1} = f(x) - \sum_{n=1}^{m-1} f_n x^{n-1}$$

$$= f(x)\left[1 - \frac{1}{f(x)}\sum_{n=1}^{m-1} f_n x^{n-1}\right] \quad \left(\text{因为 } f(x) = \frac{1}{1-x-x^2}\right)$$

$$= f(x)\left[1 - (1-x-x^2)\sum_{n=1}^{m-1} f_n x^{n-1}\right]$$

$$= f(x)\left[1 - \sum_{n=1}^{m-1} f_n x^{n-1} + (x+x^2)\sum_{n=1}^{m-1} f_n x^{n-1}\right]$$

$$= f(x)\left[\sum_{n=2}^{m} f_n x^{n-1} + f_{m-1} x^m - \sum_{n=2}^{m-1} f_n x^{n-1}\right]$$

$$= f(x)\left[f_m x^{m-1} + f_{m-1} x^m\right]$$

$$= \sum_{n=1}^{\infty} (f_m f_{n+1} + f_{m-1} f_n) x^{n+m-1}$$

两个形式幂级数相等,当且仅当同次项系数相等,即

$$f_{n+m} = f_m f_{n+1} + f_n f_{m-1}.$$

性质 2 Fibonacci 数列的组合表达式为

$$f_n = C_{n-1}^0 + C_{n-2}^1 + C_{n-3}^2 + \cdots + C_{\left[\frac{n}{2}\right]}^{n-\left[\frac{n}{2}\right]}$$

其中 $\left[\dfrac{n}{2}\right]$ 表示不超过 $\dfrac{n}{2}$ 的最大整数,规定 $C_0^0 = 1, n \in \mathbf{N}$.

证明 由于 $f(x) = \dfrac{1}{1-x-x^2} = \dfrac{1}{1-(x+x^2)}$,若我们将 $x+x^2$ 看成 x,则由 5.2 节定理 1,得

$$f(x) = 1 + x(1+x) + x^2(1+x)^2 + \cdots + x^n(1+x)^n + \cdots$$

$$= 1 + x(C_1^0 + C_1^1 x) + x^2(C_2^0 + C_2^1 x + C_2^2 x^2) + \cdots +$$

$$x^n(C_n^0 + C_n^1 x + \cdots + C_n^n x^n)$$

$$= 1 + C_1^0 x + (C_2^0 + C_1^1)x^2 + (C_3^0 + C_2^1)x^3 +$$

$$(C_4^0 + C_3^1 + C_2^2)x^4 + \cdots + (C_{n-1}^0 + C_{n-2}^1 + \cdots +$$

$$C_{\left[\frac{n}{2}\right]}^{n-\left[\frac{n}{2}\right]})x^{n-1} + \cdots$$

$$= \sum_{n=1}^{\infty} (C_{n-1}^0 + C_{n-1}^1 + \cdots + C_{\left[\frac{n}{2}\right]}^{n-\left[\frac{n}{2}\right]})x^{n-1}$$

因此

$$f_n = C_{n-1}^0 + C_{n-2}^1 + C_{n-3}^2 + \cdots + C_{\left[\frac{n}{2}\right]}^{n-\left[\frac{n}{2}\right]} \quad (n \in \mathbf{N})$$

性质 3 $\displaystyle\sum_{k=0}^{n-1} C_{n+k}^{2k+1} = f_{2n}.$

性质 4 $\displaystyle\sum_{k=0}^{n-1} C_{n+k}^{2k} = f_{2n+1}.$

Fibonacci 数列中的
明珠

证明 将性质 3,性质 4 同时证明.

设 $a_n = \sum_{k=0}^{n-1} C_{n+k}^{2k+1}$, $b_n = \sum_{k=0}^{n} C_{n+k}^{2k}$. 利用组合数基本恒等式 $C_n^k = C_{n-1}^k + C_{n-1}^{k-1}$, 可得

$$a_{n+1} = 1 + \sum_{k=0}^{n-1} C_{n+1+k}^{2k+1} = \sum_{k=0}^{n-1} C_{n+k}^{2k+1} + \sum_{k=0}^{n-1} C_{n+k}^{2k} + 1$$

$$= \sum_{k=0}^{n-1} C_{n+k}^{2k+1} + \sum_{k=0}^{n} C_{n+k}^{2k} = a_n + b_n$$

$$a_{n+1} = a_n + b_n, a_1 = 1, a_2 = 3$$

同理可得

$$b_{n+1} = b_n + a_{n+1}, b_1 = 2, b_2 = 5$$

设 a_n 的母函数为 $f(x)$, b_n 的母函数为 $g(x)$, 则

$$f(x) = a_1 + a_2 x + a_3 x^2 + \cdots + a_n x^{n-1} + \cdots$$

$$-xf(x) = -a_1 x - a_2 x^2 - a_3 x^3 - \cdots - a_{n-1} x^{n-1} - \cdots$$

$$-xg(x) = -b_1 x - b_2 x^2 - b_3 x^3 - \cdots - b_{n-1} x^{n-1} - \cdots$$

故

$$(1-x)f(x) - xg(x) = 1$$

$$g(x) = b_1 + b_2 x + b_3 x^2 + \cdots + b_n x^{n-1} + \cdots$$

$$-xg(x) = -b_1 x - b_2 x^2 - b_3 x^3 - \cdots - b_{n-1} x^{n-1} - \cdots$$

$$-f(x) = -a_1 - a_2 x - a_3 x^2 - \cdots - a_n x^{n-1} - \cdots$$

故

$$(1-x)g(x) - f(x) = 1$$

因此有方程组

$$\begin{cases} (1-x)f(x) - xg(x) = 1 \\ (1-x)g(x) - f(x) = 1 \end{cases}$$

解这个方程组,得

$$f(x) = \frac{1}{1 - 3x + x^2}, g(x) = \frac{2-x}{1 - 3x + x^2}$$

所以数列 $\{f_{2n}\}$ 的母函数是 $\dfrac{1}{1 - 3x + x^2}$, 数列 $\{f_{2n+1}\}$ 的母函数是 $\dfrac{2-x}{1 - 3x + x^2}$.

故得

$$a_n = f_{2n}, b_n = f_{2n+1}$$

性质 5 Fibonacci 数列的前 n 项和为

$$\sum_{i=1}^{n} f_i = f_{n+2} - 1$$

证明 应用 5.2 节定理 3 可以解决数列求和的问题,即

161

$$\sum_{n=1}^{\infty} \left(\sum_{i=1}^{n} f_i \right) x^{n-1} = \frac{f(x)}{1-x} = \frac{1}{(1-x)(1-x-x^2)}$$

$$= \frac{(2-x-x^2)-(1-x-x^2)}{(1-x)(1-x-x^2)}$$

$$= \frac{(x+2)(1-x)}{(1-x)(1-x-x^2)} - \frac{1-x-x^2}{(1-x)(1-x-x^2)}$$

$$= \frac{2+x}{1-x-x^2} - \frac{1}{1-x}$$

因为数列 $\{f_{n+2}\}$ 的母函数是 $f(x) = \dfrac{2+x}{1-x-x^2}$, 数列 $\{1\}$ 的母函数是 $f(x) = \dfrac{1}{1-x}$. 所以

$$\sum_{i=1}^{n} f_i = f_{n+2} - 1$$

性质 6 Fibonacci 数列中奇数项组成的数列的前 n 项和为

$$\sum_{i=1}^{n} f_{2i-1} = f_{2n}$$

证明 数列 $\{f_{2n-1}\}$ 的母函数是 $f(x) = \dfrac{1-x}{1-3x+x^2}$, 由 5.2 节定理 1 得

$$\sum_{n=1}^{\infty} \left(\sum_{i=1}^{n} f_{2i-1} \right) x^{n-1} = \frac{1-x}{(1-x)(1-3x+x^2)} = \frac{1}{1-3x+x^2}$$

由于 $f(x) = \dfrac{1}{1-3x+x^2}$ 又是数列 $\{f_{2n}\}$ 的母函数, 因此

$$\sum_{n=1}^{\infty} \left(\sum_{i=1}^{n} f_{2i-1} \right) x^{n-1} = \sum_{n=1}^{\infty} f_{2n} x^{n-1}$$

故得

$$\sum_{i=1}^{n} f_{2i-1} = f_{2n}$$

性质 7 Fibonacci 数列中偶数项组成的数列的前 n 项和为

$$\sum_{i=1}^{n} f_{2i} = f_{2n+1} - 1$$

证明 $\{f_{2n}\}$ 的母函数为 $f(x) = \dfrac{1}{1-3x+x^2}$, 由 5.2 节定理 1 得

$$\sum_{n=1}^{\infty} \left(\sum_{i=1}^{n} f_{2i} \right) x^{n-1} = \frac{f(x)}{1-x} = \frac{1}{(1-x)(1-3x+x^2)}$$

上式右端的解析式是我们不"熟悉"的母函数, 因此, 我们对此式进行恒等变形, 变成我们较"熟悉"的数列的母函数, 这是我们用母函数法来处理数列有关问题的关键的一点.

162

下面有

$$\frac{1}{(1-x)(1-3x+x^2)} = \frac{(2-3x+x^2)-(1-3x+x^2)}{(1-x)(1-3x+x^2)}$$

$$= \frac{(2-x)(1-x)}{(1-x)(1-3x+x^2)} - \frac{1}{1-x}$$

$$= \frac{2-x}{1-3x+x^2} - \frac{1}{1-x}$$

由于 $\{f_{2n+1}\}$ 的母函数为 $f(x) = \dfrac{2-x}{1-3x+x^2}$，数列 $\{1\}$ 的母函数是 $f(x) = \dfrac{1}{1-x}$，因此

$$\sum_{n=1}^{\infty} \left(\sum_{i=1}^{n} f_{2i} \right) x^{n-1} = \sum_{n=1}^{\infty} f_{2n+1} x^{n-1} - \sum_{n=1}^{\infty} x^{n-1}$$

$$= \sum_{n=1}^{\infty} (f_{2n+1}-1) x^{n-1}$$

故得

$$\sum_{i=1}^{n} f_{2i} = f_{2n+1} - 1$$

性质 8 $\displaystyle\sum_{i=1}^{n} f_{3i} = \frac{1}{2} f_{3n+2} - \frac{1}{2}$.

证明 因为数列 $\{f_{3n}\}$ 的母函数是 $f(x) = \dfrac{2}{1-4x-x^2}$，所以

$$\sum_{n=1}^{\infty} \left(\sum_{i=1}^{n} f_{3i} \right) x^{n-1} = \frac{f(x)}{1-x} = \frac{2}{(1-x)(1-4x+x^2)}$$

$$= \frac{1}{2} \left(\frac{5+x}{1-4x-x^2} - \frac{1}{1-x} \right)$$

由于 $\{f_{3n+2}\}$ 的母函数是 $f(x) = \dfrac{5+x}{1-4x-x^2}$，数列 $\{1\}$ 的母函数是 $f(x) = \dfrac{1}{1-x}$，因此

$$\sum_{n=1}^{\infty} \left(\sum_{i=1}^{n} f_{3i} \right) x^{n-1} = \frac{1}{2} \left(\sum_{n=1}^{\infty} f_{3n+2} x^{n-1} - \sum_{n=1}^{\infty} x^{n-1} \right)$$

故得

$$\sum_{i=1}^{n} f_{3i} = \frac{1}{2} f_{3n+2} - \frac{1}{2}$$

性质 9 $\displaystyle\sum_{i=1}^{n} f_{3i-1} = \frac{1}{2} f_{3n+1} - \frac{1}{2}$.

证明 因为数列 $\{f_{3n-1}\}$ 的母函数是 $f(x) = \dfrac{1+x}{1-4x-x^2}$，数列 $\{f_{3n+1}\}$ 的

母函数是 $f(x) = \dfrac{3+x}{1-4x-x^2}$，所以

$$\sum_{n=1}^{\infty}\left(\sum_{i=1}^{n}f_{3i-1}\right)x^{n-1} = \frac{f(x)}{1-x} = \frac{1+x}{(1-x)(1-4x+x^2)}$$

$$= \frac{1}{2}\left(\frac{3+x}{1-4x-x^2} - \frac{1}{1-x}\right)$$

$$= \frac{1}{2}\left(\sum_{n=1}^{\infty}f_{3n+1}x^{n-1} - \sum_{n=1}^{\infty}x^{n-1}\right)$$

故得

$$\sum_{i=1}^{n}f_{3i-1} = \frac{1}{2}f_{3n+1} - \frac{1}{2}$$

性质 10　$\displaystyle\sum_{i=1}^{n}f_{3i-2} = \frac{1}{2}f_{3n}.$

证明　因为数列 $\{f_{3n-2}\}$ 的母函数是 $f(x) = \dfrac{1-x}{1-4x-x^2}$，数列 $\{f_{3n}\}$ 的母

函数是 $f(x) = \dfrac{2}{1-4x-x^2}$，所以

$$\sum_{n=1}^{\infty}\left(\sum_{i=1}^{n}f_{3i-2}\right)x^{n-1} = \frac{f(x)}{1-x} = \frac{1-x}{(1-x)(1-4x+x^2)}$$

$$= \frac{1}{2}\frac{2}{1-4x-x^2}$$

$$= \frac{1}{2}\sum_{n=1}^{\infty}f_{3n}x^{n-1}$$

故得

$$\sum_{i=1}^{n}f_{3i-2} = \frac{1}{2}f_{3n}$$

性质 11　Fibonacci 数列中各项的平方项组成的数列的前 n 项和为

(1) $\displaystyle\sum_{i=1}^{n}f_i^2 = f_n f_{n+1}$；

(2) $\displaystyle\sum_{i=1}^{n}f_i^2 = \frac{1}{5}\left[L_{2n+1} + (-1)^{n-1}\right]$；

(3) $\displaystyle\sum_{i=1}^{n}f_i^2 = \sum_{i=1}^{n}(-1)^{i-1}f_{2(n+1-i)}.$

证明　数列 $\{f_n^2\}$ 的母函数为

$$f(x) = \frac{1-x}{(1+x)(1-3x+x^2)}$$

$$\sum_{n=1}^{\infty}\left(\sum_{i=1}^{n}f_n^2\right)x^{n-1} = \frac{1}{1-x}\cdot\frac{1-x}{(1+x)(1-3x+x^2)}$$

$$= \frac{1}{(1+x)(1-3x+x^2)}$$

数列 $\{f_n f_{n+1}\}$ 的母函数是

$$f(x) = \frac{1}{(1+x)(1-3x+x^2)}$$

所以

$$\sum_{n=1}^{\infty} \left(\sum_{i=1}^{n} f_n^2\right) x^{n-1} = \sum_{n=1}^{\infty} f_n f_{n+1} x^{n-1}$$

故得

$$\sum_{i=1}^{n} f_i^2 = f_n f_{n+1}$$

虽然 $f(x) = \dfrac{1}{(1+x)(1-3x+x^2)}$ 是我们熟悉的数列 $\{f_n f_{n+1}\}$ 的母函数,但我们也可以对此式恒等变形成几个熟悉的数列的母函数之和,这样就可以得到不同的恒等式. 变形如下

$$\frac{1}{(1+x)(1-3x+x^2)} = \frac{1}{5(1+x)} + \frac{4-x}{5(1-3x+x^2)}$$

数列 $\{L_{2n+1}\}$ 的母函数是 $\dfrac{4-x}{1-3x+x^2}$,数列 $\{(-1)^{n-1}\}$ 的母函数是 $\dfrac{1}{1+x}$,故

$$\sum_{i=1}^{n} f_i^2 = \frac{1}{5}\left[L_{2n+1} + (-1)^{n-1}\right]$$

由 5.2 节定理 3,我们对 $f(x) = \dfrac{1}{(1+x)(1-3x+x^2)}$ 还可做下面的解释,因为 $f(x) = \dfrac{1}{1-3x+x^2}$ 是数列 $\{f_{2n}\}$ 的母函数,于是

$$\sum_{n=1}^{\infty} \left(\sum_{i=1}^{n} (-1)^{i-1} f_{2(n+1-i)}\right) x^{n-1} = \frac{1}{1+x} \cdot \frac{1}{1-3x+x^2}$$

因此我们又有这样的结论

$$\sum_{i=1}^{n} f_i^2 = \sum_{i=1}^{n} (-1)^{i-1} f_{2(n+1-i)}$$

性质 12 $f_1 f_{n-1} + f_2 f_{n-2} + \cdots + f_{n-1} f_1 = \dfrac{n-1}{5} f_n + \dfrac{2n}{5} f_{n-1}$.

证明 根据 5.1 节定义 5,知

$$\left(\sum_{n=1}^{\infty} a_n x^{n-1}\right) \left(\sum_{n=1}^{\infty} b_n x^{n-1}\right) = \sum_{n=1}^{\infty} c_n x^{n-1}$$

当且仅当

$$c_n = a_n b_1 + a_{n-1} b_2 + \cdots + a_1 b_n$$

165

设 $f(x)$ 是 Fibonacci 数列的母函数, $f(x)=\dfrac{1}{1-x-x^2}$,则

$$f^2(x)=\Big(\sum_{n=1}^{\infty}f_n x^{n-1}\Big)^2=\sum_{n=1}^{\infty}\Big(\sum_{1\leqslant k\leqslant n}f_k f_{n-k}\Big)x^{n-1}$$

因此 x^{n-1} 的系数是 $\displaystyle\sum_{1\leqslant n\leqslant k}f_k f_{n-k}$.

另外,有

$$f^2(x)=\Big(\frac{1}{1-x-x^2}\Big)^2=\Big[\frac{1}{a-b}\Big(\frac{a}{1-ax}-\frac{b}{1-bx}\Big)\Big]^2$$

$$=\frac{1}{5}\Big[\frac{1}{(1-ax)^2}+\frac{1}{(1-bx)^2}-\frac{2}{1-x-x^2}\Big]$$

(其中 $ab=-1,a+b=1$,解之得 $a=\dfrac{1+\sqrt{5}}{2}$,$b=\dfrac{1-\sqrt{5}}{2}$.)

再由 5.2 节定理 4 得 x^{n-1} 的系数是

$$\frac{1}{5}\big[(n+1)(a^n+b^n)-2f_{n+1}\big]$$

因此

$$\sum_{1\leqslant n\leqslant k}f_k f_{n-k}=\frac{1}{5}\big[(n+1)(a^n+b^n)-2f_{n+1}\big]$$

$$=\frac{1}{5}\big[(n+1)(f_n+2f_{n+1})-2f_{n+1}\big]$$

$$=\frac{n-1}{5}f_n+\frac{2n}{5}f_{n+1}$$

性质 13 Fibonacci 数列的相邻三项之间的关系为

$$f_n^2=f_{n-1}f_{n+1}+(-1)^{n-1}$$

证明 因为数列 $\{f_n^2\}$ 的母函数是

$$f(x)=\frac{1-x}{(1+x)(1-3x+x^2)}$$

数列 $\{f_{n-1}f_{n+1}\}$ 的母函数是

$$f(x)=\frac{2x-x^2}{(1+x)(1-3x+x^2)}$$

数列 $\{(-1)^{n-1}\}$ 的母函数是

$$f(x)=\frac{1}{1+x}$$

所以

$$\sum_{n=1}^{n}f_n^2 x^{n-1}=\frac{1-x}{(1+x)(1-3x+x^2)}$$

$$=\frac{2x-x^2}{(1+x)(1-3x+x^2)}+\frac{1}{1+x}$$

166

$$= \sum_{n=1}^{\infty} f_{n-1} f_{n+1} x^{n-1} + \sum_{n=1}^{\infty} (-1)^{n-1} x^{n-1}$$

故得

$$f_n^2 = f_{n-1} f_{n+1} + (-1)^{n-1}$$

将数列 $\{f_n^2\}$ 的母函数 $f(x) = \dfrac{1-x}{(1+x)(1-3x+x^2)}$ 作另外的恒等变形，

又得到一个新的等式

$$\sum_{n=1}^{n} f_n^2 x^{n-1} = \frac{1-x}{(1+x)(1-3x+x^2)}$$

$$= \frac{2}{5} \cdot \frac{1-x}{1-3x+x^2} + \frac{1}{5} \cdot \frac{1}{1-3x+x^2} +$$

$$\frac{2}{5} \cdot \frac{1}{1+x}$$

$$= \frac{2}{5} \sum_{n=1}^{\infty} f_{2n-1} x^{n-1} + \frac{1}{5} \sum_{n=1}^{\infty} f_{2n} x^{n-1} +$$

$$\frac{2}{5} \sum_{n=1}^{\infty} (-1)^{n-1} x^{n-1}$$

因此

$$f_n^2 = \frac{1}{5} \left[f_{2n+1} + f_{2n-1} + 2(-1)^{n-1} \right]$$

性质 14 $nf_1 + (n-1)f_2 + (n-2)f_3 + \cdots + 2f_{n-1} + f_n = f_{n+4} - 3 - n.$

证明   设

$$g(x) = 1 + 2x + 3x^2 + \cdots + nx^{n-1} + \cdots = \frac{1}{(1-x)^2}$$

$$f(x) = f_1 + f_2 x + f_3 x^2 + \cdots + f_n x^{n-1} + \cdots = \frac{1}{1-x-x^2}$$

则

$$f(x)g(x) = \sum_{n=1}^{\infty} \sum_{k=1}^{n} (n+1-k) f_k x^{n-1}$$

$$= \frac{1}{(1-x)^2} \cdot \frac{1}{1-x-x^2}$$

$$= \frac{3x+5}{1-x-x^2} - \frac{3}{1-x} - \frac{1}{(1-x)^2}$$

故

$$nf_1 + (n-1)f_2 + (n-2)f_3 + \cdots + 2f_{n-1} + f_n = f_{n+4} - 3 - n$$

性质 15 $f_1 + 2f_2 + 3f_3 + \cdots + (n-1)f_{n-1} + nf_n = nf_{n+2} - f_{n+3} + 2.$

证明   数列 $\{nf_n\}$ 的母函数是

167

$$f(x) = \frac{1+x^2}{(1-x-x^2)^2}$$

利用求和数列的母函数,得

$$F(x) = \frac{f(x)}{1-x} = \frac{1+x^2}{(1-x)(1-x-x^2)^2}$$

$$= \frac{2+2x+x^2}{(1-x-x^2)^2} - \frac{3+2x}{1-x-x^2} + \frac{2}{1-x}$$

其中

$$\frac{2+2x+x^2}{(1-x-x^2)^2} = \frac{1+x^2}{(1-x-x^2)^2} + \frac{1+2x}{(1-x-x^2)^2}$$

由于数列 $\{nf_{n+1}\}$ 的母函数是

$$f(x) = \frac{1+2x}{(1-x-x^2)^2}$$

则数列 $\{nf_{n+2}\}$ 的母函数是

$$f(x) = \frac{2+2x+x^2}{(1-x-x^2)^2}$$

数列 $\{f_{n+3}\}$ 的母函数是

$$f(x) = \frac{3+2x}{1-x-x^2}$$

数列 $\{2\}$ 的母函数是

$$f(x) = \frac{2}{1-x}$$

因此

$$f_1 + 2f_2 + 3f_3 + \cdots + (n-1)f_{n-1} + nf_n = nf_{n+2} - f_{n+3} + 2$$

性质 16 Lucas 数列 $\{L_n\}$ 的相邻三项之间的关系为

$$L_n^2 = L_{n-1}L_{n+1} - 5(-1)^{n-1} \quad (n \geqslant 2)$$

证明 由于数列 $\{L_n^2\}$ 的母函数是

$$L(x) = \sum_{n=1}^{\infty} L_n^2 x^{n-1} = \frac{1+7x-4x^2}{(1+x)(1-3x+x^2)}$$

$$\frac{1+7x-4x^2}{(1+x)(1-3x+x^2)} = \frac{6-8x+x^2}{(1+x)(1-3x+x^2)} - \frac{5(1-3x+x^2)}{(1+x)(1-3x+x^2)}$$

$$= \frac{6-8x+x^2}{(1+x)(1-3x+x^2)} - \frac{5}{1+x}$$

数列 $\{L_{n-1}L_{n+1}\}$ 的母函数是

$$L(x) = \frac{6-8x+x^2}{(1+x)(1-3x+x^2)}$$

数列 $\{(-1)^{n-1}\}$ 的母函数是

$$L(x) = \frac{1}{1+x}$$

因此

$$L_n^2 = L_{n-1}L_{n+1} - 5(-1)^{n-1}$$

性质 17   数列 $\{L_n\}$ 的倍数关系为

$$L_{2n} = L_n^2 + 2(-1)^{n-1}$$

证明   由于数列 $\{L_{2n}\}$ 的母函数是

$$L_{2n}(x) = \frac{3-2x}{1-3x+x^2}$$

数列 $\{L_n^2\}$ 的母函数是

$$L(x) = \frac{1+7x-4x^2}{(1+x)(1-3x+x^2)}$$

又因

$$\frac{3-2x}{1-3x+x^2} = \frac{1+7x-4x^2}{(1+x)(1-3x+x^2)} + \frac{2}{1+x}$$

故

$$L_{2n} = L_n^2 + 2(-1)^{n-1}$$

性质 18 $L_{n+m} = f_{n+1}L_m + f_n L_{m-1}$.

证明
$$\sum_{n=1}^{\infty} L_{n+m}x^{n+m-1} = L(x) - \sum_{n=1}^{m-1} L_n x^{n-1}$$
$$= L(x)\left(1 - \frac{1}{L(x)}\sum_{n=1}^{m-1} L_n x^{n-1}\right)$$

由于数列 $\{L_n\}$ 的母函数是

$$L(x) = \frac{1+2x}{1-x-x^2}$$
$$= \frac{L(x)}{1+2x}\left[1 + 2x - (1-x-x^2)\sum_{n=1}^{m-1} L_n x^{n-1}\right]$$
$$= \frac{1}{1-x-x^2}(L_m x^{m-1} + L_{m-1}x^m)$$
$$= \sum_{n=1}^{\infty} f_n x^{n-1}(L_m x^{m-1} + L_{m-1}x^m)$$

因此

$$L_{n+m} = f_{n+1}L_m + f_n L_{m-1}$$

性质 19   数列 $\{L_n\}$ 的前 n 项和为

$$\sum_{i=1}^{n} L_i = L_{n+2} - 3$$

证明   因为

169

$$\sum_{n=1}^{\infty}\left(\sum_{i=1}^{n}L_i\right)x^{n-1}=\frac{f(x)}{1-x}=\frac{1+2x}{(1-x)(1-x-x^2)}$$

$$=\frac{3}{(1-x)(1-x-x^2)}-\frac{2}{1-x-x^2}$$

$$=3\sum_{n=1}^{\infty}(f_{n+2}-1)x^{n-1}-2\sum_{n=1}^{\infty}f_n x^{n-1}$$

$$=\sum_{n=1}^{\infty}(3f_{n+2}-2f_n-3)x^{n-1}$$

$$=\sum_{n=1}^{\infty}(L_{n+2}-3)x^{n-1}$$

所以

$$\sum_{i=1}^{n}L_i=L_{n+2}-3$$

以上我们都是利用母函数来证明 Fibonacci 数列和 Lucas 数列的性质,其实在证明过程中也体现了寻找和发现 Fibonacci 数列和 Lucas 数列的性质,如对母函数的不同变形就得到不同的等式性质.下面我们来利用母函数寻找或发现 Fibonacci 数列和 Lucas 数列的性质,以寻找九个连续 Fibonacci 数的等式为例.

我们知道数列 $\{f_{n+r}f_{n+t}\}$ 的母函数是

$$f(x)=\frac{f_{r+1}f_{t+1}+(f_{r+2}f_{t+2}-2f_{r+1}f_{t+1})x-f_r f_t x^2}{(1+x)(1-3x+x^2)}$$

由于 $\{f_{n+r}f_{n+t}\}$ 这类数列的母函数的分母都相同,为了讨论和书写方便,我们只考虑母函数的分子.

$f_n f_{n+8}$,$f_{n+1}f_{n+7}$,$f_{n+2}f_{n+6}$,$f_{n+3}f_{n+5}$,f_{n+4}^2 这五个量(都要出现即有连续九个 Fibonacci 数)之间有什么线性等量关系?

设

$$\alpha f_n f_{n+8}+\beta f_{n+1}f_{n+7}+\gamma f_{n+2}f_{n+6}+\delta f_{n+3}f_{n+5}=\mu f_{n+4}^2$$

如果我们能找到五个正整数 $\alpha,\beta,\gamma,\delta,\mu$,使这个等式成立,那么问题得以解决,由于我们知道这些数列的母函数,因此把问题转化为:

$f_n f_{n+8}$ 母函数的分子是

$$f_1 f_9+(f_2 f_{10}-2f_1 f_9)x-f_0 f_8 x^2=34-13x$$

$f_{n+1}f_{n+7}$ 母函数的分子是

$$f_2 f_8+(f_3 f_9-2f_2 f_8)x-f_1 f_7 x^2=21+26x-13x^2$$

$f_{n+2}f_{n+6}$ 母函数的分子是

$$f_3 f_7+(f_4 f_8-2f_3 f_7)x-f_2 f_6 x^2=26+11x-8x^2$$

$f_{n+3}f_{n+5}$ 母函数的分子是

Fibonacci 数列中的
明珠

$$f_4f_6 + (f_5f_7 - 2f_4f_6)x - f_3f_5x^2 = 24 + 17x - 10x^2$$

f_{n+4}^2 母函数的分子是

$$f_5^2 + (f_6^2 - 2f_5^2)x - f_4^2x^2 = 25 + 14x - 9x^2$$

于是有

$$\alpha(34 - 13x) + \beta(21 + 26x - 13x^2) +$$
$$\gamma(26 + 11x - 8x^2) + \delta(24 + 17x - 10x^2)$$
$$= \mu(25 + 14x - 9x^2)$$

推得

$$\begin{cases} 34\alpha + 21\beta + 26\gamma + 24\delta = 25\mu \\ -13\alpha + 26\beta + 11\gamma + 17\delta = 14\mu \\ -13\beta - 8\gamma - 10\delta = -9\mu \end{cases}$$

化简此方程组,得

$$\begin{cases} \alpha + \beta + \gamma + \delta = \mu \\ 13\beta + 8\gamma + 10\delta = 9\mu \end{cases}$$

显然这个方程组有无穷多组不为零的解.

如果要求正整数解,也有无穷多组解.现给出几组解

$$\alpha = 1, \beta = 2, \gamma = 1, \delta = 2, \mu = 6$$
$$\alpha = 1, \beta = 2, \gamma = 1, \delta = 3, \mu = 7$$
$$\alpha = 1, \beta = 1, \gamma = 1, \delta = 6, \mu = 9$$

其中 $\alpha = 1, \beta = 2, \gamma = 1, \delta = 2, \mu = 6$ 这组是使 $\mu = 6$ 最小的一组正整数解.由此我们得到关于九个连续 Fibonacci 数的等式关系

$$f_nf_{n+8} + 2f_{n+1}f_{n+7} + f_{n+2}f_{n+6} + 2f_{n+3}f_{n+5} = 6f_{n+4}^2$$
$$f_nf_{n+8} + 2f_{n+1}f_{n+7} + f_{n+2}f_{n+6} + 3f_{n+3}f_{n+5} = 7f_{n+4}^2$$
$$f_nf_{n+8} + f_{n+1}f_{n+7} + f_{n+2}f_{n+6} + 6f_{n+3}f_{n+5} = 9f_{n+4}^2$$

现在我们来研究更一般的情形.

$k(k \geqslant 5)$ 个连续 Fibonacci 数有如下等式

$$\sum_{i=1}^{r} a_i f_{n+i-1}f_{n+k-i} = bf_{n+r}^2 \quad \left(\text{其中 } r = \frac{k-1}{2}, k \text{ 为奇数}\right)$$

$$\sum_{i=1}^{r} a_i f_{n+i-1}f_{n+k-i} = bf_{n+r}f_{n+r+1} \quad \left(\text{其中 } r = \frac{k}{2} - 1, k \text{ 为偶数}\right)$$

其中 $\sum_{i=1}^{r} a_i = b, k$ 为奇数时, $r = \frac{k-1}{2}; k$ 为偶数时, $r = \frac{k}{2} - 1, a_i, b \in \mathbf{N}_+, i = 1, 2, \cdots, r.$

数列 $\{f_{n+i-1}f_{n+k-i}\}$ 的母函数的分子是

$$f_if_{k-i+1} + (f_{i+1}f_{k-i} - 2f_if_{k-i+1})x - f_{i-1}f_{k-i}x^2$$

k 为奇数时,有

$$\sum_{i=1}^{r} a_i f_{n+i-1} f_{n+k-i} = b f_{n+r}^2$$

$\sum_{i=1}^{r} a_i f_{n+i-1} f_{n+k-i}$ 母函数的分子是

$$\sum_{i=1}^{r} a_i f_i f_{k-i+1} + \sum_{i=1}^{r} a_i (f_{i+1} f_{k-i+2} - 2 f_i f_{k-i+1}) x - \sum_{i=1}^{r} a_i f_{i-1} f_{k-i} x^2$$

$b f_{n+r}^2$ 母函数的分子是

$$b f_{r+1}^2 + b(f_{r+2}^2 - 2 f_{r+1}^2) x - b f_r^2 x^2$$

推得

$$\begin{cases} \sum_{i=1}^{r} a_i f_i f_{k-i+1} = b f_{r+1}^2 & \text{①} \\[3mm] \sum_{i=1}^{r} a_i (f_{i+1} f_{k-i+2} - 2 f_i f_{k-i+1}) = b(f_{r+2}^2 - 2 f_{r+1}^2) & \text{②} \\[3mm] \sum_{i=1}^{r} a_i f_{i-1} f_{k-i} = b f_r^2 & \text{③} \end{cases}$$

将 ① × ③ + ②,得

$$\begin{cases} \sum_{i=1}^{r} a_i f_i f_{k-i+1} = b f_{r+1}^2 \\[3mm] \sum_{i=1}^{r} a_i (f_{i+1} f_{k-i+2} + f_i f_{k-i+1}) = b(f_{r+2}^2 + f_{r+1}^2) & \text{④} \\[3mm] \sum_{i=1}^{r} a_i f_{i-1} f_{k-i} = b f_r^2 \end{cases}$$

用加法定理

$$f_{n+m} = f_m f_{n-1} + f_n f_{m+1}$$

得

$$f_{i+1} f_{k-i+2} + f_i f_{k-i+1} = f_{k+2}$$

进一步推得

$$\begin{cases} \sum_{i=1}^{r} a_i f_i f_{k-i+1} = b f_{r+1}^2 \\[3mm] \sum_{i=1}^{r} a_i f_{k+2} = b f_{k+2} & \text{⑤} \\[3mm] \sum_{i=1}^{r} a_i f_{i-1} f_{k-i} = b f_r^2 \end{cases}$$

172

$$\begin{cases} \sum_{i=1}^{r} a_i f_i f_{k-i+1} = b f_{r+1}^2 \\ \sum_{i=1}^{r} a_i = b \qquad\qquad\qquad ⑥ \\ \sum_{i=1}^{r} a_i f_{i-1} f_{k-i} = b f_r^2 \end{cases}$$

将 ⑥ $\times f_1 f_k - ①$,得

$$\begin{cases} \sum_{i=1}^{r} a_i (f_1 f_k - f_i f_{k-i+1}) = b(f_1 f_k - f_{r+1}^2) \qquad ⑦ \\ \sum_{i=1}^{r} a_i = b \\ \sum_{i=1}^{r} a_i f_{i-1} f_{k-i} = b f_r^2 \end{cases}$$

用加法定理

$$f_{n+m} = f_m f_{n-1} + f_n f_{m+1}$$

得

$$f_{i-1} f_{k-i} + f_i f_{k-i+1} = f_k$$

于是推得

$$\begin{cases} \sum_{i=1}^{r} a_i = b \\ \sum_{i=1}^{r} a_i f_{i-1} f_{k-i} = b f_r^2 \end{cases}$$

由高等代数知识可知这个方程组有无穷多组非零解,但 $\sum_{i=1}^{r} a_i f_{i-1} f_{k-i} = b f_r^2$ 这个线性关系中,关于 $a_i, b \in \mathbf{N}_+, i = 1,2,\cdots,r, k$ 为偶数时,有

$$\sum_{i=1}^{r} a_i f_{n+i-1} f_{n+k-i} = b f_{n+r} f_{n+r+1}$$

$\sum_{i=1}^{r} a_i f_{n+i-1} f_{n+k-i}$ 母函数的分子是

$$\sum_{i=1}^{r} a_i f_i f_{k-i+1} + \sum_{i=1}^{r} a_i (f_{i+1} f_{k-i+2} - 2 f_i f_{k-i+1}) x - \sum_{i=1}^{r} a_i f_{i-1} f_{k-i} x^2$$

$b f_{n+r} f_{n+r+1}$ 母函数的分子是

$$f_{r+1} f_{r+2} + (f_{r+2} f_{r+3} - 2 f_{r+1} f_{r+2}) x - f_r f_{r+1} x^2$$

同理也有

$$\begin{cases} \displaystyle\sum_{i=1}^{r} a_i = b \\ \displaystyle\sum_{i=1}^{r} a_i f_{i-1} f_{k-i} = b f_r f_{r+1} \end{cases}$$

$$\sum_{i=1}^{r} a_i f_{n+i-1} f_{n+k-i} = b f_{n+r}^2 \quad (\text{其中 } r = \frac{k-1}{2}, k \text{ 为奇数})$$

$$\sum_{i=1}^{r} a_i f_{n+i-1} f_{n+k-i} = b f_{n+r} f_{n+r+1} \quad (\text{其中 } r = \frac{k}{2} - 1, k \text{ 为偶数})$$

其中 $\displaystyle\sum_{i=1}^{r} a_i = b$, k 为奇数时, $r = \dfrac{k-1}{2}$; k 为偶数时, $r = \dfrac{k}{2} - 1$.

因为我们要求的 $a_i, b \in \mathbf{N}_+, i = 1, 2, \cdots, r$, 所以问题还没有证完.

将 $\displaystyle\sum_{i=1}^{r} a_i = b$ 两端同乘以 $1 - f_r f_{r+1}$, 得

$$\sum_{i=1}^{r} (1 - f_r f_{r+1}) a_i = (1 - f_r f_{r+1}) b$$

与

$$\sum_{i=1}^{r} a_i f_{i-1} f_{k-i} = b f_r f_{r+1}$$

相加得

$$\sum_{i=1}^{r} (1 - f_r f_{r+1} + f_{i-1} f_{k-i}) a_i = b$$

根据不定方程的相关知识, 这个不定方程一定有一组正整数 a_i 使 b 最小的解.

用同样的方法可推得:

Lucas 数列 $\{L_n\}$ 的递推关系 $L_{n+2} = L_{n+1} + L_n$, $L_1 = 1$, $L_2 = 3$ 也有这如此美妙的关系. $k(k \geqslant 5)$ 个连续 Lucas 数有如下等式

$$\sum_{i=1}^{r} a_i L_{n+i-1} L_{n+k-i} = b L_{n+r}^2 \quad (\text{其中 } r = \frac{k-1}{2}, k \text{ 为奇数})$$

$$\sum_{i=1}^{r} a_i L_{n+i-1} L_{n+k-i} = b L_{n+r} L_{n+r+1} \quad (\text{其中 } r = \frac{k}{2} - 1, k \text{ 为偶数})$$

其中 $\displaystyle\sum_{i=1}^{r} a_i = b$, k 为奇数时, $r = \dfrac{k-1}{2}$; k 为偶数时, $r = \dfrac{k}{2} - 1$, $a_i, b \in \mathbf{N}_+, i = 1, 2, \cdots, r$.

以九个连续 Lucas 数的等式为例, 有

$$L_n L_{n+8} + 2L_{n+1} L_{n+7} + L_{n+2} L_{n+6} + 2L_{n+3} L_{n+5} = 6L_{n+4}^2$$

174

5.5　与 Fibonacci 数列和 Lucas 数列 有关的母函数库[23]

下面介绍与 Fibonacci 数列和 Lucas 数列有关的母函数库.

结论 1　数列 $\{f_{kn+r}\}$ 的母函数是

$$f(x) = \sum_{n=1}^{\infty} f_{kn+r} x^{n-1} = \frac{f_{r+k} - (-1)^k f_r x}{1 - L_k x + (-1)^k x^2}$$

结论 2　数列 $\{f_{kn+r} f_{sn+t}\}$ 的母函数是

$$f(x) = \sum_{n=1}^{\infty} f_{kn+r} f_{sn+t} x^{n-1}$$
$$= \frac{1}{5} \left[\left(\frac{L_{k+s+r+t} - (-1)^{k+s} L_{r+t} x}{1 - L_{k+s} x + (-1)^{k+s} x^2} - \frac{(-1)^{k+r} L_{(s+t)-(k+r)} - (-1)^{k+s+r} L_{t-r} x}{1 - (-1)^s L_{k-s} x + (-1)^{k+s} x^2} \right) \right]$$

结论 3　数列 $\{L_{kn+r}\}$ 的母函数是

$$f(x) = \sum_{n=1}^{\infty} L_{kn+r} x^{n-1} = \frac{L_k - (-1)^k L_r x}{1 - L_k x + (-1)^k x^2}$$

结论 4　数列 $\{L_{kn+r} L_{sn+t}\}$ 的母函数是

$$f(x) = \sum_{n=1}^{\infty} L_{kn+r} L_{sn+t} x^{n-1}$$
$$= \frac{L_{k+s+r+t} - (-1)^{k+s} L_{r+t} x}{1 - L_{k+s} x + (-1)^{k+s} x^2} + \frac{(-1)^{k+r} L_{(s+t)-(k+r)} - (-1)^{k+r+s} L_{t-r} x}{1 - (-1)^k L_{s-k} x + (-1)^{k+s} x^2}$$

结论 5　数列 $\{f_{kn+r} L_{sn+t}\}$ 的母函数是

$$f(x) = \sum_{n=1}^{\infty} f_{kn+r} L_{sn+t} x^{n-1}$$
$$= \frac{f_{k+s+r+t} - (-1)^{k+s} f_{r+t} x}{1 - L_{k+s} x + (-1)^{k+s} x^2} + \frac{(-1)^{k+r} f_{(s+t)-(k+r)} - (-1)^{k+r+s} f_{t-r} x}{1 - (-1)^k L_{s-k} x + (-1)^{k+s} x^2}$$

结论 6　数列 $\{f_{kn+r} f_{sn+t} f_{pn+u}\}$ 的母函数是

$$f(x) = \sum_{n=1}^{\infty} f_{kn+r} f_{sn+t} f_{pn+u} x^{n-1}$$
$$= \frac{1}{5} \left[\frac{f_{k+s+p+r+t+u} - (-1)^{k+s+p} f_{r+t+u} x}{1 - L_{k+s+p} x + (-1)^{k+s+p} x^2} - \right.$$

175

$$(-1)^{s+t}\frac{f_{(k+p-s)+(r+u-t)}-(-1)^{k+p}f_{r+u-t}x}{1-(-1)^sL_{k+p-s}x+(-1)^{s+p+k}x^2}-$$

$$(-1)^{p+u}\frac{f_{(k+s-p)+(r+t-u)}-(-1)^{k+s}f_{r+t-u}x}{1-(-1)^pL_{k+s-p}x+(-1)^{s+p+k}x^2}-$$

$$(-1)^{k+r}\frac{f_{(s+p-k)+(t+u-r)}-(-1)^{p+s}f_{t+u-r}x}{1-(-1)^pL_{s+p-k}x+(-1)^{s+p+k}x^2}\Big]$$

结论 7 数列 $\{L_{kn+r}L_{sn+t}L_{pn+u}\}$ 的母函数是

$$f(x)=\sum_{n=1}^{\infty}L_{kn+r}L_{sn+t}L_{pn+u}x^{n-1}$$

$$=\frac{L_{k+s+p+r+t+u}-(-1)^{k+s+p}L_{r+t+u}x}{1-L_{k+s+p}x+(-1)^{k+s+p}x^2}+$$

$$(-1)^{k+r}\frac{L_{(s+p-k)+(t+u-r)}-(-1)^{s+p}L_{t+u-r}x}{1-(-1)^kL_{s+p-k}x+(-1)^{s+p-k}x^2}+$$

$$(-1)^{p+u}\frac{L_{(k+s-p)+(r+t-u)}-(-1)^{k+s}L_{r+t-u}x}{1-(-1)^pL_{k+s-p}x+(-1)^{k+s-p}x^2}+$$

$$(-1)^{s+t}\frac{L_{(k+p-s)+(r+u-t)}-(-1)^{k+p}L_{r+u-t}x}{1-(-1)^sL_{k+p-s}x+(-1)^{k+p-s}x^2}$$

结论 8 数列 $\{f_{kn+r}f_{sn+t}L_{pn+u}\}$ 的母函数是

$$f(x)=\sum_{n=1}^{\infty}f_{kn+r}f_{pn+u}L_{sn+t}x^{n-1}$$

$$=\frac{1}{5}\Big[\frac{L_{k+s+p+r+t+u}-(-1)^{k+s+p}L_{r+t+u}x}{1-L_{k+s+p}x+(-1)^{k+s+p}x^2}+$$

$$(-1)^{u+p}\frac{L_{(k+s-p)+(r+t-u)}-(-1)^{s+k}L_{r+t-u}x}{1-(-1)^pL_{k+s-p}x+(-1)^{s+p+k}x^2}-$$

$$(-1)^{t+s}\frac{L_{(k+p-s)+(r+u-t)}-(-1)^{k+p}L_{r+u-t}x}{1-(-1)^sL_{k+p-s}x+(-1)^{s+p+k}x^2}+$$

$$(-1)^{k+r}\frac{L_{(p+s-k)+(u+t-r)}-(-1)^{s+p}L_{u+t-r}x}{1-(-1)^pL_{k+s-p}x+(-1)^{s+p+k}x^2}\Big]$$

结论 9 数列 $\{f_{kn+r}L_{sn+t}L_{pn+u}\}$ 的母函数是

$$f(x)=\sum_{n=1}^{\infty}f_{kn+r}L_{sn+t}L_{pn+u}x^{n-1}$$

$$=\frac{f_{k+s+p+r+t+u}-(-1)^{k+s+p}f_{r+t+u}x}{1-L_{k+s+p}x+(-1)^{k+s+p}x^2}+$$

$$(-1)^{u+p}\frac{f_{(k+s-p)+(r+t-u)}-(-1)^{s+k}f_{r+t-u}x}{1-(-1)^pL_{k+s-p}x+(-1)^{s+p+k}x^2}-$$

$$(-1)^{t+s}\frac{f_{(k+p-s)+(r+u-t)}-(-1)^{k+p}f_{r+u-t}x}{1-(-1)^sL_{k+p-s}x+(-1)^{s+p+k}x^2}-$$

$$(-1)^{k+r}\frac{f_{(p+s-k)+(u+t-r)}-(-1)^{s+p}f_{u+t-r}x}{1-(-1)^pL_{k+s-p}x+(-1)^{s+p+k}x^2}$$

由结论 1 得：

(1) 数列 $\{f_{n+r}\}$ 的母函数是

$$f(x) = \frac{f_{1+r} + f_r x}{1 - x - x^2}$$

(2) 数列 $\{f_{2n+r}\}$ 的母函数是

$$f(x) = \frac{f_{2+r} - f_r x}{1 - 3x + x^2}$$

(3) 数列 $\{f_{2n}\}$ 的母函数是

$$f(x) = \frac{1}{1 - 3x + x^2}$$

(4) 数列 $\{f_{2n+1}\}$ 的母函数是

$$f(x) = \frac{2 - x}{1 - 3x + x^2}$$

(5) 数列 $\{f_{3n+r}\}$ 的母函数是

$$f(x) = \frac{f_{3+r} + f_r x}{1 - 4x - x^2}$$

(6) 数列 $\{f_{3n-2}\}$ 的母函数是

$$f(x) = \frac{1 - x}{1 - 4x - x^2}$$

(7) 数列 $\{f_{3n-1}\}$ 的母函数是

$$f(x) = \frac{1 + x}{1 - 4x - x^2}$$

(8) 数列 $\{f_{3n}\}$ 的母函数是

$$f(x) = \frac{2}{1 - 4x - x^2}$$

(9) 数列 $\{f_{4n+r}\}$ 的母函数是

$$f(x) = \frac{f_{4+r} - f_r x}{1 - 7x + x^2}$$

(10) 数列 $\{f_{4n-3}\}$ 的母函数是

$$f(x) = \frac{1 - 2x}{1 - 7x + x^2}$$

(11) 数列 $\{f_{4n-2}\}$ 的母函数是

$$f(x) = \frac{1 - x}{1 - 7x + x^2}$$

(12) 数列 $\{f_{4n-1}\}$ 的母函数是

$$f(x) = \frac{2 - x}{1 - 7x + x^2}$$

(13) 数列 $\{f_{4n}\}$ 的母函数是

$$f(x) = \frac{3}{1 - 7x + x^2}$$

由结论 2 得：

(1) 数列 $\{f_{n+r}f_{n+t}\}$ 的母函数是

$$f(x) = \frac{f_{r+1}f_{t+1} + (f_{r+2}f_{t+2} - 2f_{r+1}f_{t+1})x - f_r f_t x^2}{(1+x)(1-3x+x^2)}$$

数列 $\{(f_{n+r}f_{n+t})^2\}$ 的母函数是

$$f(x) = \sum_{n=1}^{\infty} L_{2n+r}L_{2n+t}x^{n-1} = \frac{L_{4+r+t} - L_{r+t}x}{1 - L_4 x + x^2} + \frac{(-1)^r L_{t-r} - (-1)^r L_{t-r}x}{1 - L_0 x + x^2}$$

(2) 数列 $\{f_{n-1}f_n\}$ 的母函数是

$$f(x) = \frac{x}{(1+x)(1-3x+x^2)}$$

(3) 数列 $\{f_n f_{n+1}\}$ 的母函数是

$$f(x) = \frac{1}{(1+x)(1-3x+x^2)}$$

(4) 数列 $\{f_{n-2}f_{n-1}\}$ 的母函数是

$$f(x) = \frac{x^2 + x - 1}{(1+x)(1-3x+x^2)}$$

(5) 数列 $\{f_{n-1}f_{n+1}\}$ 的母函数是

$$f(x) = \frac{2x - x^2}{(1+x)(1-3x+x^2)}$$

(6) 数列 $\{f_{n+r}f_{n+1+r}\}$ 的母函数是

$$f(x) = \frac{f_{r+1}f_{r+2} + (f_{r+2}f_{r+3} - 2f_{r+1}f_{r+2})x - f_r f_{r+1} x^2}{(1+x)(1-3x+x^2)}$$

(7) 数列 $\{f_{n+r-1}f_{n+r+1}\}$ 的母函数是

$$f(x) = \frac{f_r f_{r+2} + (f_{r+1}f_{r+3} - 2f_r f_{r+2})x - f_{r-1}f_{r+1} x^2}{(1+x)(1-3x+x^2)}$$

(8) 数列 $\{f_n^2\}$ 的母函数是

$$f(x) = \frac{1 - x}{(1+x)(1-3x+x^2)}$$

(9) 数列 $\{f_{n+1}^2\}$ 的母函数是

$$f(x) = \frac{1 + 2x - x^2}{(1+x)(1-3x+x^2)}$$

(10) 数列 $\{f_{n+r}^2\}$ 的母函数是

$$f(x) = \frac{f_{r+1}^2 + (f_{r+2}^2 - 2f_{r+1}^2)x - f_r^2 x^2}{(1+x)(1-3x+x^2)}$$

(11) 数列 $\{f_{2n+r}^2\}$ 的母函数是

$$f(x) = \frac{f_{r+2}^2 + (f_{r+4}^2 - 8f_{r+2}^2)x + f_r^2 x^2}{(1-x)(1-7x+x^2)}$$

(12) 数列 $\{f_{2n-1}^2\}$ 的母函数是

$$f(x) = \frac{1 - 4x + x^2}{(1-x)(1-7x+x^2)}$$

由结论 3 得：

(1) 数列 $\{L_{n+r}\}$ 的母函数是

$$L(x) = \frac{L_{r+1} + L_r x}{1 - x - x^2}$$

(2) 数列 $\{L_n\}$ 的母函数是

$$L(x) = \frac{1 + 2x}{1 - x - x^2}$$

(3) 数列 $\{L_{n+1}\}$ 的母函数是

$$L(x) = \frac{3 + x}{1 - x - x^2}$$

(4) 数列 $\{L_{2n+r}\}$ 的母函数是

$$L_{2n+r}(x) = \frac{L_{2+r} + (L_{4+r} - 3L_{2+r})x}{1 - 3x + x^2} = \frac{L_{2+k} - L_k x}{1 - 3x + x^2}$$

(5) 数列 $\{L_{2n-1}\}$ 的母函数是

$$L_{2n-1}(x) = \frac{1 + x}{1 - 3x + x^2}$$

(6) 数列 $\{L_{2n}\}$ 的母函数是

$$L_{2n}(x) = \frac{3 - 2x}{1 - 3x + x^2}$$

(7) 数列 $\{L_{2n+1}\}$ 的母函数是

$$L_{2n+1}(x) = \frac{4 - x}{1 - 3x + x^2}$$

(8) 数列 $\{L_{3n+r}\}$ 的母函数是

$$L_{3n+r}(x) = \frac{L_{3+r} + (L_{6+r} - 4L_{3+r})x}{1 - 4x - x^2} = \frac{L_{3+r} + L_r x}{1 - 4x - x^2}$$

(9) 数列 $\{L_{3n-2}\}$ 的母函数是

$$L_{3n-2}(x) = \frac{1 + 3x}{1 - 4x - x^2}$$

(10) 数列 $\{L_{3n-1}\}$ 的母函数是

$$L_{3n-1}(x) = \frac{3 - x}{1 - 4x - x^2}$$

(11) 数列 $\{L_{3n}\}$ 的母函数是

$$L_{3n}(x) = \frac{4 + 2x}{1 - 4x - x^2}$$

179

(12) 数列 $\{L_{4n+r}\}$ 的母函数是

$$f(x) = \frac{L_{4+r} + (L_{8+r} - 7L_{4+r})x}{1 - 7x + x^2} = \frac{L_{4+r} - L_r x}{1 - 7x + x^2}$$

(13) 数列 $\{L_{4n-3}\}$ 的母函数是

$$f(x) = \frac{1 - 4x}{1 - 7x + x^2}$$

(14) 数列 $\{L_{4n-2}\}$ 的母函数是

$$L_{4n-2}(x) = \frac{3 - 3x}{1 - 7x + x^2}$$

(15) 数列 $\{L_{4n-1}\}$ 的母函数是

$$L_{4n-1}(x) = \frac{4 + x}{1 - 7x + x^2}$$

(16) 数列 $\{L_{4n}\}$ 的母函数是

$$L_{4n}(x) = \frac{7 - 2x}{1 - 7x + x^2}$$

由结论 4 得：

(1) 数列 $\{L_{n+s}L_{n+t}\}$ 的母函数是

$$L(x) = \frac{L_{s+1}L_{t+1} + (L_{s+2}L_{t+2} - 2L_{s+1}L_{t+1})x - L_s L_t x^2}{(1+x)(1-3x+x^2)}$$

(2) 数列 $\{L_n^2\}$ 的母函数是

$$L(x) = \frac{1 + 7x - 4x^2}{(1+x)(1-3x+x^2)}$$

(3) 数列 $\{L_{n+1}^2\}$ 的母函数是

$$L(x) = \frac{9 - 2x - x^2}{(1+x)(1-3x+x^2)}$$

(4) 数列 $\{L_{n+k}^2\}$ 的母函数是

$$L(x) = \frac{L_{1+k}^2 + (L_{2+k}^2 - 2L_{1+k}^2)x - L_k^2 x^2}{(1+x)(1-3x+x^2)}$$

(5) 数列 $\{L_n L_{n+1}\}$ 的母函数是

$$L(x) = \frac{3 + 6x - 2x^2}{(1+x)(1-3x+x^2)}$$

(6) 数列 $\{L_n L_{n-1}\}$ 的母函数是

$$L(x) = \frac{2 - x + 2x^2}{(1+x)(1-3x+x^2)}$$

(7) 数列 $\{L_{n+k}L_{n+1+k}\}$ 的母函数是

$$L(x) = \frac{L_{1+k}L_{2+k} + (L_{2+k}L_{3+k} - 2L_{1+k}L_{2+k})x - L_k L_{k+1} x^2}{(1+x)(1-3x+x^2)}$$

(8) 数列 $\{L_{n-1}L_{n+1}\}$ 的母函数是

180

$$L(x) = \frac{6 - 8x + x^2}{(1+x)(1-3x+x^2)}$$

(9) 数列 $\{L_n L_{n+2}\}$ 的母函数是

$$L(x) = \frac{4 + 13x - 6x^2}{(1+x)(1-3x+x^2)}$$

(10) 数列 $\{L_{n+k-1} L_{n+1+k}\}$ 的母函数是

$$L(x) = \frac{L_k L_{2+k} + (L_{1+k}L_{3+k} - 2L_k L_{2+k})x - L_{k-1}L_{k+1}x^2}{(1+x)(1-3x+x^2)}$$

由结论 5 得：

(1) 数列 $\{L_{n+s} f_{n+t}\}$ 的母函数是

$$L(x) = \frac{L_{s+1}f_{t+1} + (L_{s+2}f_{t+2} - 2L_{s+1}f_{t+1})x - L_s f_t x^2}{(1+x)(1-3x+x^2)}$$

(2) 数列 $\{L_n f_n\}$ 的母函数是

$$L(x) = \frac{1}{1-3x+x^2}$$

(3) 数列 $\{L_{n+k} f_{n+k}\}$ 的母函数是

$$L(x) = \frac{L_{1+k}f_{1+k} + (L_{2+k}f_{2+k} - 2L_{1+k}f_{1+k})x - L_k f_k x^2}{(1+x)(1-3x+x^2)}$$

(4) 数列 $\{L_n f_{n+1}\}$ 的母函数是

$$L(x) = \frac{1 + 4x - 2x^2}{(1+x)(1-3x+x^2)}$$

(5) 数列 $\{L_{n+1} f_n\}$ 的母函数是

$$L(x) = \frac{3 - 2x}{(1+x)(1-3x+x^2)}$$

由结论 6 得：

(1) 数列 $\{f_{kn+r}^3\}$ 的母函数是

$$f(x) = \frac{1}{5}\left[\frac{f_{3k+3r} - (-1)^{3k}f_{3r}x}{1 - L_{3k}x + (-1)^{3k}x^2} - 3(-1)^{k+r}\frac{f_{k+r} - f_r x}{1 - (-1)^k L_k x - x^2}\right]$$

(2) 数列 $\{f_{n+r}^3\}$ 的母函数是

$$f(x) = \frac{1}{5}\left[\frac{f_{3r+3} + f_{3r}x}{1 - L_3 x - x^2} - 3(-1)^{r+1}\frac{f_{r+1} - f_r x}{1 + L_1 x - x^2}\right]$$

$$= \frac{1}{5}\left(\frac{f_{3r+3} + f_{3r}x}{1 - 4x - x^2} - 3(-1)^{r+1}\frac{f_{r+1} - f_r x}{1 + x - x^2}\right)$$

(3) 数列 $\{f_n^3\}$ 的母函数是

$$f(x) = \frac{1}{5}\left[\frac{f_3 + f_0 x}{1 - L_3 x - x^2} + 3 \cdot \frac{f_1 - f_0 x}{1 + L_1 x - x^2}\right]$$

$$= \frac{1}{5}\left(\frac{2}{1 - 4x - x^2} + \frac{3}{1 + x - x^2}\right)$$

181

由结论 7 得：

(1) 数列 $\{L_{kn+r}^3\}$ 的母函数是

$$L(x) = \frac{L_{3k+3r} - (-1)^{3k}L_{3r}x}{1 - L_{3k}x + (-1)^{3k}x^2} +$$

$$3(-1)^{k+r}\frac{L_{k+r} - L_r x}{1 - (-1)^k L_k x + (-1)^k x^2}$$

(2) 数列 $\{L_{n+r}^3\}$ 的母函数是

$$L(x) = \frac{L_{3r+3} + L_{3r}x}{1 - L_3 x - x^2} + 3(-1)^{r+1}\frac{L_{r+1} - L_r x}{1 + L_1 x - x^2}$$

(3) 数列 $\{L_n^3\}$ 的母函数是

$$L(x) = \frac{4 + 2x}{1 - 4x - x^2} - 3 \cdot \frac{1 - 2x}{1 + x - x^2}$$

由结论 8 得：

数列 $\{f_n^2 L_n\}$ 的母函数是

$$f(x) = \frac{1}{5}\left(\frac{4 + 2x}{1 - 4x - x^2} + \frac{1 - 2x}{1 + x - x^2}\right)$$

由结论 9 得：

数列 $\{L_n^2 f_n\}$ 的母函数是

$$f(x) = \frac{2}{1 - 4x - x^2} + \frac{1}{1 + x - x^2}$$

其他：

(1) 数列 $\{f_n^4\}$ 的母函数是

$$f(x) = \frac{1}{25}\left(\frac{7 - 2x}{1 - 7x + x^2} + \frac{4(3 - 2x)}{(1 + x)(1 - 3x + x^2)} + \frac{6}{1 - x}\right)$$

(2) 数列 $\{nf_{n+r}\}$ 的母函数是

$$f(x) = \frac{f_{r+1} + 2f_r x + f_{r-1}x^2}{(1 - x - x^2)^2}$$

(3) 数列 $\{nL_{n+k}\}$ 的母函数是

$$L(x) = \frac{L_{r+1} + 2L_r x + L_{r-1}x^2}{(1 - x - x^2)^2}$$

(4) 数列 $\{r^{n-1}\}$ 的母函数是

$$f(x) = \frac{1}{1 - rx}$$

(5) 数列求和母函数

$$F(x) = \frac{f(x)}{1 - x}$$

注　当 Fibonacci 数列和 Lucas 数列中下角标出现负整数时,可用下面的关系来处理

182

$$f_{-n} = (-1)^{n-1} f_n, L_{-n} = (-1)^n L_n, L_0 = 2$$

5.6 Fibonacci 数列和 Lucas 数列的母函数库的应用

例 1 用母函数证明：$L_n = f_{n-1} + f_{n+1}$.

证明 数列 $\{f_{n-1}\}$ 的母函数是

$$f(x) = \frac{x}{1 - x - x^2}$$

数列 $\{f_{n+1}\}$ 的母函数是

$$f(x) = \frac{1 + x}{1 - x - x^2}$$

数列 $\{L_n\}$ 的母函数是

$$L(x) = \frac{1 + 2x}{1 - x - x^2}$$

因为

$$\frac{1 + 2x}{1 - x - x^2} = \frac{x}{1 - x - x^2} + \frac{1 + x}{1 - x - x^2}$$

所以

$$L_n = f_{n-1} + f_{n+1}$$

例 2 用母函数证明：$L_{2n+1} = L_{n+1}^2 - 5f_n^2$.

证明 数列 $\{L_{2n+1}\}$ 的母函数是

$$L_{2n+1}(x) = \frac{4 - x}{1 - 3x + x^2}$$

数列 $\{L_{n+1}^2\}$ 的母函数是

$$L(x) = \frac{9 - 2x - x^2}{(1 + x)(1 - 3x + x^2)}$$

数列 $\{f_n^2\}$ 的母函数是

$$f(x) = \frac{1 - x}{(1 + x)(1 - 3x + x^2)}$$

因为

$$\frac{9 - 2x - x^2}{(1 + x)(1 - 3x + x^2)} - 5 \cdot \frac{1 - x}{(1 + x)(1 - 3x + x^2)} = \frac{4 - x}{1 - 3x + x^2}$$

所以

$$L_{2n+1} = L_{n+1}^2 - 5f_n^2$$

例 3 用母函数证明：$\sum_{i=1}^{n} L_n f_n = f_{2n+1} - 1$.

183

证明　数列 $\{L_n f_n\}$ 求和的母函数是

$$f(x) = \frac{1}{(1-x)(1-3x+x^2)}$$

$$= \frac{2-x}{1-3x+x^2} - \frac{1}{1-x}$$

数列 $\{f_{2n+1}\}$ 的母函数是

$$f(x) = \frac{2-x}{1-3x+x^2}$$

数列 $\{1\}$ 的母函数是

$$f(x) = \frac{1}{1-x}$$

因此

$$\sum_{i=1}^{n} L_n f_n = f_{2n+1} - 1$$

例 4　用母函数证明：$L_n f_{n+1} = f_{2n+1} + (-1)^n$.

证明　数列 $\{L_n f_{n+1}\}$ 的母函数是

$$f(x) = \frac{1+4x-2x^2}{(1+x)(1-3x+x^2)}$$

$$= \frac{2-x}{1-3x+x^2} - \frac{1}{1+x}$$

数列 $\{f_{2n+1}\}$ 的母函数是

$$f(x) = \frac{2-x}{1-3x+x^2}$$

数列 $\{(-1)^{n-1}\}$ 的母函数是

$$f(x) = \frac{1}{1+x}$$

因此

$$L_n f_{n+1} = f_{2n+1} + (-1)^n$$

例 5　用母函数证明：$f_{3n} = f_{n+1}^3 + f_n^3 - f_{n-1}^3$.

证明　数列 $\{f_n^3\}$ 的母函数是

$$f(x) = \frac{1}{5}\left(\frac{2}{1-4x-x^2} + \frac{3}{1+x-x^2}\right)$$

数列 $\{f_{n+1}^3\}$ 的母函数是

$$f(x) = \frac{1}{5}\left(\frac{8+2x}{1-4x-x^2} - 3 \cdot \frac{1+x}{1+x-x^2}\right)$$

数列 $\{f_{n-1}^3\}$ 的母函数是

$$f(x) = \frac{1}{5}\left(\frac{2x}{1-4x-x^2} - 3 \cdot \frac{x}{1+x-x^2}\right)$$

184

所以 $f_{n+1}^3 + f_n^3 - f_{n-1}^3$ 的母函数是

$$\frac{1}{5}\left(\frac{2}{1-4x-x^2}+\frac{3}{1+x-x^2}\right)+\frac{1}{5}\left(\frac{8+2x}{1-4x-x^2}-3\cdot\frac{1+x}{1+x-x^2}\right)-$$

$$\frac{1}{5}\left(\frac{2x}{1-4x-x^2}-3\cdot\frac{x}{1+x-x^2}\right)=\frac{2}{1-4x-x^2}$$

由于数列 $\{f_{3n}\}$ 的母函数是

$$f(x)=\frac{2}{1-4x-x^2}$$

因此

$$f_{3n}=f_{n+1}^3+f_n^3-f_{n-1}^3$$

例 6　用母函数证明：$\displaystyle\sum_{i=1}^{n}f_n^3=\frac{1}{10}\left[f_{3n+2}+(-1)^{n-1}6f_{n-1}+5\right]$.

证明　数列 $\{f_n^3\}$ 的母函数是

$$f(x)=\frac{1}{5}\left(\frac{2}{1-4x-x^2}+\frac{3}{1+x-x^2}\right)$$

由求和母函数得

$$\frac{1}{5}\cdot\frac{1}{1-x}\cdot\left(\frac{2}{1-4x-x^2}+\frac{3}{1+x-x^2}\right)$$

$$=\frac{1}{5}\left[\frac{2}{(1-x)(1-4x-x^2)}+\frac{3}{(1-x)(1+x-x^2)}\right]$$

$$=\frac{1}{5}\left[-\frac{1}{2(1-x)}+\frac{x+5}{2(1-4x-x^2)}+\frac{3}{1-x}-\frac{3x}{1-(-x)-(-x)^2}\right]$$

$$=\frac{1}{10}\left[\frac{x+5}{(1-4x-x^2)}+\frac{5}{1-x}+\frac{6(-x)}{1-(-x)-(-x)^2}\right]$$

数列 $\{f_{3n+2}\}$ 的母函数是

$$f(x)=\frac{5+x}{1-4x-x^2}$$

数列 $\{(-1)^{n-1}f_{n-1}\}$ 的母函数是

$$f(x)=\frac{-x}{1-(-x)-(-x)^2}$$

数列 $\{1\}$ 的母函数是

$$f(x)=\frac{1}{1-x}$$

因此

$$\sum_{i=1}^{n}f_n^3=\frac{1}{10}\left[f_{3n+2}+(-1)^{n-1}6f_{n-1}+5\right]$$

例 7　用母函数求 $\displaystyle\sum_{i=1}^{n}f_n^2 L_n$.

185

解　在母函数库中查得数列 $\{f_n^2 L_n\}$ 的母函数是

$$f(x) = \frac{1}{5}\left(\frac{4+2x}{1-4x-x^2} + \frac{1-2x}{1+x-x^2}\right)$$

再利用求和母函数,得

$$\frac{1}{5}\left[\frac{4+2x}{(1-x)(1-4x-x^2)} + \frac{1-2x}{(1-x)(1+x-x^2)}\right]$$

$$= \frac{1}{5}\left[\frac{11+3x}{2(1-4x-x^2)} + \frac{2+x}{1+x-x^2} - \frac{5}{2(1-x)}\right]$$

$$= \frac{1}{5}\left[\frac{11+3x}{2(1-4x-x^2)} + \frac{2-(-x)}{1-(-x)-(-x)^2} - \frac{5}{2(1-x)}\right]$$

再在母函数库中查得函数 $\dfrac{11+3x}{1-4x-x^2}$ 对应的数列为 $\{L_{3n+2}\}$,函数 $\dfrac{2-(-x)}{1-(-x)-(-x)^2}$ 对应的数列为 $\{(-1)^{n-1}L_{n-1}\}$,函数 $\dfrac{1}{1-x}$ 对应的数列为 $\{1\}$. 故

$$\sum_{i=1}^{n} f_n^2 L_n = \frac{L_{3n+2}}{10} + \frac{(-1)^{n-1}L_{n-1}}{5} - \frac{1}{2}$$

例 8　证明《数学通报》2010 年 11 月号问题 1882,在数列 $\{a_n\}$ 中,$a_1 = 1$,$a_2 = 4$,$a_{n+2} = 7a_{n+1} - a_n - 2$,求证:当 $n \in \mathbf{N}_+$,a_n 均为平方数.

证明　由已知 $a_{n+2} = 7a_{n+1} - a_n - 2$,$a_1 = 1$,$a_2 = 4$,有

$$\sum_{n=1}^{\infty} a_{n+2} x^{n-1} = 7\sum_{n=1}^{\infty} a_{n+1} x^{n-1} - \sum_{n=1}^{\infty} a_n x^{n-1} - \sum_{n=1}^{\infty} 2x^{n-1}$$

所以

$$\frac{1}{x^2}\sum_{n=1}^{\infty} a_{n+2} x^{n+1} = \frac{7}{x}\sum_{n=1}^{\infty} a_{n+1} x^n - \sum_{n=1}^{\infty} a_n x^{n-1} - \sum_{n=1}^{\infty} 2x^{n-1}$$

设 $f(x) = \displaystyle\sum_{n=1}^{\infty} a_n x^{n-1}$,则

$$\frac{1}{x^2}\left(\sum_{n=1}^{\infty} a_n x^{n-1} - a_1 - a_2 x\right)$$

$$= \frac{7}{x}\left(\sum_{n=1}^{\infty} a_n x^{n-1} - a_1\right) - \sum_{n=1}^{\infty} a_n x^{n-1} - \sum_{n=1}^{\infty} 2x^{n-1}$$

所以

$$\frac{1}{x^2}(f(x) - 1 - 4x) = \frac{7}{x}(f(x) - 1) - f(x) - \frac{2}{1-x}$$

求得

$$f(x) = \frac{1-4x+x^2}{(1-x)(1-7x+x^2)}$$

另一方面,$\{f_{2n-1}^2\}$ 的母函数是

186

$$f(x) = \frac{1-4x+x^2}{(1-x)(1-7x+x^2)}$$

因此 $a_n = f_{2n-1}^2$，故问题得证.

例 9(全国高中数学联赛,1991 年)　设 a_n 为下述自然数 N 的个数，N 的各位数字之和为 n 且每位数字只能取 1,3 或 4. 求证：a_{2n} 是完全平方数，其中 $n = 1,2,3,\cdots$.

证明　设 $b_n = a_{2n}$，由题意得

$$a_{n+4} = a_{n+3} + a_{n+1} + a_n$$

则有

$$\begin{aligned}
a_{2n+6} &= a_{2n+5} + a_{2n+3} + a_{2n+2} \\
&= a_{2n+4} + a_{2n+2} + a_{2n+1} + a_{2n+3} + a_{2n+2} \\
&= a_{2n+4} + 2a_{2n+2} + a_{2n+1} + a_{2n+3}
\end{aligned}$$

因为

$$a_{2n+4} = a_{2n+3} + a_{2n+1} + a_{2n}$$

即

$$a_{2n+4} - a_{2n} = a_{2n+3} + a_{2n+1}$$

所以

$$a_{2n+6} = 2a_{2n+4} + 2a_{2n+2} - a_{2n}$$
$$a_2 = 1, a_4 = 4, a_6 = 9$$

即

$$b_{n+3} = 2b_{n+2} + 2b_{n+1} - b_n$$
$$b_1 = 1,\ b_2 = 4,\ b_3 = 9$$

由 5.2 节定理 6 得数列 $\{b_n\}$ 的母函数是

$$f(x) = \frac{1-x}{1-2x-2x^2+x^3} = \frac{1-x}{(1+x)(1-3x+x^2)}$$

而数列 $\{f_n^2\}$ 的母函数是

$$f(x) = \frac{1-x}{(1+x)(1-3x+x^2)}$$

因此 $b_n = f_n^2$，即 $a_{2n} = f_n^2$，故问题得证.

例 10(2005 年全国高中数学联赛)　数列 $\{a_n\}$ 满足

$$a_0 = 1,\ a_{n+1} = \frac{7a_n + \sqrt{45a_n^2 - 36}}{2} \quad (n \in \mathbf{N})$$

证明：(1) 对于任意 $n \in \mathbf{N}$，a_n 为整数；

(2) 对于任意 $n \in \mathbf{N}$，$a_n a_{n+1} - 1$ 为完全平方数.

证明　(1) 由题设得 $a_1 = 5$ 且 $\{a_n\}$ 严格单调递增，将已知条件变形，得

$$2a_{n+1} - 7a_n = \sqrt{45a_n^2 - 36}$$

两边平方整理,得

$$a_{n+1}^2 - 7a_n a_{n+1} + a_n^2 + 9 = 0 \qquad ①$$

由式 ① 得

$$a_n^2 - 7a_n a_{n-1} + a_{n-1}^2 + 9 = 0 \qquad ②$$

① $-$ ② 得

$$(a_{n+1} - a_{n-1})(a_{n+1} + a_{n-1} - 7a_n) = 0$$

由 $a_{n+1} > a_{n-1}$ 有

$$a_{n+1} + a_{n-1} - 7a_n = 0$$

则得

$$a_{n+1} = 7a_n - a_{n-1} \qquad ③$$

由式 ③ 及 $a_0 = 1, a_1 = 5$ 可知,对任意 $n \in \mathbf{N}, a_n$ 为正整数.

用母函数证明(2),为了研究问题方便,第一项 $a_0 = 1$ 将改写为 $a_1 = 1$,从而 $a_2 = 5$,则

$$a_{n+2} = 7a_{n+1} - a_n, a_1 = 1, a_2 = 5, a_3 = 34 \quad (n \in \mathbf{N}_+)$$

由 5.2 节定理 6 得数列 $\{a_n\}$ 的母函数是

$$f(x) = \frac{1 - 2x}{1 - 7x + x^2}$$

由母函数库可知数列 $\{f_{4n-3}\}$ 的母函数是

$$f(x) = \frac{1 - 2x}{1 - 7x + x^2}$$

所以 $a_n = f_{4n-3}$,即

$$a_n a_{n+1} - 1 = f_{4n-3} f_{4n+1} - 1$$

数列 $\{1\}$ 的母函数是

$$f(x) = \frac{1}{1 - x}$$

由母函数库可知,数列 $\{f_{4n-3} f_{4n+1}\}$ 的母函数是

$$f(x) = \frac{1}{5}\left(\frac{18 - 3x}{1 - 47x + x^2} + \frac{7}{1 - x}\right)$$

$$f(x) = \sum_{n=1}^{\infty} f_{4n-3} f_{4n+1} x^{n-1}$$

$$= \frac{1}{5}\left(\frac{L_6 - L_{-2}x}{1 - L_8 x + x^2} - \frac{-L_4 + L_4 x}{1 - L_0 x + x^2}\right)$$

$$= \frac{1}{5}\left(\frac{18 - 3x}{1 - 47x + x^2} + \frac{7(1 - x)}{1 - 2x + x^2}\right)$$

$$= \frac{1}{5}\left(\frac{18 - 3x}{1 - 47x + x^2} + \frac{7}{1 - x}\right)$$

因此 $a_n a_{n+1} - 1 = f_{4n-3} f_{4n+1} - 1$ 的母函数是

$$\frac{1}{5}\left(\frac{18-3x}{1-47x+x^2}+\frac{7}{1-x}\right)-\frac{5}{5(1-x)}=\frac{1}{5}\left[\left(\frac{18-3x}{1-47x+x^2}+\frac{2}{1-x}\right)\right]$$

另一方面

$$f(x)=\sum_{n=1}^{\infty}f_{4k-1}^2 x^{n-1}$$
$$=\frac{1}{5}\left(\frac{L_6-L_2x}{1-L_8x+x^2}-\frac{-L_0+L_0x}{1-L_0x+x^2}\right)$$
$$=\frac{1}{5}\left(\frac{L_6-L_2x}{1-47x+x^2}+\frac{2(1-x)}{1-2x+x^2}\right)$$
$$=\frac{1}{5}\left(\frac{18-3x}{1-47x+x^2}+\frac{2}{1-x}\right)$$

因此

$$a_na_{n+1}-1=f_{4n-3}f_{4n+1}-1=f_{4k-1}^2$$

故对于任意 $n\in\mathbf{N}, a_na_{n+1}-1$ 为完全平方数.

例 11 在平面上生活着两种生物,锐角三角形(A) 和钝角三角形(O),它们都是等腰三角形. 锐角三角形的顶角为 $36°$,钝角三角形的顶角为 $108°$(图 1). 在每年的"大分日",它们都分裂成小块,每个 A 分成两个小 A 和一个小 O,每个 O 分成一个小 A 和一个小 O. 在一年里它们分别长大至成年. 第一年后,平面上仅有一个生物 O,而且在此平面上的生物是不会死亡的. 问:第十年后,锐角三角形(A) 和钝角三角形(O) 的数目分别有多少?

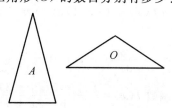

图 1

解 设第 n 年后的锐角三角形(A) 有 a_n 个,钝角三角形(O) 有 b_n 个,由已知 $a_1=0, b_1=1$ 且

$$a_{n+1}=2a_n+b_n,\ b_{n+1}=a_n+b_n$$

设数列 $\{a_n\}$ 的母函数为 $f(x)$,数列 $\{b_n\}$ 的母函数为 $g(x)$,则

$$\sum_{i=1}^{\infty}a_{i+1}x^{i-1}=2\sum_{i=1}^{\infty}a_ix^{i-1}+\sum_{i=1}^{\infty}b_ix^{i-1}$$
$$\sum_{i=1}^{\infty}b_{i+1}x^{i-1}=\sum_{i=1}^{\infty}a_ix^{i-1}+\sum_{i=1}^{\infty}b_ix^{i-1}$$

即

189

$$\sum_{i=1}^{\infty} a_{i+1} x^{i-1} = 2f(x) + g(x)$$

$$\sum_{i=1}^{\infty} b_{i+1} x^{i-1} = f(x) + g(x)$$

所以

$$\sum_{i=1}^{\infty} a_{i+1} x^i = 2xf(x) + xg(x)$$

$$\sum_{i=1}^{\infty} a_i x^{i-1} = 2xf(x) + xg(x) + a_1$$

由 $a_1 = 0$,则

$$f(x) = 2xf(x) + xg(x)$$

所以

$$\sum_{i=1}^{\infty} b_{i+1} x^i = xf(x) + xg(x)$$

$$\sum_{i=1}^{\infty} b_i x^{i-1} = xf(x) + xg(x) + b_1$$

由 $b_1 = 1$,则

$$g(x) = xf(x) + xg(x) + 1$$

即

$$(2x-1)f(x) + xg(x) = 0$$
$$xf(x) + (x-1)g(x) = -1$$

解此方程组,得

$$f(x) = \frac{x}{1-3x+x^2}, g(x) = \frac{1-2x}{1-3x+x^2}$$

在数列 $\{f_{2n+k}\}$ 的母函数 $f(x) = \dfrac{f_{2+k} + (f_{4+k} - 3f_{2+k})x}{1-3x+x^2}$ 中,分别令 $k = -2$,$k = -3$,得数列 $\{f_{2n-2}\}$ 的母函数是

$$f(x) = \frac{f_0 + (f_2 - 3f_0)x}{1-3x+x^2} = \frac{x}{1-3x+x^2}$$

得数列 $\{f_{2n-3}\}$ 的母函数是

$$f(x) = \frac{f_{-1} + (f_1 - 3f_{-1})x}{1-3x+x^2} = \frac{1-2x}{1-3x+x^2}$$

因此 $a_n = f_{2n-2}, b_n = f_{2n-3}$,因 $f_{-1} = 1, f_0 = 0$,故 $a_{10} = f_{18}, b_{10} = f_{17}$.

5.7　母函数在其他方面的应用[24]

我们知道母函数方法不只是在研究数列中有很大的作用,也可用它来研究

排列组合问题和不定方程的解的个数问题. 当然,实质上还是转化为与数列有关的问题. 下面就用母函数法探究一类不定方程的有序解的个数问题.

2010 年的全国高中数学联赛一试试题的填空题第 8 题:方程 $x + y + z = 2\ 010$ 满足 $x \leqslant y \leqslant z$ 的正整数解 (x, y, z) 的个数.

我们将方程转化为

$$3(x - 1) + 2(y - x) + (z - y) = n - 3$$

来求非负整数解的个数,它的非负整数解的个数的母函数是

$$f(x) = \frac{1}{(1 - x)(1 - x^2)(1 - x^3)}$$

这个母函数的部分分式较烦琐,按此所得结果含有虚数的方幂. 因此下面先降维讨论来处理这个问题.

我们先用母函数法求不定方程 $x + 2y = n$ 的正整数解,再对方程 $x + y + z = n$ 满足 $x \leqslant y \leqslant z$ (其中 n 为正整数) 的正整数解 (x, y, z) 的个数进行求解.

1. 用母函数法求不定方程 $x + 2y = n, n \in \mathbf{N}_+$ 的非负整数解的个数.

下面来求这个不定方程的非负整数解个数的母函数.

设不定方程 $x + 2y = n$ 有 a_n 个非负整数解,不难发现数列 $a_0, a_1, a_2, a_3, a_4, \cdots, a_n, \cdots$ 的母函数是

$$(1 + x + x^2 + \cdots + x^{n-1} + \cdots)(1 + (x^2)^1 + (x^2)^2 + \cdots + (x^2)^{n-1} + \cdots)$$

①

因为这个母函数的展开式中每个 x^n 必可写为

$$x^n = x^{m_1} x^{2m_2} = x^{m_1 + 2m_2}$$

这里 x^{m_1}, x^{2m_2} 分别取自两个括弧,显然 m_1, m_2 都是非负整数,由此得到

$$m_1 + 2m_2 = n$$

即 (m_1, m_2) 是方程 $m_1 + 2m_2 = n$ 的一个非负整数解,即母函数 ① 中每一项 x^n 对应方程 $m_1 + 2m_2 = n$ 的一个非负整数解.

反之 $m_1 + 2m_2 = n$ 的每一个非负整数解也对应母函数 ① 中一项 x^n,因此不定方程 $m_1 + 2m_2 = n$ 的非负整数解的个数 a_n 就等于母函数 ① 中 x^n 的项数,同类项合并后 a_n 就等于 x^n 的系数,再由运算性质可得数列 $\{a_n\}$ 的母函数是

$$\frac{1}{(1 - x)(1 - x^2)}$$

因为

$$\frac{1}{(1 - x)(1 - x^2)} = \frac{1}{(1 - x)^2(1 + x)}$$

$$= \frac{1}{2(1 - x)^2} + \frac{1}{4(1 - x)} + \frac{1}{4(1 + x)}$$

$$\frac{1}{(1 - x)^2} = \sum_{n=0}^{\infty} (n + 1)x^n$$

$$\frac{1}{1-x} = \sum_{n=0}^{\infty} x^n$$

$$\frac{1}{1+x} = \sum_{n=0}^{\infty} (-1)^n x^n$$

所以

$$\frac{1}{(1-x)(1-x^2)} = \frac{1}{2}\sum_{n=0}^{\infty}(n+1)x^n + \frac{1}{4}\sum_{n=0}^{\infty}x^n + \frac{1}{4}\sum_{n=0}^{\infty}(-1)^n x^n$$

$$= \sum_{n=0}^{\infty}\left[\frac{n+1}{2} + \frac{1}{4} + \frac{(-1)^n}{4}\right]x^n$$

因此不定方程 $x+2y=n$ 的非负整数解的个数为

$$a_n = \frac{n+1}{2} + \frac{1+(-1)^n}{4} \tag{②}$$

例 1 办公室用 100 元办公经费购置了一批铅笔和签字笔,铅笔每支 1 元,签字笔每支 2 元,问共有多少种不同的买法?

解 设买了铅笔 x 支,签字笔 y 支,则 $x+2y=100$,该方程的正整数解的个数即为所求,由式 ② 得

$$\frac{100+1}{2} + \frac{1+(-1)^{100}}{4} - 2 = 49$$

2. 分类讨论方程 $x+y+z=n, n \in \mathbf{N}_+$ 满足 $x \leqslant y \leqslant z$ 的正整数解的个数.

(a) 若 n 为 3 的倍数,则:

(1) 当 $x=y=z$ 时,有唯一一组正整数解;

(2) 当 x,y,z 中有且仅有两个相等,不妨设 $x=y$,即 $2x+z=n(x \neq z)$,即只需求 $2(x-1)+z-1=n-3$ 的非负整数解的个数再减去 $x=y=z$ 时的一组正整数解,也就是当 x,y,z 中有且仅有两个相等,即 $2x+z=n(x \neq z)$ 时正整数解的个数. 由结论 ② 得符合条件(2)的解的个数为

$$\frac{n-2}{2} + \frac{1+(-1)^{n-3}}{4} - 1$$

(3) 当 x,y,z 互不相等且 $x < y < z$ 时,设解的个数为 k,则

$$1 + 3\left(\frac{n-2}{2} + \frac{1+(-1)^{n-3}}{4} - 1\right) + 6k = C_{n-1}^2 = \frac{(n-1)(n-2)}{2}$$

$$k = \frac{(n-1)(n-2)}{12} - \frac{1}{2}\left[\frac{n-2}{2} + \frac{1+(-1)^{n-1}}{4}\right] + \frac{1}{3}$$

即当 $x < y < z$ 时,$x+y+z=n(n$ 为 3 的倍数) 解的个数为

$$k = \frac{(n-2)(n-4)}{12} - \frac{1+(-1)^{n-1}}{8} + \frac{1}{3} \tag{③}$$

综上,当 n 为 3 的倍数时,方程 $x+y+z=n$ 满足 $x \leqslant y \leqslant z$(其中 n 为正整数) 的正整数解 (x,y,z) 的个数为

Fibonacci 数列中的
明珠

$$b_n = 1 + \left(\frac{n-2}{2} + \frac{1+(-1)^{n-3}}{4} - 1 \right) + \frac{(n-1)(n-2)}{12} -$$
$$\frac{1}{2}\left[\frac{n-2}{2} + \frac{1+(-1)^{n-1}}{4} \right] + \frac{1}{3}$$

化简得

$$b_n = \frac{n^2}{12} + \frac{1+(-1)^{n-1}}{8} \qquad\qquad ④$$

（b）若 n 不为 3 的倍数，则：

（1）当 $x = y = z$ 时，无正整数解；

（2）当 x, y, z 中有且仅有两个相等，即 $2x + z = n$（一定有 $x \neq z$），同上可得符合条件（2）的解的个数为

$$\frac{n-2}{2} + \frac{1+(-1)^{n-3}}{4}$$

（3）当 x, y, z 互不相等时，设解的个数为 k，则

$$3\left(\frac{n-2}{2} + \frac{1+(-1)^{n-3}}{4} \right) + 6k = C_{n-1}^2 = \frac{(n-1)(n-2)}{2}$$
$$k = \frac{(n-1)(n-2)}{12} - \frac{1}{2}\left[\frac{n-2}{2} + \frac{1+(-1)^{n-1}}{4} \right]$$

即当 $x < y < z$ 时，$x + y + z = n$（n 不是 3 的倍数）解的个数为

$$k = \frac{(n-2)(n-4)}{12} - \frac{1+(-1)^{n-1}}{8} \qquad\qquad ⑤$$

方程 $x + y + z = n$ 满足 $x \leqslant y \leqslant z$（其中 n 为正整数）的正整数解 (x, y, z) 的个数为

$$b_n = \frac{n-2}{2} + \frac{1+(-1)^{n-1}}{4} + \frac{(n-1)(n-2)}{12} -$$
$$\frac{1}{2}\left[\frac{n-2}{2} + \frac{1+(-1)^{n-1}}{4} \right]$$

化简得

$$b_n = \frac{n^2}{12} + \frac{1+(-1)^{n-1}}{8} - \frac{1}{3}$$

综上，若 n 不为 3 的倍数，方程 $x + y + z = n$ 满足 $x \leqslant y \leqslant z$（其中 n 为正整数）的正整数解 (x, y, z) 的个数为

$$b_n = \frac{n^2}{12} + \frac{1+(-1)^{n-1}}{8} - \frac{1}{3} \qquad\qquad ⑥$$

因为对于（a）（b）两种情形由 ④⑥ 都有

$$\left| b_n - \frac{n^2}{12} \right| \leqslant \frac{1}{3}$$

所以 b_n 就是距离 $\frac{n^2}{12}$ 最近的整数.

于是可以引入一个符号 $\langle x \rangle$，表示距离 x 最近的整数，因此 $b_n = \langle \dfrac{n^2}{12} \rangle$.

故方程 $x+y+z=n$ 满足 $x \leqslant y \leqslant z$（其中 n 为正整数）的正整数解 (x,y,z) 的个数为

$$b_n = \langle \frac{n^2}{12} \rangle \qquad\qquad ⑦$$

由所推结论得联赛一试试题的填空题第 8 题：方程 $x+y+z=2\,010$ 满足 $x \leqslant y \leqslant z$ 的正整数解 (x,y,z) 的个数为

$$b_n = \langle \frac{2\,010^2}{12} \rangle = 336\,675$$

例 2　学校要组建一支 25 人的足球队，现分别从高一、高二、高三三个年级的学生中选取，三个年级选取的人数互不相等，由于高一是新生，高三是毕业年级，因此高二抽取的人数最多，高三最少，则满足条件的选法有多少种？

解　设高三选了 x 人，高一选了 y 人，高二选了 z 人，则

$$x+y+z=25 \quad (x<y<z)$$

其解的个数即为所求.

由 ⑤ 得

$$k = \frac{(25-2)(25-4)}{12} - \frac{1+(-1)^{25-1}}{8} = 40$$

练 习 题 5

1.将下列分式分解成部分分式：

(1) $\dfrac{1}{x^3 - x^2 - x + 1}$；

(2) $\dfrac{x^2+1}{x^4 - 3x^3 + 3x^2 - x}$；

(3) $\dfrac{23x - 11x^2}{(2x-1)(9-x^2)}$.

2.已知数列 $\{s_n\}$ 有递推关系

$$s_{n+3} = 2s_{n+2} - s_n, s_1 = 1, s_2 = 2, s_3 = 4$$

求数列 s_n 的通项公式.

3.用母函数方法证明下列等式：

(1) $f_{n+1}^2 + f_n^2 = f_{2n+1}$；

(2) $f_{2n-1} = f_n f_{n-1} - f_{n-2} f_{n-1}$；

(3) $f_{2n} = f_n f_{n+1} + f_n f_{n-1}$；

(4) $f_{n+2}f_{n+1} - f_n f_{n+3} = (-1)^n$;

(5) $4f_{n-1}f_{n-2} + f_{n-2}f_{n-4} = f_n^2 + (-1)^{n-1}$;

(6) $\sum_{i=1}^{2n-1} f_i f_{i+1} = \sum_{i=1}^{n} f_{4i-2}^2$;

(7) $L_{2n+1} = L_{n+1}L_{n-1} + 4(-1)^n$.

4. 用 Lucas 数列 $\{L_n\}$ 的母函数, 求 L_n 的通项公式.

5. 已知 $f_n = f_{n-1} + f_{n-2}, n \geqslant 3, f_0 = 0, f_1 = f_2 = 1$, 记

$$f(x) = \sum_{n=1}^{\infty} f_n \frac{x^n}{n!}$$

证明: $f(x) = -e^x f(-x)$.

6. 求数列 $\{f_n f_{n+3}\}$ 的母函数.

7. 用母函数方法求 $\sum_{i=1}^{n} L_{2n-1}$.

8. 在数列 $\{a_n\}$ 中

$$a_1 = 1, a_2 = 9, a_{n+2} = 7a_{n+1} - a_n + 2$$

求证: 当 $n \in \mathbf{N}_+, a_n$ 均为平方数.

9. 用母函数方法求 $\sum_{i=1}^{n} L_n^2 f_n$.

195

Fibonacci 数列与连分数

6.1　连分数的概念及定理

连分数理论的形成和发展源远流长.早在公元 300 年前,人们在求两个整数的最大公约数时用的 Euclid 算法实质上就是把一个分数化为连分数的方法.当然连分数理论比较成熟的时期,是从 Bombelli(邦贝利,生于 1530 年,他是波伦亚人) 开始.在这方面有杰出贡献的要称英国数学家 Wallis(沃利斯)和以后的 Euler,Lambert(兰伯特),Lagrange 等大数学家.特别是 Euler 的论文《连分数》为连分数的现代理论奠定了基础.

连分数理论在今天的数学中起着重要作用,几乎所有的数论书都有一部分来介绍连分数,这充分说明连分数在研究数论和数学其他分支中成为一个非常重要的工具.

为了讨论连分数与 Fibonacci 数列之间的关系及性质更顺利,首先介绍连分数的常用概念和相关的重要定理.

定义 1　形如

$$a_1 + \cfrac{1}{a_2 + \cfrac{1}{a_3 + \cfrac{1}{a_4 + \ddots + \cfrac{1}{a_n}}}}$$

(这里 a_1 为整数,a_2,a_3,a_4,… 为正整数) 叫有限简单连分数.

定义 2　形如

$$a_1 + \cfrac{1}{a_2 + \cfrac{1}{a_3 + \cfrac{1}{a_4 + \ddots}}}$$

（这里 a_1 为整数，a_2，a_3，a_4，$\cdots$ 为正整数）叫无限简单连分数.

为了使我们记连分数更方便，用符号 $a_1 + \cfrac{1}{a_{2+}} \; \cfrac{1}{a_{3+}} \; \cfrac{1}{a_{4+\cdots+}} \; \cfrac{1}{a_n}$ 表示连分数，也可以用符号 $[a_1,a_2,a_3,\cdots,a_n]$ 表示有限简单连分数. 因此

$$a_1 + \frac{1}{a_{2+}} \; \frac{1}{a_{3+}} \; \frac{1}{a_{4+\cdots+}} \; \frac{1}{a_n} = [a_1,a_2,a_3,\cdots,a_n]$$

这里第一项 a_1 通常是正整数，负整数或零，项 a_2，a_3，$\cdots$，a_n 是正整数，我们把 a_2，a_3，$\cdots$，a_n 叫作连分数的部分商. 如

$$\frac{67}{29} = 2 + \cfrac{1}{\cfrac{20}{9}} = 2 + \cfrac{1}{3 + \cfrac{1}{\cfrac{9}{2}}} = 2 + \cfrac{1}{3 + \cfrac{1}{4 + \cfrac{1}{2}}}$$

简记为

$$\frac{67}{29} = [2,3,4,2]$$

定理 1　任何一个有理数 $\dfrac{p}{q}$ 都能展为有限的简单连分数.

证明略.

用部分商可引入渐近分数概念.

定义 3

$$c_1 = \frac{a_1}{1}, c_2 = a_1 + \frac{1}{a_2} +, c_3 = a_1 + \frac{1}{a_{2+}} \; \frac{1}{a_3}, \cdots$$

它们分别叫作连分数的第一个，第二个，第三个，$\cdots\cdots$ 渐近分数，第 n 个渐近分数

$$c_n = a_1 + \frac{1}{a_{2+}} \; \frac{1}{a_{3+}} \; \frac{1}{a_{4+\cdots+}} \; \frac{1}{a_n}$$

现在我们来研究渐近分数的变化规律

$$c_1 = \frac{a_1}{1} = \frac{p_1}{q_1}, p_1 = a_1, q_1 = 1$$

$$c_2 = a_1 + \frac{1}{a_{2+}} = \frac{a_1 a_2 + 1}{a_2} = \frac{p_2}{q_2}, p_2 = a_1 a_2 + 1, q_2 = a_2$$

$$c_3 = a_1 + \frac{1}{a_{2+}} \; \frac{1}{a_3} = \frac{a_1 a_2 a_3 + a_1 + a_3}{a_2 a_3 + 1} = \frac{p_3}{q_3}$$

197

$$c_4 = a_1 + \cfrac{1}{a_2+} \cfrac{1}{a_3+} \cfrac{1}{a_4} = \frac{a_1a_2a_3a_4 + a_1a_2 + a_1a_4 + a_3a_4 + 1}{a_2a_3a_4 + a_2 + a_4} = \frac{p_4}{q_4}$$

因为

$$c_3 = \frac{a_1a_2a_3 + a_1 + a_3}{a_2a_3 + 1} = \frac{a_3p_2 + p_1}{a_3q_2 + q_1} = \frac{p_3}{q_3}$$

所以

$$p_3 = a_3p_2 + p_1, q_3 = a_3q_2 + q_1$$

因为

$$c_4 = \frac{a_1a_2a_3a_4 + a_1a_2 + a_1a_4 + a_3a_4 + 1}{a_2a_3a_4 + a_2 + a_4} = \frac{a_4p_3 + p_2}{a_4q_3 + q_2} = \frac{p_4}{q_4}$$

所以

$$p_4 = a_4p_3 + p_2, q_4 = a_4q_3 + q_2$$

如此继续下去可得下面的定理.

定理 2　连分数 $[a_1, a_2, a_3, \cdots, a_n]$ 的第 i 个渐近分数 c_i 的分子 p_i 和分母 q_i 满足方程式

$$p_i = a_ip_{i-1} + p_{i-2}, q_i = a_iq_{i-1} + q_{i-2} \quad (i = 3, 4, 5, \cdots, n)$$

初始值为

$$p_1 = a_1, q_1 = 1; p_2 = a_1a_2 + 1, q_2 = a_2$$

用数学归纳法证明定理 2,略.

定理 3　在连分数 $a_1 + \cfrac{1}{a_2+} \cfrac{1}{a_3+} \cfrac{1}{a_4 + \cdots +} \cfrac{1}{a_n}$ 中,设 $\dfrac{p_4}{q_4}$ 为它的第 m 个渐近分数,则有:

(1) $p_mq_{m-1} - p_{m-1}q_m = (-1)^m$ (n, m 为正整数, $2 \leqslant m \leqslant n$);

(2) $p_{m+2}q_{m-2} - p_{m-2}q_{m+2} = (-1)^{m-1}(a_{m+2}a_{m+1} + a_{m+2}a_m)$;

(3) 若 $q_{2k} = p_{2k-1}$,则 $p_{2k} = p_k^2 + p_{k-1}^2, q_{2k} = p_kq_k + p_{k-1}q_{k-1}$.

证明　由定理 2 得

$$\begin{aligned}
p_mq_{m-1} - p_{m-1}q_m &= (a_mp_{m-1} + p_{m-2})q_{m-1} - p_{m-1}(a_mq_{m-1} + q_{m-2}) \\
&= a_mp_{m-1}q_{m-1} + p_{m-2}q_{m-1} - p_{m-1}a_mq_{m-1} - p_{m-1}q_{m-2} \\
&= -(p_{m-1}q_{m-2} - p_{m-2}q_{m-1})
\end{aligned}$$

所以数列 $\{p_mq_{m-1} - p_{m-1}q_m\}$ 是以 -1 为公比, $p_3q_2 - p_2q_3 = (a_1a_2 + 1) \cdot 1 - a_1a_2 = 1$ 为首项的等比数列,故

$$p_mq_{m-1} - p_{m-1}q_m = (-1)^{m-2} = (-1)^m$$

推论　一个无限简单连分数的奇渐近分数 c_{2n-1} 形成一个递增数列,偶渐近分数 c_{2n} 形成一个递减数列,并且每一个奇渐近分数比任何一个偶渐近分数小.

定理 4　实数 α 展成连分数 $a_1 + \cfrac{1}{a_2+} \cfrac{1}{a_3+} \cfrac{1}{a_4 + \cdots +} \cfrac{1}{a_N}$. 当 α 是有理数时,是有

198

限简单连分数,当 α 是无理数时,是无限简单连分数.

设 $c_n = \dfrac{p_n}{q_n}$ 为它的第 n 个渐近分数,则

$$\left| \alpha - c_n \right| \leqslant \frac{1}{q_n q_{n+1}} < \frac{1}{q_n^2}$$

当且仅当 α 是有理数且 $n+1=N$ 时取等号.

由定理 3 可证明定理 4,证明略.

利用定理 4 可以证明有理数逼近无理数的误差估计,如 π 的前四个渐近分数为 $3, \dfrac{22}{7}, \dfrac{333}{106}, \dfrac{355}{113}$,其中第二个渐近分数 $\dfrac{22}{7}$ 与 π 的误差小于

$$\frac{1}{7 \times 106} \approx 0.001\ 35$$

即误差小于千分之二;第四个渐近分数 $\dfrac{355}{113}$ 与 π 的误差小于

$$\frac{1}{113 \times (292 \times 113 + 106)} < \frac{3}{10^7}$$

即误差小于百万分之一.

这两个分数早被我国古代著名数学家祖冲之(公元 429 年 —500 年)所发现,比欧洲人早一千多年.

祖冲之把 $\dfrac{22}{7}$ 作为 π 的约率,把 $\dfrac{355}{113}$ 作为 π 的密率.

定理 5(Lagrange 定理)　将 $\sqrt{A}$ 化成连分数(A 是非完全平方的正整数)

$$\sqrt{A} = a_1 + \frac{1}{a_2+} \ \frac{1}{a_3+} \ \frac{1}{a_4 + \cdots +} \ \frac{1}{a_n + \cdots}$$

则必为循环连分数,且从第二项 a_2 开始循环.

证明略.

为了简便,我们用括号将循环节括起来,表示无限循环.

例 1　将 $\sqrt{10}$ 化成连分数.

解

$$\sqrt{10} = 3 + \frac{1}{k_1}$$

$$k_1 = \frac{1}{\sqrt{10} - 3} = \sqrt{10} + 3 = 6 + \frac{1}{k_2}$$

$$k_2 = \frac{1}{\sqrt{10} - 3}$$

$$\sqrt{10} = 3 + \frac{1}{6+} \ \frac{1}{6 + \cdots}$$

199

例 2　将 $\sqrt{23}$ 化成连分数.

解

$$\sqrt{23} = 4 + \frac{1}{k_1}$$

$$k_1 = \frac{1}{\sqrt{23}-4} = \frac{\sqrt{23}+4}{7} = 1 + \frac{1}{k_2}$$

$$k_2 = \frac{7}{\sqrt{23}-3} = \frac{\sqrt{23}+3}{2} = 3 + \frac{1}{k_3}$$

$$k_3 = \frac{2}{\sqrt{23}-3} = \frac{\sqrt{23}+3}{7} = 1 + \frac{1}{k_4}$$

$$k_4 = \frac{7}{\sqrt{23}-4} = \sqrt{23} + 4 = 8 + \frac{1}{k_5}$$

$$k_5 = \frac{7}{\sqrt{23}-4} = \frac{\sqrt{23}+4}{7}$$

显然从这里开始重复

$$\sqrt{23} = 4 + \frac{1}{1_+} \ \frac{1}{3_+} \ \frac{1}{1_+} \ \frac{1}{8_+} \ \frac{1}{1_+} \ \frac{1}{3_+} \ \frac{1}{1_+} \ \frac{1}{8_+\cdots}$$

我们把 $\frac{1}{1_+} \ \frac{1}{3_+} \ \frac{1}{1_+} \ \frac{1}{8_+}$ 叫作循环连分数的循环节,我们用括号将循环节括起来,表示无限循环. 所以

$$\sqrt{23} = \{4,1,3,1,8,1,3,\cdots\}$$

或简记为

$$\sqrt{23} = 4 + \left(\frac{1}{1_+} \ \frac{1}{3_+} \ \frac{1}{1_+} \ \frac{1}{8} \right)$$

因此例 1 中

$$\sqrt{10} = 3 + (6)$$

或简记为

$$\sqrt{10} = 3 + \left(\frac{1}{6} \right)$$

6.2　连分数与 Pell 方程

我们在 4.12 节研究过不定方程中 Pell 方程的通解. 如何找 $x^2 - Dy^2 = 1$（D 是非完全平方数的正整数）的最小正整数解 (x_0, y_0),这个问题与连分数有关系.

定理 1   Pell 方程 $x^2 - Dy^2 = 1$(D 是非完全平方数的正整数),当 s 为偶数时,以 $\sqrt{D}$ 展成的连分数的每一循环节倒数第二项截段计算,得到的 (p_s, q_s),(p_{2s}, q_{2s}),(p_{3s}, q_{3s}),$\cdots$ 都是满足方程 $x^2 - Dy^2 = 1$ 的正整数对.

当 s 为奇数时,以 $\sqrt{D}$ 展成的连分数的第二循环节倒数第二项截段计算,得到的 (p_{2s}, q_{2s}),(p_{4s}, q_{4s}),(p_{6s}, q_{6s}),$\cdots$ 都是满足方程 $x^2 - Dy^2 = 1$ 的正整数对.

证明略.

例 1   求适合方程 $x^2 - 23y^2 = 1$ 的最小正整数解.

解   将 $\sqrt{23}$ 化成连分数,$\sqrt{23} = \{4, 1, 3, 1, 8, 1, 3, \cdots\}$,$s = 4$ 为偶数

$$c_1 = \frac{4}{1}, c_2 = \frac{5}{1}, c_3 = \frac{19}{4}, c_4 = \frac{24}{5}$$

由 6.1 节定理 5 取 (p_4, q_4),得原方程的一组正整数解为 $(24, 5)$,显然这是最小正整数解,由 Pell 方程的通解,可得

$$x_n + \sqrt{23}\, y_n = (24 + 5\sqrt{23})^n$$

例 2   某中学高一年级集合起来进行队列操练,正好可以列成 15 个方阵,使人数不多不少. 如果全部列成一个大方阵,那么缺少 1 个人. 问这个学校高一年级总共有多少人?

解   设总人数为 $x^2 - 1$,大方阵人数为 x^2,小方阵人数为 y^2. 由题意得
$$x^2 - 15y^2 = 1$$
由于

$$\sqrt{15} = 3 + (\frac{1}{1_+}\ \frac{1}{8})$$

$s = 2$ 为偶数,由 6.1 节定理 5 取 (p_2, q_2),(p_4, q_4),(p_6, q_6),$\cdots$,得 $(4, 1)$,$(19, 5)$,$(91, 24)$,$\cdots$,对应的总人数为 $15, 360, 8\,280, \cdots$.

第一组答案仅 15 人数目太少,第三组以上的答案人数太多,都不符合实际,故第二组答案较为合适,总人数为 360 人.

6.3   Fibonacci 数列与连分数

1753 年,Simson(西姆森)发现 Fibonacci 数列中前后两项 f_n 和 f_{n+1} 之比 $\dfrac{f_n}{f_{n+1}}$ 是连分数

$$\cfrac{1}{1 + \cfrac{1}{1 + \cfrac{1}{1 + \cfrac{1}{1 + \cfrac{1}{1 + \ddots + \cfrac{1}{1 + 1}}}}}}$$

他是把 Fibonacci 数列与连分数联系的第一人. 以后人们发现了不少 Fibonacci 数列与连分数的关系和性质.

现在我们来看,在所有无限连分数中最简的一个简单连分数是
$$\varphi = [1,1,1,\cdots]$$
由简单连分数定义可知, $\varphi = 1 + \dfrac{1}{\varphi}$, 即 $\varphi^2 - \varphi - 1 = 0$. 解得一个正根为
$$\varphi = \frac{1+\sqrt{5}}{2}$$
φ 的前几个渐近分数是
$$\frac{1}{1}, \frac{2}{1}, \frac{3}{2}, \frac{5}{3}, \frac{8}{5}, \frac{13}{8}, \frac{21}{13}, \frac{34}{21}, \frac{55}{34}, \cdots$$
它们的分子、分母都是 Fibonacci 数列 $1,1,2,3,5,8,13,21,34,55,89,\cdots$ 中的数.

下面我们来讨论 $\varphi = \dfrac{1+\sqrt{5}}{2}$ 展开的连分数, $\varphi = [1,1,1,\cdots]$ 的第 i 个渐近分数的分子、分母分别是 f_{i+1}, f_i, 这里 f_n 是 Fibonacci 数.

由 6.1 节定理 2 我们知道 $\varphi = \dfrac{1+\sqrt{5}}{2}$ 的第 i 个渐近分数 $c_i = \dfrac{p_i}{q_i}$, 其中
$$p_i = a_i p_{i-1} + p_{i-2}, \quad q_i = a_i q_{i-1} + q_{i-2}$$
显然 $a_i = 1, i \in \mathbf{N}_+$, 且
$$p_1 = 1, q_1 = 1, p_2 = 2, q_2 = 1$$
因此
$$p_i = p_{i-1} + p_{i-2}, q_i = q_{i-1} + q_{i-2} \quad (i \geqslant 3)$$
$$p_i = p_{i-1} + p_{i-2}, p_1 = 1, p_2 = 2 \quad (i \geqslant 3)$$
$$q_i = q_{i-1} + q_{i-2}, q_1 = 1, q_2 = 1 \quad (i \geqslant 3)$$
由 Fibonacci 数列的定义知, p_i 是第 $i+1$ 个 Fibonacci 数, q_i 是第 i 个 Fibonacci 数.

定理 1 $\varphi = \dfrac{1+\sqrt{5}}{2}$ 的第 i 个渐近分数 $c_i = \dfrac{p_i}{q_i}$, 则 p_i 是第 $i+1$ 个 f_{i+1} 的 Fibonacci 数, q_i 是第 i 个 f_i 的 Fibonacci 数.

由 6.1 节定理 2, 定理 3(1)(2)(3) 及本节定理 1 可推得
$$f_n^2 - f_{n-1} f_{n+1} = (-1)^{n-1}, \quad f_{2n+1} = f_{n+1}^2 + f_n^2$$
$$f_{2n} = f_n f_{n+1} + f_{n-1} f_n, \quad f_{n+3} f_{n-2} - f_{n-1} f_{n+2} = 3(-1)^{n-1}$$
下面我们来看定理 1 在解竞赛题中的应用.

例 1(第 4 届全俄数学竞赛)

$$\cfrac{1}{1+\cfrac{1}{1+\cfrac{1}{1+\cfrac{1}{1+\cdots+\cfrac{1}{1+1}}}}}=\frac{m}{n}$$

其中 m,n 是正整数,而等式左边含有 $1\,988$ 条分数线,试计算 m^2+mn-n^2 的值.

解
$$1+\cfrac{1}{1+\cfrac{1}{1+\cfrac{1}{1+\cfrac{1}{1+\cdots+\cfrac{1}{1+1}}}}}=\frac{m}{n}+1=\frac{m+n}{n}$$

由定理 1 可知
$$m+n=f_{1\,990},n=f_{1\,989},m=f_{1\,988}$$

所以
$$
\begin{aligned}
m^2+mn-n^2 &= f_{1\,988}^2+f_{1\,988}f_{1\,989}-f_{1\,989}^2\\
&= f_{1\,988}^2+f_{1\,988}f_{1\,989}-(f_{1\,988}+f_{1\,987})^2\\
&= f_{1\,988}^2+f_{1\,988}(f_{1\,988}+f_{1\,987})-(f_{1\,988}^2+2f_{1\,988}f_{1\,987}+f_{1\,987}^2)\\
&= f_{1\,988}^2-f_{1\,988}f_{1\,987}-f_{1\,987}^2\\
&= f_{1\,988}^2-f_{1\,989}f_{1\,987}\\
&= (-1)^{1\,987}\\
&= -1
\end{aligned}
$$

例 2(美国威斯康星数学科学和工程天赋探索) 设
$$x=\cfrac{1}{1+\cfrac{1}{1+\cfrac{1}{1+\cfrac{1}{1+\cdots+\cfrac{1}{1+1}}}}}$$

其中有 $1\,000$ 条分数线 $.\ x^2+x>1$ 是否成立? 验证答案.

解 用 x_n 表示具有 n 条分数线的连分数,我们计算得
$$x_1=\frac{1}{2},x_2=\frac{2}{3},x_3=\frac{3}{5},x_4=\frac{5}{8},x_5=\frac{8}{13}$$

一般形式为
$$x_{n+1}=\frac{1}{1+x_n},\ x_n=\frac{f_{n+1}}{f_{n+2}}$$

设 $c_n=x_n^2+x_n$,则

$$c_n = \left(\frac{f_{n+1}}{f_{n+2}}\right)^2 + \frac{f_{n+1}}{f_{n+2}}$$

$$= \frac{f_{n+1}^2 + f_{n+2}f_{n+1}}{f_{n+2}^2} \quad (\text{因为 } f_{n+1}^2 - f_n f_{n+2} = (-1)^n)$$

$$= \frac{f_n f_{n+2} + f_{n+2}f_{n+1} + (-1)^n}{f_{n+2}^2}$$

$$= \frac{f_{n+2}^2 + (-1)^n}{f_{n+2}^2}$$

显然 n 为奇数时 $c_n < 1$，n 为偶数时 $c_n > 1$，因为这里 $n = 1\,000$，所以 $c_{1\,000} > 1$.

练 习 题 6

1. (1) 将 $\sqrt{7}$ 化成连分数;

(2) 将 $\sqrt{79}$ 化成连分数;

(3) 将 $\sqrt{73}$ 化成连分数.

2. 求 $\sqrt{2}$ 误差小于万分之五的分数表示.

3. 求 $x^2 - 11y^2 = 1$ 的正整数解的通式，并按通式求出它的前三组解.

4. 设 $\cfrac{1}{1+\cfrac{1}{1+\cfrac{1}{1+\cfrac{1}{1+\cdots+\cfrac{1}{1+1}}}}} = \frac{m}{n}$，其中等式的左端共有 1 988 条分数

线，而右端的分数 $\frac{m}{n}$ 为既约分数，试证: $\left(\frac{1}{2} + \frac{m}{n}\right)^2 = \frac{5}{4} - \frac{1}{n^2}$.

5. 已知数列 $\{x_n\}$ 满足 $x_{n+1} = \frac{1}{1+x_n}$，$x_1 = \frac{1}{2}$，求证

$$\left(\frac{2}{3}\right)\left(\frac{4}{9}\right)^{n+1} \leqslant |x_{n+1} - x_n| \leqslant \left(\frac{5}{8}\right)\left(\frac{25}{64}\right)^{n-1}$$

6. 若连分数 $[a_0, a_1, a_2, a_3, \cdots, a_n, \cdots]$ 所有 a_n 中除 $a_i = 2(i \geqslant 1)$ 外，所有 $a_n = 1, i \neq n$，则当 $n > i$ 时，有

$$\frac{p_n}{q_n} = \frac{f_{i+1}f_{n-i+3} + f_i f_{n-i+1}}{f_i f_{n-i+3} + f_{i-1}f_{n-i+1}}$$

其中数列 $\{f_n\}$ 是 Fibonacci 数列.

Fibonacci 数列中的
明珠

Fibonacci 数列与互补数列

7.1 互逆数列与互补数列的概念

互补数列这一课题,在现代数学史上曾一度掀起过不小的风波.不少数学爱好者和一些数学家对它产生过浓厚兴趣,做了深入的研究并得到许多重要性质,以它为背景的国际数学竞赛题也屡次出现.在研究互补数列时,人们常常以 Fibonacci 数列来研究其性质.因此,我们将在下面做详细的介绍.

在研究互补数列时常用到符号 $[x]$,表示不超过 x 的最大整数(我们把这个函数称为 Gauss 函数,以纪念德国著名数学家 Gauss),因此,我们有必要了解 Gauss 函数的基本性质.

由定义显然有以下的性质:

(1) $[x]$ 是一个整数;

(2) $[x] \leqslant x$;

(3) $[x] > x - 1$;

(4) 当 $x \leqslant y$ 时,$[x] \leqslant [y]$;

(5) $[x + m] = [x] + m$ 成立的充要条件是 m 为整数;

(6) 对任意 $x, y \in \mathbf{R}$,有 $[x] + [y] \leqslant [x + y]$.

定义 1　设数列 $\{a_n\}$ 是一个不减的无界非负整数数列,对任意 $n \in \mathbf{N}_+$,令

$$a_n^* = \{m \mid m \in \mathbf{N}_+, a_m < n\}$$

即 a_n^* 为满足不等式 $a_m < n$ 成立的正整数 m 的个数,则数列 $\{a_n^*\}$ 为数列 $\{a_n\}$ 的逆数列.

在引入互补数列定义前先介绍一个定理.

在 1926 年多伦多大学的一位数学教授,他发现了一个关于无理数数列的一个十分有趣的性质.

比特定理(Sam. Beatly) 设 x 是任何一个正的无理数,y 是它的倒数,那么两个数列

$$1 + x, 2(1 + x), 3(1 + x), 4(1 + x), \cdots$$
$$1 + y, 2(1 + y), 3(1 + y), 4(1 + y), \cdots$$

合起来恰好包含了每一对相邻正整数构成的正区间 $(n, n+1)$ 中的一个数 $n \in \mathbf{N}_+$.

当时这个定理的证明并不简洁,1927 年由 Ostrowshi(奥斯特洛斯基)与 A. C. Aitken(艾特肯)发表了一个非常漂亮的证明,现转述如下.

证明 因为 x, y 都是无理数,所以定理中的每一项均为无理数,因此,当然没有一项是整数,很显然在 $1 + x$ 的倍数所组成的序列中比一个给定的正整数 N 小的项的个数为 $\left[\dfrac{N}{1+x}\right]$,这里 $[x]$ 表示不超过 x 的最大整数.

同理在第二个序列 $1 + y$ 的倍数中位于 1 与 N 之间的项的个数是 $\left[\dfrac{N}{1+y}\right]$.

这样合起来,所得的序列中有 $\left[\dfrac{N}{1+x}\right] + \left[\dfrac{N}{1+y}\right]$ 项在 1 与 N 之间.

由于 $\dfrac{N}{1+x}$ 与 $\dfrac{N}{1+y}$ 不是整数,我们有

$$\frac{N}{1+x} - 1 < \left[\frac{N}{1+x}\right] < \frac{N}{1+x}$$
$$\frac{N}{1+y} - 1 < \left[\frac{N}{1+y}\right] < \frac{N}{1+y}$$

两个不等式相加,得

$$\frac{N}{1+x} + \frac{N}{1+y} - 2 < \left[\frac{N}{1+x}\right] + \left[\frac{N}{1+y}\right] < \frac{N}{1+x} + \frac{N}{1+y}$$

又因为 x, y 互为倒数,即 $x = \dfrac{1}{y}$,所以有

$$\frac{N}{1+x} + \frac{N}{1+y} = \frac{N}{1+x} + \frac{N}{1+\frac{1}{x}} = \frac{N}{1+x} + \frac{xN}{1+x} = N$$

则得到

$$N - 2 < \left[\frac{N}{1+x}\right] + \left[\frac{N}{1+y}\right] < N$$

因此

$$\left[\frac{N}{1+x}\right] + \left[\frac{N}{1+y}\right] = N - 1$$

即在序列中小于正整数 N 的项的总数是 $N-1$,同理小于 $N+1$ 的项的总数是 N,这说明如果当 N 增大 1,那么数列中的另外一项也就被接纳进来,因此,在 N 与 $N+1$ 之间恰好有数列的一项,证毕.

推论 若 x,y 是互为倒数的两个无理数,则对应于无理数 x,y 的比特序列 $[n(1+x)]$,$[n(1+y)]$ 合在一起,每个正整数恰好在其中只出现一项.

现在我们可以给互补数列下个定义了.

什么叫互补数列呢?

定义 2 一对数列中每个数列的项互不相同,集合 $\{a_n \mid n \in \mathbf{N}_+\}$ 和 $\{B_n \mid n \in \mathbf{N}_+\}$ 满足条件:

(1) $\{a_n \mid n \in \mathbf{N}_+\} \bigcup \{B_n \mid n \in \mathbf{N}_+\} = \mathbf{N}_+$

(2) $\{a_n \mid n \in \mathbf{N}_+\} \bigcap \{B_n \mid n \in \mathbf{N}_+\} = \varnothing$.

称这样的一对数列为互为互补数列.

7.2　互逆数列的重要定理

定理 1 若数列 a_n^* 是数列 a_n 的逆数列,则有

$$a_n^* = \max\{m \mid a_m < n, m \in \mathbf{N}_+ \bigcup \{0\}\}$$

定理 2 若数列 a_n^* 是数列 a_n 的逆数列,则有:

(1) $a_n^* \geqslant k \Leftrightarrow a_k < n$;

(2) $a_n^* < k \Leftrightarrow a_k \geqslant n$;

(3) $a_n^* = k \Leftrightarrow a_k < n < a_{k+1}$,

其中 $k \in \mathbf{N}_+ \bigcup \{0\}$, $a_0 = 0$.

定理 3 若数列 a_n^* 是数列 a_n 的逆数列,则数列 a_n 是数列 a_n^* 的逆数列,即数列 a_n 与数列 a_n^* 互为逆数列.

逆数列就是以正整数为定义域的反函数,于是我们有下面更一般的定理.

定理 4 设 $f(x)$ 是定义在 $[1,\infty)$ 上的严格单调递增的非负函数,其值域包含 $[1,\infty)$,若对任意 $n \in \mathbf{N}_+$,$f(n)$ 都不是整数,则数列 $\{[f(n)]\}$ 与 $\{[f^{-1}(n)]\}$ 是互逆的,其中 $f^{-1}(x)$ 表示函数 $f(x)$ 的反函数,符号 $[x]$ 表示不超过 x 的最大整数.

证明 由假设知,$f^{-1}(x)$ 有意义,且 $f^{-1}(x)$ 也是严格单调上升的非负函数,其定义域包含区间 $[1,+\infty)$,于是,对任意 $n\in\mathbf{N}_+$,$f(n)$ 与 $f^{-1}(n)$ 都有意义,且 $\{[f(n)]\}$ 与 $\{[f^{-1}(n)]\}$ 都是不减的无界非负整数数列.

因对任意 $n\in\mathbf{N}_+$,$f(n)$ 不是整数,于是,$f^{-1}(n)$ 也不是整数,而当 t 不是整数时,有

$$[t]<t<[t]+1$$

于是,可令 $k=[f^{-1}(n)]$,则有

$$k<f^{-1}(n)<k+1$$

因此,由函数 $f(x)$ 的严格单调上升性与反函数的性质 $f(f^{-1}(n))=n$,有

$$f(k)<n<f(k+1)$$

故有

$$[f(k)]<n\leqslant[f(k+1)]$$

从而由定理 2(3) 知

$$[f(n)]^*=k=[f^{-1}(n)]$$

再由定理 2 即知数列 $\{[f(n)]\}$ 与 $\{[f^{-1}(n)]\}$ 是互逆的,证毕.

有了互逆数列的讨论,我们就容易讨论下面的互补数列的性质了.

7.3 互补数列的重要定理

下面的瑞雷定理就是比特定理的一个推广,在比特定理中,令 $\alpha=1+x$,$\beta=1+y$,因为 $xy=1$,所以 $\dfrac{1}{\alpha}+\dfrac{1}{\beta}=1$,于是得下面的定理.

定理 1(瑞雷定理) 设 α,β 是正无理数,适合关系 $\dfrac{1}{\alpha}+\dfrac{1}{\beta}=1$,定义两个数列

$$A=\{[n\alpha]\mid n\in\mathbf{N}_+\}$$
$$B=\{[n\beta]\mid n\in\mathbf{N}_+\}$$

那么,A 与 B 都是严格上升且这两个数列为互补数列.

下面作者将给出一个类似于瑞雷定理,n 的系数都是有理数.

定理 2 有理数 $r=\dfrac{q}{p}>1$,$p>1$,数列

$$A=\left\{\left[\dfrac{q}{p}n\right]\mid n\in\mathbf{N}_+\right\},B=\{[n\alpha+\beta]\mid n\in\mathbf{N}_+\}$$

其中 $\alpha=\dfrac{q}{q-p}$,$\beta=-\dfrac{1}{p(q-p)}$,则 $A\cap B=\varnothing$,$A\cup B=\mathbf{N}_+$.

证明 $a_n = \left[\dfrac{q}{p}n\right] = \left[\dfrac{q}{p}n + \dfrac{1}{p^2}\right]$ 和 $b_n = \left[\dfrac{q}{q-p}n - \dfrac{1}{p(q-p)}\right]$ 都是单调递增数列. 先证对任何 $m, n \in \mathbf{N}_+$, $a_m \neq b_n$.

$$a_n = \left[\frac{q}{p}n\right] = \left[\frac{q}{p}n + \frac{1}{p^2}\right] = n + \left[\frac{q-p}{p}n + \frac{1}{p^2}\right]$$

$$b_n = \left[\frac{q}{q-p}n - \frac{1}{p(q-p)}\right] = n + \left[\frac{p}{q-p}n - \frac{1}{p(q-p)}\right]$$

设 $f(n) = \dfrac{q-p}{p}n + \dfrac{1}{p^2}$, 则

$$f^{-1}(n) = \frac{p}{q-p}n - \frac{1}{p(q-p)}$$

$$f(m) = \frac{q-p}{p}m + \frac{1}{p^2} = k + \alpha$$

其中 $0 < \alpha < 1, k \in \mathbf{N}_+$.

$$f^{-1}(n) = \frac{p}{q-p}n - \frac{1}{p(q-p)} = l + \beta$$

其中 $0 < \beta < 1, l \in \mathbf{N}_+$, 则 $f(l+\beta) = n$, $[f(m)] = k$, $[f^{-1}(n)] = l$, 对任何 m, $n \in \mathbf{N}_+$, $f(m), f^{-1}(n) \notin \mathbf{Z}$.

用反证法证明 $a_m \neq b_n$. 假设 $a_m = b_n$, 因为

$$m + \frac{q-p}{p}m + \frac{1}{p^2} > m + \left[\frac{q-p}{p}m + \frac{1}{p^2}\right]$$

$$= n + \left[\frac{p}{q-p}n - \frac{1}{p(q-p)}\right]$$

$$= f(l+\beta) + l > l + f(l)$$

所以 $m > l$, 则 $m \geqslant l+1$, 因此

$$m + \left[\frac{q-p}{p}m + \frac{1}{p^2}\right] \geqslant l + 1 + [f(l+1)]$$

$$= [f^{-1}(n)] + [f(l+1)] + 1$$

$$\geqslant [f^{-1}(n)] + [f(l+\beta)] + 1$$

$$= [f^{-1}(n)] + n + 1$$

$$= n + \left[\frac{p}{q-p}n - \frac{1}{p(q-p)}\right] + 1$$

故 $a_m \geqslant b_n + 1$, 与假设 $a_m = b_n$ 矛盾.

下面再证明对任何 $k \in \mathbf{N}_+$, $a_m = k$ 或 $b_n = k$ 有且仅有一个成立.

因为 $f(n) = \dfrac{q-p}{p}n + \dfrac{1}{p^2}$ 是单调递增的数列, 当 $k = 1$ 时, 若 $f(1) < 1$, 则 $a_1 = 1$, 若 $f(1) > 1$ 时, 则 $f^{-1}(n) < 1$, $b_1 = 1$.

当 $k \geqslant 2$ 时, 不妨设 $f(1) < 1$, 如果对 $k \in \mathbf{N}_+$ 有

$$k \notin A = \left\{ \left[\frac{q}{p} n \right] = \left[\frac{q}{p} n + \frac{1}{p^2} \right] \mid n \in \mathbf{N}_+ \right\}$$

下面求 l，使得 $b_l = k$.

设 $n_0 = \max\{ n \in \mathbf{N}_+ \mid a_n < k, k \geqslant 2 \}$，则有不等式

$$k_0 = a_{n_0} < k < a_{n_0+1} = k_1$$

所以

$$k_1 - k_0 \geqslant 2$$

即

$$k_0 = n_0 + [f(n_0)] < k < n_0 + 1 + [f(n_0+1)] = k_1$$

$$k_0 - n_0 = [f(n_0)] < k - n_0 < 1 + [f(n_0+1)] = k_1 - n_0$$

$$f(n_0) < k - n_0 \leqslant [f(n_0+1)] < f(n_0+1)$$

由于 $f(n)$ 与 $f^{-1}(n)$ 单调性相同，因此 $f^{-1}(n)$ 也是单调递增的

$$n_0 < f^{-1}(k - n_0) < n_0 + 1$$

$$[f^{-1}(k - n_0)] = n_0$$

取 $l = k - n_0$，则 $k = l + n_0$，所以有

$$l + [f^{-1}(l)] = k$$

即 $b_l = k$. 证毕.

在定理中当 $r = p(p \in \mathbf{N}_+)$ 时，可以找到 α, β，使得 $A \bigcap B = \varnothing$，$A \bigcup B = N^+$.

证明留给读者.

我们还有下面更强的定理.

定理 3　设 $f(x)$ 是定义在 $(0, \infty)$ 上的严格单调增函数，值域包含区间 $[1, \infty)$. 对任意的 $n \in \mathbf{N}_+$ 有 $f(n) \notin \mathbf{Z}$，那么

$$a_n = n + [f(n)], b_n = n + [f^{-1}(n)]$$

是一对互补数列.

下面闵嗣鹤定理是更一般的定理.

定理 4（闵嗣鹤定理）　设

（ⅰ）$\alpha(1) \geqslant 0$，$\beta(1) \geqslant 0$；

（ⅱ）在 $x \geqslant 1$ 时，$\alpha(x)$ 和 $\beta(x)$ 都是关于 x 的严格递增函数；

（ⅲ）若 $\alpha^{-1}(x)$ 和 $\beta^{-1}(x)$ 是 $\alpha(x)$ 和 $\beta(x)$ 的反函数，且

$$\alpha^{-1}(x) + \beta^{-1}(x) \equiv lx \quad (l \in \mathbf{N}_+)$$

则每一个正整数一定在以下两个数列 $\{[\alpha(n)]\}$，$\{[\beta(n)]^-\}$ 内恰好出现 l 次，而 0 则恰好出现 $l-1$ 次（其中符号 $[x]^-$ 表示当 x 不是整数时，记为 $[x]$，当 x 是整数时，记为 $[x]-1$）.

　　证明　因为在 $x \geqslant 1$ 时 $\alpha(x)$ 和 $\beta(x)$ 都是关于 x 的严格递增函数，所以

满足 $\alpha(n) < k+1, \beta(n) \leqslant k, k \in \mathbf{N}_+$ 的正整数 n 就是适合 $n < \alpha^{-1}(k+1)$ 和 $n \leqslant \beta^{-1}(k+1)$ 的正整数. 这样的正整数显然共有 $[\alpha^{-1}(k+1)]^- + [\beta^{-1}(k+1)]$ 个.

由 $\alpha^{-1}(x) + \beta^{-1}(x) \equiv lx$, 得
$$[\alpha^{-1}(k+1)]^- + [\beta^{-1}(k+1)]$$
$$= [\alpha^{-1}(k+1)]^- + [l(k+1) - \alpha^{-1}(k+1)]$$
$$= [\alpha^{-1}(k+1)]^- + [l(k+1) - 1 - [\alpha^{-1}(k+1)]^-]$$
$$= l(k+1) - 1$$

这正表明 $\{[\alpha(n)]\}, \{[\beta(n)]^-\}$ 中其值不超过 k 的项数满足:

① 若 $k > 0$, 则在 $\{[\alpha(n)]\}, \{[\beta(n)]^-\}$ 内其值不超过 $k-1$ 的项数应是 $lk-1$, 所以在两个数列中其值为 k 的项数为
$$l(k+1) - 1 - (lk-1) = l$$

② 若 $k = 0$, 在 $\{[\alpha(n)]\}, \{[\beta(n)]^-\}$ 两个数列中其值为 k 的项数为
$$[\alpha^{-1}(1)]^- + [\beta^{-1}(1)] = l - 1$$

故定理得证.

由闵嗣鹤定理可推得如下定理.

定理 5 若 $\alpha \geqslant 1, \beta \geqslant 1$, 则每一个正整数在下列两个数列 $[n\alpha], [n\beta]^-$ 中恰好出现一次的充要条件是 $\dfrac{1}{\alpha} + \dfrac{1}{\beta} = 1$.

这里的 α, β 可以是有理数也可以是无理数, 因此, 定理 5 是瑞雷定理的推广.

定理 1, 2, 3, 5 为我们提供了制作互补数列的切实可行的方法. 在后面的章节将利用这些定理解答一些国际竞赛题.

7.4 与 Fibonacci 数列相关的互补数列[24]

下面我们来介绍与 Fibonacci 数列相关的互补数列[25], 从而从另一个角度理解互补数列.

设 f_n 表示 Fibonacci 数列, 由 f_n 出发构造另一个数列 f_n^*, 其定义是
$$f_n^* = \{m \mid 使得 f_m < n \, 成立的 \, m \, 的个数\}$$

下面我们根据这一定义按 f_n, f_n^* 及 $f_n + n, f_n^* + n$ 的值列表如下 (表 1).

表 1

n	1	2	3	4	5	6	7	8	9	10	11	12	13
f_n	1	1	2	3	5	8	13	21	34	55	89	144	233
f_n^*	0	2	3	4	4	5	5	5	6	6	6	6	6
f_n+n	2	3	5	7	10	14	20	29	43	65	100	156	246
f_n^*+n	1	4	6	8	9	11	12	13	15	16	17	18	19

令 $F(n)=f_n+n$，$G(n)=f_n^*+n$，其中数列 f_n 与 f_n^* 是互逆数列. 这时 $F(n),G(n)$ 正好是一对互补数到.

在 7.3 节定理 2 的证明过程中有 n_0 是使得 $a_n<k$ 的最大整数，就是我们这里 f_n^* 的定义中 m 的个数. 这里 f_n^* 就是 $f(x)$ 的反函数自变量取正整数.

例（第 20 届国际数学竞赛） 全体正整数的集合是两个互不相交的集合

$$\{f(1),f(2),f(3),\cdots,f(n),\cdots\}$$
$$\{g(1),g(2),g(3),\cdots,g(n),\cdots\}$$

的并集，其中

$$f(1)<f(2)<f(3)<\cdots<f(n)<\cdots$$
$$g(1)<g(2)<g(3)<\cdots<g(n)<\cdots$$

且对于所有的 $n\geqslant 1$，有 $g(n)=f(f(n))+1$，求 $f(240)$.

解 由题意可知，所求的两个数列是一对互补数列，并发现与 Fibonacci 数列有密切联系.

用数学归纳法可证明下面两个等式成立

$$f(f_{n-1}+m)=f_n+f(m)$$
$$g(f_{n-2}+m)=f_n+g(m)$$

其中 f_n 是 Fibonacci 数列

$$1,1,2,3,5,8,13,21,34,55,89,144,233,377$$

因此

$$f(240)=f(233+7)=377+f(7)$$
$$=377+f(5+2)=377+8+f(2)$$
$$=385+f(2)=385+3=388$$

7.5 应用互逆数列与互补数列求通项公式

例 1 已知数列 $\{a_n\}$ 是 $1,1,1,1,2,2,2,2,3,3,3,3,\cdots$，求数列 $\{a_n\}$ 的通项

公式.

解　由题意可知,数列 $\{a_n\}$ 的逆数列是

$$a_n^* = 4(n-1)$$

构造一个函数

$$f(x) = 4(x-1) + \frac{1}{2} \quad (x \in [1, +\infty))$$

这个函数符合 7.3 节定理 4 中的条件,且对任意的正整数 n,都有

$$[f(n)] = 4(n-1) = a_n^*$$

为了求数列 $\{a_n\}$ 的通项公式需求

$$f^{-1}(x) = \frac{x}{4} + \frac{7}{8} \quad \left(x \in \left[\frac{1}{2}, +\infty\right)\right)$$

再由 7.2 节定理 4 得

$$a_n = \left[\frac{n}{4} + \frac{7}{8}\right]$$

例 2(第 20 届国际数学竞赛)　全体正整数的集合是两个互不相交的集合

$$\{f(1), f(2), f(3), \cdots, f(n), \cdots\}$$
$$\{g(1), g(2), g(3), \cdots, g(n), \cdots\}$$

的并集,其中

$$f(1) < f(2) < f(3) < \cdots < f(n) < \cdots$$
$$g(1) < g(2) < g(3) < \cdots < g(n) < \cdots$$

且对于所有的 $n \geqslant 1$,有 $g(n) = f(f(n)) + 1$,求 $f(n)$ 及 $f(240)$.

解　由题意可知,所求的两个数列 $f(n), g(n)$ 是一对互补数列.由瑞雷定理可设

$$f(n) = [n\alpha], g(n) = [n\beta]$$

其中 $\dfrac{1}{\alpha} + \dfrac{1}{\beta} = 1$.

由已知 $g(n) = f(f(n)) + 1$,得

$$[n\beta] = [n[n\alpha]] + 1$$

所以

$$\frac{\alpha n - 1}{n} < \frac{[\alpha n]}{n} < \frac{\alpha n}{n} = \alpha$$

当 $n \to \infty$ 时,得

$$\frac{[\alpha n]}{n} \to \alpha, \frac{[\beta n]}{n} \to \beta$$

则

$$\frac{[\alpha[\alpha n]]}{n} \to \alpha^2$$

213

因此
$$\beta = \alpha^2$$

又 $\dfrac{1}{\alpha} + \dfrac{1}{\beta} = 1$,解之得

$$\alpha = \frac{1+\sqrt{5}}{2}, \beta = \frac{3+\sqrt{5}}{2}$$

$$f(n) = \left[n \times \frac{1+\sqrt{5}}{2}\right], g(n) = \left[n \times \frac{3+\sqrt{5}}{2}\right]$$

故

$$f(240) = \left[240 \times \frac{1+\sqrt{5}}{2}\right] = 388$$

例 3　设 $N^* = \{1,2,3,\cdots\}$,论证是否存在一个函数 $f : \mathbf{N}_+ \to \mathbf{N}_+$,使得 $f(1) = 2, f(f(n)) = f(n) + n$ 对一切 $n, n \in \mathbf{N}_+$ 成立.

解　存在. 令

$$f(n) = [\beta(n+1)] + n$$

其中 $\beta = \dfrac{\sqrt{5}-1}{2}$,$[x]$ 表示不超过 x 的最大整数.

显然 $f(n)$ 严格递增,并且 $f(1) = 2$. 又 $\beta(\beta+1) = 1$,由于 $-1 < [x] - x \leqslant 0$,$\beta = \dfrac{\sqrt{5}-1}{2}$,所以 $-1 < [\beta(n+1)] - \beta(n+1) < 0$,从而

$$-1 < -\beta < \beta[\beta(n+1)] - \beta^2(n+1) < 0$$

于是

$$[\beta[\beta(n+1)] - \beta^2(n+1)] = -1$$

因此

$$\begin{aligned}
f(f(n)) &= f(n) + [\beta(f(n)+1)] \\
&= f(n) + [\beta[\beta(n+1)] - \beta^2(n+1) + \beta^2(n+1) + \beta(n+1)] \\
&= f(n) + [\beta[\beta(n+1)] - \beta^2(n+1) + (\beta^2+\beta)(n+1)] \\
&= f(n) + [\beta[\beta(n+1)] - \beta^2(n+1) + (n+1)] \\
&= f(n) + [\beta[\beta(n+1)] - \beta^2(n+1)] + n+1 \\
&= f(n) - 1 + n + 1 \\
&= f(n) + n
\end{aligned}$$

因此对一切 n,$f(n) = [\beta(n+1)] + n$ 就是满足要求的函数.

例 4　求非完全平方数由小到大排列所成数列的通项公式.

解　由完全平方数由小到大排列所成数列 b_n 与非完全平方数由小到大排列所成数列 a_n 是一对互补数列. 因为完全平方数由小到大排列所成数列的通项公式为 $b_n = n^2$,所以

Fibonacci 数列中的
明珠

$$b_n = n + [n^2 - n] = n + \left[n^2 - n + \frac{1}{4}\right]$$

(注:加 $\frac{1}{4}$ 这点技巧要体会,① 要保证等,② 对任意正整数 $n,f(n) \notin \mathbf{N}_+$,③ 容易求反函数.) 因此

$$f(n) = n^2 - n + \frac{1}{4}$$

再求 $f(n)$ 的反函数,得

$$f^{-1}(n) = \sqrt{n} + \frac{1}{2}$$

由 7.3 节定理 3 得

$$a_n = n + \left[\sqrt{n} + \frac{1}{2}\right]$$

下面的例题是全国高中数学教师解题基本功技能大赛中的一道试题,不少老师对这部分知识不熟,感到无从下手. 在这里我们由 7.3 节定理 3 很容易解决.

例 5   正整数数列中除去数列 $\{2n^2 - n\}, n \in \mathbf{N}_+$ 的所有项由小到大依次构成数列 $\{a_n\}$,求 $\{a_n\}$ 的通项公式.

解 $$a_n = 2n^2 - n = n + \left[2n^2 - 2n + \frac{1}{2}\right]$$

$$f(n) = 2n^2 - 2n + \frac{1}{2}$$

再求 $f(n)$ 的反函数得

$$f^{-1}(n) = \frac{\sqrt{2n} + 1}{2}$$

由定理 3 得

$$a_n = n + \left[\frac{\sqrt{2n} + 1}{2}\right]$$

练 习 题 7

1.数列 $G(n)$ 按如下定义
$$G(n) = n - G(G(n-1)), G(0) = 0 \quad (n \in \mathbf{N}_+)$$
求证:$G(f_n) = f_{n-1}, G(G(f_n - 1)) = f_{n-2}$,其中 f_n 是 Fibonacci 数列.

2.定义正整数集 $\mathbf{N}_+ \rightarrow \mathbf{N}_+$ 的函数 $f(n)$
$$f(n) = \left[n \times \frac{3 - \sqrt{5}}{2}\right]$$

$$F(k) = \min\{n \in \mathbf{N}_+ \mid f^{k-1}(n) > 0\}$$

其中 $f^k(n) = f \circ f \circ f \circ \cdots \circ f$ 是 $f(n)$ 的 k 次复合,证明:数列 $\{F(k)\}$ 是由 Fibonacci 数列的偶数项组成的数列.

3. 证明:全体正整数可分成无穷对 (a_n, b_n),使得 $a_n - b_n = n$.

4. (26 届 IMO 备选题) 对实数 $x, y \in \mathbf{N}_+$,令
$$S(x, y) = \{s \mid s = [nx + y], n \in \mathbf{N}_+\}$$
证明:若 $r > 1$ 为有理教,则存在实数 u, v,使得
$$S(r, 0) \bigcap S(u, v) = \varnothing, S(r, 0) \bigcup S(u, v) = \mathbf{N}_+$$

5. (29 届 IMO 备选题) 若 n 遍历所有正整数,证明:$f(n) = \left[n + \sqrt{3n} + \dfrac{1}{2}\right]$ 遍历所有正整数,但数列 $a_n = \left[\dfrac{n^2 + 2n}{3}\right]$ 的项除外.

6. (IMO29 届备选题) 若 n 遍历所有正整数,证明:$f(n) = \left[n + \sqrt{\dfrac{n}{3}} + \dfrac{1}{2}\right]$ 遍历所有正整数,但数列 $a_n = 3n^2 - 2n$ 的项除外.

7. 求证:数列 $a_n = n + \left[\csc\dfrac{\pi}{2}(n+1)\right]$ 与数列 $b_n = n - 1 + \left[\dfrac{2}{\pi}\arcsin\dfrac{1}{n}\right]$ 是一对互补数列.

8. 正整数数列中除去数列 $\{3n\}$,$n \in \mathbf{N}_+$ 的所有项由小到大依次构成数列 $\{a_n\}$,求 $\{a_n\}$ 的通项公式.

9. 已知数列 $\{a_n\}$ 是 $1, 2, 2, 3, 3, 3, 4, 4, 4, 4, \cdots$,求数列 $\{a_n\}$ 的通项公式.

10. 从正整数集 $\mathbf{N}_+$ "筛选" 数列 $\{a_n\}$,设 $a_1 = 1$,删去 $b_1 = a_1 + k$,其中 k 是某个正整数,接着取 a_2 为 $\mathbf{N}_+$ 中除去 a_1, b_1 后最小的数,删去 $b_2 = a_2 + 2k$,取 a_3 为 $\mathbf{N}_+$ 中除去 a_1, a_2, b_1, b_2 后最小的数,删去 $b_3 = a_3 + 3k$,如此继续下去,得到数列 $\{a_n\}$,求 a_n 的表达式.

Fibonacci 数列的模周期

我们时常要讨论一个数列的个位数的变化规律,或者某数列被一个正整数除得的余数组成的数列的变化规律. 这些问题实际上就是模数列的变化规律的问题. 如 Fibonacci 数列的个位数,是以 60 为周期的周期数列,换句话说,Fibonacci 数列以 10 为模的模数列,是一个周期为 60 的周期数列. 因此我们自然要问,什么样数列的模数列是周期数列? 怎样求它的周期? 当然本章主要讨论 Fibonacci 数列的模数列的周期问题,为了解决这些问题,下面我们将分几节来讨论. 首先我们讨论线性递推数列的模数列的周期性的存在性问题.

8.1 线性递推数列的模周期

1. 预备知识

定义 1 $0,1,2,\cdots,m-1$ 称为模 m 的最小非负剩余系.

定义 2   设 $\{a_n\}$ 为整数列,规定 $a_n(\bmod m) \in \{0,1,2,\cdots,m-1\}$,则称 $\{a_n(\bmod m)\}$(或简记为 $\{a_n^{(m)}\}$)为整数列 $\{a_n\}$ 的模数列.

定义 3   对于数列 $\{a_n\}$,若存在自然数 N 和 T,使得对

第 8 章

217

$n \geqslant N$ 的一切自然数 n, $a_{n+T} = a_n$ 恒成立, 则称 $\{a_n\}$ 为从第 N 项起的周期为 T 的周期数列, T 的最小值称为最小正周期(简称周期); $N = 1$ 时称为纯周期数列(简称周期数列); $N \geqslant 2$ 时, 称为混周期数列.

定义 4 对于整数列 $\{a_n\}$, 如果存在自然数 N 和 T, 使 $a_{n+T} \equiv a_n \pmod{m}$ ($n \geqslant N$) 恒成立, 则称 $\{a_n^{(m)}\}$ 为模周期数列.

2. 基本定理

引理 设整数列 $\{a_n\}$ 的值域是一个有限的数集 D, 且满足
$$a_{n+r} = f(a_{n+r-1}, a_{n+r-2}, \cdots, a_{n+1}, a_n) \quad (n \in \mathbf{N})$$
其中 f 是 $D \to D$ 的函数, 则数列 $\{a_n\}$ 是周期数列或混周期数列.

证明 设 $a_n \in \{b_1, b_2, \cdots, b_m\} = D$, 其中集 D 有 M 个元素. 下面我们构造有序数组
$$(a_1, a_2, \cdots, a_r), (a_2, a_3, \cdots, a_{r+1}), \cdots, (a_n, a_{n+1}, \cdots, a_{n+r-1}) \qquad ①$$
并且规定当且仅当 $a_m = a_n, a_{m+1} = a_{n+1}, \cdots, a_{m+r-1} = a_{n+r-1}$ 时
$$(a_m, a_{m+1}, \cdots, a_{m+r-1}) = (a_n, a_{n+1}, \cdots, a_{n+r-1})$$

显然在有序数组中, 不同的至多只有 M^n 个有抽屉原则可知, 在有序数组 ① 的前 $M^r + 1$ 个中至少存在两个是相等的, 于是我们不妨设
$$(a_N, a_{N+1}, \cdots, a_{N+r-1}) = (a_{N+T}, a_{N+1+T}, \cdots, a_{N+r-1+T})$$
所以
$$a_N = a_{N+T}, a_{N+1} = a_{N+1+T}, \cdots, a_{N+r-1} = a_{N+r-1+T} \qquad ②$$
下面我们用数学归纳法证明: 当 $n \geqslant N$ 时, 恒有 $a_N = a_{N+T}$.

由上面我们证明的结论 ② 可知, 归纳法的奠基成立.

假设当 $n \leqslant k (k \geqslant N + r - 1)$ 时, 结论成立, 即有
$$a_{k+r-1+T} = a_{k+r-1}, a_{k+r-2+T} = a_{k+r-2}, \cdots, a_{k+T} = a_k$$
因为
$$\begin{aligned} a_{k+1+T} &= f(a_{k+T}, a_{k-1+T}, \cdots, a_{k-r+1+T}) \\ &= f(a_k, a_{k-1}, \cdots, a_{k-r+1}) = a_{k+1} \end{aligned}$$
所以
$$a_{k+1+T} = a_{k+1}$$
即当 $n = k + 1$ 时结论 $a_{k+1+T} = a_{k+1}$ 成立.

由数学归纳法原理可知, 对一切 $n \geqslant N$ 的自然数 n, $a_{n+T} = a_n$ 成立.

故整数列 $\{a_n\}$ 是从第 N 项起的周期为 T 的周期数列.

在引理中, 当 $N = 1$ 时, 整数列 $\{a_n\}$ 为纯周期数列, 即周期数列, 当 $N \geqslant 2$ 时, 整数列 $\{a_n\}$ 为混周期数列. 因此引理中的结论不一定是纯周期数列, 但是关于线性递推数列为纯模周期数列有以下很好的结论:

定理 1 设 M 是一个大于或者等于 2 的自然数, 按递推关系
$$a_n = \alpha_1 a_n + \alpha_2 a_{n-1} + \cdots + \alpha_r a_{n+1-r}$$

（其中 $a_i \in \mathbf{Z}, a_i \in \mathbf{Z}, i=1,2,\cdots,r$）且 $(M, a_r)=1$，定义的数列余数（$\bmod\ m$）的数列（即模数列 $\{a_n(\bmod\ m)\}$）是纯模周期数列.

证明 由于 $\{a_n(\bmod\ m)\}$ 是模数列，故数列的值域是有限集 $\{0,1,2,\cdots,m-1\}$，由引理得数列 $\{a_n^{(m)}\}$ 是从第 N 项起的周期数列，以下我们来证明，此数列是纯模周期数列，即 $N=1$.

设数列 $\{a_n(\bmod\ m)\}$ 的周期是 T，则

$$a_{j+T} \equiv a_j(\bmod\ m) \quad (j \geqslant \mathbf{N})$$

当 $N=1$ 时，结论已成立.

当 $N \geqslant 2$ 时，由递推关系式我们有

$$\alpha_r a_{N-1} = a_{N+r} - \alpha_1 a_{N+r-1} - \alpha_2 a_{N+r-2} - \cdots - \alpha_{r-1} a_{N-2}$$
$$= a_{T+N+r} - \alpha_1 a_{T+N+r-1} - \alpha_2 a_{T+N+r-2} - \cdots - \alpha_{r-1} a_{T+N-2}$$
$$\equiv \alpha_r a_{T+N-1}(\bmod\ m)$$

所以

$$\alpha_r(a_{N-1} - a_{N-1+T}) \equiv 0\ (\bmod\ m)$$

又因为 $(m, \alpha_r)=1$，所以

$$a_{N-1} \equiv a_{T+N-1}(\bmod\ m)$$

因为 N 是一个有限正整数，这个过程依次递推到 $N-2, N-3, \cdots$，最后推到 $a_1 \equiv a_T(\bmod\ m)$，故数列 $\{a_1(\bmod\ m)\}$ 是纯周期数列.

我们知道 Fibonacci 数列是一个十分典型的二元线性递推数列，于是我们由定理 1，不难得到意大利著名数学家 Lagrange 于 1763 年发现的下述定理 2.

Joseph Louis Lagrange（拉格朗日，1736—1813）生于意大利，在图灵大学主修物理和数学，虽然刚开始他打算以后研究物理，但后来随着对数学的兴趣日增，他改变了主修课程.19 岁时，他受聘为图灵皇家炮兵学院的数学教授.1766 年，腓特烈大帝邀请他继任 Euler 离开空出的在柏林皇家学院的位置，Lagrange 主持皇家学院的数学部门工作 20 余年.1787 年，当他的保护人腓特烈大帝去世后，Lagrange 受法国国王路易十六的邀请，加入了法兰西学院.在法国他的授课和写作都取得了很高的成就.虽然他当时得到了玛丽皇后的欣赏，但法国大革命后，他也得到了新政权的欢心. Lagrange 对数学的贡献包括统一了力学的数学理论.他对群论做出了奠基性的贡献，并且帮助把微积分建立在一个严实的基础上.他对数论的贡献包括第一个给出了 Wilson 定理的证明，以及证明了每个正整数都能写为四个整数的平方和.

定理 2（Lagrange 定理） 设 Fibonacci 数列 $f_n = f_{n-1} + f_{n-2}, f_1 = f_2 = 1$，

$n \geqslant 3$，则 $\{f_n (\bmod m)\}$ 是纯周期数列 $(m \geqslant 2, m \in \mathbf{N})$.

这个定理是本章要讨论的中心问题. 虽然 Lagrange 定理从理论上解决了 $\{f_n (\bmod m)\}$ 是一个纯周期数列(即只解决了数列 $\{f_n (\bmod m)\}$ 的周期的存在性)，但是并没有告诉我们怎样找这些周期.

8.2 Fibonacci 数列的模数列的三个特征量关系[26]

8.1 节我们讨论了 Fibonacci 数列的模数列一定是周期数列，但是并没有告诉我们怎样去求对任意的模 $m(m \geqslant 2)$ 的模数列的周期值是多少? 为了解决此问题，下面我们将引进一些概念和记号，这些概念和记号对我们要解决的问题是必不可少的.

定义 1 $d(m) = \min\{n \mid f_n \equiv 0 (\bmod m)\}, m \geqslant 2, m \in \mathbf{N}$，称 $d(m)$ 为数列 $\{f_n (\bmod m)\}$ 的预备周期($f_n \equiv 0 (\bmod m)$，可以简记为 $f_n^{(m)} \equiv 0$).

例 1 求 $d(3) = \min\{n \mid f_n^{(3)} \equiv 0\}$ 值.

因 f_4 是 $\{f_n\}$ 中第一个恰被 3 整除的项，故 $d(3) = 4$.

定义 2 $O_m(t) = \min\{r \mid t^r \equiv 1 (\bmod m)\}$，称 $O_m(t)$ 为 t 关于模 m 的阶数(或次数).

例 2 求 $O_3(2)$.

因为 2^2 恰好被 3 除余数为 1，所以指数 2 是最小的.

另外我们用 $T(m)$ 表示以模为 m 的模数列 $f_n^{(m)}$ 的最小正周期.

本节将讨论 $T(m), O_m(f_{d(m)-1}), D(m)$ 之间的关系，为此先给出以下两个引理.

引理 1 设自然数 $m \geqslant 2, x = f_{d(m)-1}, y = f_{d(m)}$，则有

$$f_{kd(m)-1} = \left[\frac{k(k-1)}{2} x^{x-2} + A_k(x, y) y\right] y^2 + x^k \qquad ①$$

$$f_{kd(m)} = \left[k x^{k-1} + \frac{k(k-1)}{2} x^{k-2} y + B_k(x, y) y^2\right] y \qquad ②$$

其中 $A_k(x, y)$ 与 $B_k(x, y)$ 均是 x, y 的 $k-3$ 次齐次多项式，$k \in \mathbf{N}$，当 $k < 3$ 时，规定 $A_k(x, y) = 0, B_k(x, y) = 0$.

证明 为了叙述方便，以下简称 $d(m) = d, A_k(x, y) = A_k, B_k(x, y) = B_k$.

当 $k = 1, 2, 3$ 时，命题显然成立.

假设对于 $k \geqslant 3$ 时，命题 ① 与 ② 成立，那么

$$f_{(k+1)d-1} = f_{(d-1)+kd} = f_d f_{kd} + f_{d-1} f_{kd-1} \qquad (加法定理)$$

$$= y\left[kx^{k-1} + \frac{k(k-1)}{2}x^{k-2}y + B_k(x,y)y^2\right]y +$$

$$\left[\frac{k(k-1)}{2}x^{x-2} + A_k(x,y)y\right]y^2 + x^k$$

$$= \left\{\frac{k(k+1)}{2}x^{k-1} + \left[\frac{k(k-1)}{2}x^{k-2} + B_ky + A_k\right]y\right\}y^2 + x^{k+1}$$

令 $A_{k+1} = \frac{k(k-1)}{2}x^{k-2} + B_ky + A_k$，由归纳假设知，$A_{k+1}$ 为 x,y 的 $k-2$ 次齐次多项式，故

$$f_{(k+1)d-1} = \left[\frac{k(k-1)}{2}x^{x-1} + A_{k+1}y\right]y^2 + x^{k+1}$$

成立.

同理可证

$$f_{(k+1)d} = \left[(k+1)x^k + \frac{k(k+1)}{2}x^{k-1}y + B_{k+1}y^2\right]y$$

也成立,故由数学归纳原理可知,对一切自然数 k,引理 1 中 ① 与 ② 成立.

引理 2 $f_n \equiv 0(\mathrm{mod}\ m)$ 的充要条件是

$$n = sd(m) \quad (s \in \mathbf{N})$$

或简记为

$$f_n^{(m)} \equiv 0 \Leftrightarrow n = sd(m)$$

证明 由 $m \mid n \Leftrightarrow m \mid f_n$ 及 $d(m)$ 定义,得

$$f_n \equiv f_{sd(m)} \equiv 0(\mathrm{mod}\ m)$$

另一方面,设 $td(m) = n + r, 0 \leqslant r < d(m)$,则

$$f_{td(m)} = f_{n+r} = f_{n+1}f_r + f_n f_{r-1}$$

由引理 1 中的式 ② 知,$m \mid f_{td(m)}$,$m \mid f_n$. 由于 $(f_m, f_n) = 1$,因此 $m \mid f_r, r = 0$,故 $n = td(m)$,证毕.

引理 3 $f_{kd(m)-i}^{(m)} = \left[(-1)^{i+1}f_i f_{d(m)-1}^k\right]^{(m)} \quad (0 \leqslant i \leqslant d(m))$

由引理 1 和引理 2 及数学归纳法不难证明引理 3.

下面是周期 $T(m)$,预备周期 $d(m)$,阶数 $O_m(f_{d(m)-1})$ 之间的一个重要关系的定理.

定理 1 $T(m) = O_m(f_{d(m)-1}) d(m) \quad (m \geqslant 2, m \in \mathbf{N})$

证明 $d(m)$ 表示 f_n 被 m 整除的项数中最小的一个,又 $O_m(f_{d(m)-1})$ 表示 $f_{d(m)-1}$ 的 t 次方模 m 的余数为 1 的最小的 t 值,由引理 2 显然有

$$f_{O_m(f_{d(m)-1})d(m)} \equiv 0(\mathrm{mod}\ m)$$

又由引理 1 的式 ①,得

$$f_{O_m(f_{d(m)-1})d(m)-1} \equiv f_{d(m)-1}^{O_m(f_{d(m)-1})} \equiv 1(\mathrm{mod}\ m)$$

因此,$O_m(f_{d(m)-1})d(m)$ 是同时使得 $f_{O_m(f_{d(m)-1})d(m)}$ 被 m 整除,并且

$f_{O_m(f_{d(m)-1})d(m)-1}$ 被 m 除的余数为 1 的最小的一个值,故这个值便是 $\{f_n^{(m)}\}$ 的最小正周期,证毕.

8.3　关于 $d(m)$ 的性质

定理 1
$$d(2^m)=\begin{cases}3, m=1 \\ 6, m=2 \\ 2^{m-1}\cdot 3, m\geqslant 3\end{cases}$$

证明　设 $x_i=f_{d(2^i)-1}$,$y_i=f_{d(2^i)}$,$i\in\mathbf{N}$.

当 $m=1,2,3$ 时,可以直接验证得到(并且我们记 $a^n\parallel S\Leftrightarrow a^n\mid S$ 且 $a^{n+1}\nmid S$).

当 $m=3$ 时,$2^3\parallel y_3=f_{d(2^3)}$,显然 $(2,x_3)=1$.

假设 $m\geqslant 3$ 时,$d(2^m)=2^{m-2}\cdot 3$,且 $(2^m,x_m)=1,2^m\parallel y_m$. 在 8.2 节引理 1 中取 $n=2^m$,得

$$f_{kd(2m)}=\left[kx_m^{k-1}+\frac{k(k-1)}{2}x_m^{k-2}y_m+B_k(x_m,y_m)y_m^2\right]y_m$$

令 $k=2$,得

$$f_{2d(2m)}=(2x_m+y_m)y_m\equiv 0(\bmod\ 2^{m+1})$$

又由 8.2 节引理 2,得

$$2d(2^m)=s\,d(2^{m+1})$$

又 $f_{d(2^{m+1})}\equiv 0(\bmod\ 2^{m+1})$,则

$$f_{d(2^{m+1})}\equiv 0(\bmod\ 2^m)$$

故 $d(2^{m+1})=r\,d(2^m)$,$rs=2$.

若 $r=1$,则 $d(2^{m+1})=d(2^m)$,即 $2^{m+1}\mid y_m$ 与假设矛盾. 所以

$$r=2,s=1,d(2^{m+1})=2d(2^m)$$

由归纳假设得 $d(2^{m+1})=2^{m-1}\cdot 3$.

定理 2　设 p 为奇素数,且 $d(p^2)\neq d(p)$,则

$$d(p^m)=p^{m-1}d(p)\quad(m\in\mathbf{N})$$

证明　当 $m=1$ 时,结论显然成立.

当 $m=2$ 时,且 $d(p^2)\neq d(p)$,在 8.2 节引理 1 中,令 $k=p$,则

$$f_{pd(p)}=\left[px_1^{p-1}+\frac{p(p-1)}{2}x_1^{p-2}\right]y=\left[x_1^{p-1}+\frac{p-1}{2}x_1^{p-2}\right]py_1$$
$$=Mpf_{d(p)}\equiv 0(\bmod\ p^2)$$

由于 $pd(p)=s\,d(p^2)$ 与定理 1 证明类似,即 $d(p^2)=r\,d(p)$,因此 $sr=p(p$ 为奇素数). 若 $r=1$,则 $d(p^2)=d(p)$ 与已知矛盾,所以 $r=p,s=1$,故 $d(p^2)=$

$pd(p)$.

假设当 $m \geqslant 2$ 时,结论成立,即 $d(p^m)=p^{m-1}d(p)$. 又因 $d(p^2) \neq d(p)$,故 $p^m \parallel y_m$,$(p^m,x_m)=1$.

在 8.2 节引理 1 中取 $n=p^m$,$k=p$,得

$$f_{pd(p^m)} = \left[px_m^{p-1} + \frac{p(p-1)}{2}x_m^{p-2}y_m + B_p(x_m,y_m)y_m^2 \right] y_m$$

则

$$f_{pd(p^m)} \equiv 0 (\bmod\ p^{m+1})$$

所以

$$pd(p^m)=s\,d(p^{m+1})$$

同时

$$f_{pd(p^{m+1})} \equiv 0 (\bmod\ p^{m+1})$$
$$f_{pd(p^m)} \equiv 0 (\bmod\ p^m)$$

则

$$d(p^{m+1})=r\,d(p^m)$$

所以

$$sr=p \quad (p\ 为奇素数)$$

若 $r=1,s=p$,则 $d(p^{m+1})=d(p^m)$,即 $p^{m+1} \mid y_m$,与已知矛盾.

若 $r=p,s=1$,则 $d(p^{m+1})=pd(p^m)$. 由归纳假设

$$d(p^m)=p^{m-1}d(p)$$

得

$$d(p^{m+1})=p^m d(p)$$

故对一切自然数,$md(p^m)=p^{m-1}d(p)$ 成立.

定理 3 设 p 是不为 5 的奇素数,则

$$f_p^2 \equiv 1 (\bmod\ p)$$

证明 因为 p 是不为 5 的奇素数,所以

$$p \mid C_p^m \quad (1 \leqslant m \leqslant p-1)$$

又 $(2,p)=(5,p)=1$,由 Fermat 小定理,有

$$5^{p-1} \equiv 1(\bmod\ p),2^{p-1} \equiv 1(\bmod\ p),2^{2(p-1)} \equiv 1(\bmod\ p)$$

$$2^{p-1}f_p = \frac{2^{p-1}}{\sqrt 5}\left[\left(\frac{1+\sqrt 5}{2}\right)^p - \left(\frac{1-\sqrt 5}{2}\right)^p \right]$$

$$= \frac{1}{\sqrt 5}\left[(\sqrt 5)^p + C_p^2(\sqrt 5)^{p-2} + \cdots + C_p^{p-1}\sqrt 5 \right]$$

$$= 5^{\frac{p-1}{2}} + C_p^2 5^{\frac{p-3}{2}} + \cdots + C_p^{p-1}$$

$$\equiv 5^{\frac{p-1}{2}}(\bmod\ p)$$

223

即

$$2^{p-1} f_p \equiv 5^{\frac{p-1}{2}} (\mathrm{mod}\ p) \tag{①}$$

从而 $f_p^2 \equiv 1(\mathrm{mod}\ p)$.

推论1 若 p 是不为 5 的奇素数,则 $p \mid f_{p-1}$ 或 $p \mid f_{p+1}$ 有且仅有一个成立.

证明 因为

$$\gcd(f_{p+1}, f_{p-1}) = f_{\gcd(p+1, p-1)}$$
$$1 \leqslant \gcd(f_{p+1}, f_{p-1}) \leqslant 2$$

所以

$$f_{\gcd(p+1, p-1)} = 1$$

即 f_{p+1}, f_{p-1} 是互质的,又因为

$$f_{n+1} f_{n-1} = f_n^2 + (-1)^n \quad (n \in \mathbf{N})$$

所以

$$f_{p+1} f_{p-1} \equiv 0(\mathrm{mod}\ p)$$

因 p 为素数,故 $p \mid f_{p-1}$ 或 $p \mid f_{p+1}$ 有且仅有一个成立.

推论2 p 是不为 5 的素数,$p \equiv 1$ 或 $-1(\mathrm{mod}\ d(p))$.

由 Fibonacci 数的整除性和加法定理及上述定理不难证明推论 2.

推论 2 说明 $d(p) \leqslant p+1$,这个结果对我们求 $d(p)$ 的值是有帮助的.

下面的结果比推论 2 更好.

定理4 (1) 设 $p = 10l + 3$ 或 $p = 10l + 7$ 为素数,则

$$p \equiv -1(\mathrm{mod}\ d(p))$$

(2) 设 $p = 10l + 1$ 或 $p = 10l + 9$ 为素数,则

$$p \equiv 1(\mathrm{mod}\ d(p))$$

为了证明定理 4,我们先证明下面的引理.

Adrien-Marie Legendre(勒让德,1752—1833)出生于一个富有的家庭. 从 1775 年到 1780 年,他在巴黎军事学院担任教授. 在 1795 年,他被聘任为巴黎高等师范学院的教授. 他于 1785 年出版的学术论文集 *Recherches d'Analyse Indeterineé* 包含了对二次互反律的讨论,对 Dirichlet(狄利克雷)的等差数列定理的叙述,以及将正整数表示为三个数平方和的讨论,他证明了 Fermat 大定理 $n = 5$ 的情形. Legendre 撰写了一本几何学的教科书 *Eléments de géométrié*,它被使用了一百多年,是其他教科书的范例,Legendre 在数理天文学和大地测量学方面做出了奠基性的发现,他还第一个讨论了最小二乘法.

Fibonacci 数列中的
明珠

引理 1 (1) 设 $p=10l+3$ 或 $p=10l+7$ 为素数,则
$$5^{\frac{p-1}{2}} \equiv -1(\bmod\ p)$$

(2) 设 $p=10l+1$ 或 $p=10l+9$ 为素数,则
$$5^{\frac{p-1}{2}} \equiv 1(\bmod\ p)$$

证明 (1) 由数论知识可知
$$5^{\frac{p-1}{2}} \equiv \left(\frac{5}{p}\right)(\bmod\ p)$$

其中 $\left(\dfrac{5}{p}\right)$ 是 Legendre 记号.

又由二次互反性定理得
$$\left(\frac{5}{p}\right) = (-1)^n \left(\frac{p}{5}\right) = \left(\frac{p}{5}\right)$$

因为 $p=10l+3$ 或 $p=10l+7$ 为素数,所以 $\left(\dfrac{p}{5}\right)=-1$.

(2) 因为 $p=10l+1$ 或 $p=10l+9$ 为素数,所以 $\left(\dfrac{p}{5}\right)=1$.

现在来证明定理 4.

(1) 由于 p 是不为 5 的奇素数,则 $p \mid C_{p+1}^i$,$2 \leqslant i \leqslant p-1$,所以
$$2^p f_{p+1} = \frac{2^p}{\sqrt{5}} \left[\left(\frac{1+\sqrt{5}}{2}\right)^{p+1} - \left(\frac{1-\sqrt{5}}{2}\right)^{p+1}\right]$$
$$= C_{p+1}^1 + C_{p+1}^3 5 + \cdots + C_{p+1}^{p-2} 5^{\frac{p-1}{2}-1} + C_{p+1}^p 5^{\frac{p-1}{2}}$$
$$\equiv (p+1)(5^{\frac{p-1}{2}}+1)(\bmod\ p)$$

即
$$2^p f_{p+1} \equiv (p+1)(5^{\frac{p-1}{2}}+1)(\bmod\ p) \qquad\qquad ②$$

由引理 1(1) 得
$$5^{\frac{p-1}{2}}+1 \equiv 0(\bmod\ p)$$

则
$$2^p f_{p+1} \equiv 0(\bmod\ p)$$

又因为 $(2^p, p)=1$,所以
$$f_{p+1} \equiv 0(\bmod\ p)$$

由 $d(p)$ 的定义及 8.2 节引理 2,得
$$p \equiv -1(\bmod\ d(p))$$

(2) 在式 ② 中又由引理 1(2),得
$$5^{\frac{p-1}{2}} \equiv 1(\bmod\ p)$$

则

$$2^p f_{p+1} \equiv 2(p+1) \pmod{p}$$

又因为 $(2,p)=1$，所以

$$2^{p-1} f_{p+1} \equiv p+1 \equiv 1 \pmod{p}$$

而 $2^{p-1} \equiv 1 \pmod{p}$，因此

$$f_{p+1} \equiv 1 \pmod{p}$$

由推论 1 得

$$f_{p-1} \equiv 0 \pmod{p}$$

故 $p \equiv 1 \pmod{d(p)}$. 如 $d(131)=130, d(179)=178, d(173)=87, d(167)=168$.

定理 5　(1) 设 $p=10(2l-1)+3$ 或 $p=10(2l-1)+7$ 为素数，$l \in \mathbf{N}$，则
$$p \equiv -1 \pmod{td(p)} \quad (t \geqslant 2)$$

(2) 设 $p=2l \cdot 10+1$ 或 $p=2l \cdot 10+9$ 为素数，$l \in \mathbf{N}$，则
$$p \equiv 1 \pmod{td(p)} \quad (t \geqslant 2)$$

证明　(1) 假设 $d(p)=p+1$，即
$$d(p)=2(10l-3) \text{ 或 } d(p)=2(10l-1)$$

由 8.4 节推论 6 得

$$O_p(f_{d(p)-1})=1$$

即

$$f_{d(p)-1}=f_p \equiv 1 \pmod{p}$$

但是另一方面我们知道，由 Fermat 小定理及引理 1(1)，得

$$2^{p-1} f_p \equiv 5^{\frac{p-1}{2}} \equiv -1 \pmod{p}$$
$$2^{p-1} \equiv 1 \pmod{p}$$

则 $f_p \equiv -1 \pmod{p}$ 矛盾，故 $d(p) \neq p+1$.

因此存在正整数 $k \in \mathbf{N}, t \geqslant 2$，使得

$$ktd(p)=p+1$$

即 $p \equiv -1 \pmod{td(p)}$.

(2) 假设 $d(p)=p-1$，即
$$d(p)=4(5l+2) \text{ 或 } d(p)=4 \cdot 5l$$

由 8.4 节推论 4 得

$$O_p(f_{d(p)-1})=2$$

由定理 4 的证明过程可知

$$f_{p+1} \equiv 1 \pmod{p}$$

又

$$f_{p-1} \equiv 0 \pmod{p}, f_{p-2} \equiv 1 \pmod{p}$$

即

$$f_{d(p)-1} \equiv 1 \pmod{p}$$

故 $O_p(f_{d(p)-1}) = 1$ 与 $O_p(f_{d(p)-1}) = 2$ 矛盾.

故同理可得结论, $p \equiv 1 \pmod{td(p)}, t \in \mathbf{N}$.

8.4　关于 $O_m(f_{d(m)-1})(m \geqslant 2, m \in \mathbf{N})$ 的性质

定理 1　　　$O_m(f_{d(m)-1}) = 1, 2, 4 \quad (m \geqslant 2, m \in \mathbf{N})$

证明　我们知道 Fibonacci 数有如下性质

$$f_{n-1}^4 - f_{n-3}f_{n-2}f_n f_{n+1} = 1 \qquad ①$$

在式 ① 中, 令 $n = d(m), f_{d(m)} \equiv 0 \pmod{m}$. 于是

$$f_{d(m)-1}^4 \equiv 1 \pmod{m}$$

由 $O_m(f_{d(m)-1})$ 的定义, 得

$$1 \leqslant O_m(f_{d(m)-1}) \leqslant 4$$

下面我们来证明 $O_m(f_{d(m)-1}) \neq 3$.

又由性质

$$f_{n-1}^2 - f_{n-2}f_n = (-1)^n$$

令 $n = d(m)$, 则

$$f_{d(m)-1}^2 \equiv (-1)^{d(m)} \pmod{m}$$

当 $d(m)$ 为偶数时

$$f_{d(m)-1}^2 \equiv 1 \pmod{m}$$

所以

$$1 \leqslant O_m(f_{d(m)-1}) \leqslant 2$$

当 $d(m)$ 为奇数时

$$f_{d(m)-1}^2 \equiv -1 \pmod{m}$$

现在我们假设有 $O_m(f_{d(m)-1}) = 3$. 由 $O_m(t)$ 的定义, 即 $f_{d(m)-1}^3 \equiv 1 \pmod{m}$, 并且有 $f_{d(m)-1} \equiv 1 \pmod{m}$ 不成立, $f_{d(m)-1}^2 \equiv 1 \pmod{m}$ 不成立, 则

$$(f_{d(m)-1} - 1)(f_{d(m)-1}^2 + f_{d(m)-1} + 1) \equiv 0 \pmod{m}$$
$$(f_{d(m)-1} - 1) f_{d(m)-1} \equiv 0 \pmod{m}$$

所以

$$f_{d(m)-1}^2 \equiv f_{d(m)-1} \pmod{m}$$

又因为

$$f_{d(m)-1}^2 \equiv -1 \pmod{m}$$

所以

$$f_{d(m)-1} \equiv -1 \pmod{m}$$

$$f_{d(m)-1}^2 \equiv 1 (\bmod\ m)$$

因此 $f_{d(m)-1}^2 \equiv -1(\bmod\ m)$ 与 $f_{d(m)-1}^2 \equiv 1(\bmod\ m)$ 不成立矛盾. 故 $O_m(f_{d(m)-1}) \neq 3$.

由定理 1 和证明过程不难得到以下推论.

推论 1 当 $d(m)$ 为大于 3 的奇数时,$O_m(f_{d(m)-1})=4$;当 $d(m)=3$ 时, $O_m(f_{d(m)-1})=1$.

推论 2 当 $d(m)$ 为偶数时,$1 \leqslant O_m(f_{d(m)-1}) \leqslant 2$.

在以上推论中,推论 1 在后面将起重要作用,推论 1 和推论 2 揭示了 $d(m)$ 的值与 $O_m(f_{d(m)-1})$ 之间的一种内在联系.下面我们将进一步讨论推论 2,在何时 $O_m(f_{d(m)-1})=1$,何时又 $O_m(f_{d(m)-1})=2$.

定理 2 当 $d(m)=4l$ 时,$l \in \mathbf{N}$,则 $O_m(f_{d(m)-1})=2$.

证明 由推论 2,我们只需证明 $O_m(f_{d(m)-1}) \neq 1$ 即可.

假设 $O_m(f_{d(m)-1})=1$,即

$$f_{d(m)-1} \equiv 1(\bmod\ m)$$

因为 $f_{d(m)-1}-1=f_{4l-1}-1$,由性质得

$$f_{2l-1}^2 + f_{2l-1}^2 - 1 = f_{2l}(f_{2l} + f_{2l-2})$$

所以

$$f_{2l}(f_{2l} + f_{2l-2}) \equiv 0(\bmod\ m) \qquad ②$$

另一方面,因为 $f_{d(m)}=f_{4l} \equiv 0(\bmod\ m)$,又 $f_{4l}=f_{2l}(f_{2l-1}+f_{2l+1})$,所以

$$f_{2l}(f_{2l-1} + f_{2l+1}) \equiv 0(\bmod\ m) \qquad ③$$

③ - ② 得

$$f_{2l}(f_{2l+1} - f_{2l} + f_{2l-1} - f_{2l-2}) \equiv 0(\bmod\ m)$$

即

$$f_{2l}(f_{2l-1} + f_{2l-3}) \equiv 0(\bmod\ m) \qquad ④$$

又由 ② - ④ 得

$$f_{2l}(f_{2l} - f_{2l-1} + f_{2l-2} - f_{2l-3}) \equiv 0(\bmod\ m)$$

即

$$f_{2l}(f_{2l-2} + f_{2l-4}) \equiv 0(\bmod\ m) \qquad ⑤$$

这样如此进行有限次(l 是有限的)推下去便得到,$f_{2l} \equiv 0(\bmod\ m)$,这与 $d(m)=4l$ 矛盾. 故 $O_m(f_{d(m)-1})=2$,定理证毕.

定理 3 若 $d(m)=2(2l-1)$,$l \in \mathbf{N}$,则

$$O_m(f_{d(m)-1}) = \begin{cases} 1, \text{当 } m \text{ 的所有约数 } m' \text{ 都有 } d(m') \nmid 2l-1 \text{ 时} \\ 1, \text{当 } m \text{ 恰是 2 的倍数或恰是 4 的倍数且只有 } d(2) \mid (2l-1) \text{ 时} \\ 2, \text{当 } m \text{ 的约数 } m' \geqslant 3 \text{ 且 } d(m') \mid (2l-1) \text{ 时} \\ 2, \text{当 } m \text{ 恰是 8 的倍数且只有 } d(2) \mid (2l-1) \text{ 时} \end{cases}$$

下面我们分 4 种情况来证明定理 3.

证明 1. 当 m 的所有约数 m' 都有 $d(m) \nmid (2l-1)$ 时.

因为 m 的所有约数 m' 都有 $d(m') \nmid (2l-1)$,所以

$$(m, f_{2l-1}) = 1$$

又因为

$$
\begin{aligned}
f_{2(2l-1)} &= f_{2l-1}(f_{2l} + f_{2l-2}) \\
&= f_{2l-1}(f_{2l-1} + 2f_{2l-2}) \equiv 0 (\bmod m)
\end{aligned}
$$

所以

$$f_{2l-1} + 2f_{2l-2} \equiv 0 (\bmod m)$$

另一方面

$$
\begin{aligned}
f_{d(m)-1} - 1 &= f_{2(2l-1)-1} - 1 = f_{2l-2}^2 + f_{2l-1}^2 - 1 \\
&= f_{2l-2}(f_{2l-2} + f_{2l})
\end{aligned}
$$

所以

$$f_{d(m)-1} \equiv 1 (\bmod m)$$

故

$$O_m(f_{d(m)-1}) = 1$$

2. 当 m 恰是 2 的倍数或恰是 4 的倍数且只有 $d(2) \mid (2l-1)$ 时.

我们可设 $m = 2(2t-1)$ 或 $m = 4(2t-1)$ 且 $3 \mid 2l-1$,即

$$f_{2l-1} \equiv 0 (\bmod m)$$

利用上面 1 的证明过程中的结论,我们有

$$f_{2l-1}(f_{2l-1} + 2f_{2l-2}) \equiv 0 (\bmod m), m = 2(2t-1)$$

即

$$f_{2l-1}(f_{2l-1} + 2f_{2l-2}) \equiv 0 (\bmod 2(2t-1))$$

因只有 m 的约数 2 才有 $d(2) \mid (2l-1)$,即只有

$$f_{2l-1} \equiv 0 (\bmod m)$$

故

$$(f_{2l-1}, 2t-1) = 1$$

所以

$$f_{2l-1} + 2f_{2l-2} \equiv 0 (\bmod 2t-1)$$

同时有

$$f_{2l-1} + 2f_{2l-2} \equiv 0 (\bmod 2)$$

又 $(2, 2t-1) = 1$,所以

$$f_{2l-1} + 2f_{2l-2} \equiv 0 (\bmod 2(2t-1))$$

因此

$$f_{2l-2}(f_{2l-1} + 2f_{2l-2}) \equiv 0 (\bmod 2(2t-1))$$

229

即
$$f_{d(m)-1} \equiv 1 (\bmod 2(2t-1))$$
故
$$O_m(f_{d(m)-1}) = 1$$
同理可证当 $m = 4(2t-1)$ 时 $O_m(f_{d(m)-1}) = 1$.

3. 当 m 的所有约数中,至少有一个 $m' \geqslant 3$ 且 $d(m') \mid (2l-1)$ 时.

假设 $O_m(f_{d(m)-1}) = 1$,即
$$f_{d(m)-1} \equiv 1 (\bmod m)$$
因为
$$f_{2(2l-1)-1} - 1 = f_{2l-2}^2 + f_{2l-1}^2 - 1 = f_{2l-2}(f_{2l-2} + f_{2l})$$
所以
$$f_{2l-2}(f_{2l-2} + f_{2l}) \equiv 0 (\bmod m)$$
又因为 m' 是 m 的约数且 $f_{2l-1} \equiv 0 (\bmod m')$,所以
$$f_{2l-2}(f_{2l-2} + f_{2l}) \equiv 0 (\bmod m')$$
即
$$f_{2l-2}(f_{2l-1} + 2f_{2l-2}) \equiv 0 (\bmod m')$$
$$2f_{2l-2}^2 \equiv 0 (\bmod m')$$
$$2(f_{2l-1}f_{2l-3} - 1) \equiv 0 (\bmod m')$$
$$2 \equiv 0 (\bmod m')$$
因此 $m' \leqslant 2$ 与 $m' \geqslant 3$ 矛盾. 故 $O_m(f_{d(m)-1}) = 2$.

4. 当 $m = 8(2t-1)$ 且只有 $d(2) \mid (2l-1)$ 时.

因为
$$f_{2(2l-1)-1} = f_{2l-1}(f_{2l-1} + 2f_{2l-2})$$
即
$$f_{2l-1}(f_{2l-2} + f_{2l}) \equiv 0 (\bmod 8(2t-1))$$
又因为只有 $d(2) \mid (2l-1)$,即只有 $f_{2l-1} \equiv 0 (\bmod 2)$,所以
$$f_{2l-1} + 2f_{2l-2} \equiv 0 (\bmod 2t-1)$$
因为 Fibonacci 数列以 8 为模的模数列是以 12 为周期的周期数列,它的第一个周期内各项为 $1,1,2,3,5,0,5,5,2,7,1,0,1,1,\cdots$. 在这个周期中我们可以看到,任何间隔一项的两项之和都不是 8 的倍数,即
$$(f_{2l-2} + f_{2l}) \not\equiv 0 (\bmod 8)$$
不能被 8 整除,又 $(8, 2t-1) = 1$,则
$$(f_{2l-2} + f_{2l}) \not\equiv 0 (\bmod 8(2t-1))$$
不能被 $8(2t-1)$ 整除,即 $f_{2l-2}(f_{2l-2} + f_{2l})$ 不能被 $8n$ 整除. 故 $O_m(f_{d(m)-1}) = 2$.

定理 1 及推论和定理 2,定理 3 彻底解决了在已知 $d(m)$ 的值的条件下得

230

到 $O_m(f_{d(m)-1})$ 的值. 由此我们看到 $O_m(f_{d(m)-1})$ 完全依赖于 $d(m)$ 的值. 因此,我们求 $T(m)$ 的值完全归结于求 $d(m)$ 的值. 实际上,我们求以质数 p 为模的 $d(p)$ 的值更简单些,因此,我们只要在上述定理中把 $m \geqslant 2$ 的自然数改为质数 p,即得到如下推论:

推论 3　$O_{p^j}(f_{d(p^j)-1}) = 1, 2, 4, p$ 为奇质数,$j \in \mathbf{N}$.

推论 4　当 $d(p) = 4l$ 时,$l \in \mathbf{N}$,则 $O_p(f_{d(p)-1}) = 2$.

推论 5　当 $d(p) = 2l-1$ 时,$l \geqslant 3$,则 $O_p(f_{d(p)-1}) = 4$.

推论 6　当 $d(p) = 2(2l-1)$,$l \in \mathbf{N}$,p 为奇质数时,$O_p(f_{d(p)-1}) = 1$.

定理 4　设 p 为奇质数,$d(p^2) \neq d(p)$,则
$$O_{p^m}(f_{d(p^m)-1}) = O_p(f_{d(p)-1}) \quad (m \in \mathbf{N}_+)$$

证明　设 $s = O_{p^m}(f_{d(p^m)-1})$,$t = O_p(f_{d(p)-1})$. 由 8.3 节定理 2 及 $O_p(m)$ 的定义,得
$$1 \equiv f^s_{d(p^m)-1} \equiv f^s_{p^{m-1}d(p)-1} \equiv f^{sp^{m-1}}_{d(p)-1} (\bmod\ p)$$
因为 $(p, 1) = (p, 2) = (p, 4) = 1$ 及由推论 3,得
$$f^t_{d(p^m)-1} \equiv f^t_{p^{m-1}d(p)-1} \equiv (f^t_{d(p)-1})^{p^{m-1}} \equiv 1 (\bmod\ p)$$
所以
$$f^t_{d(p^m)-1} = Mp + 1 \quad (M \in \mathbf{N}_+)$$

又因为
$$1 \equiv f^s_{d(p^m)-1} \equiv (f^t_{d(p^M)-1})^{t_1} \equiv (Mp+1)^{t_1} (\bmod\ p)$$
所以
$$p^{m-1} \mid M$$
故由 $f^t_{d(p^m)-1} = Mp + 1$,因此 $f^t_{d(p^m)-1} \equiv 1 (\bmod\ p^m)$,$s = t$.

定理 5　
$$O_{2^m}(f_{d(2^m)-1}) = \begin{cases} 1, m = 1, 2 \\ 2, m \geqslant 3 \end{cases}$$

证明　当 $m = 1, 2$ 时,直接验证可得,结论成立.

设 $m \geqslant 3$ 时,$O_{2^m}(f_{d(2^m)-1}) = 2$ 成立.

因为 $(f_n, f_{n+1}) = 1$,所以可设
$$f_{d(2^m)-1} \equiv a_1 2^{m-1} + a_2 2^{m-2} + \cdots + a_{m-1} 2 + 1 (\bmod\ 2^m) \qquad ⑥$$
其中 $a_i \in \{0, 1\}$,$i = 1, 2, \cdots, m-1$,由归纳假设知,a_i 不全为零,证
$$A = a_2 2^{m-3} + a_3 2^{m-4} + \cdots + a_{m-1} 2 + a_{m-1}$$
则
$$0 \equiv f^2_{d(2^m)-1} - 1 \equiv (a_1 2^{m-1} + a_2 2^{m-2} + \cdots + a_{m-1} 2 + 1)^2 - 1$$
$$\equiv 4(a_1 2^{m-2} + A)(a_1 2^{m-2} + A + 1)(\bmod\ 2^m)$$
所以
$$A(A+1) \equiv 0(\bmod\ 2^{m-2})$$

231

又因为$(A,A+1)=1$,且
$$A \leqslant 2^{m-3} + \cdots + 2 + 1 = 2^{m-2} - 1 < 2^{m-2}$$
所以 $A=0$ 或 $A=2^{m-2}-1$. 由此得 $a_2=a_3=\cdots=a_{m-1}=1$ 或 0.

如果 $a_2=a_3=\cdots=a_{m-1}=1$,那么由式 ⑥ 得
$$f_{d(2^m)-1}=2^{m-1}B-1$$
由 8.2 节引理 1 及后面一章结论,得
$$d(2^m)=2^{m-2} \cdot 3 \quad (m \geqslant 3)$$
得
$$\begin{aligned}
-1 &\equiv 2^{m-1}B-1 \equiv f_{d(2^m)-1} \\
&\equiv f_{2d(2^{m-1})-1} \equiv f_{d(2^{m-1})-1}^2 + f_{d(2^{m-1})}^2 \\
&\equiv f_{d(2^{m-1})-1}^2 (\bmod 2^{m-1})
\end{aligned}$$
与归纳假设矛盾($m=3$ 时,可直接验证上式不成立).

故 $a_2=a_3=\cdots=a_{m-1}=0$. 于是由式 ⑥ 得
$$f_{d(2^m)-1}=2^{m-1}C+1, (2,C)=1$$
由 8.2 节引理 2 与 $d(2^{m+1})=2^{m-1} \cdot 3(m \geqslant 3)$,得
$$\begin{aligned}
f_{d(2^{m+1})-1} &\equiv f_{2d(2^m)-1} \equiv f_{d(2^m)-1}^2 \equiv (2^{m-1}C)^2 \\
&\equiv 2^{2m-2}C^2 + 2^m C + 1 \\
&\equiv 2^m + 1 (\bmod 2^{m+1})
\end{aligned}$$
因此 $O_{2^{m+1}}(f_{d(2^{m+1})-1})=2$,由数学归纳法原理可知,对一切 $m \geqslant 3, m \in \mathbf{N}$ 都成立.

8.5 以合数为模的 $d(m), T(m)$ 的性质

在本章的开头我们提到 Fibonacci 数列的个位数组成的数列是以 60 为周期的周期数列. 要解决这个问题,实际上就是求以合数为模的模数列的周期问题. 关于以合数为模的 $d(m), T(m)$ 与素数 $d(p), T(p)$ 有一些重要结论,本节将展开讨论.

定理 1 若 $(m,n)=1$,则 $d(mn)=[d(m), d(n)]$,其中 $[a,b]$ 表示 a,b 的最小公倍数.

证明 设 $t_1=d(m), t_2=d(n), t$ 是 t_1, t_2 的最小公倍数,由 $d(m)$ 的定义得 $m \mid f_{t_1}, n \mid f_{t_2}$,显然有 $m \mid f_t, n \mid f_t$,因为 $(m,n)=1$,所以 $mn \mid f_t$,即 $f_t \equiv 0 (\bmod mn)$.

下面证明 $d(mn)=t$,假设有 $0 < t' < t$ 能使 $mn \mid f_{t'}$. 因为 $(m,n)=1$, $m \mid f_{t'}, n \mid f_{t'}$,所以由 8.2 节引理 1(2),得

$$t' = l_1 t_1, t' = l_2 t_2 \quad (l_1, l_2 \in \mathbf{N})$$

所以 t' 是 t_1, t_2 的公倍数, 故 $t' \geqslant t$. 这与假设 $0 < t' < t$ 矛盾, 故 $d(mn) = t$, 即

$$d(mn) = [d(m), d(n)]$$

例如, $d(3 \times 2) = [d(3), d(2)] = [4, 3] = 12$.

推论 1 若 $(m, n) = 1, d(m) = d(n)$, 则 $d(mn) = d(m) = d(n)$.

推论 2 $\qquad d(10^m) = \begin{cases} 15, m = 1 \\ 150, m = 2 \\ 75 \cdot 10^{m-2}, m \geqslant 3 \end{cases} \qquad (m \in \mathbf{N})$

与定理 1 类似的有如下定理 2.

定理 2 若 $(m, n) = 1$, 则 $T(mn) = [T(m), T(n)]$.

留给读者自己证明.

定理 3 $T(2^m) = 2^{m-1} T(2), m \in \mathbf{N}$.

引理 1 设 p 为奇素数, $d(p^2) \neq d(p)$, 则

$$O_{p^j}(f_{d(p^j)-1}) = O_p(f_{d(p)-1}) \quad (j \in \mathbf{N})$$

证明 设 $s = O_{p^j}(f_{d(p^j)-1}), t = O_p(f_{d(p)-1})$. 由定理 2 得

$$1 \equiv f^s_{d(p^j)-1} \equiv f^s_{p^{j-1}d(p)-1} \pmod{p}$$

又由 8.2 节引理 3 得

$$1 \equiv f^s_{p^{j-1}d(p)-1} \equiv f^{sp^{j-1}}_{d(p)-1} \pmod{p}$$

因为 $(p, 1) = (p, 2) = (p, 4) = 1$, 又由推论 3, $s = t_1 t$, 得

$$f^t_{d(p^j)-1} \equiv f^{p^{j-1}d(p)}_{p^{j-1}d(p)} \equiv (f^t_{d(p)-1})^{p^{j-1}} \equiv 1 \pmod{p}$$

$$\Rightarrow f^t_{d(p^j)-1} = Ap + 1 \quad (A \in \mathbf{N}) \qquad\qquad ①$$

又 $1 \equiv f^s_{d(p^j)-1} \equiv (f^t_{d(p^j)-1})^{t_1} \equiv (Ap + 1)^{t_1} \pmod{p^i}$, 则 $p \mid A$. 故由 ① 知

$$f^t_{d(p^i)-1} \equiv 1 \pmod{p^i}$$

因此 $s = t$.

定理 4 设 p 为奇素数, $d(p^2) \neq d(p)$, 则 $T(p^m) = p^{m-1} T(p), m \in \mathbf{N}$.

以上的结论不难证明.

推论 1 $\qquad T(10^m) = \begin{cases} 60, m = 1 \\ 300, m = 2 \\ 15 \cdot 10^{m-1}, m \geqslant 3 \end{cases} \qquad (m \in \mathbf{N})$

此推论彻底解决了 Fibonacci 数列的末 m 位数的周期问题. 下面我们来看 Fibonacci 数列的个位数和末两位的变化情况.

(1) Fibonacci 数列个位的周期是 60.

1, 1, 2, 3, 5, 8, 3, 1, 4, 5; 9, 4, 3, 7, 0, 7, 7, 4, 1, 5; 6, 1, 7, 8, 5, 3, 8, 1, 9, 0; 9, 9, 8, 7, 5, 2, 7, 9, 6, 5; 1, 6, 7, 3, 0, 3, 3, 6, 9, 5; 4, 9, 3, 2, 5, 7, 2, 9, 1, 0.

(2) Fibonacci 数列末两位的周期是 300.

233

01,01,02,03,05,08,13,21,34,55;89,44,33,77,10,87,97,84,81,65;46,11,57,68,25,93,18,11,29,40.

69,09,78,87,65,52,17,69,86,55;41,96,37,33,70,03,73,76,49,25;74,99,73,72,45,17,62,79,41,20.

61,81,42,23,65,88,53,41,94,35;29,64,93,57,50,07,57,64,21,85;06,91,97,88,85,73,58,31,89,20.

09,29,38,67,05,72,77,49,26,75;01,76,77,53,30,83,13,96,09,05;14,19,33,52,85,37,22,59,81,40.

21,61,82,43,25,68,93,61,54,15;69,84,53,37,90,27,17,44,61,05;66,71,37,08,45,53,98,51,49,00.

49,49,98,47,45,92,37,29,66,95;61,56,17,73,90,63,53,16,69,85;54,39,93,21,25,57,82,39,21,60.

81,41,22,63,85,48,33,81,14,95;09,04,13,17,30,47,77,24,01,25;26,51,77,28,05,33,38,71,09,80.

89,69,58,27,85,12,97,09,06,15;21,36,57,93,50,43,93,36,29,65;94,59,53,12,65,77,42,19,61,80.

41,22,62,83,45,28,73,01,74,75;49,24,73,97,70,67,37,04,41,45;83,31,17,48,65,13,78,91,69,60.

29,89,18,07,25,32,57,89,46,35;81,16,97,13,10,23,33,56,89,45;34,79,13,92,05,97,02,99,01,00.

当我们讨论到这里时,虽然解决了不少的问题,但也给我们留下了许多目前未解决的一些问题.

(1) $d(p^2) \neq d(p)$.

(2) 是否有一种有效的方法求 $d(p)$ 的值.

注 $d(p)$ 的值与 $D(p)$ 的值是同一含义,只是编程时改成大写.

如果这两个问题都得到解决,那么关于 Fibonacci 数列的模周期问题将得到彻底解决,最后为了我们研究 Fibonacci 数列的模周期问题更方便,给出关于 $3 \leqslant p \leqslant 1\,000$ 的 $D(p)$ 的值.

$D(2) = 3, D(3) = 4, D(5) = 5, D(7) = 8, D(11) = 10, D(13) = 7, D(17) = 9, D(19) = 18, D(23) = 24, D(29) = 14, D(31) = 30, D(37) = 19, D(41) = 20, D(43) = 44, D(47) = 16, D(53) = 27, D(59) = 58, D(61) = 15, D(67) = 68, D(71) = 70, D(73) = 37, D(79) = 78, D(83) = 84, D(89) = 11, D(97) = 49, D(101) = 50, D(103) = 104, D(107) = 36, D(109) = 27, D(113) = 19, D(127) = 128, D(131) = 130, D(137) = 69, D(139) = 46, D(149) = 37, D(151) = 50, D(157) = 79, D(163) = 164, D(167) = 168, D(173) = 87, D(179) = 178,$

$D(181) = 90, D(191) = 190, D(193) = 97, D(197) = 99, D(199) = 22,$
$D(211) = 42, D(223) = 224, D(227) = 228, D(229) = 114, D(233) = 13,$
$D(239) = 238, D(241) = 120, D(251) = 250, D(257) = 129, D(263) = 88,$
$D(269) = 67, D(271) = 270, D(277) = 139, D(281) = 28, \ D(283) = 284,$
$D(293) = 147, D(307) = 44, D(311) = 310, D(313) = 157, D(317) = 159,$
$D(331) = 110, D(337) = 169, D(347) = 116, D(349) = 174, D(353) = 59,$
$D(359) = 358, D(367) = 368, D(373) = 187, D(379) = 378, D(383) = 384,$
$D(389) = 97, D(397) = 199, D(401) = 100, D(409) = 204, D(419) = 418,$
$D(421) = 21, D(431) = 430, D(433) = 217, D(439) = 438, D(443) = 444,$
$D(449) = 224, D(457) = 229, D(461) = 46, D(463) = 464, D(467) = 468,$
$D(479) = 478, D(487) = 488, D(491) = 490, D(499) = 498, D(503) = 504,$
$D(509) = 254, D(521) = 26, D(523) = 524, D(541) = 90, D(547) = 548,$
$D(557) = 31, D(563) = 188, D(569) = 284, D(571) = 570, D(577) = 289,$
$D(587) = 588, D(593) = 297, D(599) = 598, D(601) = 300, D(607) = 608,$
$D(613) = 307, D(617) = 309, D(619) = 206, D(631) = 630, D(641) = 320,$
$D(643) = 644, D(647) = 648, D(653) = 327, D(659) = 658, D(661) = 55,$
$D(673) = 337, D(677) = 113, D(683) = 684, D(691) = 138, D(701) = 175,$
$D(709) = 118, D(719) = 718, D(727) = 728, D(733) = 367, D(739) = 738,$
$D(743) = 248, D(751) = 750, D(757) = 379, D(761) = 95, D(769) = 96,$
$D(773) = 387, D(787) = 788, D(797) = 57, D(809) = 202, D(811) = 270,$
$D(821) = 205, D(823) = 824, D(827) = 828, D(829) = 69, D(839) = 838$
$D(853) = 427, D(857) = 429, D(859) = 78, D(863) = 864, D(877) = 439,$
$D(881) = 88, D(883) = 884, D(887) = 888, D(907) = 908, D(911) = 70,$
$D(919) = 102, D(929) = 464, D(937) = 469, D(941) = 470, D(947) = 948,$
$D(953) = 53, D(967) = 88, D(971) = 970, D(977) = 163, D(983) = 984,$
$D(991) = 198, D(997) = 499.$

8.6　广义 Fibonacci 数列与广义 Lucas 数列及性质[27]

在前五节中对 Fibonacci 数列的模周期问题做了较深入的讨论. 本节开始将对初始值为任意一对整数的整系数的二阶线性递归数列的模周期问题进行实质性的讨论. 我们知道著名数学家 Lagrange 对 N 阶性递归数列的模数列给出了周期的存在性的证明[2]. 但并没有告诉我们怎样求线性递归数列的模数列的

235

最小正周期. 在下面我们将给出求二阶线性递归数列的模数列的最小正周期的具体方法.

(1) 设数列 $\{F_n\}$ 满足 $F_{n+2}=aF_{n+1}-bF_n$ 且 $F_0=0,F_1=1$,则此数列的通项公式为

$$F_n=\frac{\alpha^n-\beta^n}{\alpha-\beta}$$

这样的数列叫广义 Fibonacci 数列.

(2) 设数列 $\{L_n\}$ 满足 $L_{n+2}=aL_{n+1}-bL_n$ 且 $L_0=2,L_1=a$,则此数列的通项公式为

$$L_n=\alpha^n+\beta^n$$

这样的数列叫广义 Lucas 数列.

其中,α,β 是方程 $x^2-ax+b=0$ 的两个根,$\alpha=\dfrac{a+\sqrt{\Delta}}{2}$,$\beta=\dfrac{a-\sqrt{\Delta}}{2}$,$\Delta=a^2-4b$.

关于数列 $\{F_n\}$,$\{L_n\}$ 有如下性质:

性质1 (i) $F_{2n}=L_nF_n$;

(ii) $2F_{m+n}=L_mF_n+F_nL_m$;

(iii) $F_n^2-F_{n+1}F_{n-1}=b^{n-1}$;

(iv) $L_n=F_{n+1}-bF_{n-1}$;

(v) 当 $b=-1$ 时,$F_{2n+1}=F_n^2+F_{n+1}^2$,$L_n=F_{n-1}+F_{n+1}$;

(vi) $F_{(k+1)m}=F_{km}F_{m+1}+F_mF_{km+1}-aF_mF_{km}$.

性质2 设 p 是奇素数,$p\mid b$ 且 F_e 是数列 $\{F_n\}$ 中被 p 整除的角标最小的数,则 $p\mid F_n$ 的充分必要条件是 $e\mid n$.

性质3 设数列 $\{f_n^*\}$ 有如下一些性质.

若数列 $\{f_n^*\}$ 有 $f_{n+1}^*=af_n^*-bf_{n-1}^*$,$f_1^*=t_1$,$f_2^*=t_2$,数列 $\{F_n\}$ 满足 $F_{n+2}=aF_{n+1}-bF_n$ 且 $F_0=0,F_1=1$,则数列 $\{F_n\}$ 与数列 $\{f_n^*\}$ 满足:

(1) $f_{n+1}^*=t_2F_n-bt_1F_{n+1}(n\geqslant 1)$;

(2) $(bt_1^2-at_1t_2+t_2^2)F_n=t_2f_{n+1}^*-t_1f_{n+2}^*$.

性质1,性质2不难证明.

下面用数学归纳法证明性质3(1).

当 $n=1$ 时,结论成立,即

$$f_2^*=t_2F_1-bt_1F_0=t_2$$

假设当 $n=k-1$,$n=k$ 时,结论成立,即

$$f_{k+1}^*=t_2F_k-bt_1F_{k-1},\quad f_k^*=t_2F_{k-1}-bt_1F_{k-2}$$

则当 $n=k+1$ 时

$$f_{k+2}^* = af_{k+1}^* - bf_k^*$$
$$= a(t_2 F_k - bt_1 F_{k-1}) - b(t_2 F_{k-1} - bt_1 F_{k-2})$$
$$= t_2 (aF_k - bF_{k-1}) - bt_1 (aF_{k-1} - bF_{k-2})$$
$$= t_2 f_{k+1}^* - bt_1 F_{k-1}$$

即

$$f_{k+2}^* = t_2 f_{k+1}^* - bt_1 f_k^*$$

故对一切自然数均成立.

再证明性质 3(2).

由 $f_{n+1}^* = t_2 F_n - bt_1 F_{n+1}$ 两端同乘 t_2, 得

$$t_2 f_{n+1}^* = t_2^2 F_n - bt_2 t_1 F_{n-1} \qquad ①$$

$f_{n+2}^* = t_2 F_{n+1} - bt_1 F_{n+2}$ 两端同乘 t_1, 得

$$t_1 f_{n+2}^* = t_1 t_2 F_{n+1} - bt_1^2 F_n \qquad ②$$

① $-$ ② 得

$$t_2 f_{n+1}^* - t_1 f_{n+2}^* = (t_2^2 + bt_1^2)F_n - t_2 t_1 (bF_{n-1} + F_{n+1})$$
$$= (t_2^2 + bt_1^2)F_n - t_2 t_1 aF_n$$

所以

$$(bt_1^2 - at_1 t_2 + t_2^2)F_n = t_2 f_{n+1}^* - t_1 f_{n+2}^*$$

故性质得证.

8.7 两个重要定理

有 8.6 节性质 3 就可以把数列 $\{f_n^*\}$ 满足 $f_{n+1}^* = af_n^* - bf_{n-1}^*, f_1^* = t_1$, $f_2^* = t_2$, 与数列 $\{F_n\}$ 满足 $F_{n+2} = aF_{n+1} - bF_n$ 且 $F_0 = 0, F_1 = 1$ 联系起来, 从而推得下面的定理:

定理 1 设 p 是素数, t_1, t_2 是整数且 $(p,b) = 1, bt_1^2 - at_1 t_2 + t_2^2 \not\equiv 0(\mod p)$. 若数列 $\{f_n^*\}$ 有 $f_{n+1}^* = af_n^* - bf_{n-1}^*, f_1^* = t_1, f_2^* = t_2$, 数列 $\{F_n\}$ 满足 $F_{n+2} = aF_{n+1} - bF_n$ 且 $F_0 = 0, F_1 = 1$(不同的 t_1, t_2 得不同的数列), 则数列 $\{f_n^* (\mod p)\}$ 是相同周期的纯周期数列.

证明 设 T 是数列 $\{F_n (\mod p)\}$ 的最小正周期. 则

$$F_T \equiv 0(\mod p), F_{T+1} \equiv 1(\mod p), F_{T+2} \equiv a(\mod p)$$
$$f_{T+1}^* = t_2 F_T - bt_1 F_{T+1} \equiv -bt_1 F_{T-1}(\mod p)$$

因为

$$F_{T+1} = aF_T - bF_{T-1}, F_T \equiv 0(\mod p), F_{T+1} \equiv 1(\mod p)$$

所以

237

$$bF_{T-1} \equiv -1 \pmod{p}$$

因此

$$f_{T+1}^* \equiv t_1 \pmod{p}$$

又

$$f_{T+2}^* = t_2 F_{T+1} - bt_1 F_T \equiv t_2 \pmod{p}$$

因此

$$f_{T+2}^* \equiv t_2 \pmod{p}$$

故 T 是数列 $\{f_n^* \pmod{p}\}$ 的一个周期.

下面来证明 T 是数列 $\{f_n^* \pmod{p}\}$ 的最小正周期,假设 T' 是数列 $\{f_n^* \pmod{p}\}$ 的最小正周期且 $0 < T' < T$,即

$$f_{T'+1}^* \equiv t_1 \pmod{p}$$
$$f_{T'+2}^* \equiv t_2 \pmod{p}$$

由 8.6 节性质 3 有

$$(bt_1^2 - at_1t_2 + t_2^2) F_{T'} = t_2 f_{T'+1}^* - t_1 f_{T'+2}^*$$

则

$$(bt_1^2 - at_1t_2 + t_2^2) F_{T'} \equiv 0 \pmod{p}$$

因为 $bt_1^2 - at_1t_2 + t_2^2 \not\equiv 0 \pmod{p}$,所以

$$F_{T'} \equiv 0 \pmod{p}$$

又

$$(bt_1^2 - at_1t_2 + t_2^2) F_{T'} = t_2 f_{T'+2}^* - t_1 f_{T'+3}^*$$
$$f_{T'+3}^* = af_{T'+2}^* - bf_{T'+1}^*$$

因此

$$f_{T'+3}^* = af_{T'+2}^* - bf_{T'+1}^* \equiv (at_2 - b_1) \pmod{p}$$
$$(bt_1^2 - at_1t_2 + t_2^2) F_{T'+1} = t_2 f_{T'+2}^* - t_1 f_{T'+3}^*$$
$$\equiv [t_2^2 - t_1(at_2 - bt_1)] \pmod{p}$$
$$(bt_1^2 - at_1t_2 + t_2^2)(F_{T'+1} - 1) \equiv 0 \pmod{p}$$

因为 $bt_1^2 - at_1t_2 + t_2^2 \not\equiv 0 \pmod{p}$,所以

$$F_{T'+1} \equiv 1 \pmod{p}$$

因此 T' 也是数列 $\{f_n^* \pmod{p}\}$ 的一个最小正周期,与 T 是 $\{f_n^* \pmod{p}\}$ 的最小正周期矛盾. 故 T 是数列 $\{f_n^* \pmod{p}\}$ 的一个最小正周期,定理证毕.

有了定理 1,对于初始值为 $f_1 = t_1, f_2 = t_2$ 的二阶线性递归数列的模周期问题只需转化成初始值为 $F_0 = 0, F_1 = 1, F_2 = a$ 的条件下这个二阶线性递归数列的模周期即可.

关于初始值为 $F_0 = 0, F_1 = 1, F_2 = a$,且 $F_{n+2} = aF_{n+1} - bF_n$ 的模数列

$\{F_n (\bmod p)\}$ 有下面的重要定理.

定理 2   数列 $\{F_n\}$,$F_{n+2} = aF_{n+1} - bF_n$,$F_0 = 0$,$F_1 = 1$,$F_2 = a$. 设 p 是奇素数且 $p \nmid b$,$\Delta = a^2 - 4b$,则 $F_{p-(\frac{\Delta}{p})} \equiv 0 (\bmod p)$,其中 $(\frac{\Delta}{p})$ 是 Legendre 符号.

证明   由此数列通项公式得

$$F_p = \frac{\alpha^p - \beta^p}{\alpha - \beta}$$

$$\alpha = \frac{a + \sqrt{\Delta}}{2} , \beta = \frac{a - \sqrt{\Delta}}{2} , \Delta = a^2 - 4b$$

所以

$$2^{p-1} F_p = pa^{p-1} + C_p^3 a^{p-3} \Delta + \cdots + C_p^{p-2} a^2 p \Delta^{\frac{p-3}{2}} + \Delta^{\frac{p-1}{2}}$$

如果 $p \mid \Delta$,那么 $p \mid F_p$,$(\frac{\Delta}{p}) = 0$,定理 2 成立.

如果 $p \nmid \Delta$,因 p 是奇素数,故由 Fermat 定理得

$$F_p = \Delta^{\frac{p-1}{2}} = (\frac{\Delta}{p}) \equiv \pm 1 (\bmod p)$$

而

$$2^p F_{p+1} = (p+1) a^p + C_{p+1}^3 a^{p-2} \Delta + \cdots + C_{p+1}^{p-2} a^3 \Delta^{\frac{p+1}{2}} + C_{p+1}^p \Delta^{\frac{p+1}{2}}$$

由于 $p \mid C_{p+1}^i (3 \leqslant i \leqslant p-2)$,所以

$$2^p F_{p+1} \equiv a(1 + (\frac{\Delta}{p})) (\bmod p)$$

如果 $(\frac{\Delta}{p}) = -1$,那么

$$F_{p+1} \equiv 0 (\bmod p)$$

如果 $(\frac{\Delta}{p}) = 1$,那么

$$F_{p+1} \equiv a (\bmod p)$$

又由于

$$F_{p+1} = aF_p - bF_{p-1}$$

所以

$$bF_{p-1} \equiv 0 (\bmod p)$$

因 $p \nmid b$,故 $F_{p-1} \equiv 0 (\bmod p)$.

定理 2 为我们研究二阶线性递归数列的模周期问题提供了重要的理论依据. 为了进一步研究二阶线性递归数列的模周期问题. 我们还将引进下面两个重要概念,这两个概念深刻揭示了二阶线性递归数列模周期的内在规律.

8.8 $D(a,b,m),O_m(t),T(a,b,m)$ 的概念

定义 1 $D(a,b,m) = \min\{n \mid F_n \equiv 0 \pmod m\}$，称 $D(a,b,m)$ 为数列 F_n 的预备周期.

定义 2 $O_m(t) = \min\{r \mid t^r \equiv 1 \pmod p\}$，$m,r \in \mathbf{N}$，称 $O_m(t)$ 为 t 关于模 m 的阶数(或次数).

我们用 $T(a,b,m)$ 表示数列 $\{F_n(\bmod p)\}$ 的最小正周期.

为讨论 $T(a,b,m),D(a,b,m),O_m(F(a,b,m)+1)$ 之间的关系将用到下面的引理.

引理 (i) $F_{kD(a,b,p)+1} \equiv F_{D(a,b,p)+1}^k \pmod p$；

(ii) $F_n \equiv 0 \pmod p \Leftrightarrow n = sD(a,b,m)$；

(iii) $F_{kD(a,b,p)} = kF_{D(a,b,p)}F_{D(a,b,p)+1}^{k-1} \equiv 0 \pmod p$；

(iv) $F_{(k+1)m} = F_{km}F_{m+1} + F_mF_{km+1} - aF_mF_{km}$.

其中 $s,k \in \mathbf{N}$.

引理的证明用数学归纳法及 8.6 节性质 1(vi) 不难证明. 由引理(i)(ii)(iii) 可得下面的定理.

定理 1 $T(a,b,m) = O_m(F_D(a,b,m),D(a,b,m))$.

8.9 关于 $T(a,b,p),D(a,b,p),$ $O_p(F_{kD(a,b,p)+1})$ 的有关结果

定理 1 (i) 当 $(\dfrac{\Delta}{p}) = 1$ 时，存在 $s \in \mathbf{N}$，使得 $p-1 = sD(a,b,p)$；

(ii) 当 $(\dfrac{\Delta}{p}) = -1$ 时，存在 $s \in \mathbf{N}$，使得 $p+1 = sD(a,b,p)$；

(iii) 当 $(\dfrac{\Delta}{p}) = 0$ 时，存在 $s \in \mathbf{N}$，使得 $p = sD(a,b,p)$.

注 在(iii)中 $s = 1$，其中 $\Delta = a^2 - 4b$.

定理 2 存在 $s \in \mathbf{N}$，使得

$$p-1 = sO_p(F_{D(a,b,p)+1})$$

证明 因为

$$F_{kD(a,b,p)+1} \equiv F_{D(a,b,p)+1}^k \pmod p$$

令 $k = p-1$，因 $(F_{D(a,b,p)+1},p) = 1$，由 Fermat 小定理得

$$F_D^{p-1}(a,b,p) \equiv 1 (\bmod\ p)$$

因此存在 $s \in \mathbf{N}$，使 $p-1 = sO_p(F_{D(a,b,p)+1})$.

定理 3 （i）若 $b = -1$，则 $1 \leqslant O_p(F_{D(a,b,p)+1}) \leqslant 4$；

（ii）若 $b = 1$，则 $1 \leqslant O_p(F_{D(a,b,p)+1}) \leqslant 2$.

此定理用 8.6 节性质 1(iii) 即可证明.

定理 4 若 $(\dfrac{\Delta}{p}) = 1$，则数列 $\{F_n(\bmod\ p)\}$ 的最小正周期 $T(a,b,p)$，存在 $s \in \mathbf{N}$，使得 $sT(a,b,p) = p-1$.

定理 5 若 $D(a,b,p) = D(a,b,p^2) = \cdots = D(a,b,p^s) \neq D(a,b,p^{s+1})$，$s \in \mathbf{N}$，则：

（i）$D(a,b,p^m) = pD(a,b,p^{m-1})(m \geqslant s+1)$；

（ii）$D(a,b,p^m) = \begin{cases} D(a,b,p), 1 \leqslant m \leqslant s \\ p^{m-s}D(a,b,p), m \geqslant s+1 \end{cases}$.

在递推关系 $F_{n+2} = aF_{n+1} - bF_n$ 中，当 $b = -1$ 时，有下面一些重要的结论：

（i）$F_{4n} = F_{2n+1} + F_{2n-1}$；

（ii）$L_{6t} \equiv 2(\bmod\ 4)$，$t \in \mathbf{N}$；

（iii）$L_n = F_{n-1} + F_{n+1}$.

定理 6 若 a 是奇数，则

$$D(a, -1, 2^m) = \begin{cases} 3, m = 1 \\ 6, m = 2 \\ 3 \times 2^{m-2}, m \geqslant 3 \end{cases}$$

证明 当 $m = 1, 2$ 时，结论是很显然的.

下面用数学归纳法证明，当 $m \geqslant 3$ 时，结论成立.

（a）当 $m = 3$ 时，设 $a = 2t+1$，$t \in \mathbf{Z}$，则

$$F_n : 1, a, a^2 + 1, a^3 + 2a, a^4 + 3a^2 + 1, a^5 + 4a^3 + 3a$$

故

$$F_6 = a(a^4 + 4a^2 + 3) = 8a(2l^4 + 4l^3 + 5l^2 + 3l + 1)$$

因为 $a, 2l^4 + 4l^3 + 5l^2 + 3l + 1$ 都是奇数，所以

$$8 \parallel (a^4 + 4a^3 + 3a)$$

即 $8 \parallel F_6$，所以

$$D(a, -1, 2^3) = 3 \times 2^{3-2}$$

即当 $m = 3$ 时，结论成立.

（b）假设当 $m = k(k \geqslant 3)$ 时，结论成立，即

$$D(a, -1, 2^k) = 3 \times 2^k \parallel F_{3 \times 2^{k-2}}$$

即 $2^k \mid F_{3 \times 2^{k-2}}$ 且 $2^k \mid 2^{k+1}F_{3 \times 2^{k-2}}$.

现证明当 $m=k+1$ 时,结论也成立.

因为
$$F_{2D(a,-1,2^k)}=F_{D(a,-1,2^k)}L_{D(a,-1,2^k)}\equiv 0(\bmod 2^{k+1})$$
上式最后用到假设及 $L_{6t}\equiv 2(\bmod 4)$,所以
$$2D(a,-1,2^k)=sD(a,-1,2^{k+1})\quad(s\in\mathbf{N})$$
又
$$F_{D(a,-1,2^{k+1})}\equiv 0(\bmod 2^{k+1})$$
所以
$$F_{D(a,-1,2^{k+1})}\equiv 0(\bmod 2^k)$$
因此
$$2D(a,-1,2^{k+1})=rD(a,-1,2^k)$$
故
$$rs=2$$
若 $r=1$,则
$$D(a,-1,2^{k+1})=D(a,-1,2^k)$$
因此 $2^{k+1}\mid F_{3\times 2^{k-2}}$,这与假设矛盾.所以 $r=2,s=1$,故
$$D(a,-1,2^{k+1})=2D(a,-1,2^k)$$
即
$$D(a,-1,2^{k+1})=3\times 2^{k-1}$$

定理证毕.

定理 7 　(i) 若 p 是奇素数,$D(a,-1,p)=2l-1,l\in\mathbf{N}$,则
$$O_p(F_{D(a,-1,p)+1})=4$$
(ii) 若 p 是素数,$D(a,-1,p)=2(2l-1),l\in\mathbf{N}$,则
$$O_p(F_{D(a,-1,p)+1})=1$$
(iii) 若 $(a,p)=1,D(a,-1,p)=4l,l\in\mathbf{N}$,则
$$O_p(F_{D(a,-1,p)+1})=2$$

注 　(iii) 中的 p 可以是素数,也可以是合数.

证明 　(i) $D(a,-1,p)=2l-1,l\in\mathbf{N}$,即
$$F_{2L-1}\equiv 0(\bmod p)$$
因为
$$F_{4D(a,-1,p)+1}\equiv F_{D(a,-1,p)+1}^4\equiv 1(\bmod p)$$
又因为 p 是奇素数,所以 $O_p(F_{D(a,-1,p)+1})=1,2,4$ 之一.

下面我们只需证明
$$F_{2D(a,-1,p)+1}\not\equiv -1(\bmod p)$$
$$F_{2D(a,-1,p)+1}=F_{D(a,-1,p)}^2+F_{D(a,-1,p)+1}^2$$

因为

$$F_{2D(a,-1,p)+1} = F_{D(a,-1,p)}^2 + F_{D(a,-1,p)+1}^2$$
$$= F_{D(a,-1,p)+1}^2 \equiv -1 (\bmod p)$$

即

$$F_{2D(a,-1,p)+1} \not\equiv 1 (\bmod p)$$

所以 $O_p(F_{D(a,-1,p)+1}) = 4.$

(ii) $D(a,-1,p) = 2(2l-1), l \in \mathbf{N}$,即

$$F_{2l(a,-1,p)+1} \equiv 0 (\bmod p)$$

因为

$$F_{2l-1} = F_{2l-2} + F_{2l} \equiv 0 (\bmod p)$$

且 $p \mid F_{2l-1}, p \mid (F_{2l-2} + F_{2l})$.

又因为

$$F_{2l-1} - 1 = F_{2l-2}^2 + F_{2l}^2 = F_{2l}^2 + F_{2l}F_{2l-2}$$
$$= F_{2l}(F_{2l-2} + F_{2l}) \equiv 0 (\bmod p)$$

所以 $F_{2l-2}^2 + 1 \equiv 1 (\bmod p)$,故 $O_p(F_{D(a,-1,p)+1}) = 1.$

(iii) $D(a,-1,p) = 4l, l \in \mathbf{N}$,即

$$F_{4l+1} \equiv 1 (\bmod p)$$

假设 $O_p(F_{D(a,-1,p)+1}) = 1$,即

$$F_{4l+1} \equiv 1 (\bmod p)$$

因为

$$F_{4l+1} - 1 = F_{2l}^2 + F_{2l+1}^2 - 1 = F_{2l}^2 + F_{2l}F_{2l+2}$$
$$= F_{2l}(F_{2l} + F_{2l+2}) \equiv 0 (\bmod p)$$

所以

$$F_{2l}(F_{2l} + F_{2l+2}) \equiv 0 (\bmod p)$$

又 $F_{4l} \equiv 0 (\bmod p)$,则

$$F_{2l}(F_{2l-1} + F_{2l+1}) \equiv 0 (\bmod p)$$

因为 $(a,p) = 1$,所以

$$F_{2l}(aF_{2l-1} + aF_{2l+1}) \equiv 0 (\bmod p)$$

从而

$$F_{2l}(F_{2l} + F_{2l+2}) - F_{2l}(aF_{2l-1} + aF_{2l+1}) \equiv 0 (\bmod p)$$

即

$$F_{2l}(F_{2l} - aF_{2l-1}) + F_{2l}(F_{2l+2} - aF_{2l+1}) \equiv 0 (\bmod p)$$

由递推关系 $F_{n+2} = aF_{n+1} + F_n$,得

$$F_{2l}(F_{2l-2} + F_{2l}) \equiv 0 (\bmod p)$$

如此继续下去,最后得

243

$$F_{2l}(F_2 + F_0) \equiv 0 \pmod{p}$$

即

$$aF_{2l} \equiv 0 \pmod{p}$$

因为 $(a,p)=1$，所以 $F_{2l} \equiv 0 \pmod{p}$，这与 $F_{D(a,-1,p)} \equiv F_{4l} \equiv 0 \pmod{p}$ 矛盾. 故

$$O_p(F_{D(a,-1,p)+1}) = 2$$

定理 8　若 a 是奇数，则

$$O_{2^m}(F_{D(a,-1,p)+1}) = \begin{cases} 1, m = 1, 2 \\ 2, m \geqslant 3 \end{cases}$$

定理 9　$T(a, -1, 2^m) = 3 \times 2^m - 1 (m \geqslant 1)(a \text{ 是奇数}).$

定理 10　$D(a, b, p_1 p_2) = [D(a, b, p_1), D(a, b, p_2)]$

$$T(a, b, p_1 p_2) = [T(a, b, p_1), T(a, b, p_2)]$$

其中 $[a,b]$ 表示 a, b 的最小公倍数，$(p_1, p_2) = 1.$

8.10　定理的应用

例 1　已知数列 $\{F_n\}$ 满足 $F_{n+2} = 7F_{n+1} + 3F_n$ 且 $F_1 = 2, F_2 = 5$，求数列 $\{F_n(\bmod\ 13)\}$ 的模周期.

解　由题可知

$$a = 7, b = -3, t_1 = 2, t_2 = 5$$

则

$$-3 \times 2^2 - 7 \times 5 + 5^2 \not\equiv 57 \pmod{13}$$

所以由 8.7 节定理 1，只需求在初始值为 $f_1 = 1, f_2 = 7$，且 $f_{n+2} = 7f_{n+1} + 3f_n$ 的数列的模数列 $\{f_n(\bmod\ 13)\}$ 的最小正周期即可（$\{f_n(\bmod\ 13)\}$：$1, 7, 0, \cdots$）. 故

$$D(7, -3, 13) = 3, F_3 \equiv 0 \pmod{13}, F_4 \equiv 8 \pmod{13}$$

我们知道 4 是使 $8^4 \equiv 1 \pmod{13}$ 的最小值，再由 8.8 节定理 1 得

$$O_{13}(F_4) = 4, T(7, -3, 13) = 12$$

所以数列 $\{f_n(\bmod\ 13)\}$ 的模周期为 12.

经验算数列 $\{F_n(\bmod\ 13)\}$：$2, 5, 2, 3, 1, 3, 11, 8, 11, 10, 12, 10, 2, 5, \cdots$ 的模周期为 12.

例 2　求数列 $F_{n+2} = 3F_{n+1} + 7F_n$ 且 $F_1 = 1, F_2 = 3$ 的末两位数的最小正周期，即数列 $\{F_n(\bmod\ 100)\}$ 的周期.

解　因为 $\{F_n(\bmod\ 4)\}$：$1, 3, 0, \cdots$，所以 $D(3, -7, 4) = 3, O_4(F_4) = 1$，因

Fibonacci 数列中的
明珠

此 $T(3,-7,3)=3$.

又因为 $\{F_n(\bmod 25)\}:1,3,16,19,19,15,23,24,23,12,13,23,0,4,\cdots$,所以 $D(3,-7,25)=13$. 又因为 $4^9\equiv 1(\bmod 25)$ 且 9 是最小的,所以

$$O_{25}(F_{13})=O_{25}(4)=9$$
$$T(3,-7,25)=117$$
$$T(3,-7,100)=[T(3,-7,4),T(3,-7,25)]=117$$

例 3 试证明 Fibonacci 数列的个位数是以 60 为周期的周期数列.

证明 因为 $\{f_n(\bmod 2)\}:1,1,0,1,1,0,\cdots$,所以 $D(1,-1,2)=3$,$O_2(F_4)=1$,则 $T(1,-1,2)=3$.

又因为 $\{f_n(\bmod 5)\}:1,1,2,3,0,\cdots$,所以 $D(1,-1,5)=5$,由 8.9 节定理 7(i) 得 $O_5(F_6)=4$,所以

$$T(1,-1,5)=20$$

因此

$$T(1,-1,10)=[T(1,-1,5),T(1,-1,2)]=60$$

例 4 求数列 $F_{n+2}=5F_{n+1}+F_n$,并且 $F_1=1,F_2=5$ 的模数列 $\{F_n(\bmod 21)\}$ 的最小正周期.

解 因为 $\{F_n(\bmod 3)\}:1,2,2,0,\cdots$,所以 $D(5,-1,3)=4$. 由定理 7(iii) 得 $O_3(F_5)=2$,则 $T(5,-1,3)=8$.

又因为 $\{F_n(\bmod 7)\}:1,5,5,2,10,\cdots$,所以 $D(5,-1,7)=6$,则 $O_7(F_7)=1$(由定理 7(ii) 得),因此 $T(5,-1,7)=6$,故 $T(5,-1,21)=24$.

练 习 题 8

1.(莫斯科奥林匹克数学竞赛试题)试问在 Fibonacci 数列 $\{f_n\}$ 中,第一项到第 10 000 000 项中有最末四个数码是 0 的数吗?

2.证明:当 $m>2$ 时,数列 $\{f_n(\bmod m)\}$ 的周期 $T(m)$ 是偶数,其中数列 f_n 是 Fibonacci 数列.

3.求将 $\dfrac{1}{\sqrt{5}}\left(\dfrac{\sqrt{5}+1}{2}\right)^{2\,013}$ 写成小数时,其小数点前面的那个数字.

4.在 Fibonacci 数列 $\{f_n\}$ 中将每一项的最后三位数字记下(如果这个数少于三位,就在其左边添加 0,即 $001,001,002,003,005,008,013,021,034,\cdots$),证明:得到的数列是周期数列.

5.设 $f_n\equiv a_n(\bmod 5),0\leqslant a_n\leqslant 4$,求证:$0.a_1a_2\cdots a_n\cdots$ 是有理数.

Fibonacci 数列与数学竞赛题

无论是国内还是国际的数学竞赛,时常以 Fibonacci 数列为背景出题,这样的题从知识的角度涉及数学的各个分支,从方法的角度十分灵活、新颖,所以这就是出题人为什么常以 Fibonacci 数列为背景出竞赛题的原因.为读者更好地了解数学竞赛题中的 Fibonacci 数列问题,现从以下几个方面介绍以 Fibonacci 数列为背景所出的竞赛题.

9.1　与 Fibonacci 数列的通项公式和递推关系有关的问题

例1(第16届全苏中学生奥林匹克数学竞赛题 Ⅷ)　在列数$\{a_n\}$,$\{b_n\}$中,从第三项起每一项都等于其前面两项之和,并且 $a_1=1$,$a_2=2$ 以及 $b_1=2$,$b_2=1$,问有多少个数同时出现在这两个数列之中.

解　　　$a_n:1,2,3,5,8,13,21,\cdots$

$b_n:2,1,3,4,7,11,18,\cdots$

经观察数列$\{b_n\}$从第四项起,所有的项都有 $a_{n-1}<b_n<a_n$,即数列$\{b_n\}$从第四项起的所有项都不会出现在列数$\{a_n\}$中.因此我们只需证明 $a_{n-1}<b_n<a_n$.

下面用数学归纳法证明.

当 $n=4,5$ 时,显然有 $a_3 < b_4 < a_4,a_4 < b_5 < a_5$,命题成立.

假设 $n=k-1,n=k$ 时,有

$$a_{k-2} < b_{k-1} < a_{k-1},a_{k-1} < b_k < a_k$$

由题设有关系

$$a_{n+2} = a_{n+1} + a_n,b_{n+2} = b_{n+1} + b_n$$

将上述两不等式相加得 $a_k < b_{k+1} < a_{k+1}$,由数学归纳法原理命题得证.

故只有 $1,2,3$ 三个数同时出现在 $\{a_n\},\{b_n\}$ 两个数列中.

例 2(第 31 届西班牙数学奥林匹克竞赛题) 称子集 $A \subseteq M = \{1,2,3,\cdots,11\}$ 是好的.如果它有下述性质:若 $2k \in A$,则 $2k-1 \in A$ 且 $2k+1 \in A$(空集和 M 都是好的).问 M 有多少个好子集.

解 首先给出定义.

1.称子集 $A \subseteq M = \{1,2,3,\cdots,2m\}(m \in \mathbf{Z}_+)$ 是好的,如果它有下述性质:

① 若 $2k \in A(1 \leqslant k < m)$,则 $2k-1 \in A$ 且 $2k+1 \in A$;

② 若 $2m \in A$,则 $2m-1 \in A$($\varnothing$ 和 m 都是好的).

2.称子集 $A \subseteq M = \{1,2,3,\cdots,2m+1\}(m \in \mathbf{Z}_+)$ 是好的,如果它有下述性质:

① 若 $2k \in A$,则 $2k-1 \in A$ 且 $2k+1 \in A$($\varnothing$ 和 M 都是好的);

② 记 $M = \{1,2,3,\cdots,n\}(n \in \mathbf{Z}_+)$ 的好子集个数为 a_n,下面证明递推式

$$a_n = a_{n-1} + a_{n-2} \quad (n \in \mathbf{Z}_+,n \geqslant 3)$$

若 $n=2m+1,m \in \mathbf{Z}_+$,则 M 的好子集分为两类:

第一类:不含 $2m+1$ 的好子集,由题意知,好子集也必不含 $2m$,这样的子集共有 a_{2m-1},即 a_{n-2} 个.

第二类:含有 $2m+1$ 的好子集,由题意知,这样的好子集可含 $2m$,也可以不含,共有 a_{2m} 个,即 a_{n-1} 个.所以 $a_n = a_{n-1} + a_{n-2}(n \in \mathbf{Z},n \geqslant 3)$.

同理可讨论 $n=2m(n \in \mathbf{Z}_+)$ 的情形,仍有递推式 $a_n = a_{n-1} + a_{n-2}(n \in \mathbf{Z}_+,n \geqslant 3)$ 成立.从而递推式 $a_n = a_{n-1} + a_{n-2}$ 对一切大于或等于 3 的整数 n 均成立.从而由递推式就容易求出 $a_{11} = 233$,即 $M = \{1,2,3,\cdots,11\}$ 的好子集个数为 233.

由上面的解法,可知此题可推广为:好子集的定义如前,求集合 $M = \{1,2,3,\cdots,n\}(n \in \mathbf{Z}_+)$ 的好子集个数 a_n.

由上面的讨论可知

$$a_n = a_{n-1} + a_{n-2} \quad (n \in \mathbf{Z}_+,n \geqslant 3)$$

$\{a_n\}$ 类似于 Fibonacci 数列,利用特征根法,可求出

$$a_n = \frac{1}{\sqrt{5}}\left[\left(\frac{1+\sqrt{5}}{2}\right)^{n+2} - \left(\frac{1-\sqrt{5}}{2}\right)^{n+2}\right] \quad (n \in \mathbf{Z}_+)$$

例 3(2006 年全国高中数学联赛题)   已知数列 $\{a_n\}$ 满足 $a_1 = 2, a_2 = 2$,
$a_{n+1} = \dfrac{a_n a_{n-1} + 1}{a_n + a_{n-1}}$,求通项公式.

解   令 $f(x) = \dfrac{x^2 + 1}{2x} = x$,得函数 $f(x)$ 的两个不动点分别为 -1 和 1,则

$$a_{n+1} + 1 = \frac{a_n a_{n-1} + 1}{a_n + a_{n-1}} + 1 \qquad ①$$

$$a_{n+1} - 1 = \frac{a_n a_{n-1} + 1}{a_n + a_{n-1}} - 1 \qquad ②$$

将式 ① 除以式 ②,整理得

$$\frac{a_{n+1} + 1}{a_{n+1} - 1} = \frac{a_n + 1}{a_n - 1} \cdot \frac{a_{n-1} + 1}{a_{n-1} - 1}$$

令 $b_n = \dfrac{a_n + 1}{a_n - 1}, a_1 = 2, a_2 = 2$,则 $b_1 = 3, b_2 = 3$,所以 $b_{n+1} = b_n \cdot b_{n-1}$,两边取以 3 为底的对数,得

$$\log_3 b_{n+1} = \log_3 b_n + \log_3 b_{n-1}$$

令 $f_n = \log_3 b_n, f_1 = 1, f_2 = 1$,则

$$f_{n+1} = f_n + f_{n-1}, f_1 = 1, f_2 = 1$$

$\{f_n\}$ 是 Fibonacci 数列,因此

$$f_n = \frac{1}{\sqrt{5}}\left[\left(\frac{1+\sqrt{5}}{2}\right)^n - \left(\frac{1-\sqrt{5}}{2}\right)^n\right]$$

故 $\dfrac{a_n + 1}{a_n - 1} = 3^{f_n}$,解之得 $a_n = \dfrac{3^{f_n} + 1}{3^{f_n} - 1}$.

例 4(1978 年前捷克斯洛伐克数学奥林匹克题)   求证:数列 $a_n = \left(\dfrac{3+\sqrt{5}}{2}\right)^n + \left(\dfrac{3-\sqrt{5}}{2}\right)^n - 2, n \in \mathbf{N}_+$ 的每一项都是自然数,而且当 n 为偶数或奇数时,a_n 分别具有形式 $5m^2$ 或 m^2,其中 $m \in \mathbf{N}$.

证明   由已知得 $a_1 = 1, a_2 = 5$. 因为方程 $x^2 - 3x + 1 = 0$ 的两个根为 $\dfrac{3+\sqrt{5}}{2}, \dfrac{3-\sqrt{5}}{2}$,所以

$$a_{n+2} + 2 = 3(a_{n+1} + 2) - (a_n + 2)$$

即

$$a_{n+2} = 3a_{n+1} - a_n + 2$$

由此推得数列 $\{a_n\}$ 的每一项都是整数,由均值不等式得

$$a_n > 2\left(\frac{3+\sqrt{5}}{2} \cdot \frac{3-\sqrt{5}}{2}\right)^{\frac{n}{2}} - 2 = 0 \quad (a_n > 0)$$

所以数列 $\{a_n\}$ 的每一项都是正整数.

由已知得

$$a_{2n} = \left[\left(\frac{3+\sqrt{5}}{2}\right)^n - \left(\frac{3-\sqrt{5}}{2}\right)^n\right]^2$$

令 $b_n = \frac{1}{\sqrt{5}}\left[\left(\frac{3+\sqrt{5}}{2}\right)^n - \left(\frac{3-\sqrt{5}}{2}\right)^n\right]$，$b_1 = 1, b_2 = 3$ 且 $b_{n+2} = 3b_{n+1} - b_n$. 显然 $b_n > 0$，从而数列 $\{b_n\}$ 的每一项都是整数，于是 $a_{2n} = 5b_n^2$. 又有

$$a_{2n-1} = \left(\frac{3+\sqrt{5}}{2}\right)^{-1}\left(\frac{3+\sqrt{5}}{2}\right)^{2n} + \left(\frac{3-\sqrt{5}}{2}\right)^{-1}\left(\frac{3-\sqrt{5}}{2}\right)^n - 2$$

所以

$$a_{2n-1} = \left[\left(\frac{\sqrt{5}-1}{2}\right)\left(\frac{3+\sqrt{5}}{2}\right)^n + \left(\frac{\sqrt{5}+1}{2}\right)\left(\frac{3-\sqrt{5}}{2}\right)^n\right]^2$$

令 $c_n = \frac{\sqrt{5}-1}{2}\left(\frac{3+\sqrt{5}}{2}\right)^n - \frac{\sqrt{5}+1}{2}\left(\frac{3-\sqrt{5}}{2}\right)^n$，则 $c_1 = 1, c_2 = 4, c_{n+2} = 3c_{n+1} - c_n$.

显然 $c_n > 0$，从而数列 $\{c_n\}$ 的每一项都是正整数. 于是 $a_{2n-1} = c_n^2$.

另证此题

$$a_n = \left(\frac{3+\sqrt{5}}{2}\right)^n + \left(\frac{3-\sqrt{5}}{2}\right)^n - 2 = L_{2n} - 2$$

由 $L_{2n} = L_n^2 + 2(-1)^{n+1}$，得

$$a_n = L_{2n} - 2 = L_n^2 + 2(-1)^{n+1} - 2$$

当 n 为奇数时

$$a_n = L_{2n} - 2 = L_n^2$$

当 n 为偶数时

$$a_n = L_{2n} - 2 = L_n^2 - 4$$

由 $L_n^2 - 5f_n^2 = 4(-1)^n$，得

$$a_n = L_{2n} - 2 = L_n^2 - 4 = 5f_n^2 + 4(-1)^n - 4 = 5f_n^2$$

故问题得证.

9.2　与黄金数有关的问题

例 1(2010 年葡萄牙数学奥林匹克竞赛题)　证明：对任意的三角形都存在某两边长 a, b，满足 $\frac{\sqrt{5}-1}{2} < \frac{a}{b} < \frac{\sqrt{5}+1}{2}$.

证明 此问题等价于:设三角形三边长 a,b,c,有 $a\leqslant b\leqslant c$,求证:$1\leqslant M<\dfrac{\sqrt{5}+1}{2}$,其中 $M=\min\{\dfrac{b}{a},\dfrac{c}{b}\}$,$\min\{a,b\}$ 表示 a,b 中的最小数.

因为 $M=\min\{\dfrac{b}{a},\dfrac{c}{b}\}$,显然有 $1\leqslant M,M\leqslant\dfrac{b}{a},M\leqslant\dfrac{c}{b}$,所以 $M^2\leqslant\dfrac{c}{a}$.

又因为 $a+b>c$,则 $M^2(c-b)<c$,即 $(M^2-1)c<bM^2$,所以

$$(M^2-1)\frac{c}{b}<M^2$$

即 $(M^2-1)M<M^2$,推得 $M^2-M-1<0$,因此

$$1\leqslant M<\frac{\sqrt{5}+1}{2}$$

故原问题得证.

9.3 与 Fibonacci 数列有关的求值问题

例 1(第 6 届美国邀请赛题) 设 $a,b\in\mathbf{Z}$,若 $x^2-x-1=0$ 是 $ax^{17}+bx^{16}+1$ 的因式,求 a 的值.

解 方程 $x^2-x-1=0$ 的两个根为 $x_1=\dfrac{1-\sqrt{5}}{2},x_2=\dfrac{1+\sqrt{5}}{2}$.因为 $x^2-x-1=0$ 是 $ax^{17}+bx^{16}+1$ 的因式,所以这两个根也是 $ax^{17}+bx^{16}+1$ 的两个根,代入相消可求得

$$a=\frac{1}{\sqrt{5}}\left[\left(\frac{1+\sqrt{5}}{2}\right)^{16}-\left(\frac{1-\sqrt{5}}{2}\right)^{16}\right]$$

即 $a=f_{16}=987$.

9.4 与 Fibonacci 数列等式性质有关的问题

例 1(第 5 届友谊杯国际数学竞赛题) 若 $F_1,F_2,\cdots$ 及 $L_1,L_2,\cdots$ 为 Fibonacci 数列和 Lucas 数列,试证明:对任意两个自然数 n 和 p,关系式

$$\left(\frac{L_n+\sqrt{5}F_n}{2}\right)^p=\frac{L_{np}+\sqrt{5}F_{np}}{2}$$

成立.

如果读者对 Fibonacci 数列和 Lucas 数列的通项公式很熟,那么证明就很简单了.

证明 （1）当 $p=1$ 时,结论显然成立.

（2）由结论对 p 成立推出对 $p+1$ 也成立,即

$$左边 = \left(\frac{L_n+\sqrt{5}\,F_n}{2}\right)^{p+1} = \left[\frac{\alpha^n+\beta^n+\sqrt{5}\,\dfrac{\alpha^n-\beta^n}{\alpha-\beta}}{2}\right]^{p+1}$$

因为 $\alpha=\dfrac{1+\sqrt{5}}{2}$, $\beta=\dfrac{1-\sqrt{5}}{2}$, $\alpha-\beta=\sqrt{5}$,所以,左边 $=\alpha^{n(p+1)}$. 又

$$右边 = \frac{L_{n(p+1)}+\sqrt{5}\,F_{n(p+1)}}{2} = \frac{\alpha^{np}+\beta^{np}+\sqrt{5}\,\dfrac{\alpha^{np}-\beta^{np}}{\alpha-\beta}}{2} = \alpha^{n(p+1)}$$

所以左边 $=$ 右边.

9.5　与 Fibonacci 数列有关的数论问题

例 1(2005 年全国高中数学联赛题)　数列 $\{a_n\}$ 满足

$$a_0=1, a_{n+1}=\frac{7a_n+\sqrt{45a_n^2-36}}{2} \quad (n\in\mathbf{N})$$

证明:(1)对于任意 $n\in\mathbf{N}$, a_n 为整数;

（2）对于任意 $n\in\mathbf{N}$, $a_n a_{n+1}-1$ 为完全平方数.

证明　（1）先用数学归纳法证明: $a_n=f_{4n}$,其中数列 $\{f_n\}$ 是 Fibonacci 数列.

（Ⅰ）当 $n=0$ 时, $a_0=f_0=1$,等式成立.

（Ⅱ）假设 $n=k$ 时,等式成立,即 $a_k=f_{4k}$,那么

$$
\begin{aligned}
a_{k+1} &= \frac{7f_{4k}+\sqrt{45f_{4k}^2-36}}{2} \\
&= \frac{7f_{4k}+3\sqrt{5f_{4k}^2-4(f_{4k}f_{4k+2}-f_{4k+1}^2)}}{2} \\
&= \frac{7f_{4k}+3\sqrt{5f_{4k}^2-4[f_{4k}(f_{4k+1}+f_{4k})-f_{4k+1}^2]}}{2} \\
&= \frac{7f_{4k}+3\sqrt{(2f_{4k+1}-f_{4k})^2}}{2} \\
&= \frac{7f_{4k}+3(2f_{4k+1}-f_{4k})}{2} \\
&= 3f_{4k+1}+2f_{4k} \\
&= f_{4k+4}
\end{aligned}
$$

即 $n=k+1$ 时,等式也成立,由（Ⅰ）（Ⅱ）可知,对于任意 $n\in\mathbf{N}$, $a_n=f_{4n}$.

因此对于任意 $n \in \mathbf{N}$, a_n 为整数.

（2）因为

$$
\begin{aligned}
a_n a_{n+1} - 1 &= f_{4n} f_{4n+4} - 1 \\
&= f_{4n} f_{4n+4} - (f_{4n} f_{4n+2} - f_{4n+1}^2) \\
&= f_{4n}(f_{4n+4} - f_{4n+2}) + f_{4n+1}^2 \\
&= f_{4n} f_{4n+3} + f_{4n+1}^2 \\
&= (f_{4n+2} - f_{4n+1})(f_{4n+2} + f_{4n+1}) + f_{4n+1}^2 \\
&= f_{4n+2}^2
\end{aligned}
$$

所以对于任意 $n \in \mathbf{N}$, $a_n a_{n+1} - 1$ 为完全平方数.

另解（1），由题设得 $a_1 = 5$ 且 $\{a_n\}$ 严格单调递增,将已知条件变形,得

$$
2a_{n+1} - 7a_n = \sqrt{45a_n^2 - 36}
$$

两边平方整理,得

$$
a_{n+1}^2 - 7a_n a_{n+1} + a_n^2 + 9 = 0 \tag{①}
$$

由式 ① 得

$$
a_n^2 - 7a_n a_{n-1} + a_{n-1}^2 + 9 = 0 \tag{②}
$$

① － ② 得

$$
(a_{n+1} - a_{n-1})(a_{n+1} + a_{n-1} - 7a_n) = 0
$$

由 $a_{n+1} > a_{n-1}$,有

$$
a_{n+1} + a_{n-1} - 7a_n = 0
$$

得

$$
a_{n+1} = 7a_n - a_{n-1} \tag{③}
$$

由式 ③ 及 $a_0 = 1$, $a_1 = 5$ 可知,对任意 $n \in \mathbf{N}$, a_n 为正整数.

（2）将式 ① 配方得

$$
(a_{n+1} + a_n)^2 = 9(a_n a_{n+1} - 1)
$$

所以

$$
a_n a_{n+1} - 1 = \left(\frac{a_{n+1} + a_n}{3}\right)^2
$$

由式 ③ 得

$$
a_{n+1} + a_n = 9a_n - (a_n + a_{n-1})
$$

则

$$
\begin{aligned}
a_{n+1} + a_n &\equiv -(a_n + a_{n-1}) \equiv \cdots \\
&\equiv (-1)^n (a_1 + a_0) \equiv 0 \pmod{3}
\end{aligned}
$$

因此 $\dfrac{a_{n+1} + a_n}{3}$ 为整数. 故 $a_n a_{n+1} - 1$ 是完全平方数.

例 2（1961 年第 25 届莫斯科数学奥林匹克竞赛题） 设数列 $f_1, f_2, f_3, \cdots$

满足 $f_1=f_2=1, f_{n+2}=f_{n+1}+f_n$. 求证：对任何正整数 k，f_{5k} 都可被 5 整除.

证明 用数学归纳法，当 $k=1$ 时，由 $f_5=5$，结论显然成立.

假设 f_{5k} 被 5 整除，那么

$$
\begin{aligned}
f_{5k+5} &= f_{5k+4}+f_{5k+3} \\
&= f_{5k+3}+2f_{5k+2}+f_{5k+1} \\
&= f_{5k+2}+3f_{5k+1}+3f_{5k}+f_{5k-1} \\
&= 8f_{5k}+5f_{5k-1}
\end{aligned}
$$

因此 f_{5k+5} 也能被 5 整除，故对任何正整数 k，f_{5k} 都可被 5 整除.

例 3（第 18 届北欧数学竞赛题） 已知 $f_0=0, f_1=1, f_{n+2}=f_{n+1}+f_n$，求证：存在一个递增的无穷等差数列，与数列 $\{f_n\}$ 无公共项.

证明 观察数列 $\{f_n\}$：$0,1,1,2,3,5,8,13,21,34,55,89,144,\cdots$ 的前若干项，推测数列 $\{8n+4\}$：$12,20,28,36,\cdots$ 符合题意. 显然这个数列是递增的无穷等差数列. 下面我们来证明这个数列与数列 $\{f_n\}$ 无公共项.

因为 f_n 被 8 除的余数是以 12 为周期的数列：$0,1,1,2,3,5,0,5,5,2,7,1,0,1,1,\cdots$，而在其中的前 12 项都没有出现 4，故数列 $\{8n+4\}$ 与数列 $\{f_n\}$ 无公共项. 根据模数列中也没有出现 6，故数列 $\{8n+6\}$ 与数列 $\{f_n\}$ 无公共项.

9.6 与 Fibonacci 数列不等式有关的问题

例 1（1997 年第 38 届国际数学奥林匹克预选题） 对每个整数 $n \geqslant 2$，试确定满足条件：$a_1,a_2,\cdots,a_n$ 是非负数，并且 $a_0=1, a_i \leqslant a_{i+1}+a_{i+2}$，$i=0,1,2,\cdots$，$n-2$ 时，和 $a_0+a_1+\cdots+a_n$ 的最小值.

解 先考虑特殊情况：$a_0=1$ 且

$$
a_i=a_{i+1}+a_{i+2} \quad (i=0,1,2,\cdots,n-2)
$$

此时，我们记 $u=a_{n-1}, v=a_n$，则

$$
a_k=f_{n-k}u+f_{n-k-1}v \quad (k=0,1,2,\cdots,n-1)
$$

其中 $f_0=0, f_1=1, f_{n+2}=f_{n+1}+f_n$，即 f_i 是第 i 个 Fibonacci 数，并且和为

$$
a_0+a_1+\cdots+a_n=(f_{n+2}-1)u+f_n v
$$

易证 $\dfrac{f_{n+2}-1}{f_n} \leqslant \dfrac{f_{n-1}}{f_{n+1}}$.

令 $u=0, v=\dfrac{1}{f_n}$，和达到最小值 $\dfrac{f_{n+2}-1}{f_n}$，设 $M_n=\dfrac{f_{n+2}-1}{f_n}$. 下面证明 $M_n=\dfrac{f_{n+2}-1}{f_n}$ 就是所求的最小值.

显然

$$a_0 + a_1 + \cdots + a_n \geq a_0 + a_1 + a_2 \geq 2a_0 - 2$$

当 $n=2$ 或 $n=3$ 时

$$M_2 = \frac{f_4 - 1}{f_2} = 2, M_3 = \frac{f_5 - 1}{f_3} = 2$$

因此 $M_2 = M_3 = 2$ 是最小值.

今固定一整数 $n \geq 4$,并假设对每个 $k(2 \leq k \leq n-1)$,只要非负数列 c_1,$c_2, \cdots, c_k$ 符合条件 $c_0 = 1, c_k \leq c_{k+1} + c_{k+2}, i = 0, 1, 2, \cdots, k-2$,就有和式 $c_1 + c_2 + \cdots + c_k \geq M$.

现考察符合题设条件的非负数列 $a_1, a_2, \cdots, a_n$ 符合条件.

如果 $a_1 > 0, a_2 > 0$,那么和 $a_0 + a_1 + \cdots + a_n$ 可以表示成下列两种情形

$$a_0 + a_1 + \cdots + a_n = 1 + a_1\left(1 + \frac{a_2}{a_1} + \frac{a_3}{a_1} + \cdots + \frac{a_n}{a_1}\right)$$

$$= 1 + a_1 + a_2\left(1 + \frac{a_3}{a_2} + \cdots + \frac{a_n}{a_2}\right)$$

两个括号内的和满足归纳假设条件,$k = n-1, k = n-2$,所以有

$$a_0 + a_1 + \cdots + a_n \geq 1 + a_1 M_{n-1} \qquad\qquad ①$$

$$a_0 + a_1 + \cdots + a_n \geq 1 + a_1 + a_2 M_{n-2} \qquad\qquad ②$$

显然,当 $a_1 = 0$ 或 $a_2 = 0$ 时,① 或 ② 也成立,由 $a_2 \geq 1 - a_1$,将 ② 化为

$$a_0 + a_1 + \cdots + a_n \geq 1 + M_{n-1} + a_1(1 - M_{n-2}) \qquad\qquad ③$$

设

$$f(x) = 1 + M_{n-1}x\ g(x) = (1 + M_{n-2}) + (1 - M_{n-2})x$$

再由 ① 和 ③ 可得

$$a_0 + a_1 + \cdots + a_n \geq \max\{f(a_i), g(a_i)\} \qquad\qquad ④$$

因为 $f(x)$ 递增,$g(x)$ 递减,所以它们的图像交于一点 $(\bar{x}, \bar{y})$,并且

$$\max\{f(x), g(x)\} \geq \bar{y}$$

对每个实数 x,由 ④⑤ 有

$$a_0 + a_1 + \cdots + a_n \geq \bar{y} \qquad\qquad ⑥$$

另外,当 $x = \frac{f_{n-1}}{f_n}$ 时,易得

$$f(x) = g(x) = \frac{f_{n+2} - 1}{f_n} = M_n$$

因此 $\bar{y} = M_n$. 由 ⑥ 得

$$a_0 + a_1 + \cdots + a_n \geq M_n$$

综上所述,对每个 $n \geq 2$,和 $a_0 + a_1 + \cdots + a_n$ 的最小值为 M_n.

9.7　Fibonacci 数列应用在解题之中

例 1(第 52 届波兰数学竞赛试题)　考虑数列 $\{x_n\}$：$x_1 = a, x_2 = b$，$x_{n+2} = x_{n+1} + x_n, n = 1, 2, \cdots$，这里 $a, b \in \mathbf{R}$．对任意 $c \in \mathbf{R}$，如果存在 $k, l \in \mathbf{N}_+$，$k \neq l$，使得 $x_k = x_l = c$，则称 c 为一个"两重值"．

(1)证明：存在 $a, b \in \mathbf{R}$，使得 $\{x_n\}$ 中至少有 2 000 个不同的"两重值"．

(2)证明：不存在 $a, b \in \mathbf{R}$，使得 $\{x_n\}$ 中有无穷多个不同的"两重值"．

证明　(1)利用 Fibonacci 数列，我们试着向左边将 Fibonacci 数列延拓，则为

$$\cdots, 5, -3, 2, -1, 1, 0, 1, 1, 2, 3, 5, \cdots$$

依此可知，令 $a = F_{2m}, b = -F_{2m} - 1$，这里 m 为任意给定的正整数，那么数列 $\{x_n\}$ 中有 $m+1$ 个"两重值"(当 $c = F_{2m}, F_{2m} - 2, \cdots, F_0$ 时，c 都是"两重值")．从而取 $m = 1999$，可知数列 $\{x_n\}$ 中有 2 000 个"两重值"．

(2)若存在 $a, b \in \mathbf{R}$，使得 $\{x_n\}$ 中有无穷多个"两重值"，这时 $\{x_n\}$ 中若存在两相邻的两项同号，则从这两项起，$\{x_n\}$ 单调递增(若这两项同为正数)，或者单调递减(同为负数)，从而不可能出现无穷多个"两重值"．所以 $\{x_n\}$ 中任意相邻两项不同号．利用 $\{x_n\}$ 递推式的特征方程求其特征根，我们可设

$$x_n = A\left(\frac{1+\sqrt{5}}{2}\right)^n + B\left(\frac{1-\sqrt{5}}{2}\right)^n$$

注意到 $\frac{1+\sqrt{5}}{2} > 1$，而 $\left|\frac{1-\sqrt{5}}{2}\right| < 1$．如果 $A > 0$，那么 n 充分大时，均有 $x_n > 0$，这导致从某一项起 x_n 均为正数，与 $\{x_n\}$ 任意相邻两项不同号矛盾．同理 $A < 0$ 也导致矛盾，所以 $A = 0$．但是，$A = 0$ 时，数列 $\{|x_n|\}$ 单调递减，这时 $\{x_n\}$ 中在 $B \neq 0$ 时没有"两重值"，$B = 0$ 时，只有一个"两重值"．

综上，$\{x_n\}$ 中不可能有无穷多个不同的"两重值"．

下面的例题看似与 Fibonacci 数列毫无相关，但我们也能利用 Fibonacci 数列来解决这个问题．

例 2　小张从 $\{1, 2, \cdots, 144\}$ 中任取一个数，小王希望有偿地知道小张所取的数．小王每次可从 $\{1, 2, \cdots, 144\}$ 中取一个子集 M，然后问小张："你取的数是否属于 M？"，如果答案是 Yes，则小王付给小张 2 元钱，答案是 No，则付 1 元．问：小王至少需要支付多少元钱，才能保证可以知道小张所取的数？

解　答案是 11 元钱．

设 $f(n)$ 是从 $\{1, 2, \cdots, n\}$ 中确定小张所取的数所需支付的最少钱数，则

$f(n)$ 是一个不减数列, 并且如果小王第一次所取的子集是一个 m 元集, 那么
$$f(n) \leqslant \max\{f(m)+2, f(n-m)+1\}$$

下面我们利用 Fibonacci 数列, 证明下述结论: 设 x 为正整数, 并且 $F_n < x \leqslant F_n + 1$, 则
$$f(x) = n \qquad ①$$

先证明: 对任意 $n \in \mathbf{N}_+$, 均有
$$f(F_n) \leqslant n \qquad ②$$

事实上, 当 $n=1$ 时, $F_2=2$, 易知 $f(F_2) \leqslant 2$. 而 $f(F_1)=0 \leqslant 1$ 是显然的. 设对小于 n 的正整数, ② 都成立. 考虑 n 的情形, 小王第一次取一个子集, 使其元素个数为 $F_n - 1$, 就有
$$f(F_n+1) \leqslant \max\{f(F_n-1)+2, f(F_n+1-F_n-1)+1\}$$
$$= \max\{f(F_n-1)+2, f(F_n)+1\}$$
$$\leqslant \max\{n, n\} = n$$

所以 ② 对一切正整数 n 成立.

再证明: 对任意 $n \in \mathbf{N}_+$, $F_n < x \leqslant F_n + 1$, $x \in \mathbf{N}_+$, 均有 $f(x) \geqslant n$.

当 $n=1$ 时, $x=F_2=2$, 此时易知 $f(2) \geqslant 2$, 故对 $n=1$ 成立. 设命题对小于 n 的正整数成立, 考虑 n 的情形. 对任意 $x \in \mathbf{N}_+$, $F_n < x \leqslant F_n+1$(注意, 这里 $n \geqslant 2$, 故 $x \geqslant 3$). 如果小王第一次取的子集的元素个数小于或等于 $F_n - 2$, 那么小王至少应付的钱数大于或等于 $f(x-F_n-2)+1 \geqslant f(F_n-1+1)+1 \geqslant n$; 如果小王第一次取的子集的元素个数大于或等于 F_n-2+1, 那么他至少应付的钱款数大于或等于 $f(F_n-2+1)+2 \geqslant n-2+2=n$. 所以, $f(x) \geqslant n$.

综上可知, 结论 ① 成立. 利用这个结论, 结合 $144 = F_{11}$, 可知小王至少要支付 11 元, 才能保证找到小张所取的数.

9.8 Fibonacci 数列的应用

例 1(2000 年 Estonia 数学竞赛试题) 如果一个由正整数组成的无穷数列从第三项起每一项都等于其前两项之和, 那么称该数列为 F — 数列. 问: 能否将正整数集分划为:

(1) 有限个;(2) 无穷多个没有公共元的 F — 数列的并?

解 (1) 不能. 事实上, 若 $\mathbf{N}_+$ 可以分划为 m 个 F — 数列的并, 我们考虑正整数: $2m, 2m+1, \cdots, 4m$. 这 $2m+1$ 个数中, 必有 3 个数来自同一个 F — 数列. 但是, 这 $2m+1$ 个数中, 任意两个数之和都大于第三个数, 这是一个矛盾.

(2) 我们利用 Zeckendorf 定理. 任意一个正整数 m, 都可以唯一地表示成下面的形式

$$m = (a_n a_{n-1} \cdots a_1)_f = a_n f_n + a_{n-1} f_{n-1} + \cdots + a_1 f_1$$

其中 $\{F_n\}$ 是 Fibonacci 数列, $a_i \in \{0,1\}$, $i = 1, 2, \cdots, n$, $a_n = 1$, 并且不存在下标 $i \in \{1, 2, \cdots, n-1\}$, 使得

$$a_i = a_{i+1} = 1$$

现在来证明: $\mathbf{N}_+$ 可以分划为无穷多个 $F -$ 数列的并.

我们将在 Fibonacci 数系下, 使得 $a_1 = 1$ 的所有正整数从小到大排在第一行; 使 $a_1 = 0$, 而 $a_2 = 1$ 的所有正整数从小到大排在第 2 行; 使 $a_1 = a_2 = 0$, 而 $a_3 = 1$ 的所有正整数从小到大排在第 3 行; ……, 列表如下:

$F_1, F_1 + F_3, F_1 + F_4, F_1 + F_5, F_1 + F_3 + F_5, \cdots$;

$F_2, F_2 + F_4, F_2 + F_5, F_2 + F_6, F_2 + F_4 + F_6, \cdots$;

$F_3, F_3 + F_5, F_3 + F_6, F_3 + F_7, F_3 + F_5 + F_7, \cdots$;

$F_4, F_4 + F_6, F_4 + F_7, \cdots$;

……

由 Zeckendorf 定理可知, 每一个正整数均在上表中出现, 而该表格的每一列从上到下形成一个 $F -$ 数列. 所以(2)的结论是肯定的.

9.9 Fibonacci 数列的综合问题

例 1 已知数列 $\{f_n\}$ 满足 $f_1 = 1$, $f_2 = 1$, $f_{n+2} = f_{n+1} + f_n$, 若 f_a, f_b, f_c, f_d 分别是一个凸四边形的边长, 其中 $a < b < c < d$, 求 $d - b$ 的值.

解 由 f_a, f_b, f_c, f_d 分别是一个凸四边形的边长, 则

$$f_a + f_b + f_c > f_d$$

若 $c \leqslant d - 2$, 则

$$f_a + (f_b + f_c) \leqslant f_a + f_{d-1} \leqslant f_d$$

与 $f_a + f_b + f_c > f_d$ 矛盾.

所以 $c = d - 1$, 于是四边形的边长为 f_a, f_b, f_{d-1}, f_d. 若 $b \leqslant d - 3$, 则

$$(f_a + f_b) + f_{d-1} \leqslant f_{d-2} + f_{d-1} = f_d$$

与 $f_a + f_b + f_c > f_d$ 矛盾. 故 $b = d - 2$, $d - b = 2$.

为了读者更好地了解数学竞赛题中的 Fibonacci 数列问题, 下面收集了一些国际和国内的数学竞赛题供读者练习.

练习题 9

1. (1995 年上海市高中理科班选拔测试题) 若 $x = \dfrac{\sqrt{5}-1}{2}$, 则 $\sqrt{\dfrac{1}{x^3} - \dfrac{1}{x}} - \sqrt[3]{x^4 - x^2} = $ _____.

2. (1993 年江苏省初中数学竞赛题) 已知 α, β 是方程 $x^2 - x - 1 = 0$ 的两个实根, 则 $\alpha^4 + 3\beta = $ _____.

3. 已知曲线 $y = ax^3$ 上的点 $A_1, A_2, A_3, \cdots, A_n$ 的横坐标为 Fibonacci 数列 $1, 1, 2, 3, 5, \cdots, f_{n+2} = f_{n+1} + f_n$, 则 $\triangle A_2 A_3 A_4, \triangle A_3 A_4 A_5, \cdots, \triangle A_n A_{n+1} A_{n+2}$ 的面积构成的数列通项公式为

$$S_{\triangle n} = a f_{n-1} f_n f_{n+1} f_{n+2} \quad (n \geqslant 2)$$

4. 若 x 是一个有限集, $|x|$ 表示 x 中元素的个数, S, T 是 $\{1, 2, \cdots, n\}$ 的子集, 称有序数对 (S, T) 是允许的, 如果对每一个 (S, T), 且对每一个 $t \in T, t > |S|$, 问集合 $\{1, 2, \cdots, 10\}$ 有多少个允许的有序子集对? 证明你的结论.

5. 求出所有实数对 (a, b), 使得对每一个 $n (n \in \mathbf{N}_+), a f_n + b f_{n+1}$ 是 Fibonacci 数列 $\{f_n\}$ 的一项, 并且紧接在后面的项是 $a f_{n+1} + b f_{n+2}$.

6. 证明: 当 $m > 2$ 时, 数列 $\{f_n (\bmod m)\}$ 的周期 $T(m)$ 是偶函数, 其中 f_n 是 Fibonacci 数列中的项.

7. 设 $F_1 = a, F_2 = b, F_{n+2} = F_{n+1} + F_n (n \geqslant 1, n \in \mathbf{N}_+)$, 若 $(a^2 + ab - b^2, m) = 1$, 则数列 $\{f_n (\bmod m)\}$ 是周期数列, 且周期与 a, b 无关.

8. (第 31 届国际数学竞赛预选题) 给定整数 $n > 1$ 及实数 $t \geqslant 1, P$ 为一个平行四边形, 它的四个顶点分别为 $(0, 0), (0, t), (t f_{2n+1}, t f_{2n}), (t f_{2n+1}, t f_{2n+t})$, 设 L 是 P 内部的整点 (即坐标为整数的点) 的个数, 又设 M 是 P 的面积 $t^2 f_{2n+1}$.

(1) 证明: 对任意整点 (a, b) 存在唯一的整数 j, k, 使得

$$j(f_{2n+1}, f_n) + k(f_n, f_{n+1}) = (a, b)$$

(2) 利用 (1) 或其他方法证明

$$\left| \sqrt{L} - \sqrt{M} \right| < \sqrt{2}$$

其中 $f_0 = 0, f_1 = 1, f_2 = 1, \cdots, f_{n+1} = f_n + f_{n-1}$. 所有关于 Fibonacci 数列的恒等式均可利用, 无须证明.

9. 求证: 对一切正整数 $n, a_n = \left[\left(\dfrac{3 + \sqrt{5}}{2} \right)^n + \left(\dfrac{3 - \sqrt{5}}{2} \right)^n \right]$ 均为整数.

10. 求证: n 是正整数时, 大于 $(3 + \sqrt{5})^n$ 的最小整数可以被 2^n 整除.

11. 设 $a_1 = 0, 2a_{n+1} = 3a_n + \sqrt{5a_n^2 + 4}$, 证明: 对于 a_n 不可能有某一正数 n,

Fibonacci 数列中的
明珠

使得 a_{2n} 可以被 1 989 整除.

12.正方形的边长为 Fibonacci 数列的项 $1,1,2,3,5,\cdots$,接下面的方式螺旋形地铺在平面上,将 $|x|$ 的正方形放在 xy 的第一象限,一个顶点在原点,另一个 $|x|$ 的正方形放在它们右面组成一个 2×3 的矩形,将 3×3 的正方形放在它们下面组成一个 5×3 的矩形,将 5×5 的正方形放在它们左面组成 5×8 的矩形,如此继续下去.

(1) 证明:这些正方形中有无限多个中心在一条直线上.

(2) 其余的中心落在什么曲线上,这条曲线与(a)中曲线有什么区别?

13.考察数列 $f_{n+2}=f_{n+1}+f_n,f_1=f_2=1$,将这个数列中每一项的最后三位数字记下,如果这个数少于三位,则在其左边添加零,$001,001,002,003,005,008,013,\cdots$,证明:得到的数列是周期数列.

14.(莫斯科奥林匹克数学竞赛题)在 Fibonacci 数列中,试问在这个数列到 100 000 001 项中有最末四个数码是 0 的数吗?

15.数列 $\{f_n\}$ 定义如下,$f_1=1,f_2=2$,而对任何 $n\in\mathbf{N}_+$,有 $f_{n+2}=f_{n+1}+f_n$,证明:对任何 $n\in\mathbf{N}_+$,均有 $\sqrt[n]{f_{n+1}}\geqslant1+\dfrac{1}{\sqrt[n]{f_n}}$.

16.(第四届英国初中数学奥林匹克数学竞赛题)如果 x 是任一非零数,$\dfrac{1}{x}$ 称为它的倒数,一个数由 $1,1,\cdots$ 开始,之后每个数由前两个已知数的倒数之和再取倒数而得,如求得第三个数,我们用 $\dfrac{1}{1}+\dfrac{1}{1}=2$,再取倒数得 $\dfrac{1}{2}$,这就是第三个数,试找出该数的第八项,然后说明(需证明)这个数列是怎样延续的?

17.投掷均匀硬币直到第一次出现接连两个正面为止.求总共掷了 n 次的概率.

18.一个均匀的硬币投掷十次,令 $\dfrac{i}{j}$ 为正面不连续出现的概率.若 i,j 无公因数,求 $i+j$ 的值.

19.设数列 $\{f_n\}$ 满足递推关系 $f_1=f_2=1,f_{n+2}=f_{n+1}+f_n,n=1,2,3,\cdots$,试证:对任意正整数 n,以 $f_nf_{n+4},f_{n+1}f_{n+3},2f_{n+2}$ 为边长可构成一个直角三角形.

20.美国现代数学教育家 Pólya 波利亚曾向人们提出一个饶有趣味的问题:一个三角形有六个其本元素 —— 三个角和三条边,能否找到这样一对不全等的三角形,使得第一个三角形的五个元素与第二个三角形的五个元素分别相同.

21.已知数列 $\{a_n\}$ 满足,$a_1=2,a_2=2,a_{n+1}=\dfrac{a_na_{n-1}-1}{a_n+a_{n-1}-2}$,求通项公式.

22.(1992年第33届国际数学奥林匹克预选题)数列$\{x_n\}$满足$x_1 \in (0, 1)$,且

$$x_{n+1} = \begin{cases} \dfrac{1}{x_n} - \left[\dfrac{1}{x_n}\right], & x_n \neq 0 \\ 0, & x_n = 0 \end{cases} \quad (n \in \mathbf{N}_+)$$

求证:对一切$n \in \mathbf{N}_+$,均有

$$x_1 + x_2 + \cdots + x_n < \frac{f_1}{f_2} + \frac{f_2}{f_3} + \cdots + \frac{f_n}{f_{n+1}}$$

其中$[x]$表示不大于实数x的最大整数,$\{f_n\}$是Fibonacci数列

$$f_1 = f_2 = 1, f_{n+2} = f_{n+1} + f_n \quad (n \in \mathbf{N}_+)$$

23.(第45届IMO预选题)已知无穷实数列$a_0, a_1, a_2, \cdots$满足条件$a_n = |a_{n+1} - a_{n+2}|, n \geq 0$,其中$a_0, a_1$是两个不同的正数.问这个数列是否有界?

24.给出定义:

(1)称子集$A \subseteq M = \{1, 2, 3, \cdots, 2m\}(m \in \mathbf{Z}_+)$是好的,如果它有下述性质:

① 若$2k \in A(1 \leq k < m)$,则$2k - 1 \in A$且$2k + 1 \in A$;

② 若$2m \in A, 2m - 1 \in A(\varnothing$和$M$都是好的).

(2)称子集$A \subseteq M = \{1, 2, 3, \cdots, 2m+1\}(m \in \mathbf{Z}_+)$是好的,如果它有下述性质:

若$2k \in A$,则$2k - 1 \in A$且$2k + 1 \in A(\varnothing$和M都是好的).

求集合$M = \{1, 2, 3, \cdots, n\}(n \in \mathbf{Z}_+)$的好子集的个数$a_n$.

25.(2002年中国西部数学奥林匹克竞赛题)设α, β是一元二次方程$x^2 - x - 1 = 0$的两个实根.令$a_n = \dfrac{\alpha^n - \beta^n}{\alpha - \beta}$.

(1)证明:对任意正整数n,都有$a_{n+2} = a_{n+1} + a_n$;

(2)求所有的正整数$a, b(a < b)$,满足对任意正整数n,有$b \mid (a_n - 2na^n)$.

26.(第24届莫斯科数学奥林匹克,1961年)设数列$a_1, a_2, \cdots, a_n, \cdots$满足$a_1 = 1, a_2 = 1, a_{n+2} = a_{n+1} + a_n$.求证:对任何正整数$n, a_{5n}$都可被5整除.

27.(1996年上海市竞赛改编题)设集合$M_n = \{1, 2, 3, \cdots, n\}$,其中整数$n \geq 3$,若$M_n$的子集至少含有两个元素,且每个子集中任意两个元素之差的绝对值都大于1,问这些子集共有多少个?

28.(2009年福建卷理)五位同学围成一圈依序循环报数,规定:

(1)第一位同学首次报出的数为1,第二位同学首次报出的数也为1,之后每位同学所报出的数都是前两位同学所报出的数之和;

(2)若报出的数为3的倍数,则报该数的同学需拍手一次.

已知甲同学第一个报数,当五位同学依序循环报到第100个数时,甲同学

拍手的总次数为_____.

29.(2010 年湖北卷理)给 n 个自上而下相连的正方形着黑色或白色. 当 $n \leqslant 4$ 时,在所有不同的着色方案中,黑色正方形互不相邻的着色方案如图1所示.

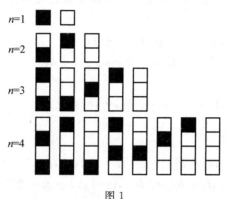

图 1

由此推断,当 $n=6$ 时,黑色正方形互不相邻的着色方案共有_____种,至少有两个黑色正方形相邻的着色方案共有_____种(结果用数值表示).

30.(2009 年陕西卷理)已知数列 $\{x_n\}$ 满足 $x_1 = \dfrac{1}{2}, x_{n+1} = \dfrac{1}{1+x_n}, n \in \mathbf{N}_+$.

(1) 猜想数列 $\{x_n\}$ 的单调性,并证明你的结论;

(2) 证明: $|x_{n+1} - x_n| \leqslant \dfrac{1}{6}\left(\dfrac{2}{5}\right)^{n-1}$.

31.证明:存在无穷多个棱长为正整数的长方体,其体积恰等于对角线长的平方,且该长方体的每一个表面积总可以割并成两个整边正方形.

32.试求所有满足下列条件的数列个数:

(1) 各项是不小于 2 的整数;

(2) 所有各项的和等于定值 m.

33.(2007 年第 39 届加拿大数学奥林匹克竞赛题)给定两个三角形满足如下条件:

(1) 一个三角形的两条边和另一个三角形的两条边对应相等;

(2) 这两个三角形相似,但不一定全等.

求证:这两个三角形的相似比介于 $\dfrac{\sqrt{5}-1}{2}$ 和 $\dfrac{\sqrt{5}+1}{2}$ 之间.

34.(1987 年"美国数学月刊"问题)证明:有无穷多对正整数 a,b,满足 $a \mid (b^2+1), b \mid (a^2+1)$,其中 $x \mid y$,既 x 整除 y.

35.(1998 年韩国数学竞赛题) F_n 为满足以下递推关系的全部函数:从 $\{1, 2,3,\cdots,n\}$ 到 $\{1,2,3,\cdots,n\}$,且:

(1) $f(k) \leqslant k+1, k=1,2,3,\cdots,n;$

(2) $f(k) \neq k, k=1,2,3,\cdots,n.$

求从 $\bar{F}_n$ 中随意取出一个函数 $f(x)$,使得 $f(1) \neq 1$ 的概率.

36.求最小的正整数 k,使得至少存在两个由正整数组成的数列 $\{a_n\}$ 满足下述条件:

(1) 对任意正整数 n,均有 $a_n \leqslant a_n+1$;

(2) 对任意正整数 n,均有 $a_n+2=a_n+1+a_n$;

(3)$a_9=k.$

37.设 $2n$ 个实数 $a_1,\cdots,a_n,b_1,b_2,\cdots,b_n$ 满足:

(1) $\sum_{i=1}^{n} a_i = \sum_{i=1}^{n} b_i$;

(2) $0 < a_1 = a_2, a_i + a_{i+1} = a_{i+2}, i=1,2,\cdots,n-2$;

(3) $0 < b_1 \leqslant b_2, b_i + b_{i+1} \leqslant b_{i+2}, i=1,2,\cdots,n-2.$

证明: $a_{n-1} + a_n \leqslant b_{n-1} + b_n.$

练习题参考解答

练习题 1 解答

1. 答数:47;33,13,1.(Fibonacci,《花朵》,1225)

2. 答数:$\dfrac{2}{23}$ 取 24,即

$$\frac{2}{23} = \frac{1}{24} \times \frac{48}{23} = \frac{2}{24} + \frac{1}{24} \times \frac{2}{23} = \frac{1}{12} + \frac{1}{276}$$

$\dfrac{2}{41}$ 取 48,即

$$\frac{2}{41} = \frac{1}{48} \times \frac{96}{41} = \frac{2}{48} + \frac{1}{48} \times \frac{14}{41}$$

$$= \frac{1}{24} + \frac{3+4}{24 \times 41} = \frac{1}{24} + \frac{1}{246} + \frac{1}{328}$$

3. 答数:妇女 7,骡子 49,面包 343,小刀 2 401,刀鞘 16 807;总共 19 607.(Fibonacci,《计算之书》,第 12 章,1202)

4. **解** 做两次假设,设甲有 $x_1 = 4$,从题设第一条件,乙有 $y_1 = 30$;又从第二条件较原设大了 $b_1 = 30 + 1 - 17 = 14$. 设甲有 $x_2 = 8$,从题设第一条件,乙有 $y_2 = 18$;又从第二条件较原设大了 $b_2 = 18 + 2 - 17 = 3$(在《九章算术》中称为两盈问题). 所求甲原有财富 x,有以下比例关系

$$(b_1 - b_2) : b_2 = (x_2 - x_1) : (x - x_2)$$

借此求出 $x = 9\frac{1}{11}$，这样就易于求出乙原有财富 $y = 14\frac{8}{11}$．(Fibonacci,《计算之书》,第 13 章)

5. 答数：382 个．(Fibonacci,《计算之书》,第 12 章,1202)

我们若假设他采了 x 个苹果，按题意就是要解方程

$$((((((((x(1-\frac{1}{2})-1)\frac{1}{2}-1)\frac{1}{2}-1)\frac{1}{2}-1)\frac{1}{2}-$$

$$1)\frac{1}{2}-1)\frac{1}{2}-1)\frac{1}{2}-1=1$$

Fibonacci 在题后用文字说明的解法，相当于说

$$x-\frac{1}{2},\frac{x}{4}-\frac{3}{2},\frac{x}{8}-\frac{7}{4},\frac{x}{16}-\frac{15}{8},\frac{x}{32}-\frac{31}{16},\frac{x}{64}-\frac{63}{32},\frac{x}{128}-\frac{63}{64}-1=1$$

因此 $x = 382$．

6. Fibonacci 的解题思路是：先假设 30 只麻雀需要 10 钱币，余下 20 钱币，这是 30 钱币与 10 钱币之差，然后我以 1 只麻雀交换 1 只斑鸠，这样增加(付款) $\frac{1}{6}$ 钱币，这是以为麻雀每只值 $\frac{1}{3}$ 钱币，而斑鸠值 $\frac{1}{2}$ 钱币，贵麻雀的 $\frac{1}{6}$，然后，我以 1 只麻雀交换 1 只鸽子，使变动 $1\frac{2}{3}$，就是 $\frac{1}{3}$ 钱币与 2 钱币之差．我取 6 个 $1\frac{2}{3}$，变换 6 个，得到 10．据此我应该调出麻雀，改为斑鸠和鸽子，直到把余下的 20 钱币用完．所以我取它们的 6 倍，得到 120．把它分成两部分，其中一部分刚好被 10 整除，另一部分被 1 整除，其二次分的(结果的)总和不能超过 30．其一部分是 110，其余 10．我分第一部分 100 位 10 份，第二部分为 1 份，就得到 11 只鸽子和 10 只斑鸠．30 只鸟数之中，余下 9 只作为麻雀．麻雀共值 3 钱币．而 10 只斑鸠值 5 钱币，11 只鸽子值 22 钱币．这样，三种鸟共 30 只，值 30 个钱币，这就是所求的结果．

7. 答数：12 日

解 行路日数 $= 9 \times 16 \times 5 \div (6 \times 10)$

Fibonacci 对这一类做了如下解释：行路日数与马数成反比，与所负袋数成正比．

这种类型的题：a 匹马负 b 袋大麦行路 c 日，d 匹马负 e 袋大麦行路 f 日，则
$$abc = def \quad (《计算之书》,第 9 章)$$

8. 略．

9. 迈上第一阶只有一种走法，记为 $f_1 = 1$．迈上第二阶有两种走法，记为 $f_2 = 2$．如果迈上了第 n 阶，那么可能是第 $n-1$ 阶走法上来的，也可能是第 $n-2$ 阶迈两阶走上来的，故有 $f_n = f_{n-1} + f_{n-2}, f_1 = 1, f_2 = 2, n \geqslant 3$．由此可得

Fibonacci 数列中的
明珠

$$f_n = \frac{1}{\sqrt{5}} \left[\left(\frac{1+\sqrt{5}}{2} \right)^{n+1} - \left(\frac{1-\sqrt{5}}{2} \right)^{n+1} \right]$$

10. 当 $n=1$ 时,有一种覆盖方法,记为 $f_1=1$;当 $n=2$ 时,有两种覆盖方法,记为 $f_2=2$;当 $n>2$ 时,第一类覆盖实际上是用 $(n-1)$ 张骨牌覆盖 $2 \times (n-1)$ 的矩形,所以有 f_{n-1} 种覆盖法,第二类覆盖实际上是用 $(n-2)$ 张骨牌覆盖 $2 \times (n-2)$ 的矩形,所以有 f_{n-2} 种覆盖法,故有 $f_n = f_{n-1} + f_{n-2}$,$f_1=1$,$f_2=2$,$n \geqslant 3$.由此可得

$$f_n = \frac{1}{\sqrt{5}} \left[\left(\frac{1+\sqrt{5}}{2} \right)^{n+1} - \left(\frac{1-\sqrt{5}}{2} \right)^{n+1} \right]$$

11. 略.

12. 设 f_n 表示用两种邮票粘贴在一长排上贴足 n 分的方法数,则 f_n 为先贴一张 1 分再贴足 $n-1$ 分的所有情形数 f_{n-1} 加上先贴一张 2 分再贴足 $n-2$ 分的所有情形数 f_{n-2},故有 $f_n = f_{n-1} + f_{n-2}$,其中 $f_1=1$,$f_2=2$,$n \geqslant 3$.

13. 设 f_n 表示排法总数,则:

① 当首位数字是 2 时,则剩下的 $n-1$ 位数有 f_{n-1} 种排法;

② 当首位数字是 1 时,则第 2 位数字一定是 2,剩下的 $n-2$ 位数有 f_{n-2} 种排法.

故 $f_n = f_{n-1} + f_{n-2}$,其中 $f_1=2$,$f_2=3$,$n \geqslant 3$.

14. 以 Fibonacci 数列的任意连续六项为边长,如以 2,3,5,8,13,21 为边长形成的六边形,任意三条边为边都不能构成三角形,但要和为 20,故只能是:1,1,2,3,5,8.

15. 设有 f_n 种不同的染色方法,易知 $f_1=2$,$f_2=3$,$f_n = f_{n-1} + f_{n-2}$.

16. 首先给出定义.

1. 称子集 $A \subseteq M = \{1,2,3,\cdots,2m\}$ $(m \in \mathbf{Z}_+)$ 是好的,如果它有下述性质:

① 若 $2k \in A$ $(1 \leqslant k < m)$,则 $2k-1 \in A$ 且 $2k+1 \in A$;

② 若 $2m \in A$,则 $2m-1 \in A$($\varnothing$ 和 m 都是好的).

2. 称子集 $A \subseteq M = \{1,2,3,\cdots,2m+1\}$ $(m \in \mathbf{Z}_+)$ 是好的,如果它有下述性质:

① 若 $2k \in A$,则 $2k-1 \in A$ 且 $2k+1 \in A$($\varnothing$ 和 M 都是好的);

② 记 $M = \{1,2,3,\cdots,n\}$ $(n \in \mathbf{Z}_+)$ 的好子集个数为 a_n,下面证明递推式

$$a_n = a_{n-1} + a_{n-2} \quad (n \in \mathbf{Z}_+, n \geqslant 3)$$

若 $n=2m+1$,$m \in \mathbf{Z}_+$,则 M 的好子集分为两类:

第一类:不含 $2m+1$ 的好子集,由题意知,好子集也必不含 $2m$,这样的子集共有 a_{2m-1},即 a_{n-2} 个.

第二类:含有 $2m+1$ 的好子集,由题意知,这样的好子集可含 $2m$,也可以不含,共有 a_{2m} 个,即 a_{n-1} 个.所以 $a_n = a_{n-1} + a_{n-2}$ $(n \in \mathbf{Z}, n \geqslant 3)$.

同理可讨论 $n=2m$ $(n \in \mathbf{Z}_+)$ 的情形,仍有递推式 $a_n = a_{n-1} + a_{n-2}$ $(n \in \mathbf{Z}_+,$

$n \geqslant 3$) 成立. 从而递推式 $a_n = a_{n-1} + a_{n-2}$ 对一切大于或等于 3 的整数 n 均成立. 从而由递推式就容易求出 $a_{11} = 233$, 即 $M = \{1, 2, 3, \cdots, 11\}$ 的好子集个数为 233.

由上面的解法, 可知此题可推广为: 好子集的定义如前, 求集合 $M = \{1, 2, 3, \cdots, n\}$ ($n \in \mathbf{Z}_+$) 的好子集个数 a_n.

由上面的讨论可知

$$a_n = a_{n-1} + a_{n-2} \quad (n \geqslant 3)$$

$\{a_n\}$ 类似于 Fibonacci 数列, 利用特征根法, 可求出

$$a_n = \frac{1}{\sqrt{5}} \left[\left(\frac{1+\sqrt{5}}{2} \right)^{n+2} - \left(\frac{1-\sqrt{5}}{2} \right)^{n+2} \right] \quad (n \in \mathbf{Z}_+)$$

17. (1) 长度为 1 的排列只有 0, 1, 故 $f(1) = 2$; 长度为 2 的排列有 00, 01, 10, 11 (这个不合题意), 故 $f(2) = 3$. 因此 $f(2) = f(1) + f(0)$, 当 $n > 2$ 时, 将长度为 n 的排列分为两类: 以 0 结尾的和以 01 结尾的. 以 0 结尾的排列中无两个 1 相连的排列的个数为 $f(n-1)$, 以 01 结尾的排列中无两个 1 相连的排列的个数为 $f(n-2)$, 所以对任意自然数 $n \geqslant 2$, 总有

$$f(n) = f(n-1) + f(n-2)$$

(2) 用数学归纳法.

当 $k = 0$ 时, $f(4k+2) = f(2) = 3$, $3 \mid f(2)$.

假设当 $k = m$ 时, $3 \mid f(4m+2)$, 即 $f(4m+2) = 3q_0$.

设 $f(4m+3) = 3q_1 + r$, $0 \leqslant r < 3$. 由已证 (1) 可知

$$f(4m+4) = f(4m+3) + f(4m+2) = 3q_2 + r$$
$$f(4m+5) = f(4m+4) + f(4m+3) = 3q_3 + 2r$$
$$f(4m+6) = f(4m+5) + f(4m+4) = 3(q_4 + r)$$

因此当 $k = m+1$ 时成立, 即对一切 $k \geqslant 0$, 都有 $3 \mid f(4k+2)$.

18. **解**　将自然数 k 用点表示, 若 k 经一次运算得到 h, 就作一条从 k 到 h 的向量, 这样得到的图称为有向图. 如图 1 所示 (这个图应有无穷多个点, 我们只作到第 6 层)

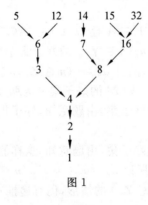

图 1

显然,$a_1=1$(只有第2层的2恰经过一次运算变成1),$a_2=1$(只有第3层的4恰经过两次运算变成1).

对于$n \geqslant 2$,第$n+1$层的a_n个数恰经过n.此运算变成1的数中,每一个奇数m,只有$2m$恰经过一次运算变成m;每一个偶数m,有$2m$与$m-1$两个数恰经过一次运算变成m.因此,更上一层的a_{n+1}个数比这一层的a_n个数多出的个数$a_{n+1}-a_n$,就是这a_n个数中偶数的个数.

第$n+1$层的偶数经过一次运算变为第n层的a_{n-1}个数,因此$a_{n+1}-a_n=a_{n-1}$,即$a_{n+1}=a_n+a_{n-1}$.

由上面的递推关系及初始条件$a_1=a_2=1$知,数列a_n就是Fibonacci数列.

在项数不大时可直接计算$a_{15}=610$或用通项公式

$$a_n=\frac{1}{\sqrt{5}}\left[\left(\frac{1+\sqrt{5}}{2}\right)^n-\left(\frac{1-\sqrt{5}}{2}\right)^n\right]$$

$$a_{15}=\frac{1}{\sqrt{5}}\left[\left(\frac{1+\sqrt{5}}{2}\right)^{15}-\left(\frac{1-\sqrt{5}}{2}\right)^{15}\right]=610$$

19.**解** 当$k=1$时,由已知得

$$\left(1+\frac{a_1}{a_4}\right)\left(1+\frac{a_2}{a_3}\right)=2$$

$$\left(1+\frac{1}{a_4}\right)\left(1+\frac{1}{a_3}\right)=2$$

又因为数列$\{a_n\}$各项均为正整数的单调递增,所以

$$\left(1+\frac{1}{a_3}\right)\left(1+\frac{1}{a_3}\right)>2$$

则

$$a_3^2-3a_3-2<0$$

所以$a_3=2,a_4=3$.

当$k=2$时

$$\left(1+\frac{1}{a_5}\right)\left(1+\frac{2}{3}\right)=2$$

所以$a_5=5$.

当$k=3$时

$$\left(1+\frac{2}{a_6}\right)\left(1+\frac{3}{5}\right)=2$$

所以$a_6=8$.

当$k=4$时

$$\left(1+\frac{3}{a_7}\right)\left(1+\frac{5}{8}\right)=2$$

所以$a_7=13$.

当 $k=5$ 时

$$\left(1+\frac{5}{a_8}\right)\left(1+\frac{8}{13}\right)=2$$

所以 $a_8=21$.

当 $k=6$ 时

$$\left(1+\frac{8}{a_9}\right)\left(1+\frac{13}{21}\right)=2$$

所以 $a_9=34$.

20. **解**　如果依次求下去是十分烦琐的. 所以我们尽力找到圆 O_{n+2}, 圆 O_{n+1}, 圆 O_n 的半径的递推关系. 然后利用递推关系求值.

如图 2 所示, A,B 分别为圆 O_{n-1}, 圆 O_{n-2} 与直线 l 的切点, 过圆 O_n 作 $CD \parallel AB$ 交 $O_{n-1}B, O_{n-2}A$ 于 D,C 两点. 故

$$AB=\sqrt{(r_n+r_{n+1})^2-(r_n-r_{n+1})^2}$$

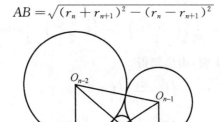

图 2

因为 $DO_n+CO_n=AB$, 所以

$$\sqrt{(r_{n+1}+r_{n+2})^2-(r_{n+1}-r_{n+2})^2}+\sqrt{(r_n+r_{n+2})^2-(r_n-r_{n+2})^2}$$
$$=\sqrt{(r_n+r_{n+1})^2-(r_n-r_{n+1})^2}$$

化简得

$$\sqrt{r_{n+2}r_{n+1}}+\sqrt{r_nr_{n+2}}=\sqrt{r_nr_{n+1}}$$

即

$$\frac{1}{\sqrt{r_{n+2}}}=\frac{1}{\sqrt{r_{n+1}}}+\frac{1}{\sqrt{r_n}}$$

$$a_n=\frac{1}{\sqrt{r_n}}, \ a_{n+2}=a_{n+1}+a_n, a_1=a_2=1$$

因此数列 $\{a_n\}$ 是 Fibonacci 数列

$$r_n=\frac{1}{a_n^2}$$

故 $r_{10}=\dfrac{1}{a_{10}^2}=\dfrac{1}{55^2}$.

21. Fibonacci 数列 $\{f_n\}$ 为 $f_0=0, f_1=1, f_n=f_{n-1}+f_{n-2}(n\geqslant 2)$ 的特征方程为 $x^2-x-1=0$, 特征根 α, β 满足 $\alpha+\beta=1, \alpha\beta=-1$. 通项公式是

$$f_n=\frac{1}{\sqrt{5}}(\alpha^n-\beta^n)$$

设 $a=2^n$, 则有

$$\frac{f_{2^{n+2}}}{f_{2^{n+1}}}-\left(\frac{f_{2^{n+1}}}{f_{2^n}}\right)^2+2=\frac{f_{4a}}{f_{2a}}-\left(\frac{f_{2a}}{f_a}\right)^2+2$$

$$=\frac{\alpha^{4a}-\beta^{4a}}{\alpha^{2a}-\beta^{2a}}-\left(\frac{\alpha^{2a}-\beta^{2a}}{\alpha^a-\beta^a}\right)^2+2$$

$$=\alpha^{2a}+\beta^{2a}-(\alpha^a+\beta^a)^2+2$$

$$=-2(\alpha\beta)^a+2=0$$

所以 $\left\{\dfrac{f_{2^{n+2}}}{f_{2^n}}\right\}$ 与 $\{a_n\}$ 有相同的递推关系, 且 $a_1=3=\dfrac{f_4}{f_2}$, 初始条件也相同, 因此

$$a_n=\frac{f_{2^{n+1}}}{f_{2^n}}$$

22. **解**　设第 n 年后锐角三角形(A)有 a_n 个, 钝角三角形(O)有 b_n 个, 它们的比率 $f_n=\dfrac{a_n}{b_n}$. 已知 $a_0=0, b_0=1, f_0=0$, 且 $a_n=2a_{n-1}+b_{n-1}, b_n=a_{n-1}+b_{n-1}$ ($n\geqslant 1$), 从而有

$$f_n=\frac{a_n}{b_n}=\frac{2a_{n-1}+b_{n-1}}{a_{n-1}+b_{n-1}}=\frac{2f_{n-1}+1}{f_{n-1}+1}$$

它的递推函数为 $f(x)=\dfrac{2x+1}{x+1}$, 令 $f(x)=x$, 解得 $x=\dfrac{1\pm\sqrt{5}}{2}$, 于是, 易得

$$\frac{f_n-\dfrac{1+\sqrt{5}}{2}}{f_n-\dfrac{1-\sqrt{5}}{2}}=\frac{\dfrac{2f_{n-1}+1}{f_{n-1}+1}-\dfrac{1+\sqrt{5}}{2}}{\dfrac{2f_{n-1}+1}{f_{n-1}+1}-\dfrac{1-\sqrt{5}}{2}}$$

$$=\left(\frac{\sqrt{5}-1}{\sqrt{5}+1}\right)^2\cdot\frac{f_{n-1}-\dfrac{1+\sqrt{5}}{2}}{f_{n-1}-\dfrac{1-\sqrt{5}}{2}}$$

$$=\frac{1+\sqrt{5}}{1-\sqrt{5}}\left(\frac{\sqrt{5}-1}{\sqrt{5}+1}\right)^{2^n}$$

因为 $0<\dfrac{\sqrt{5}-1}{\sqrt{5}+1}<1$, 所以 $\lim\limits_{n\to\infty}\dfrac{f_n-\dfrac{1+\sqrt{5}}{2}}{f_n-\dfrac{1-\sqrt{5}}{2}}=0$, 因此 $\lim\limits_{n\to\infty}f_n=\dfrac{1+\sqrt{5}}{2}$.

注 这里 f_n 不是 Fibonacci 数列.

23. 证明由 3.5 节 Fibonacci 数列相邻几项之间的关系中的(8) 相邻九项之间的关系即可.

24. (1) 设 $m \geqslant 2n$,可以认为第一个游戏者能够经过这样的步骤到这个位置 (m,n),从而使第二个游戏者处于失败的境地,设 $(m-n,m)$ 是失败的位置,则所需的步骤就是:$(m,n) \to (m-n,m)$,假设这个位置是赢的位置,那么也有把它变成输的位置的步骤. 因为 $m-n \geqslant n$,所以这个步骤是这样的:$(m-n,m) \to (m-kn,m)$,这里 k 是某个正整数,而第一个游戏者走以下步骤时将会输:$(m,n) \to (m-kn,m)$. 易证当 $m \geqslant 2n$ 时,位置 (m,n) 是输的位置.

(2) 答案:当 $\alpha \geqslant \dfrac{1+\sqrt{5}}{2}$ 时.

因为,每一个位置 (m,n) 都与数轴上一点 $x = \dfrac{m}{n} \geqslant 1$ 对应,在每一步中,点 x 向左移动某个数 k,如果它在区间 $(0,1)$ 中,那么相反的步骤进行:$x \to \dfrac{1}{x}$,当落在点 O 时就会赢,在数轴上取一长度为 1 的区间 $\left[\dfrac{1}{\beta},\beta\right]$. 当 $\beta = \dfrac{1+\sqrt{5}}{2}$ 时 $\beta - \dfrac{1}{\beta} = 1$,这个区间内的点 $x = \dfrac{m}{n}$ 对应赢的位置,它右边的点对应输的位置. 事实上,可以经过一些有序步骤,从这些点进入这个区间,若 $1 < x < \beta$,则可以经过一系列步骤从区间出来,而当 $x = 1$ 时将是赢的位置. 因为一盒火柴中火柴的最大数目是减少的,所以经过某些步骤后,游戏一定结束.

25. 由行列式展开,得

$$
f_{n+1} = \begin{vmatrix}
1 & 1 & \cdots & \cdots & \cdots & 0 \\
-1 & 1 & 1 & \cdots & \cdots & 0 \\
0 & -1 & 1 & 1 & \cdots & 0 \\
0 & 0 & -1 & 1 & \cdots & 0 \\
\vdots & \vdots & \vdots & \vdots & & \vdots \\
0 & 0 & 0 & 0 & -1 & 1
\end{vmatrix}
$$

$$
= \begin{vmatrix}
1 & 1 & \cdots & \cdots & \cdots & 0 \\
-1 & 1 & 1 & \cdots & \cdots & 0 \\
0 & -1 & 1 & 1 & \cdots & 0 \\
0 & 0 & -1 & 1 & \cdots & 0 \\
\vdots & \vdots & \vdots & \vdots & & \vdots \\
0 & 0 & 0 & 0 & -1 & 1
\end{vmatrix}_{n-1} +
$$

Fibonacci 数列中的
明珠

$$\begin{vmatrix} 1 & 1 & \cdots & \cdots & \cdots & 0 \\ -1 & 1 & 1 & \cdots & \cdots & 0 \\ 0 & -1 & 1 & 1 & \cdots & 0 \\ 0 & 0 & -1 & 1 & \cdots & 0 \\ \vdots & \vdots & \vdots & \vdots & & \vdots \\ 0 & 0 & 0 & 0 & -1 & 1 \end{vmatrix}_{n-2}$$

$$= f_n + f_{n-1}$$

26. 由所推得的结论可知十一位反序数共有六个,由反序数产生原则得

$$21\ 780\ 002\ 178, 21\ 978\ 021\ 978, 21\ 999\ 999\ 978$$

$$10\ 890\ 001\ 089, 10\ 989\ 010\ 989, 10\ 999\ 999\ 989$$

27. 略.

28. **解** 这一问题可等价于在 $1, 2, 3, \cdots, 2\ 004$ 中任选$(k-1)$ 个数,使其中任何三个数都不能成为互不相等的三角形边长,试问满足这一条件的 k 的最大值是多少? 要想使 k 取得最大值,可考虑选入的较小两个数之和等于相邻的较大数,于是在其中可得到 $1, 2, 3, 5, 8, 13, 21, 34, 55, 89, 144, 233, 377, 610, 987, 1\ 597$. 这恰好得到了 Fibonacci 数列的一部分,其中任何三个数为边均不可能构成三角形,因此从 1 到 2 004 个数中,最多可选出上述 16 个数,任意三个数为边均不能构成三角形. 这 16 个数中加入余下数中的任意一个数,在其中便一定可找到三个数,其中较小两个数之和大于较大的数,可以组成三角形. 于是我们得到,其中取得 k 个数中一定可找到能构成三角形的三个数,k 的最小值应为 17.

29. **解** 观察本题中数列可知,从前面开始,每 3 个数中,第 3 个数必为偶数,因为 $2\ 004 = 668 \times 3$,所以在 Fibonacci 数列前 2 004 个数中共有 668 个偶数.

30. **解** 由 Fibonacci 数列递推关系,得

$$f_{2n+1}^2 - f_{2n} f_{2n+1} - f_{2n}^2 = f_{2n+1}^2 - f_{2n}(f_{2n+1} + f_{2n})$$

$$f_{2n+1}^2 - f_{2n} f_{2n+1} - f_{2n}^2 = f_{2n+1}^2 - f_{2n} f_{2n+2} = \begin{vmatrix} f_{2n+1} & f_{2n} \\ f_{2n+2} & f_{2n+1} \end{vmatrix}$$

由行列式性质,得

$$\begin{vmatrix} f_{2n+1} & f_{2n} \\ f_{2n+2} & f_{2n+1} \end{vmatrix} = \begin{vmatrix} f_{2n+1} & f_{2n} \\ f_{2n+2} - f_{2n+1} & f_{2n+1} - f_{2n} \end{vmatrix}$$

$$= \begin{vmatrix} f_{2n+1} & f_{2n} \\ f_{2n} & f_{2n-1} \end{vmatrix} = (-1) \begin{vmatrix} f_{2n} & f_{2n-1} \\ f_{2n+1} & f_{2n} \end{vmatrix}$$

$$= (-1)^2 \begin{vmatrix} f_{2n-1} & f_{2n-2} \\ f_{2n} & f_{2n-1} \end{vmatrix}$$

271

$$= \cdots = (-1)^{2n-1} \begin{vmatrix} f_2 & f_1 \\ f_3 & f_2 \end{vmatrix} = 1$$

$$f_{2n+1}^2 - f_{2n}f_{2n+1} - f_{2n}^2 = 1$$

31. 道理就是由性质 $a_n^2 - a_{n+1}a_{n-1} = (-1)^{n+1}$ 不难解释.

32. **解**　把题中图 13 的图形推广为更一般的情形, 用 f_{n-1} 代替 1, 用 f_n 代替 2, 用 f_{n+1} 代替 3, 用 f_{n+2} 代替 5, 用 f_{n+3} 代替 8, 并把此图看成直角三角形, 则面积为

$$\frac{1}{2}(f_{n-1} + 2f_n)(f_{n+2} + f_{n+3}) = \frac{1}{2}f_{n+2}f_{n+4}$$

另一方面

$$\frac{1}{2}(f_{n+1}f_{n+3} + f_n f_{n+2}) + f_{n+2}f_{n+1} = \frac{1}{2}f_{n+3}^2$$

Cassini 等式

$$f_n^2 - f_{n-1}f_{n+1} = (-1)^{n-1}$$

$$\frac{1}{2}f_{n+2}f_{n+4} = \frac{1}{2}(f_{n+3}^2 - (-1)^n)$$

当 n 为大于 1 的奇数时, 就是问题的解.

练习题 2 解答

1. **解**　设维纳斯女神雕像下部的设计高度为 x m, 那么雕像上部的高度为 $(2-x)$ m. 依题意, 得 $\dfrac{2-x}{x} = \dfrac{x}{2}$, $x = -1 + \sqrt{5} \approx 1.236$ 或 $x = -1 - \sqrt{5}$ (不合题意, 舍去). 经检验, $x = -1 + \sqrt{5}$ 是原方程的根.

答: 维纳斯女神雕像下部的高度为 1.236 m. 故这个黄金分割比为 $\dfrac{-1+\sqrt{5}}{2} \approx 0.618$.

2. **解**　设她应该穿 x cm 的鞋子, 依题意得 $\dfrac{65}{95} + x = \dfrac{\sqrt{5}-1}{2}$, 解得 $x \approx 10$.

答: 她应该穿约 10 cm 高的鞋好看.

3. 由题设可知 $x = \omega = \dfrac{\sqrt{5}-1}{2}$, 由 $\omega^n = (-1)^{n+1}f_n\omega + (-1)^n f_{n-1}$, 则

$$x^4 + x^2 + 2x - 1 = (-3\omega + 2) + (-\omega + 1) + 2\omega - 1$$
$$= -2\omega + 2 = 3 - \sqrt{5}$$

4. 由题设可知 $x = \Phi = \dfrac{\sqrt{5}+1}{2}$, 由 $\Phi^n = f_n\Phi + f_{n-1}$, 则

$$\frac{x^3+x+1}{x^5}=\frac{2\Phi+1+\Phi+1}{5\Phi+3}=\frac{3\Phi+2}{5\Phi+3}=\omega=\frac{\sqrt{5}-1}{2}$$

5. 因为 $\alpha^4=3\alpha+2$，所以

$$\alpha^4+3\beta=3\alpha+2+3\beta=3(\alpha+\beta)+2=5$$

6. 设黄金长方体的长，宽，高分别为 a,b,c. 由黄金长方体的定义可知 $a=k\Phi,b=k,c=k\omega$，则对角线

$$d=\sqrt{a^2+b^2+c^2}=\sqrt{(k\Phi)^2+k^2+(k\omega)^2}=2k$$

所以，黄金长方体的外接球的半径为 k，故黄金长方体的表面积与黄金长方体的外接球的表面积之比为 $\Phi:\pi$.

7. 设公切线方程为 $y=kx+m$，代入黄金椭圆方程

$$\omega^2x^2+y^2=\omega^2a^2$$

整理得

$$(\omega^2+k^2)x^2+2kmx+m^2-\omega^2a^2=0$$

因为相切，所以 $\Delta=0$，解得 $k^2=\omega$.

8. 令 $x_n=\dfrac{1}{x_1}-1$，$\dfrac{f_{n-1}+f_{n-2}x_1}{f_n+f_{n-1}x_1}=\dfrac{1}{x_1}-1$，推得

$$\frac{f_{n+1}+f_nx_1}{f_n+f_{n-1}x_1}=\frac{1}{x_1}$$

则得

$$f_{n+1}x_1+f_nx_1^2=f_n+f_{n-1}x_1$$
$$f_nx_1^2+f_nx_1-f_n=0$$
$$x_1^2+x_1-1=0$$

解得

$$x_1=\frac{-1\pm\sqrt{5}}{2}$$

9. 设内接圆台上底半径为 r，已知下底半径为 R. 由圆台体积公式，得

$$V_1=\frac{1}{3}\pi(R^2+Rr+r^2)h$$

又由圆柱公式，得

$$V_2=\pi R^2h$$

再由题意，得

$$\frac{1}{3}\pi(R^2+Rr+r^2)h=\frac{2}{3}\pi R^2h$$

化简得

$$R^2+Rr-r^2=0$$
$$\frac{r}{R}=\frac{\sqrt{5}-1}{2}\approx0.618$$

10. 不妨设 $a=1,b=q$,若 $\dfrac{a}{b}=\dfrac{1}{q}\geqslant 1$,由题设,则 c 必为 $\triangle ABC$ 的最长边或最短边,即有

$$Q\leqslant 1\leqslant c,c\leqslant q\leqslant 1$$

这时有 $\dfrac{c}{1}\geqslant \dfrac{1}{q}$ 或 $\dfrac{c}{q}\leqslant \dfrac{q}{1}$,即 $c\geqslant \dfrac{1}{q}$ 或 $c\leqslant q^2$.

由三角形两边和大于第三边,有

$$1+q>\dfrac{1}{q} \text{ 或 } q^2+q>1$$

解得

$$1\geqslant q>\dfrac{\sqrt{5}-1}{2}$$

同理,若 $\dfrac{a}{b}=\dfrac{1}{q}<1$,则 $1<q<\dfrac{\sqrt{5}+1}{2}$. 故 $\dfrac{\sqrt{5}-1}{2}<q<\dfrac{\sqrt{5}+1}{2}$.

11. 设五个点为 A_1,A_2,A_3,A_4,A_5.

(i) 当凸包不是五边形时,必有一点落在某一个三角形之中,不妨设 A_4 在 $\triangle A_1A_2A_3$ 之中,则有

$$\mu_5\geqslant \dfrac{S_{\triangle A_1A_2A_3}}{\min(S_{\triangle A_1A_2A_4},S_{\triangle A_2A_3A_4},S_{\triangle A_1A_3A_4})}\geqslant 3>\dfrac{\sqrt{5}+1}{2}$$

(ii) 当凸包为五边形时,作直线 $MN/\!/A_3A_4$,交 A_1A_3 与 A_1A_4 于 M 和 N,则

$$\dfrac{A_1M}{MA_3}=\dfrac{A_1N}{NA_4}=\dfrac{\sqrt{5}-1}{2}$$

(1) 如图 3,若两点 A_2,A_5 中有一点与 A_3,A_4 在 MN 的同侧,则有

$$\mu_5\geqslant \dfrac{S_{\triangle A_1A_3A_4}}{S_{\triangle A_2A_3A_4}}\geqslant \dfrac{A_1A_3}{MA_3}=1+\dfrac{A_1M}{MA_3}=1+\dfrac{\sqrt{5}-1}{2}=\dfrac{\sqrt{5}+1}{2}$$

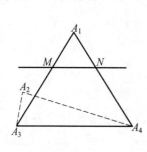 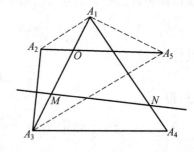

图 3

(2) 如图 3,若 A_2,A_5 与 A_1 均在直线 MN 的同一侧,设 A_2A_5 交 A_1A_3 于 O,则 $A_1O\leqslant A_1M$,于是

$$\mu_5 \geqslant \frac{S_{\triangle A_2 A_3 A_5}}{S_{\triangle A_1 A_2 A_5}} = \frac{S_{\triangle A_2 A_3 O}}{S_{\triangle A_1 A_2 O}} = \frac{OA_3}{A_1 O} \geqslant \frac{MA_3}{A_1 M} = \frac{1}{\frac{\sqrt{5}-1}{2}} = \frac{\sqrt{5}+1}{2}$$

12. 与 $a_n = a_{n+1} + a_{n+2}$ 对应的特征方程为 $x^2 + x - 1 = 0$，它的两个根为 $\frac{-1+\sqrt{5}}{2}$，$\frac{-1-\sqrt{5}}{2}$，所以通项公式为

$$a_n = \alpha \left(\frac{-1+\sqrt{5}}{2}\right)^n + \beta \left(\frac{-1-\sqrt{5}}{2}\right)^n$$

由于 $0 < \frac{-1+\sqrt{5}}{2} < 1$ 而 $1 < \frac{1+\sqrt{5}}{2}$，所以 $\beta = 0$，否则当 n 为充分大的奇数（若 $\beta > 0$）或偶数（若 $\beta < 0$）时，$a_n < 0$. 于是

$$a_n = \alpha \left(\frac{-1+\sqrt{5}}{2}\right)^n$$

因为 $a_0 = 1$，得 $\alpha = 1$，所以 $a_n = \left(\frac{-1+\sqrt{5}}{2}\right)^n$，因此 $a_1 = x = 1$.

13. 将这 13 只动物分成 8 只和 5 只，再将这 8 只动物抽一部分血液混在一起化验（以往都假设多的这部分呈阳性），如果呈阳性表明患病动物在这 8 只中，又将这 8 只分成 5 只和 3 只，将这 5 只动物抽一部分血液混在一起化验，如果呈阳性表明患病动物在这 5 只中，这时再将 5 只动物分成 3 只和 2 只，将这 3 只动物抽一部分血液混在一起化验，如果呈阳性表明患病动物在这 3 只中，最后只需化验两次，一定可以找到那只患有某种疾病的动物. 故最少要化验 5 次一定可以找到那只患有某种疾病的动物.

14. **证明**　由余弦定理，得

$$a^2 = b^2 + c^2 - 2bc \cos A$$

$$1 = \frac{b^2}{a^2} + \frac{c^2}{a^2} - 2 \frac{b}{a} \cdot \frac{c}{a} \cos A$$

$$\frac{c^2}{a^2} - 2 \frac{b}{a} \cdot \frac{c}{a} \cos A + \frac{b^2}{a^2} - 1 = 0$$

关于 $\frac{c}{a}$ 的二次不等式的判别式

$$\Delta = \left(\frac{2b}{a} \cos A\right)^2 - 4 \left(\frac{b^2}{a^2} - 1\right) = 4 \left(1 - \frac{b}{a} \sin^2 A\right)$$

因为 $\Delta \geqslant 0$，所以

$$0 < \frac{a}{b} < \frac{1}{\sin A}$$

因为 $A = 90°$，则

$$\frac{1}{\sin A} = 1$$

满足 $\dfrac{\sqrt{5}-1}{2} < 1 < \dfrac{\sqrt{5}+1}{2}$.

因为 $A = 72°$，则

$$\frac{1}{\sin A} = \frac{4}{\sqrt{10+4\sqrt{5}}} = 1.051\ 46$$

因为 $A = 30°$，则

$$\frac{1}{\sin A} = 2$$

因为 $A = 18°$，所以

$$\frac{1}{\sin A} = \sqrt{5} + 1 = 3.236$$

因此原命题成立.

练习题 3 解答

1.（1）～（4）证明略. 用数学归纳法或通项公式不难证明.

证明 （5）

$$f_{n+2k+1} - f_{n-2k-1} = \frac{\alpha^{n+2k+1} - \beta^{n+2k+1}}{\alpha - \beta} - \frac{\alpha^{n-2k-1} - \beta^{n-2k-1}}{\alpha - \beta}$$

$$= \frac{\alpha^n(\alpha^{2k+1} - \alpha^{-2k-1})}{\alpha - \beta} - \frac{\beta^n(\beta^{2k+1} - \beta^{-2k-1})}{\alpha - \beta} \quad （因为 \alpha\beta = -1）$$

$$= \frac{\alpha^n(\alpha^{2k+1} + \beta^{2k+1})}{\alpha - \beta} - \frac{\beta^n(\beta^{2k+1} + \alpha^{2k+1})}{\alpha - \beta}$$

$$= \frac{\alpha^n - \beta^n}{\alpha - \beta}(\alpha^{2k+1} + \beta^{2k+1})$$

$$= f_n L_{2k+1} \quad （因为 L_n = f_{n-1} + f_{n+1}）$$

$$= f_n(f_{2k} + f_{2k+2})$$

（6）对 i 取若干特殊值，观察 $1 + \sum\limits_{i=1}^{n} \dfrac{1}{f_{2i-1}f_{2i+1}}$ 的取值情况

$$1 + \frac{1}{f_1 f_3} = \frac{3}{2}$$

$$1 + \frac{1}{f_1 f_3} + \frac{1}{f_3 f_5} = \frac{8}{5}$$

$$1 + \frac{1}{f_1 f_8} + \frac{1}{f_3 f_5} + \frac{1}{f_5 f_7} = \frac{21}{13}$$

于是推断

$$1 + \sum_{i=1}^{n} \frac{1}{f_{2i-1} f_{2i+1}} = \frac{f_{2n+2}}{f_{2n+1}} \qquad ①$$

同理可得

$$1 - \sum_{i=1}^{n} \frac{1}{f_{2i} f_{2i+1}} = \frac{f_{2n+1}}{f_{2n+2}} \qquad ②$$

现根据数学归纳法,证明等式 ①.

当 $n = 1$ 时,由分析可知结论成立.

当 $n = k$ 时,设有 $1 + \sum_{i=1}^{k} \frac{1}{f_{2i-1} f_{2i+1}} = \frac{f_{2k+2}}{f_{2k+1}}$.

当 $n = k+1$ 时,由假设得

$$1 + \sum_{i=1}^{k+1} \frac{1}{f_{2i-1} f_{2i+1}} = \frac{f_{2k+2}}{f_{2k+1}} + \frac{1}{f_{2k+1} f_{2k+3}} = \frac{f_{2k+2} f_{2k+3} + 1}{f_{2k+1} f_{2k+3}}$$

由 3.5 节(3) 相邻四项间的关系

$$f_{n-1} f_{n+2} - f_n f_{n+1} = (-1)^n \quad (n \geqslant 2)$$

可得

$$f_{2k+2} f_{2k+3} + 1 = f_{2k+4} f_{2k+1}$$

则上式便等于 $\dfrac{f_{2k+4}}{f_{2k+3}}$,结论成立.

因此 $1 + \sum_{i=1}^{n} \dfrac{1}{f_{2i-1} f_{2i+1}} = \dfrac{f_{2n+2}}{f_{2n+1}}$ 命题成立.

同理,用数学归纳法证明等式 ②,即

$$1 - \sum_{i=1}^{n} \frac{1}{f_{2i} f_{2i+2}} = \frac{f_{2n+1}}{f_{2n+2}}$$

综上所述,可得

$$\left(1 + \sum_{i=1}^{n} \frac{1}{f_{2i-1} f_{2i+1}}\right)\left(1 - \sum_{i=1}^{n} \frac{1}{f_{2i} f_{2i+2}}\right) = 1$$

2. 用数学归纳法或通项公式不难证明.

3. 由 Fibonacci 数列的性质及反三角函数有

$$\operatorname{arccot} f_{2n} - \operatorname{arccot} f_{2n+1} = \operatorname{arccot}\left[\frac{f_{2n} f_{2n+1} + 1}{f_{2n+1} - f_{2n}}\right]$$
$$= \operatorname{arccot} \frac{f_{2n} f_{2n+1} + 1}{f_{2n-1}}$$

因为

$$f_{n+1} f_{n+2} - f_n f_{n+3} = (-1)^n$$

所以

$$f_{2n} f_{2n+1} - f_{2n-1} f_{2n+2} = -1$$

故

277

$$\text{arccot } f_{2n} - \text{arccot } f_{2n+1} = \text{arccot } f_{2n+2}$$

又因为当 $n \to \infty$ 时, $f_n \to \infty$, 所以 $\text{arccot } f_n \to 0$, 因此

$$\text{arccot } 1 = \text{arccot } f_3 + \text{arccot } f_5 + \cdots + \text{arccot } f_{2n+1} + \cdots$$

另外, 令 $V_{n+1} = f_{2n+1}$, $f_1 = f_2 = 1$, 则

$$V_1 = 1, V_2 = 2$$

$$V_{n+2} = f_{2n+3} = f_{2n+2} + f_{2n+1} = 2f_{2n+1} + f_{2n} = 3f_{2n+1} - f_{2n-1}$$

因此

$$V_{n+2} = 3V_{n+1} - V_n \quad (n \geqslant 2)$$

4. ① 对 A_n 有下面的分析: 如果 $2 \times (n+1)$ 的矩形左边竖放一个 2×1 的矩形, 这样用 2×1 的矩形覆盖种数为 A_n, 如果最左边横放两个 2×1 的矩形, 选择覆盖种数为 A_{n-1}, 所以 $A_{n+1} = A_n + A_{n-1}$, 而且 $A_1 = 1, A_2 = 2$.

② 第一项为 $B_1 = 1, B_2 = 2$, 对于 B_n, 其中和为 $n+1$ 的数列有 B_n 个, 若第一项为 2 的和为 $n+1$ 的数列有 B_{n-1} 个, 则 $B_{n+1} = B_n + B_{n-1}$.

③ 对于 $C_1 = 1, C_2 = 2$, 同样有 $C_{n+1} = C_n + C_{n-1}$.

由于 A_n, B_n, C_n 有相同的初始值与递推关系, 因此 $A_n = B_n = C_n$.

5. 证明

$$\text{arccot } f_{n+1} + \text{arccot } f_{n+2} = \text{arccot}\left[\frac{f_{n+1} f_{n+2} - 1}{f_{n+1} + f_{n+2}}\right]$$

$$= \text{arccot } \frac{f_{n+2} f_{n+1} - 1}{f_{n+3}}$$

因为 $f_n + \dfrac{(-1)^n - 1}{f_{n+3}} \leqslant f_n$, 当且仅当 n 为偶数时取等号, 所以

$$\text{arccot } f_n \leqslant \text{arccot } f_{n+1} + \text{arccot } f_{n+2}$$

6. 提示 $f_{2n+1} = f_{n-1}^2 + f_n^2$ 及组合数表示 f_n.

7. 证明 用公式

$$f_{m-1} f_m - f_{m-2} f_{m+1} = (-1)^m$$

令 $m = 2^{n-1}$, 则

$$f_{2^{n-1}-1} f_{2^{n-1}} - f_{2^{n-1}-2} f_{2^{n-1}+1} = (-1)^m = 1$$

所以

$$\frac{1}{f_{2^n}} = \frac{f_{2^{n-1}-1} f_{2^{n-1}} - f_{2^{n-1}-2} f_{2^{n-1}+1}}{f_{2^n}}$$

又因为

$$f_{2^n - 2} = f_{(2^{n-1}-1)+(2^{n-1}-1)} = f_{2^{n-1}-2} f_{2^{n-1}-1} + f_{2^{n-1}-1} f_{2^{n-1}}$$

$$f_{2^n} = f_{2^{n-1}+2^{n-1}} = f_{2^{n-1}}(f_{2^{n-1}-1} + f_{2^{n-1}+1})$$

所以

$$\frac{1}{f_{2^n}} = \frac{f_{2^{n-1}-1} f_{2^{n-1}} - f_{2^{n-1}-2} f_{2^{n-1}+1}}{f_{2^n}}$$

$$= \frac{(f_{2^n-2}+f_{2^n})-(f_{2^{n-1}-2}+f_{2^{n-1}})(f_{2^{n-1}-1}+f_{2^{n-1}+1})}{f_{2^n}}$$

$$= \frac{f_{2^n-2}}{f_{2^n}} + 1 - \frac{f_{2^{n-1}-2}+f_{2^{n-1}}}{f_{2^{n-1}}}$$

$$= \frac{f_{2^n-2}}{f_{2^n}} - \frac{f_{2^{n-1}-2}}{f_{2^{n-1}}}$$

因此

$$\sum_{k=1}^{n}\frac{1}{f_{2^k}} = \frac{1}{f_2} + \sum_{k=3}^{n}\left(\frac{f_{2^k-2}}{f_{2^k}} - \frac{f_{2^{k-1}-2}}{f_{2^{k-1}}}\right)$$

$$= 1 + \frac{f_{2^n-2}}{f_{2^n}} - \frac{f_2}{f_4} = 2 - \frac{f_{2^n-1}}{f_{2^n}}$$

故得

$$\sum_{k=1}^{\infty}\frac{1}{f_{2^k}} = 2 - \lim_{n\to\infty}\frac{f_{2^n-1}}{f_{2^n}}$$

$$= 2 - \frac{\sqrt{5}-1}{2} = \frac{5-\sqrt{5}}{2}$$

8. **证明** 由

$$\frac{f_1}{2} + \frac{f_2}{2^2} + \frac{f_3}{2^3} + \cdots + \frac{f_n}{2^n} = 2 - \frac{f_n}{2^n} - \frac{f_{n+1}}{2^{n-1}}$$

及

$$\left(\frac{8}{5}\right)^{n-2} \leqslant f_n \leqslant \left(\frac{3}{2}\right)^{n-1}$$

所以 $\displaystyle\sum_{k=1}^{\infty}\frac{f_n}{2^n} = 2.$

9. **证明** 在 5.3 节中，Fibonacci 数列 $\{f_{2n-1}\}$ 的母函数是

$$f_{2n-1}(x) = \frac{1-x}{1-3x+x^2}$$

两边乘以 x^2，得

$$x^2 f_{2n-1}(x) = \frac{x^2(1-x)}{1-3x+x^2}$$

令 $x = \dfrac{1}{10}$，右边 $\displaystyle\sum_{n=0}^{\infty}\frac{f_{2n-1}}{10^{n+1}}$ 为所求式，左边为 $\dfrac{9}{710}$.

10. **证明** 用性质 $f_{i+2}f_i - (-1)^{i-1} = f_{i+1}^2$，则有

$$\prod_{i=1}^{n}\left(1 - \frac{(-1)^{i+1}}{f_{i+2}f_i}\right) = \prod_{i=1}^{n}\frac{f_{i+1}^2}{f_{i+2}f_i} = \frac{f_2}{f_1}\cdot\frac{f_{n+1}}{f_{n+2}}$$

所以

$$\prod_{i=1}^{n}\left(1 - \frac{(-1)^{i+1}}{f_{i+2}f_i}\right) = \lim_{n\to\infty}\frac{f_{n+1}}{f_{n+2}} = \frac{\sqrt{5}-1}{2}$$

279

11. 证明

$$a_n = x_1^n + x_1^{n-1}x_2 + x_1^{n-2}x_2^2 + \cdots + x_1 x_2^{n-1} + x_2^n$$

$$= \frac{x_1^n - x_2^n}{x_1 - x_2}$$

即 $\{a_n\}$ 是 Fibonacci 数列.

设 $B_n = \dfrac{a_n}{a_{n+1}}$,则

$$B_n - B_{n+1} = \frac{a_n}{a_{n+1}} - \frac{a_{n+1}}{a_{n+2}} = \frac{a_n a_{n+2} - a_{n+1}^2}{a_{n+1} a_{n+2}} = \frac{(-1)^n}{a_{n+1} a_{n+2}}$$

因此 $\{B_n\}$ 是摆动数列.

12. (1) 由 $f_{2n} = \dfrac{1}{\sqrt{5}}(\alpha^{2n} - \beta^{2n})$,$\alpha + \beta = 1$,$\alpha\beta = -1$,得

$$\sum_{i=1}^{n} 3^{n-i}(\alpha^{2i} - \beta^{2i}) = 3^n \sum_{i=1}^{n}\left[\left(\frac{\alpha^2}{3}\right)^i - \left(\frac{\beta^2}{3}\right)^i\right]$$

$$= 3\left\{\frac{\dfrac{\alpha^2}{3}\left[1 - \left(\dfrac{\alpha^2}{3}\right)^n\right]}{1 - \dfrac{\alpha^2}{3}} - \frac{\dfrac{\beta^2}{3}\left[1 - \left(\dfrac{\beta^2}{3}\right)^n\right]}{1 - \dfrac{\beta^2}{3}}\right\}$$

$$= 3^n\left\{\frac{\alpha^2 - (3 - \beta^2)\left[1 - \left(\dfrac{\alpha^2}{3}\right)^n\right] - \beta^2(3 - \alpha^2)\left[1 - \left(\dfrac{\beta^2}{3}\right)^n\right]}{(3 - \alpha^2)(3 - \beta^2)}\right\}$$

$$= 3^n \frac{(3\alpha + 2)\left[1 - \left(\dfrac{\alpha^2}{3}\right)^n\right] - (3\beta + 2)\left[1 - \left(\dfrac{\beta^2}{3}\right)^n\right]}{10 - 3[(\alpha + \beta)^2 - 2\alpha\beta]}$$

$$= 3^n\left[3(\alpha - \beta) + 3\left(\frac{\beta^{2n+1} - \alpha^{2n+1}}{3^n}\right) + 2\left(\frac{\beta^{2n} - \alpha^{2n}}{3^n}\right)\right]$$

$$= 3^n\left[3\sqrt{5} - 3\sqrt{5}\,\frac{f_{2n+1}}{3^n} - 2\sqrt{5}\,\frac{f_{2n}}{3^n}\right]$$

所以

$$\sum_{i=1}^{n} 3^{n-i}\frac{\alpha^{2i} - \beta^{2i}}{\sqrt{5}} = 3^{n+1} - f_{2n+4}$$

即

$$3^{n-1}f_2 + 3^{n-2}f_4 + \cdots + 3f_{2n-2} + f_{2n} + f_{2n+4} = 3^{n+1}$$

(2) 同理可证.

13. 设 $f(n,k)$ 表示 $N_n = \{1,2,3,\cdots,n\}$ 中不包含相邻元素的 k-子集(即有 k 个元素的子集) 的个数. 设 $\{i_1, i_2, i_3, \cdots, i_k\}$ 为此 k-子集,其中 $i_1 < i_2 < i_3 < \cdots < i_k$,由不相邻性质,可知 $i_s - i_{s-1} \geqslant 2$,于是,若记 $j_s = i_s - s$,则必有 $j_s > j_{s-1}$,反之,由 $j_s > j_{s-1}$ 也可推出 $i_s - i_{s-1} \geqslant 2$.

Fibonacci 数列中的

明珠

因此,$k-$子集$\{i_1,i_2,i_3,\cdots,i_k\}$与集合$\{j_1,j_2,j_3,\cdots,j_k\}$一一对应,但是 $j_1=i_1-1\geqslant 0,j_k=i_k-k\leqslant n-k$,故$\{j_1,j_2,j_3,\cdots,j_k\}$为$\{0,1,2,3,\cdots,n-k\}$ 的一个$k-$子集,故有C_{n-k+1}^k种取法. 由此可知,$f(n,k)=C_{n-k+1}^k$,用$\sum C_{n-k+1}^k$即 可表示N_n中所有不包含相邻元素的子集个数为 Fibonacci 数f_n.

14. 由于$a_1<a_2<a_3$能构成三角形的充要条件是$a_1+a_2>a_3$,为此,需 从已知数集里构造出一个三角形的元素个数为k的数集,从而找到k的下限,然 后再证明下限值能实现.

上述子集可按$a_1=1,a_2=2,a_{n+2}=a_{n+1}+a_n$的法则构造,得$\{1,2,3,5,8,$ $13,21,\cdots,377,610,987\}$,在此集合的 15 个数中任意 3 个数$a_i,a_j,a_k(i<j<k)$ 都有$a_i<a_j<a_k$且$a_i+a_j\leqslant a_k$,故这些数中任何三个都不能构成三角形,下 面证明这样的数只能有 15 个. 假设$k\geqslant 16$,设$a_1<a_2<a_3<\cdots<a_{15}<a_{16}$ 是从$\{1,2,3,\cdots,1\,000\}$中任选取的某 16 个数,若$\{a_1,a_2,\cdots,a_{15},a_{16}\}$不能找到 构成三角形的三个数,即其中的任意三个数都不可能构成三角形,则必有$a_1\geqslant$ $1,a_2\geqslant 2,a_3\geqslant a_1+a_2\geqslant 3,a_4\geqslant a_2+a_3\geqslant 5,\cdots,a_{15}\geqslant a_{13}+a_{14}\geqslant 987,a_{16}\geqslant$ $a_{14}+a_{15}\geqslant 1\,597$,这些与$a_{16}\leqslant 1\,000$矛盾,这就表明,从$\{1,2,3,\cdots,1\,000\}$中 任意选取 16 个数,总可以找到某三个数,以其作为边长能够构造出一个三角 形,所以k的最小值为 16.

15. 利用 Lagrange 插值公式

$$P(x)=\sum_{i=0}^{1\,990}\frac{\prod\limits_{j=0}^{990}(x-1\,000j)}{\prod\limits_{\substack{j=0\\i\neq 0}}^{990}(i-j)}f_{1\,000+i}$$

令$x=1\,991$,则

$$P(1\,991)=\sum_{i=0}^{990}(-1)^n C_{991}^i f_{1\,000+i}$$

$$=\sum_{i=0}^{990}(-1)^i C_{991}^i \frac{1}{\sqrt{5}}(\alpha^{1\,000+i}-\beta^{1\,000+i})+f_{1\,991}$$

$$=\frac{1}{\sqrt{5}}\left[\alpha^{1\,000}(1-\alpha)^{991}-\beta^{1\,000}(1-\beta)^{991}\right]+f_{1\,991}$$

$$=\frac{1}{\sqrt{5}}(\alpha^{1\,000}\beta^{991}-\beta^{1\,000}\alpha^{991})+f_{1\,991} \quad (因为\alpha\beta=-1)$$

$$=-\frac{1}{\sqrt{5}}(\alpha^9-\beta^9)+f_{1\,991}$$

$$=-f_9+f_{1\,991}$$

$$=f_{1\,991}-f_9$$

16. 令 $T_n = af_n + bf_{n+1}$，则
$$T_{n+1} = af_{n+1} + bf_{n+2}$$
$$T_n = a(f_n + f_{n-1}) + b(f_{n+1} + f_n)$$
$$= af_n + bf_{n+1} + af_{n-1} + bf_n$$
$$= T_n + T_{n-1}$$

由此可知，要使 T_1, T_2 为 $\{f_n\}$ 中的连续项，就可以使得 T_n 为 $\{f_n\}$ 中的项，所以应有正整数 k，使
$$T_1 = af_1 + bf_2 = f_k$$
从而
$$a = f_{k-2}, b = f_{k-1} \quad (k \geqslant 3)$$
$$T_2 = af_2 + bf_3 = f_{k+1}$$
故所求实数对为 $(f_{k-2}, f_{k-1}), k \geqslant 3$.

17. **解** 记 A_n 为 $\{1,2,3,\cdots,n\}$ 的允许的有序子集对的数目. (S,T) 是允许的，设 S 有 i 个元素，T 有 j 个元素，则 S 中的 i 个元素取自 $j+1, j+2, \cdots, n$，T 中的 j 个元素取自 $i+1, i+2, \cdots, n$，所以
$$A_n = \sum_{k=0}^n \sum_{i=0}^k C_{n-i}^i C_{n-j}^j = \sum_{i=0}^n \sum_{j=0}^{n-i} C_{n-i}^j C_{n-j}^i$$
令 $k = i+j$，易知 $i+j \leqslant n$. 我们有
$$A = \sum_{k=0}^n \sum_{k=i}^n C_{n-i}^{k-i} C_{n+i-k}^i$$
交换求和次序并利用熟知的组合恒等式，得
$$A = \sum_{k=0}^n \sum_{k=i}^k C_{n+i-k}^i C_{n-i}^{k-i} = \sum_{k=0}^n C_{2n-k+1}^k$$
上式最后一个和式即 f_{2n+2}.

18. 设 S 表示这个数列中某连续八项之和，即
$$S = f_{k+1} + f_{k+2} + \cdots + f_{k+8}$$
显然 $S > f_{k+7} + f_{k+8} = f_{k+9}$.

另外，有
$$f_{k+10} = f_{k+9} + f_{k+8}$$
$$= f_{k+8} + f_{k+8} + f_{k+7}$$
$$= f_{k+8} + f_{k+7} + \cdots + f_{k+2} + f_{k+1} + f_{k+2}$$
$$> f_{k+8} + f_{k+7} + \cdots + f_{k+2} + f_{k+1}$$
$$= S$$
即
$$f_{k+10} > S > f_{k+9}$$
因为 f_{k+9}, f_{k+10} 是连续两项，所以 S 不可能是这个数列中的数.

19. n 的最小值为 8,在以下 7 个砝码所组成的砝码组中,找不出重量之和相等的两对砝码,1 克,2 克,3 克,5 克,8 克,13 克,21 克.

下面我们来证明,在任何由 8 个砝码所形成的砝码组中,都能找出两对砝码的重量之和相等.由 8 个砝码共可形成 $C_8^2 = 28$ 个不同的"对"(这里有必要解释下"对",两个"对"不同是指其中每一"对"中都至少有一个砝码不属于另一"对"),而每一对砝码的重量之差的绝对值不超过 20 克且都为正整数.因此至多有 20 种不同的差值,于是至少有 8 个差值是重复的,即砝码对 (a,b) 与砝码对 (c,d) 有 $b-a=d-c$(不妨设 $a<b,c<d$).

① 如果 a,b,c,d 互不相同,那么 $b+c=a+d$,这两对即为所求.

② 如果 a,b,c,d 至少有两个砝码相等,不妨设 $b=c$,那么就有关系式 $b-a=d-c=d-b$.

所以 $2b=a+d$,故这样的三元组 a,b,c 中,不包含所需的两个砝码"对",但是,由于我们一共只有 8 个砝码,因此这样的三元数组若按其中 b 项分类至多有 6 类,因为最轻、最重的砝码均不可为中项,这样一来,如果重复出现的 8 个差值全部为三元组所组成,那么必有两个不同的三元组属于同一类,即有 $(a_1, b_1, d_1),(a_2, b_2, d_2)$,使得 $a_1+d_1=a_2+d_2=2b_1$,且 (a_1, d_1) 与 (a_2, d_2) 不同.

因此这样的两个砝码"对"即为所求,否则就出现 a,b,c,d 全不相等的情形,前面已证.

20. 由题设可知,数列 $\{a_n\}$ 是一个凸数列,可得对任意自然数 $i(1 \leqslant i \leqslant n)$,有

$$(n-i)a_1 + (1-n)a_i + (i-1)a_n \geqslant 0$$

因为

$$a_1 = a_n = 0$$

所以

$$(1-n)a_i \geqslant 0$$

又因为 $1-n<0$,所以 $a_i \leqslant 0$,故数 $a_1, a_2, a_3, \cdots, a_n$ 中没有正数.

21.
$$u_{n+p} = u_{n+p-1} + 2u_{n+p-2}$$
$$u_{n+p-1} = u_{n+p-2} + 2u_{n+p-3}$$
$$\vdots$$
$$u_{n+2} = u_{n+1} + 2u_n$$

以上各式分别乘以 $u_1, u_2, \cdots, u_{p-1}$,得

$$u_1 u_{n+p} = u_1 u_{n+p-1} + 2u_1 u_{n+p-2}$$
$$u_2 u_{n+p} = u_2 u_{n+p-1} + 2u_2 u_{n+p-2}$$
$$\vdots$$
$$u_{p-1} u_{n+p} = u_{p-1} u_{n+p-1} + 2u_{p-1} u_{n+p-2}$$

相加得

$$u_{n+p} = u_{n+p-1}(u_1 - u_2) + u_{n+p-2}(u_2 + 2u_1 - u_3) + \cdots +$$
$$u_{n+1}(u_{p-1} + 2u_{p-2}) + 2u_{p-1}u_n$$
$$= u_{n+1}u_p + 2u_n u_{p-1}.$$

下面证第二问，在已证关系式中取 $p=3$，得

$$u_{n+3} = 3u_{n+1} + 2u_n$$

从而 u_{n+3} 与 u_n 的最大公约数 $d \mid 3u_{n+1}$.

用数学归纳法易知 u_n 均为奇数，从而由 $u_n = u_{n-1} + 2u_{n-2}$ 可知

$$(u_n, u_{n-1}) = (u_{n-1}, u_{n-2}) = \cdots = (u_2, u_1) = 1$$

于是由 $d \mid u_n, d \mid 3u_{n+1}$，得 $d \mid 3$，所以 $d=1$ 或 3.

用归纳法及 $u_{n+3} = 3u_{n+1} + 2u_n$ 易知，当且仅当 $3 \mid n$ 时，$3 \mid u_n$，所以

$$d = (u_{n+3}, u_n) = \begin{cases} 1, & n = 3k \\ 3, & n \neq 3k \end{cases}$$

22.证明　若 n 条线段中有三条相等，或者有不是最短的两条相等，则结论显然成立. 现设这 n 条线段中，除去最短的两条之外，其余没有任何两条相等，它们的长适合条件

$$f_1 \leqslant a_1 \leqslant a_2 < a_3 \cdots < a_n < f_n$$

(1) 当 $n=3$ 时，有 $a_3 < f_3 = 2$，因 $a_1 + a_2 \geqslant 2 > a_3$，故存在三条线段 a_1，a_2, a_3 可以作为一个三角形的三边，结论成立.

当 $n=4$ 时，有 $a_4 < f_4$；若 $a_3 < f_3$，上已证得结论成立；若 $a_3 \geqslant f_3$，则 $a_2 + a_3 \geqslant f_2 + f_3 = f_4 > a_4$，故存在三条线段 a_2, a_3, a_4 可以作为一个三角形的三边，结论也成立.

(2) 设当 $n \leqslant k(k \geqslant 4)$ 时结论成立，当 $n=k+1$ 时，有 $a_{k+1} < f_{k+1}$. 若 $a_{k-1} < f_{k-1}$，则除去 a_k 和 a_{k+1} 以外的 $k-1$ 条线段 $a_1, a_2, \cdots, a_{k-1}$ 中至少存在三条线段可以作为一个三角形的三边；若 $a_{k-1} \geqslant f_{k-1}, a_k < f_k$，则除去 a_{k+1} 以外的 k 条线段可以作为一个三角形的三边；若 $a_{k-1} \geqslant f_{k-1}, a_k \geqslant f_k$，则 $a_{k-1} + a_k \geqslant f_{k-1} + f_k = f_{k+1} > a_{k+1}$，故三条线段 a_{k-1}, a_k, a_{k+1} 可以作为一个三角形的三边，因此，当 $n=k+1$ 时结论也成立.

由(1)(2)可知，结论对任何不小于 3 的自然数 n 都成立.

23. 设直角三角形 ABC 的三边长分别为 $a, b, c(c$ 为斜边$)$，a, b, c 为正整数. 下面只需证明 a, b 至少有一个为偶数. 假设 a, b 都为奇数，$a = 2k+1, b = 2m+1$，则

$$c^2 = (2k+1)^2 + (2m+1)^2 = 4(k^2 + m^2 + k + m) + 2 \qquad ①$$

若 c 为偶数，设 $c = 2r$，则

$$c^2 = 4r^2$$

$$4r^2 = 4(k^2 + m^2 + k + m) + 2 \qquad ②$$

式 ② 左端被 4 整除,式 ② 右端被 4 整除余 2,矛盾.

若 c 为奇数,设 $c = 2r + 1$,则

$$c^2 = (2r + 1)^2 = 4(r^2 + r) + 1$$

$$4(r^2 + r) + 1 = 4(k^2 + m^2 + k + m) + 2 \qquad ③$$

式 ③ 左端被 4 整除余 1,式 ③ 右端被 4 整除余 2,矛盾.

故 a, b 至少有一个为偶数,直角三角形的面积 $S = \dfrac{1}{2}ab$ 为整数,因此边长为整数的直角三角形一定是 Heron 三角形.

24. 证明 设等边三角形 ABC 的边长为 a (a 为正整数),则等边三角形的面积 $S = \dfrac{\sqrt{3}}{4}a^2$.

这个数显然是无理数,不可能是整数,所以,等边三角形不可能是 Heron 三角形.

25. 因为

$$f_n = \frac{\alpha^n - \beta^n}{\alpha - \beta}$$

所以

$$\frac{1}{f_{3 \times 2^k}} = \frac{\alpha - \beta}{\alpha^{3 \times 2^k} - \beta^{3 \times 2^k}} = \frac{\sqrt{5}}{\alpha^{3 \times 2^k} - \beta^{3 \times 2^k}} = \frac{\sqrt{5}}{\alpha^{3 \times 2^k} - \left(\frac{1}{\alpha}\right)^{3 \times 2^k}}$$

$$= \frac{\sqrt{5}\,\alpha^{3 \times 2^k}}{\alpha^{3 \times 2^{k+1}} - 1} = \frac{\sqrt{5}\,(\alpha^{3 \times 2^k} + 1 - 1)}{\alpha^{3 \times 2 \times 2^k} - 1} = \frac{\sqrt{5}\,(\alpha^{3 \times 2^k} + 1 - 1)}{(\alpha^{3 \times 2^k} - 1)(\alpha^{3 \times 2^k} + 1)}$$

$$= \frac{\sqrt{5}}{\alpha^{3 \times 2^k} - 1} - \frac{\sqrt{5}}{\alpha^{3 \times 2^{k+1}} - 1}$$

因此

$$\sum_{k=1}^{n} \frac{1}{f_{3 \times 2^k}} = \sqrt{5}\left(\frac{1}{\alpha^6 - 1} - \frac{1}{\alpha^{3 \times 2^{n+1}} - 1}\right)$$

26. 证明 现在利用 F 计数法给出一个简单而有趣的解答.

在解答这个问题之前,我们先用计数法的思想给出一个众所周知的计数问题的简单解法:"求 8 位电话号码一共有多少个?" 显然,每个 8 位电话号码恰与一个不超过 8 位的 10 进自然数对应,反之亦然. 而最大的 8 位 10 进自然数是 9998 位电话号码,共有 999991 = 10000000108 个.

现在回到原来的问题,将红球对应于"1",白球对应于"0",由于红球互不相邻,故"1"互不相连,因而在所求的排列中至少含有一个"1"的排列恰对应于一个不超过 n 位的 F 计数法正整数,反之亦然. 而不超过 n 位的 F 计数法正整数中

最大的为

$$1010\cdots10(n\text{ 为偶数}) \text{ 或 } 1010\cdots101(n\text{ 为奇数})$$

加上全排白球的一个,故所求的排列共有

$$1010\cdots10+1=100\cdots00(n+1\text{ 位}) \text{ 或 } 1010\cdots101+1=100\cdots00(n+1\text{ 位})$$

个,即有 f_n 个(注意:此处的 f_n 所表示的是原来的 f_{n+2}).

练习题 4 解答

1. 由 Lucas 定理 $\gcd(f_m,f_n)=f_{\gcd(m,n)}$,其中 $\gcd(m,n)$ 表示 a,b 的最大公约数,则

$$\gcd(f_{1\,960},f_{1\,988})=f_{\gcd(1\,960,1\,988)}=f_{28}=317\,811$$

2. ① 由定理 2 知,$f_m \mid f_n$ 的充要条件是 $m \mid n$,所以 $f_{3k}=f_3M=2M$,故 f_{3k} 都是偶数.

② 同理 $f_{4k}=f_4N=3N$,故 f_{4k} 能被 3 整除.

③ $f_{5k}=f_5L=5L$,故 f_{5k} 能被 5 整除.

④ $f_{15k}=f_3f_5T=10T$,故 f_{15k} 的个位数是 0.

3. 由 4.4 节定理 1,$f_m \mid f_n$ 的充要条件是 $m \mid n$.

4. 略

5. 令 $f(n)=g(n)+1$,则

$$f(n+2)=f(n+1)+f(n)$$

故 $f(n)$ 是 Fibonacci 数列. 所以

$$f(n)=\frac{1}{\sqrt{5}}\left[\left(\frac{1+\sqrt{5}}{2}\right)^{n+1}-\left(\frac{1-\sqrt{5}}{2}\right)^{n+1}\right]$$

若 n 为大于 5 的素数,则由 4.3 节定理 2,若 p 是大于 5 的素数,则 $p \mid f_{p-1}$ 或 $p \mid f_{p+1}$ 有且仅有一个成立.

又因为 $f_{p+1}f_{p-1}=f_p^2-1$,所以

$$g(n)(g(n)+1)=(f(n)-1)f(n)$$

因此 $n \mid g(n)g(n+1)$.

6. **证明** 先取 n 的前几个值

$$x_nx_{n+2}:a^2+ab,ab+2b^2,2a^2+5ab+3b^2,3a^2+11ab+10b^2$$

$$x_nx_{n+4}:2a^2+3ab,3ab+5b^2,5a^2+13ab+8b^2,8a^2+29ab+26b^2$$

不难发现,$y=a^2+ab-b^2$ 对于前几个 n 结论成立,即有

$$x_nx_{n+2}+(-1)^ny=x_{n+1}^2$$

$$x_nx_{n+4}+(-1)^ny=x_{n+2}^2$$

286

这个结论可以用数学归纳法证明.

下面证明唯一性.

① 数列 x_n 各项的符号不可能都是交替变化的,即存在 k 使 x_k 与 x_{k+1} 同号,否则,所有的项 $x_k \neq 0$,且

$$|x_{n+1}| = |x_{n-1} + x_n| < \max\{|x_{n-1}|, |x_n|\}$$

同理

$$|x_{n+2}| < \max\{|x_{n+1}|, |x_n|\} \leqslant \max\{|x_{n-1}|, |x_n|\}$$

这样 $M_n = \max\{|x_{n-1}|, |x_n|\}$ 随 n 的增大而减小,与所有的 $x_k \neq 0$ 矛盾.

② 若 x_k 与 x_{k+1} 同号,则当 $n \geqslant k$ 时,所有的 x_n 皆同号,且 $|x_n|$ 无界地严格递增.

③ 若有两个不同的常数 y_1, y_2,使得对一切 $n, x_n x_{n+2} + (-1)^n y_1$ 和 $x_n x_{n+4} + (-1)^n y_2$ 都是完全平方数,分别记为 a_n^2, b_n^2(a_n, b_n 为非负整数),则 $a_n \neq b_n$ 且当 $n \geqslant k$ 时,a_n, b_n 均无界地严格递增,从而

$$|y_1 - y_2| = |(-1)^n(y_1 - y_2)| = |a_n^2 - b_n^2|$$
$$= |a_n - b_n||a_n + a_n| \geqslant |a_n + a_n|$$

将随 n 的增加而无界地增加,矛盾,唯一性得证.

7. 记 A 为数码仅有 $1,3,4$ 的数的全体,并令

$$A_n = \{N \mid N \in A, \text{且 } N \text{ 的各位数码之和为 } n\}$$

则 $a_n = |A_n|$. 再记各位数码只取 1 与 2 的自然数所成的集合为 B,并令

$$B_n = \{N \mid N \in B, \text{且 } N \text{ 的各位数码之和为 } n\}$$

并记 $|B_n| = b_n$. 现在建立集合 A_{2n} 与 B_{2n} 之间的一种对应关系 f,任取 $x \in B_{2n}$,将 x 中每一位数字 2 与其后面的数字相加合并成一个数字,若 2 后面已无数字则将其去掉,得一个新数 y,如

$$x = 1\,1\,\underbrace{2\,2}\,1\,\underbrace{2}\,1\,2 \xrightarrow{\ f\ } 1\,1\,4\,1\,3 = y$$

$$x = \underbrace{2\,2}\ \underbrace{2\,1}\ \underbrace{2\,1} \xrightarrow{\ f\ } 4\,3\,3 = y$$

显然 $y \in A_{2n}$ 或 A_{2n-2}(当去掉一个 2 时),即 $y \in A_{2n} \bigcup A_{2n-2}$,注意到 $A_{2n} \bigcap A_{2n-2} = \varnothing$,且 f 是 B_{2n} 到 $A_{2n} \bigcup A_{2n-2}$ 的一一对应,则有

$$|B_{2n}| = |A_{2n} \bigcup A_{2n-2}| = |A_{2n}| + |A_{2n-2}|$$

或

$$b_{2n} = a_{2n} + a_{2n-2} \tag{①}$$

另外,注意到 B_{2n} 中的数是由两个 B_n 中的数拼接而成,或由两个 B_{n-1} 中的数中间加一个 2 连接而成,故又有

$$|B_{2n}| = |B_n| \cdot |B_n| + |B_{n-1}| \cdot |B_{n-1}|$$

或
$$b_{2n} = b_n^2 + b_{n-1}^2 \qquad \text{②}$$

由 ① 与 ②,立得
$$a_{2n} + a_{2n-2} = b_n^2 + b_{n-1}^2 \qquad \text{③}$$

根据式 ③,并利用数学归纳法,立即得到 $a_{2n} = b_n^2$.

8. 证明 $f_n = \dfrac{\alpha^n - \beta^n}{\alpha - \beta} = \dfrac{1}{\sqrt{5}}(\alpha^n - \beta^n)$,其中 $\alpha + \beta = 1, \alpha\beta = -1$. 设 $k = 2^n$,则

$$
\begin{aligned}
\frac{f_{4k}}{f_{2k}} - \left(\frac{f_{2k}}{f_k}\right)^2 + 2 &= \frac{\alpha^{4k} - \beta^{4k}}{\alpha^{2k} - \beta^{2k}} - \left(\frac{\alpha^{2k} - \beta^{2k}}{\alpha^k - \beta^k}\right)^2 + 2 \\
&= \alpha^{2k} + \beta^{2k} - (\alpha^k + \beta^k)^2 + 2 \\
&= \alpha^{2k} + \beta^{2k} - (\alpha^{2k} + \beta^{2k} + 2(\alpha\beta)^k) + 2 \\
&= -2(\alpha\beta)^k + 2 = 0
\end{aligned}
$$

所以 $\dfrac{f_{2^{k+1}}}{f_{2^k}}$ 满足与 a_n 相同的递推关系且 $a_1 = 3 = \dfrac{f_4}{f_2}$. 故问题得证,这里 a_k 就是 Lucas 数列 $L_k = \alpha^k + \beta^k$.

9. 证明 要证一切 n 结论成立,于是取 $n = 1, 2$,得
$$f_1 - ab = 1 - ab \equiv 0 \pmod{m}$$
$$(m, ab) = 1$$

又
$$f_2 - 2ab^2 = 1 - 2ab^2 \equiv 0 \pmod{m}$$

两式相减,得
$$2ab^2 - ab = ab(2b - 1) \equiv 0 \pmod{m}$$

则
$$(m, ab) = 1$$

所以
$$2b - 1 \equiv 0 \pmod{m}$$

当 $n > 2$ 时
$$
\begin{aligned}
f_n - anb^n &= f_{n-1} + f_{n-2} - anb^n \\
&= [f_{n-1} - (n-1)ab^{n-1}] + (n-1)ab^{n-1} + \\
&\quad [f_{n-2} - (n-2)ab^{n-2}] + (n-2)ab^{n-2} - anb^n \\
&\equiv ab^{n-2}[(n-1)b + (n-2) - nb^2] \\
&\equiv 0 \pmod{m}
\end{aligned}
$$

由 $(m, ab) = 1$,则
$$[(n-1)b + (n-2) - nb^2] \equiv 0 \pmod{m}$$

上式乘以 4,得
$$4(n-1)b + 4(n-2) - 4ab^2$$

$$= 2(n-1)(2b-1) - 4nb^2 + 5n - 10$$
$$\equiv 5(n-2) \equiv 0 \pmod{m}$$

由于 n 是任意的正整数，所以只有 $m=5$ 才适合，又 $2b-1 \equiv 0 \pmod{m}$，且 $0 < b < 5$，所以 $b=3$，从而 $3a-1 \equiv 0 \pmod 5$，且 $0 < a < 5$，故 $a=2$.

所以我们已证明了要满足条件只有 $m=5, a=2, b=3$ 这唯一的一组正整数.

下面证明对一切正整数 n，有
$$f_n - 2n \cdot 3^n \equiv 0 \pmod 5$$
用数学归纳法证明，当 $n=1, 2$ 时，结论显然成立.

假设当 $n=k-1, n=k$ 时结论成立，即
$$f_k - 2k \cdot 3^k \equiv 0 \pmod 5$$
$$f_{k-1} - 2(k-1) \cdot 3^{k-1} \equiv 0 \pmod 5$$
则当 $n=k+1$ 时
$$f_{k+1} - 2(k+1) \cdot 3^{k+1}$$
$$= f_k + f_{k-1} - 2(k+1) \cdot 3^{k+1}$$
$$= (f_k - 2k \cdot 3^k) + [f_{k-1} - 2(k-1) \cdot 3^{k-1}] +$$
$$2(k-1) \cdot 3^k - 2(k-1) \cdot 3^{k-1} + 2(k+1) \cdot 3^{k+1}$$
$$\equiv 2 \cdot 3^{k-1}(-5k-10) \equiv 0 \pmod 5$$

故对一切正整数 n，有 $f_n - 2n \cdot 3^n \equiv 0 \pmod 5$ 成立.

10. **证明**　以 $((i,j))$ 表示整数 i 和 j 的最大公约数. 我们先来证明一个一般性的命题.

如果整数序列 $a_0 = 0, a_1, a_2, a_3, \cdots$ 具有性质：对任何角标 $m > k \geqslant 1$，都有
$$((a_m, a_k)) = ((a_{m-k}, a_k)) \tag{④}$$
则必有
$$((a_m, a_k)) = a_d \tag{⑤}$$
其中 $d = ((m, k))$.

事实上，我们从任何数对 (m, k) 开始，反复运用 $(m, k) \rightarrow (m-k, k)$，即由数对中的较大者减去其中的较小者，而保持较小者不动，终将得到数对 $(d, 0)$，其中 $d = ((m, k))$. 事实上这正是我们通常所说的辗转相除法. 这样一来，由式 ④ 即可推得
$$((a_m, a_k)) = ((a_d, a_0)) = ((a_d, 0)) = a_d$$
而这正是我们所欲证明的式 ⑤.

下面再来证明问题本身. 记
$$\underbrace{P(P(P\cdots(P(x))\cdots))}_{n\text{重}} = P_n(x)$$

289

则 $P_n(x)$ 为整系数多项式,且有

$$a_m = P_m(a_0), a_m = P_{m-k}(a_k) \quad (m > k)$$

不难看出,我们若记

$$P_n(x) = a_n + x Q_n(x)$$

则 $Q_n(x)$ 仍为整系数多项式.

下面只需再验证式 ④ 成立即可. 对 $m > k \geqslant 1$,我们有

$$\begin{aligned}
((a_m, a_k)) &= ((P_{m-k}(a_k), a_k)) \\
&= ((a_{m-k} + a_k Q_{m-k}(a_k), a_k)) \\
&= ((a_{m-k}, a_k))
\end{aligned}$$

可见式 ④ 确实成立.

11. 从最小的正整数开始,$1^2 + 1 = 2$,所以 $1, 2$ 就是一对 a, b. 由这对数再往下推,$2^2 + 1 = 5, 5^2 + 1 = 2 \cdot 13$,所以 $2, 5$ 又是一对 a, b. 继续下去,$13^2 + 1 = 5 \times 34$,所以 $5, 13$ 又是一对 a, b. 依此类推,可以看出求得的数

$1, 2, 5, 13, 34, \cdots$ 恰好是 Fibonacci 数列 $f_1 = 1, f_2 = 1, f_3 = 2, f_4 = 3, f_5 = 5, f_6 = 8, f_7 = 13, \cdots$ 中的奇数项,于是猜测

$$f_{2n-1} f_{2n+3} = f_{2n+1}^2 + 1$$

这一猜测不难由 $f_n^2 - f_{n-1} f_{n+1} = (-1)^{n-1}$ 证得,于是 f_{2n-1}, f_{2n+1} 即为所求.

12. 易知 $f_n^2 - f_{n-1} f_{n+1} = (-1)^{n-1}$,所以

$$f_n^2 - f_n f_{n-1} - f_{n-1}^2 = (-1)^{n-1}$$

配方得

$$5 f_n^2 + 4(-1)^n = (2 f_{n+1} + f_n)^2$$

即 $5 f_n^2 + 4(-1)^n$ 是完全平方数,故问题得证.

13. **证明** 设直角三角形 ABC 的三边长分别是正整数 a, b, c,其中 a, b 为直角边长. 下面证明 a, b 至少有一个为偶数,用反证法,假设 $a = 2k+1, b = 2m+1, k, m$ 为正整数,则

$$c^2 = (2k+1)^2 + (2m+1)^2 = 4(k^2 + m^2 + k + m) + 2 \qquad ⑥$$

若 $c = 2n(n$ 为正整数$)$,代入 ⑥,整理得

$$4n^2 = 4(k^2 + m^2 + k + m) + 2 \qquad ⑦$$

式 ⑦ 左端被 4 整除,式 ⑦ 右端被 4 除余 2,矛盾. 所以 $c = 2n$ 不成立.

若 $c = 2n + 1(n$ 为正整数$)$,代入 ⑥,整理得

$$4(n^2 + n) + 1 = 4(k^2 + m^2 + k + m) + 2 \qquad ⑧$$

式 ⑧ 左端被 4 除余 1,式 ⑧ 右端被 4 除余 2,矛盾. 所以 $c = 2n + 1$ 不成立.

因此 a, b 至少有一个为偶数,则直角三角形 ABC 的面积为 $S = \dfrac{1}{2} ab$ 为整数,故边长为整数的直角三角形一定是 Heron 三角形.

14. 证明略.

15. **解**　设 Heron 三角形的三边长为 a,b,c,半周长 $p = \dfrac{a+b+c}{2}$,由所设

条件有

$$\sqrt{p(p-a)(p-b)(p-c)} = 2p$$

令

$$x = p - a, y = p - b, z = p - c$$

显然 x,y,z 或都是正整数,或都是正奇数的一半,且

$$x + y + z = 3p - (a+b+c) = p$$

上式变形,得

$$\sqrt{(x+y+z)xyz} = 2(x+y+z)$$

将上式两边平方,得

$$xyz = 4(x+y+z) \qquad\qquad ⑨$$

若 x,y,z 都是正奇数的一半,上式显然不能成立,因此 x,y,z 都是正整数.

由于方程 ⑨ 是对称的,不妨设 $x \geqslant y \geqslant z$,由方程 ⑨ 得

$$x(yz - 4) = 4(y + z)$$

由 $yz - 4 > 0$,解得

$$x = \frac{4y + 4z}{yz - 4}$$

因为 $\dfrac{4y+4z}{yz-4} \geqslant y$,所以

$$y^2 z - 8y - 4z \leqslant 0$$

解这个不等式,得

$$\frac{4 - \sqrt{16 + 4z^2}}{z} \leqslant y \leqslant \frac{4 + \sqrt{16 + 4z^2}}{z}$$

因为

$$\frac{4 - \sqrt{16 + 4z^2}}{z} < 0$$

$$0 < \frac{4 + \sqrt{16 + 4z^2}}{z}$$

且 $y \geqslant z$,所以

$$z^2 - 4 \leqslant \sqrt{16 + 4z^2}$$

两边平方,得

$$z^4 - 8z^2 + 16 \leqslant 16 + 4z^2$$

由此推得 $1 \leqslant z \leqslant 3$.

(1) 若 $z = 1$,则

$$4 < y \leqslant \frac{4 + \sqrt{16 + 4}}{1} < 9$$

因 x 是正整数,故 y 只可能取 $5, 6, 8$,(因 $y = 7, x = \frac{32}{3}$)从而得 $x = 24, x = 14, x = 9$.

（2）若 $z = 2$,则

$$2 < y \leqslant \frac{4 + \sqrt{16 + 16}}{2} < 5$$

因 x 是正整数,故 y 只可能取 $3, 4$,从而得 $x = 10, x = 6$.

（3）若 $z = 3$,则

$$3 \leqslant y \leqslant \frac{4 + \sqrt{16 + 36}}{3} < 4$$

推得 $y = 3$,所以 $x = \frac{24}{5}$.

故所求 x, y, z 只能是以下五组解:$24, 5, 3; 14, 6, 1; 9, 8, 1; 10, 3, 2; 6, 4, 2$. 从而推得所有周长和面积相等的 Heron 三角形的三边 a, b, c 为 $6, 25, 29; 7, 15, 20; 9, 10, 17; 5, 12, 13; 6, 8, 10$.

16. **解**　设铺大正方形平面需小方瓷砖 x^2 块,铺一个小正方形平面需小方瓷砖 y^2 块.按题意,有

$$x^2 + 3 = 7y^2$$

即

$$x^2 - 7y^2 = -3$$

解得

$$\sqrt{7} = 2 + \frac{1}{K_1}$$

$$K_1 = \frac{\sqrt{7} + 2}{3} = 1 + \frac{1}{K_2}$$

$$K_2 = \frac{\sqrt{7} + 2}{3} = 1 + \frac{1}{K_3}$$

$$K_3 = \frac{\sqrt{7} + 2}{3} = 1 + \frac{1}{K_4}$$

$$K_4 = \frac{\sqrt{7} + 2}{3} = 1 + \frac{1}{K_5}$$

$$K_5 = K_1$$

$$s = 4, \delta_1 = \frac{2}{1}, \delta_2 = \frac{3}{1}, \delta_3 = \frac{5}{2}, \delta_4 = \frac{8}{3}$$

所以 $x^2 - 7y^2 = -3$ 的整数解为

$$x + \sqrt{7}\, y = \pm(8 + 3\sqrt{7})^n (2 \pm \sqrt{7}) \quad (n\text{ 为整数})$$

其正整数解

当 $n = 0$ 时,为$(2,1)$.

当 $n = 1$ 时,为 $(5,2),(37,14)$.

当 $n = 2$ 时,有

$$x + \sqrt{7}\, y = \pm(64 + 63 + 48\sqrt{7})(2 \pm \sqrt{7})$$

得$(82,31),(590,223)$.

当 $n = 3$ 时,有

$$x + \sqrt{7}\, y = \pm[512 + 1\,512 + \sqrt{7}(576 + 189)](2 \pm \sqrt{7})$$

得 $(1\,307,494),(9\,403,3\,554)$.

……

按从小到大的顺序排列,小瓷砖的数目$(x^2 + 3)$可能为

$$7,28,1\,372,6\,727,348\,103,\cdots$$

其中符合题目"数千块"的解是 $x = 82$. 这批小方瓷砖的数目是 $6\,727$ 块.

17. **解** 设一只大包装箱能装货物 x^2 件,小包装箱能装货物 y^2 件,则 $x^2 = 3y^2 - 2$,即 $x^2 - 3y^2 = -2$. 解得

$$x + \sqrt{3}\, y = \pm(2 + \sqrt{3})^n (1 \pm \sqrt{3}) \quad (n\text{ 为整数})$$

其最初的几组正整数解为$(1,1),(5,3),(19,11),\cdots$,与此对应的装货数$(x^2, y^2)$ 为$(1,1),(25,9),(361,121),\cdots$.

第一组答案显然不符合. 第三组答案的尾数不利于按箱统计货物的件数,因此这种包装不符合实际情况. 此后的答案太大不取,所以比较符合实际的是第二组答案,即大包装箱每只装货 25 件,小包装箱为 9 件.

18. **解** 容易验证数列中的各项均满足关系式

$$x_n = at_n + bt_{n+1},\ t_1 = 1,\ t_2 = 0,\ t_{n+2} = t_n + t_{n+1}$$

当 $n \geqslant 3$ 时,数列 $\{t_n\}$ 严格上升,所以,若 $k > n$,且

$$1\,000 = at_n + bt_{n+1} = a't_k + t't_{k+1}$$

则必有

$$(a + b)t_{n+1} > at_n + bt_{n+1} = a't_k + b't_{k+1}$$
$$> (a' + b')t_k \geqslant (a' + b')t_{n+1}$$

即 $a + b > a' + b'$. 这说明为了找出所需要的数对 a 和 b,就应当确定,对怎样的最大的 n,不定方程 $at_n + bt_{n+1} = 1\,000$ 可以有正整数解,而且还希望在解不唯一时,从中送出使得和数 $a + b$ 为最小的解来.

由数列 $\{t_n\}$,$t_1 = 1,t_2 = 0,t_{n+2} = t_n + t_{n+1}$ 的开头一些项

$$1,0,1,1,2,3,5,8,13,21,34,55,89,114,233,377,610,987,\cdots$$

显然,不定方程 $610a+987b=1\,000$ 及其再往后的相应方程都不可能有正整数解,因为此时方程的左端均已大于 $1\,000$.

再验证不定方程 $377a+610b=1\,000$,不定方程 $144a+233b=1\,000$ 都无正整数解.而不定方程 $89a+144b=1\,000$,具有唯一解 $a=8,b=2$.于是和数 $a+b$ 的最小可能值是 10,且在 $a=8,b=2$ 时达到.

19.解 由不定方程 $x^2+y^2+9=7xy$,整理得

$$x^2-7xy+y^2+9=0$$

$$x=\frac{7y\pm\sqrt{45y^2-36}}{2}$$

设 $m^2=45y^2-36=9(5y^2-4)$,当 m 为偶数时,y 为偶数,当 m 为奇数时,y 为奇数,因此不定方程 $x^2+y^2+9=7xy$ 有正整数解的充要条件是,$\Delta=5y^2-4$ 为完全平方数,由 5.1 节定理 2 得 $y=f_{2n-1}$.将 $y=f_{2n-1}$ 代入,得

$$x=\frac{7y\pm\sqrt{45y^2-36}}{2},x=f_{2n-5},x=f_{2n+3}$$

再由方程的对称性,得方程的解为 $(f_{2n-1},f_{2n+3})(f_{2n+3},f_{2n-1})$.

20.解略.

21.证明

$$a_n=\frac{1}{\sqrt{5}}\left[(3+\sqrt{5})^n-(3-\sqrt{5})^n\right]$$

$$\frac{a_n}{2^n}=\frac{1}{\sqrt{5}}\left[\left(\frac{3+\sqrt{5}}{2}\right)^n-\left(\frac{3-\sqrt{5}}{2}\right)^n\right]$$

$$=\frac{1}{\sqrt{5}}\left[\left(\frac{1+\sqrt{5}}{2}\right)^{2n}-\left(\frac{1-\sqrt{5}}{2}\right)^{2n}\right]=f_{2n}$$

因为 f_{2n} 是整数,所以 a_n 能被 2^n 整除,又因为 $0<3-\sqrt{5}<1$,所以 $0<\dfrac{(3-\sqrt{5})^n}{\sqrt{5}}<1$,则

$$\left[\frac{(3-\sqrt{5})^n}{\sqrt{5}}\right]=a_n<\frac{(3-\sqrt{5})^n}{\sqrt{5}}\left[\frac{(3-\sqrt{5})^n}{\sqrt{5}}\right]$$

故命题得证.

22.证明 我们利用 F 计数法给出这个结论的证明.

首先我们注意到,任意若干个相间(即下标之差为 2)的 Fibonacci 数的和,都是若干个相邻的 Fibonacci 数的和,即

$$f_n+f_{n+2}+\cdots+f_{n+2k}=f_{n-2}+f_{n-1}+f_n+f_{n+1}+\cdots+f_{n+2(k-1)}+f_{n+2k-1}$$

其次,由式

$$10101\cdots01(2m-1\ \text{位})+1=100\cdots00(2m\ \text{位}),m>1$$

294

和式

$$101010\cdots10(2m\text{ 位})+1=100\cdots00(2m+1\text{ 位})$$

可知

$$1000\cdots00(m\text{ 位})-1=1010\cdots101 \quad(m\text{ 为偶数})$$

或

$$1000\cdots00(m\text{ 位})-1=1010\cdots10 \quad(m\text{ 为奇数}) \qquad ⑩$$

现设 $m>n$,则

$$f_m-f_n=100\cdots00(m+1\text{ 位})-100\cdots0(n+1\text{ 位})$$

于是由式 ⑩ 可知,这个差是形如 $10101\cdots10100\cdots0$ 的数,因而是若干个相间的 Fibonacci 数的和,也是若干个相邻的 Fibonacci 数的和.

练习题 5 解答

1.(1) **解**　先把分母分解因式

$$Q(x)=x^3-x^2-x+1=(x-1)^2(x+1)$$

根据部分分式定理,有

$$\frac{1}{x^3-x^2-x+1}=\frac{1}{(x-1)^2(x+1)}$$

$$=\frac{a}{(x-1)^2}+\frac{b}{x-1}+\frac{c}{x+1}$$

其中 a,b,c 是待定常数,右端通分,并令等式两边的分子相等,得

$$1=a(x+1)+b(x-1)(x+1)+c(x-1)^2$$

这是一个恒等式,令 $x=1$,得 $a=\dfrac{1}{2}$,令 $x=-1$,得 $c=\dfrac{1}{4}$,令 $x=0$,得 $b=-\dfrac{1}{4}$.

所以

$$\frac{1}{x^3-x^2-x+1}=\frac{1}{2(x-1)^2}-\frac{1}{4(x-1)}+\frac{1}{4(x+1)}$$

（2）同样方法可解

$$\frac{x^2+1}{x^4-3x^3+3x^2-x}=\frac{a}{x}+\frac{b}{(x-1)^3}+\frac{c}{(x-1)^2}+\frac{d}{x-1}$$

$$=\frac{-1}{x}+\frac{2}{(x-1)^3}+\frac{1}{(x-1)^2}+\frac{2}{x-1}$$

（3）同样方法可解

$$\frac{23x-11x^2}{(2x-1)(9-x^2)}=\frac{1}{2x-1}+\frac{4}{x+3}+\frac{1}{x-3}$$

2.**解**　因为数列 $\{s_n\}$ 有递推关系

$$s_{n+3} = 2s_{n+2} - s_n, s_1 = 1, s_2 = 2, s_3 = 4$$

由 5.2 节定理 6 得数列 $\{s_n\}$ 的母函数是

$$f(x) = \frac{1}{1 - 2x + x^3}$$

$$= \frac{1}{(1-x)(1-x-x^2)}$$

$$= \frac{(2-x-x^2) - (1-x-x^2)}{(1-x)(1-x-x^2)}$$

$$= \frac{(x+2)(1-x)}{(1-x)(1-x-x^2)} - \frac{1-x-x^2}{(1-x)(1-x-x^2)}$$

$$= \frac{2+x}{1-x-x^2} - \frac{1}{1-x}$$

查母函数库,得

$$s_n = f_{n+2} - 1$$

3. (1) 因为数列 $\{f_n^2\}$ 的母函数是

$$f(x) = \frac{1-x}{(1+x)(1-3x+x^2)}$$

数列 $\{f_{n+1}^2\}$ 的母函数是

$$f(x) = \frac{1+2x-x^2}{(1+x)(1-3x+x^2)}$$

所以数列 $\{f_{n+1}^2 + f_n^2\}$ 的母函数是

$$f(x) = \frac{1+2x-x^2}{(1+x)(1-3x+x^2)} + \frac{1-x}{(1+x)(1-3x+x^2)}$$

$$= \frac{2+x-x^2}{(1+x)(1-3x+x^2)}$$

$$= \frac{(1+x)(2-x)}{(1+x)(1-3x+x^2)}$$

$$= \frac{2-x}{1-3x+x^2}$$

这恰好是数列 $\{f_{2n+1}\}$ 的母函数

$$f(x) = \frac{2-x}{1-3x+x^2}$$

因此

$$f_{n+1}^2 + f_n^2 = f_{2n+1}$$

(2) 因为数列 $\{f_n f_{n-1}\}$ 的母函数是

$$f(x) = \frac{x}{(1+x)(1-3x+x^2)}$$

数列 $\{f_{n-2} f_{n-1}\}$ 的母函数是

Fibonacci 数列中的
明珠

$$f(x) = \frac{x^2 + x - 1}{(1+x)(1-3x+x^2)}$$

所以数列 $\{f_n f_{n-1} + f_{n-2} f_{n-1}\}$ 的母函数是

$$f(x) = \frac{x}{(1+x)(1-3x+x^2)} - \frac{x^2+x-1}{(1+x)(1-3x+x^2)}$$

$$= \frac{1-x}{1-3x+x^2}$$

这恰好是数列 $\{f_{2n-1}\}$ 的母函数

$$f(x) = \frac{1-x}{1-3x+x^2}$$

因此

$$f_n f_{n-1} - f_{n-2} f_{n-1} = f_{2n-1}$$

（3）因为数列 $\{f_n f_{n-1}\}$ 的母函数是

$$f(x) = \frac{x}{(1+x)(1-3x+x^2)}$$

数列 $\{f_n f_{n+1}\}$ 的母函数是

$$f(x) = \frac{1}{(1+x)(1-3x+x^2)}$$

由于

$$\frac{x}{(1+x)(1-3x+x^2)} + \frac{1}{(1+x)(1-3x+x^2)} = \frac{1}{1-3x+x^2}$$

数列 $\{f_{2n}\}$ 的母函数是

$$f(x) = \frac{1}{1-3x+x^2}$$

因此

$$f_{2n} = f_n f_{n+1} + f_n f_{n-1}$$

（4）因为

$$f_{n+2} f_{n+1} = f_{n+1}^2 + f_n f_{n+1}$$

所以

$$f_{n+2} f_{n+1} - f_n f_{n+3} = f_{n+1}^2 + f_n f_{n+1} - f_n f_{n+3}$$

由于数列 $\{f_{n+1}^2\}$ 的母函数是

$$f(x) = \frac{1 + 2x - x^2}{(1+x)(1-3x+x^2)}$$

数列 $\{f_n f_{n+1}\}$ 的母函数是

$$f(x) = \frac{1}{(1+x)(1-3x+x^2)}$$

数列 $\{f_n f_{n+3}\}$ 的母函数是

$$f(x) = \frac{3-x}{(1+x)(1-3x+x^2)}$$

因此

$$\frac{1+2x-x^2}{(1+x)(1-3x+x^2)} + \frac{1}{(1+x)(1-3x+x^2)} -$$

$$\frac{3-x}{(1+x)(1-3x+x^2)} = -\frac{1}{1+x}$$

所以

$$f_{n+2}f_{n+1} - f_n f_{n+3} = (-1)^n$$

4. 由 Lucas 数列 $\{L_n\}$ 的递推关系 $L_{n+2} = L_{n+1} + L_n, L_1 = 1, L_2 = 3$ 及 5.2 节定理 5,推得 Lucas 数列 $\{L_n\}$ 的母函数为

$$L(x) = \frac{1+2x}{1-x-x^2}$$

因为数列 $\{L_n\}$ 的母函数是

$$L(x) = \frac{1+2x}{1-x-x^2} = \frac{\alpha}{1-\alpha x} + \frac{\beta}{1-\beta x}$$

所以

$$L_n = \alpha^n + \beta^n$$

5. **证明** 因为

$$f(x) = \sum_{n=1}^{\infty} f_n \frac{x^n}{n!}$$

所以

$$f'(x) = \sum_{n=1}^{\infty} f_n \frac{x^{n-1}}{(n-1)!}$$

规定 $0! = 1$,且

$$f''(x) = \sum_{n=1}^{\infty} f_n \frac{x^{n-2}}{(n-2)!}$$

则有

$$f''(x) - f'(x) - f(x) = 0$$

在初始值条件 $f(0) = 0, f'(0) = f_1 = 1$ 下,直接代入可验证出 $y = f(x) = -e^x f(-x)$ 同样是上述方程及初始值条件下的一个解,因此必有 $f(x) = -e^x f(-x)$,证毕.

6. 因为

$$f_n f_{n+3} = f_n f_{n+1} + f_n f_{n+2} = 2f_n f_{n+1} + f_n^2$$

而数列 $\{f_n f_{n+1}\}$ 的母函数是

$$f(x) = \frac{1}{(1+x)(1-3x+x^2)}$$

Fibonacci 数列中的
明珠

数列$\{f_n^2\}$的母函数是

$$f(x) = \frac{1-x}{(1+x)(1-3x+x^2)}$$

所以数列$\{f_n f_{n+3}\}$的母函数是

$$f(x) = \frac{3-x}{(1+x)(1-3x+x^2)}$$

7. 因为$\sum_{i=1}^{n} L_{2n-1}$的母函数是

$$\frac{1}{1-x} \cdot \frac{1+x}{1-3x+x^2} = \frac{3-2x}{1-3x+x^2} - \frac{2}{1-x}$$

数列$\{L_{2n}\}$的母函数是

$$L_{2n}(x) = \frac{3-2x}{1-3x+x^2}$$

数列$\{1\}$的母函数是

$$\frac{1}{1-x}$$

所以

$$\sum_{i=1}^{n} L_{2n-1} = L_{2n} - 2$$

8. **证明**　由已知$a_{n+2} = 7a_{n+1} - a_n + 2, a_1 = 1, a_2 = 9$,有

$$\sum_{n=1}^{\infty} a_{n+2} x^{n-1} = 7 \sum_{n=1}^{\infty} a_{n+1} x^{n-1} - \sum_{n=1}^{\infty} a_n x^{n-1} + \sum_{n=1}^{\infty} 2 x^{n-1}$$

则

$$\frac{1}{x^2} \sum_{n=1}^{\infty} a_{n+2} x^{n+1} = \frac{7}{x} \sum_{n=1}^{\infty} a_{n+1} x^n - \sum_{n=1}^{\infty} a_n x^{n-1} + \sum_{n=1}^{\infty} 2 x^{n-1}$$

设$f(x) = \sum_{n=1}^{\infty} a_n x^{n-1}$,则

$$\frac{1}{x^2} \left(\sum_{n=1}^{\infty} a_n x^{n-1} - a_1 - a_2 x \right)$$

$$= \frac{7}{x} \left(\sum_{n=1}^{\infty} a_n x^{n-1} - a_1 \right) - \sum_{n=1}^{\infty} a_n x^{n-1} + \sum_{n=1}^{\infty} 2 x^{n-1}$$

$$\frac{1}{x^2} (f(x) - 1 - 9x) = \frac{7}{x} (f(x) - 1) - f(x) + \frac{2}{1-x}$$

求得

$$f(x) = \frac{1+2x}{1-7x+x^2} + \frac{2x^2}{(1-x)(1-7x+x^2)}$$

$$= \frac{1+x}{(1-x)(1-7x+x^2)}$$

299

另外,$\{f_{2n}^2\}$ 的母函数是

$$f(x) = \frac{1+x}{(1-x)(1-7x+x^2)}$$

因此 $a_n = f_{2n}^2$,故问题得证.

9.**解**　在母函数库中查得数列 $\{L_n^2 f_n\}$ 的母函数是

$$f(x) = \frac{2}{1-4x-x^2} + \frac{1}{1+x-x^2}$$

再利用求和母函数,得

$$\frac{2}{(1-x)(1-4x-x^2)} + \frac{1}{(1-x)(1+x-x^2)}$$

$$= \frac{5+x}{2(1-4x-x^2)} + \frac{-x}{1+x-x^2} - \frac{3}{2(1-x)}$$

$$= \frac{5+x}{2(1-4x-x^2)} - \frac{-(-x)}{1-(-x)-(-x)^2} - \frac{3}{2(1-x)}$$

再在母函数库中查得函数 $\dfrac{5+x}{1-4x-x^2}$ 对应的数列为 $\{f_{3n+2}\}$,函数 $\dfrac{-(-x)}{1-(-x)-(-x)^2}$ 对应的数列为 $\{(-1)^{n-1} f_{n-1}\}$,函数 $\dfrac{1}{1-x}$ 应的数列为 $\{1\}$.
故

$$\sum_{i=1}^{n} L_n^2 f_n = \frac{f_{3n+2}}{2} - \frac{3}{2} - (-1)^{n-1} f_{n-1}$$

练习题 6 解答

1.**解**　(1) $\sqrt{7} = (2,1,1,1,4)$;

(2) $\sqrt{79} = (8,1,7,1,16)$;

(3) $\sqrt{73} = (8,1,1,5,5,1,1,16)$.

2.**解**　先求 $\sqrt{2}$ 的连分数,得 $\sqrt{2} = 1 + \left(\dfrac{1}{2}\right)$.它的开始前五个渐近分数是 1,$\dfrac{3}{2}, \dfrac{7}{5}, \dfrac{17}{12}, \dfrac{41}{29}$,其中第五个渐近分数与 $\sqrt{2}$ 的误差小于 $\dfrac{1}{29 \times 70} < 0.000\ 5$.故可将 $\dfrac{41}{29}$ 作为 $\sqrt{2}$ 的符合要求的近似值.

3.**解**　先求 $\sqrt{11}$ 的连分数,$\sqrt{11} = 3 + (\dfrac{1}{3} + \dfrac{1}{5})$,$s = 2, c_2 = \dfrac{10}{3}$,得最小正整数解 $(10,3)$,故 $x^2 - 11y^2 = 1$ 的正整数解的通式为

$$x_n + \sqrt{11}\, y_n = (10 + 3\sqrt{11})^n$$

它的前三组解是 $(10,3),(199,60),(3\,970,1\,197)$.

4. **解** 以 a_k 记形如 $\cfrac{1}{1+\cfrac{1}{1+\cfrac{1}{1+\cfrac{1}{1+\cdots+\cfrac{1}{1+1}}}}}$ 的连分数的值,其中共有

k 条分数线. 如果 $a_k = \dfrac{m_k}{n_k}$,其中 $\dfrac{m_k}{n_k}$ 为既约分数,那么由数学归纳法可证

$$\left(\frac{1}{2}+\frac{m_k}{n_k}\right)^2 = \frac{5}{4} \pm \frac{1}{n_k^2}$$

k 为奇数取"$+$",k 为偶数取"$-$".

因为 $k = 1\,988$ 为偶数,所以

$$\left(\frac{1}{2}+\frac{m_k}{n_k}\right)^2 = \frac{5}{4} - \frac{1}{n_k^2}$$

5. **证** 由题意得

$$x_n = \frac{f_{n+1}}{f_{n+2}}$$

$$|\,x_{n+1} - x_n\,| = \left|\frac{f_{n+2}}{f_{n+3}} - \frac{f_{n+1}}{f_{n+2}}\right|$$

$$= \left|\frac{f_{n+2}^2 - f_{n+1}f_{n+3}}{f_{n+3}f_{n+2}}\right| = \frac{1}{f_{n+3}f_{n+2}}$$

因

$$\left(\frac{8}{5}\right)^{n-2} \leqslant f_n \leqslant \left(\frac{3}{2}\right)^{n-1}$$

$$\left(\frac{2}{3}\right)^{n+2} \leqslant \frac{1}{f_{n+3}} \leqslant \left(\frac{5}{8}\right)^n$$

$$\left(\frac{2}{3}\right)^{n+1} \leqslant \frac{1}{f_{n+2}} \leqslant \left(\frac{5}{8}\right)^{n-1}$$

$$\left(\frac{2}{3}\right)^{n+2}\left(\frac{2}{3}\right)^{n+1} \leqslant \frac{1}{f_{n+3}f_{n+2}} \leqslant \left(\frac{5}{8}\right)^n\left(\frac{5}{8}\right)^{n-1}$$

$$\left(\frac{2}{3}\right)\left(\frac{4}{9}\right)^{n+1} \leqslant \frac{1}{f_{n+3}f_{n+2}} \leqslant \left(\frac{5}{8}\right)\left(\frac{25}{64}\right)^{n-1}$$

故

$$\left(\frac{2}{3}\right)\left(\frac{4}{9}\right)^{n+1} \leqslant |\,x_{n+1} - x_n\,| \leqslant \left(\frac{5}{8}\right)\left(\frac{25}{64}\right)^{n-1}$$

6. 由连分数性质,得

$$p_n = a_n p_{n-1} + p_{n-2},\ p_0 = 1,\ p_1 = 1 \times 1 + 1 = 2$$

$$q_n = a_n q_{n-1} + q_{n-2} \quad (n=3,4,5,\cdots)$$

当 $n < i$ 时，$a_n = 1$，则 $p_n = p_{n-1} + p_{n-2}$，即 $p_n = f_{n+2}$，其中 f_n 是 Fibonacci 数列. 在这里只讨论分子，则有

$$p_i = 2f_{i+1} + f_i$$
$$p_{i+1} = p_i + p_{i-1} = 2f_{i+1} + f_i + f_{i+1}$$
$$= 3f_{i+1} + f_i = f_4 f_{i+1} + f_2 f_i$$
$$p_{i+2} = p_{i+1} + p_i = 3f_{i-1} + f_{i-2} + 2f_{i-1} + f_{i-2}$$
$$= 5f_{i-1} + 2f_{i-2} = f_5 f_{i+1} + f_3 f_i$$
$$p_{i+3} = p_{i+2} + p_{i+1} = 5f_{i-1} + 2f_{i-2} + 3f_{i-1} + f_{i-2}$$
$$= 8f_{i-1} + 3f_{i-2} = f_6 f_{i+1} + f_4 f_i$$
$$\vdots$$
$$p_n = p_{n-1} + p_{n-2} = f_{n-i+3} f_{i+1} + f_{n-i+1} f_i$$

由 $q_n = a_n q_{n-1} + q_{n-2}, q_0 = 1, q_1 = 1$，同理可得分母

$$q_n = f_{n-i+3} f_i + f_{n-i+1} f_{i-1}$$

故有

$$\frac{p_n}{q_n} = \frac{f_{i+1} f_{n-i+3} + f_i f_{n-i+1}}{f_i f_{n-i+3} + f_{i-1} f_{n-i+1}}$$

练习题 7 解答

1. 令 $F(0) = 0, F(n) = G(n-1)(n \in \mathbf{N}_+)$，由于 $F(1) = G(0) = 0$，再由已知可得

$$F(n) = n - 1 - F(F(n-1) + 1) \quad (n \in \mathbf{N}_+) \tag{①}$$

先用数学归纳法证明数列 $\{F(n)\}$ 的如下三个性质，即对任意 $n \in \mathbf{N}_+$，有

$$0 \leqslant F(n) \leqslant n - 1 \tag{②}$$
$$F(n+1) - F(n) = 0 \text{ 或 } 1 \tag{③}$$
$$F(n) + F(F(n)) < n \leqslant F(n) + 1 + F(F(n) + 1) \tag{④}$$

证明　(i) 当 $n=1$ 时，由 $F(1) = 0$ 即知式②成立. 设当 $1 \leqslant k \leqslant n(n \in \mathbf{N}_+)$ 时，有

$$0 \leqslant F(k) \leqslant k - 1$$

则由 $0 \leqslant F(n) \leqslant n - 1$，得 $1 \leqslant F(n) + 1 \leqslant n$.

于是由归纳假设，有

$$0 \leqslant F(F(n) + 1) \leqslant F(n) \leqslant n - 1$$

从而

$$0 < 1 \leqslant n - F(F(n)+1) \leqslant n$$

因此由式 ① 即知

$$0 \leqslant F(n+1) \leqslant n$$

故对任意 $n \in \mathbf{N}_+$,式 ② 成立.

(ii) 由 $F(1)=0$, $F(2)=1-F(F(1)+1)$ 即知,当 $n=1$ 时,式 ③ 成立.设当 $1 \leqslant k \leqslant n(n \in \mathbf{N}_+)$ 时,式 ③ 成立,即有

$$F(k+1) - F(k) = 0 \text{ 或 } 1 \quad (1 \leqslant k \leqslant n)$$

则由式 ①,有

$$F(n+1) - F(n) = 1 - F(F(n)+1) - F(F(n-1)+1) \qquad ⑤$$

由归纳假设,得

$$F(n) - F(n-1) = 0 \text{ 或 } 1$$

若 $F(n) - F(n-1) = 0$,则由式 ⑤,有

$$F(n+1) - F(n) = 1$$

此时,式 ③ 成立.若 $F(n) - F(n-1) = 1$,式 ② 及归纳假设,有

$$F(F(n)+1) - F(F(n-1)+1) = F(F(n)+1) - F(F(n)) = 0 \text{ 或 } 1$$

于是由式 ⑤ 即知

$$F(n+1) - F(n) = 0 \text{ 或 } 1$$

因而此时式 ③ 也成立.故对任意 $n \in \mathbf{N}_+$,式 ③ 成立.

(iii) 由 ①③ 两式即得

$$F(n) + 1 + F(F(n)+1)$$
$$= F(n) + 1 + n - F(n+1) \geqslant n$$

这就证明了式 ④ 右边的不等式.

又 $F(1) + F(F(1)) = 0 < 1$,即 $n=1$ 时,式 ④ 左边的不等式成立.设 $n = k(n \in \mathbf{N}_+)$ 时,有

$$F(k) + F(F(k)) < k$$

考虑 $n = k+1$ 的情况,由式 ③,有

$$F(k+1) - F(k) = 0 \text{ 或 } 1$$

若 $F(k+1) - F(k) = 0$,则由归纳假设,有

$$F(k+1) + F(F(k+1))$$
$$= F(k) + F(F(k)) < k < k+1$$

若 $F(k+1) - F(k) = 1$,则由式 ①,有

$$F(k+1) + F(F(k+1))$$
$$= F(k+1) + F(F(k)+1)$$
$$= k < k+1$$

无论哪种情形都有

$$F(k+1) + F(F(k+1)) < k+1$$

故对任意 $n \in \mathbf{N}_+$，式 ④ 左边的不等式成立.

现在求数列 $\{F(n)\}$ 的通项公式.

令 $f(n) = n + F(n)(n \in \mathbf{N}_+)$，由 ②③ 两式知，数列 $\{F(n)\}$ 是不减的非负整数数列，且对任意 $n \in \mathbf{N}_+$，由式 ④ 有

$$F(F(k)) < n \leqslant f(F(n)+1)$$

从而由定理 2(3) 即知

$$f^*(n) = F(n)$$

这说明数列 $\{f(n)\}$ 与 $\{F(n)\}$ 是互逆的. 再令

$$g(n) = n + f(n) \quad (n \in \mathbf{N}_+) \qquad\qquad ⑥$$

则由 $f(n)$ 的定义及 7.3 节定理 3 即知数列 $\{f(n)\}$ 与数列 $\{g(n)\}$ 是互补的. 又式 ③ 说明数列 $\{F(n)\}$ 是不减的，因此数列 $\{f(n)\}$ 与数列 $\{g(n)\}$ 都是严格单调上升的数列.

于是再由式 ⑥ 及 7.3 节定理 5，即得

$$f(n) = \left[\frac{(1+\sqrt{5})^n}{2}\right] \quad (n \in \mathbf{N}_+)$$

从而由 $F(n) = f(n) - n$，可得

$$F(n) = \left[\frac{(\sqrt{5}-1)^n}{2}\right] \quad (n \in \mathbf{N}_+)$$

此即数列 $\{F(n)\}$ 的通项公式.

最后因 $G(n) = F(n+1)(n \in \mathbf{N}_+)$，故由初始项 $G(n) = 0$，以及 $G(n) = n - G(G(n-1))$ 所确定的数列 $\{G(n)\}$ 的通项公式为

$$G(n) = \left[\frac{(\sqrt{5}-1)^{(n+1)}}{2}\right] \quad (n \in \mathbf{N}_+ \bigcup \{0\})$$

2. 先考虑 $f(n)$，有

$$f(1) = 0, f(2) = 0, f(3) = 1, f(4) = 1$$
$$f(5) = 1, f(6) = 1, f(7) = 2, f(8) = 3, \cdots$$
$$f(10) = 3, f(11) = 4, \cdots, f(14) = 5$$
$$f(15) = 5, f(16) = 6, \cdots, f(19) = 7$$
$$f(20) = 7, f(21) = 8, \cdots$$

下面再研究 $F(k)$，有

$$F(1) = 3, F(2) = 8, F(3) = 21$$

我们发现有关系 $F(3) = 3F(2) - F(1) = 3 \times 8 - 3$.

证明 不难证明 $f(n)$ 是一个不减的函数，所以

$$f(n+1) \leqslant f(n) + 1 \qquad\qquad ⑦$$

构造辅助函数

$$G(m) = \min\{n \in \mathbf{N} \mid f(n) \geqslant m\}$$

由此定义可得

$$f(G(m)) \geqslant m \tag{⑧}$$

$$f(G(m) - 1) < m \tag{⑨}$$

由 ⑦⑧⑨ 得

$$f(G(m)) \leqslant f(G(m) - 1) + 1 < m + 1$$

$$m \leqslant f(G(m)) < m + 1$$

从而

$$f(G(m)) = m \tag{⑩}$$

即

$$\left[\frac{G(m)(3 - \sqrt{5})}{2}\right] = m$$

$$(G(m) - 1)\frac{3 - \sqrt{5}}{2} < m < G(m)\frac{3 - \sqrt{5}}{2}$$

由此得

$$\frac{3 + \sqrt{5}}{2}m < G(m) < \frac{3 + \sqrt{5}}{2}m + 1$$

由于 $G(m)$ 是整数,于是

$$G(m) = \frac{3 + \sqrt{5}}{2}m + 1 \tag{⑪}$$

注意到

$$f(m) = \frac{3 - \sqrt{5}}{2}m$$

所以有

$$-1 < f(m) - \frac{3 - \sqrt{5}}{2}m < 0$$

$$0 < f(m) + 1 - \frac{3 - \sqrt{5}}{2}m < 1$$

$$f(m) + 1 - \frac{3 - \sqrt{5}}{2}m = 0$$

变化式 ⑪ 可得

$$G(m) = \frac{3 + \sqrt{5}}{2}m + 1$$

$$= 3m + \frac{3 - \sqrt{5}}{2}m + 1$$

$$= \left[f(m) + 1 - \frac{3-\sqrt{5}}{2}m - f(m) \right] + 3m$$

$$= f(m) + 1 - \frac{3-\sqrt{5}}{2}m + 3m - f(m)$$

$$= 3m - f(m)$$

从而得出 $G(m)$ 与 $f(m)$ 的关系

$$G(m) = 3m - f(m) \qquad ⑫$$

下面再探讨 $F(k+1)$ 与 $G(m)$ 的关系.

由式 ⑩ 得

$$f(G(F(k))) = F(k)$$

再由 F 的定义可得

$$f^{k+1}(G(F(k))) = f^k * f(G(F(k))) = f^k(F(k)) > 0$$

$$f^{k+1}(G(F(k)) - 1) = f^k * f(G(F(k)) - 1) = f^k(F(k) - 1) \leqslant 0$$

从而由 F 的定义得

$$F(k+1) = G(F(k)) \qquad ⑬$$

于是由式 ⑬⑫⑩ 得

$$F(k+2) = G(F(k+1))$$
$$= 3F(k+1) - f(F(k+1))$$
$$= 3F(k+1) - f(G(F(k)))$$
$$= 3F(k+1) - F(k)$$

在解题过程中,通过实验先得出一个直观的印象,从具体的及特殊的情况中获得解题的灵感,这是在解题中特别是解一些难题中的一个可行的办法.

3. $a_n = \left\lfloor \frac{(\sqrt{5}+3)^n}{2} \right\rfloor, b_n = \left\lfloor \frac{(\sqrt{5}+1)^n}{2} \right\rfloor$ 为所求.

4. 与 7.3 节定理 2 是同一问题.

5. **证明** 只需证数列 $\{a_n\}$ 与数列 $\{f(n)\}$ 是互补的,令 $\Phi(x) = \frac{1}{3}\left(x - \frac{1}{2}\right)^2, x \in [1 + \infty)$,则函数 $\Phi(x)$ 满足 7.3 节互补数列的定理 3 的一切条件,且 $\Phi^{-1}(x) = \sqrt{3x} + \frac{1}{2}, x \in \left[\frac{1}{12}, +\infty\right)$,因对任意 $n \in \mathbf{N}_+$,有

$$n + [\Phi(n)] = n + \left[\frac{1}{3}\left(n - \frac{1}{2}\right)\right] = \left[\frac{n^2 + 2n}{3} + \frac{1}{12}\right]$$

$$n + [\Phi^{-1}(x)] = n + \left[\sqrt{3n} + \frac{1}{2}\right] = \left[n + \sqrt{3n} + \frac{1}{2}\right] = f(n)$$

设 $n^2 + n = 3k + r, 0 \leqslant r \leqslant 2, k, r$ 为整数,由 $0 < \frac{r}{3} + \frac{1}{12} \leqslant \frac{2}{3} + \frac{1}{12} < 1$,则

$$\left[\frac{n^2+2n}{3}+\frac{1}{12}\right]=\left[k+\frac{r}{3}+\frac{1}{12}\right]=k=\left[\frac{n^2+2n}{3}\right]$$

所以

$$n+\left[\Phi(n)\right]=\left[\frac{n^2+2n}{3}\right]=a_n$$

因此由 7.3 节互补数列的定理 3 可知,数列 $\{a_n\}$ 与数列 $\{f(n)\}$ 是互补的.

6. 同理可证.

7. 只需证明 $\csc\frac{\pi}{2}(x+1)$ 与 $\frac{2}{\pi}\arcsin\frac{1}{x}-1$ 在 $x\geqslant 1$ 时互为反函数,再由 7.2 节定理 4 不难得证.

8. 由数列 $b_n=3n$ 与除去这些数由小到大排列所成数列 a_n 是一对互补数列,则

$$b_n=n+[3n-n]=n+\left[2n+\frac{1}{2}\right]$$

所以

$$f(n)=2n+\frac{1}{2}$$

再求 $f(n)$ 的反函数,得

$$f^{-1}(n)=\frac{n}{2}-\frac{1}{4}$$

由 7.3 节定理 3 得

$$a_n=n+\left[\frac{n}{2}-\frac{1}{4}\right]=\left[\frac{3n}{2}-\frac{1}{4}\right]$$

9. **解** 由题意可知,数列 $\{a_n\}$ 的逆数列是

$$a_n^*=\sum_{i=1}^{n}(i-1)=\frac{1}{2}n(n-1)$$

构造一个函数

$$f(x)=\frac{1}{2}x(x-1)+\frac{1}{8}=\frac{1}{2}\left(x-\frac{1}{2}\right)^2 \quad (x\in[1,+\infty))$$

这个函数符合 7.2 节定理 4 中的条件,且对任意的正整数 n,都有

$$[f(n)]=\frac{1}{2}n(n-1)=a_n^*$$

为了求数列 $\{a_n\}$ 的通项公式,需求

$$f^{-1}(x)=\sqrt{2x}+\frac{1}{2} \quad \left(x\in\left[\frac{1}{8},+\infty\right)\right)$$

再由 7.2 节定理 4,得

$$a_n=\left[\sqrt{2n}+\frac{1}{2}\right]$$

10. 由数列 $\{a_n\}$ 与 $\{b_n\}$ 的构成可知它们是一对互补数列, 令 $a_n=[n\alpha](\alpha>0,\alpha\notin \mathbf{Q})$, 则

$$b_n=a_n+nk=[n\alpha]+nk=[n(\alpha+k)]$$

令 $\beta=\alpha+k\notin \mathbf{Q}$, 由 $\dfrac{1}{\alpha}+\dfrac{1}{\beta}=1$, 求得

$$\alpha=\frac{2-k+\sqrt{k^2+4}}{2}>1$$

并且 α 是无理数. 又数列 $\{a_n\}$ 与 $\{b_n\}$ 是一对互补数列, 故 $a_n=[n\alpha]$ 为所求表达式.

练习题 8 解答

1. **解** 由 8.5 节定理 1 及推论 2 得 $d(10\,000)=7\,500$, 故 $f_{7\,500}$ 的末四位数为 0.

2. **证明** 设 $T=T(m)$, 由性质

$$f_n^2-f_{n-1}f_{n+1}=(-1)^{n-1}$$

则

$$1=f_3f_1-f_2^2\equiv f_{T+3}f_{T+1}-f_{T+2}^2 (\bmod\ m)$$
$$\equiv (-1)^T (\bmod\ m)$$

故 $T=T(m)$ 是偶数.

3. **解** 设 $f_n=\dfrac{1}{\sqrt{5}}\left[\left(\dfrac{1+\sqrt{5}}{2}\right)^n-\left(\dfrac{1-\sqrt{5}}{2}\right)^n\right]$, 则 $f_1=f_2=1,f_{n+2}=f_{n+1}+f_n$, 其末位数字依次为: $1,1,2,3,5,8,3,1,4,5;9,4,3,7,0,7,7,4,1,5;6,1,7,8,5,3,8,1,9,0;9,9,8,7,5,2,7,9,6,5;1,6,7,3,0,3,3,6,9,5;4,9,3,2,5,7,2,9,1,0.$

由 8.5 节推论 1 得其末位数字是以 60 为周期的周期数列, 故 $f_{2\,013}$ 的末位数字是 8.

由于 $-1<\dfrac{1}{\sqrt{5}}\left(\dfrac{1-\sqrt{5}}{2}\right)^{2\,013}<0$, 故 $\dfrac{1}{\sqrt{5}}\left(\dfrac{\sqrt{5}+1}{2}\right)^{2\,013}$ 的整数部分为 $f_{2\,013}-1$. 因此, 其小数点前面的数字为 7.

4. 用抽屉原理证明或用 8.5 节定理 4 具体求出周期为

$$T(10^m)=\begin{cases}60, & m=1 \\ 300, & m=2 \qquad (m\in \mathbf{N}) \\ 15\cdot 10^{m-1}, & m\geqslant 3\end{cases}$$

5. 证明　因为 $\{f_n(\mathrm{mod}\ 5)\}$ 是周期为 20 的纯周期数列，所以 $0.a_1a_2\cdots a_n\cdots$ 是循环节为 20 的纯循环小数，所以 $0.a_1a_2\cdots a_n\cdots$ 是有理数.

练习题 9 解答

1. 解　由于 $x=\omega=\dfrac{\sqrt{5}-1}{2},1-\omega^2=\omega$，则

$$原式=\sqrt{\frac{1-\omega^2}{\omega^3}}-\sqrt[3]{\omega^2(\omega^2-1)}$$

$$=\sqrt{\frac{1}{\omega^2}}-\sqrt[3]{-\omega^3}=\frac{1}{\omega}+\omega$$

$$=\frac{2}{\sqrt{5}-1}+\frac{\sqrt{5}-1}{2}=\sqrt{5}$$

2. 因为 α,β 是方程 $x^2-x-1=0$ 的两个实根，所以 $\alpha+\beta=1$，则

$$a^4=f_3+f_4\alpha=2+3\alpha$$

因此

$$\alpha^4+3\beta=2+3\alpha+3\beta=5$$

3. 证明　设 $y=ax^3,a>0$，又设它的点 $A_1(x_1,ax_1^3),A_2(x_2,ax_2^3),$ $A_3(x_3,ax_3^3)$ 到 $\triangle A_1A_2A_3$ 的面积为

$$S_{\triangle A_1A_2A_3}=\begin{vmatrix}x_1 & ax_1^3 & 1\\ x_2 & ax_2^3 & 1\\ x_3 & ax_3^3 & 1\end{vmatrix}$$

$$=\frac{a}{2}\mid(x_1-x_2)(x_2-x_3)(x_3-x_1)(x_1+x_2+x_3)\mid$$

将 (f_n,f_{n+1},f_{n+2}) 代替 (x_1,x_2,x_3) 且

$$f_{n+1}=f_n+f_{n-1},f_{n+2}=f_n+f_{n+1}$$

得

$$S_{\triangle A_nA_{n+1}A_{n+2}}=af_{n-1}f_nf_{n+1}f_{n+2}\quad(n\geqslant2)$$

4. 设 A_n 为 $\{1,2,\cdots,n\}$ 的允许的有序子集对的权，且 (S,T) 是允许的，设 S 有 i 个元素，T 有 j 个元素，则 S 中的 i 个元素取自 $j+1,j+2,\cdots,n$. T 中的 j 个元素取自 $i+1,i+2,\cdots,n$，所以

$$A_n=\sum_{i=0}^{n}\sum_{i=0}^{n-i}C_{n-i}^iC_{n-3}^i$$

令 $k=i+3$，易知 $i+3\leqslant n$. 我们有

$$A_n = \sum_{i=0}^{n} \sum_{k=i}^{n} C_{n-i}^{2k-i} C_{n+i-k}^{i}$$

交换求和次序,并利用已知的组合恒等式,得

$$A_n = \sum_{k=0}^{n} \sum_{i=0}^{k} C_{n+i-k}^{n} C_{n-i}^{2k-i} = \sum_{k=0}^{n} C_{2n-k+1}^{2k}$$

上式最后一个等式就是 $f_{2n+2} = A_{10} = f_{22} = 17\,711$.

5. 令 $T_n = af_n + bf_{n+1}$,则

$$\begin{aligned}
T_{n+1} &= af_{n+1} + bf_{n+2} \\
&= (af_n + bf_{n+1}) + (af_{n-1} + bf_n) \\
&= T_n + T_{n-1}
\end{aligned}$$

由此可知,只要 $T_1 T_2$ 为 $\{f_n\}$ 中的连续项,就可以使得 T_n 是 $\{f_n\}$ 中的项,所以,应有正整数 k,使得

$$\begin{cases} T_1 = a_1 f_1 + bf_2 = f_k \\ T_2 = af_2 + bf_3 = f_{k+1} \end{cases}$$

从而 $a = f_{k-3}, b = f_{k-2}, k \geqslant 3$.

6. **证明** 设 $T = T(m)$,由数学归纳易证,所以

$$1 = f_3 f_1 - f_2^2 \equiv f_{T+3} f_{T+1} - f_{T+2}^2 (\bmod\, m) \equiv (-1)^T (\bmod\, m)$$

所以 $T = T_m$ 必是偶数.

7. 将数列 $\{F_n\}$ 与 Fibonacci 数列 $\{f_n\}$ 对比可得

$$\begin{cases} F_n = bf_n + af_{n-1} & \text{①} \\ (a^2 + ab - b^2) f_n = aF_{n+1} - bF_n & \text{②} \end{cases}$$

设 $T(m), T'(m)$ 分别为 $\{f_n(\bmod\, m)\}, \{F_n(\bmod\, m)\}$ 的最小正周期,则利用 $F_n = bf_n + af_{n-1}$,得

$$\begin{aligned}
F_{n+T(m)} &= bf_{n+T(m)} + af_{n-1+T(m)} \\
&\equiv bf_n + af_{n-1} (\bmod\, m) \equiv F_n (\bmod\, m)
\end{aligned}$$

由此知 $T(m)$ 是 $\{F_n(\bmod\, m)\}$ 的一个周期,且 $T'(m) \mid T(m)$,利用 ② 以及 $(a^2 + ab - b^2, m)$,得 $T(m) \mid T'(m)$,所以 $T(m) = T'(m)$,这与 a,b 无关.

8.(1) 线性方程组 $\begin{cases} jf_{n+1} + kf_n = a \\ jf_n + kf_{n-1} = b \end{cases}$ 有唯一一组解

$$\begin{cases} j = \dfrac{af_{n-1} - bf_n}{f_{n+1}f_{n-1} - f_n^2} = \dfrac{af_{n-1} - bf_n}{(-1)^n} \\ k = \dfrac{bf_{n+1} - af_n}{f_{n+1}f_{n-1} - f_n^2} = \dfrac{bf_{n-2} - af_n}{(-1)^n} \end{cases}$$

(2) 当且仅当 $(a,b) = u(0,t) + v(f_{2n+1}, f_{2n}) = (vf_{2n+1}, ut + vf_{2n})$,这里 $0 < u < t, 0 < v < t$ 时,点 (a,b) 位于 P 的内部,我们可知,L 就是整数对 $(3,k)$ 的数目,这里

$$j = (-1)^n [n f_{2n+1} f_{n-1} - (u + v f_{2n}) f_n]$$
$$= (-1)^n [v(f_{2n+1} f_{n-1} - f_{2n} f_n) - u f_n]$$
$$= u f_{n+1} - (-1)^n u f^n$$
$$k = (-1)^n [(u + v f_{2n}) f_{n+1} - v f_{2n+1} f_n]$$
$$= (-1)^n [v(f_{2n} f_{n+1} - f_{2n+1} f_n) + u f_{n+1}]$$
$$= v f_n + (-1)^n u f_{n+1}$$

其中 $0 < u < t, 0 < v < t$，在推导过程中两次用到恒等式 $f_n f_{m+1} - f_{n+1} f_m = (-1)^m f_{m-n}$.

因此 L 是四边形 $ABCD$ 内部的整点个数，这里 $A = (0,0), B = t(f_{n-1}, f_n)$, $C = (-1)^n t(-f_n, f_{n+1}), D = B + C$. 显然，$C$ 是 B 绕 A 旋转 $90°$ 而得到的点，所以 $ABCD$ 是正方形，它的边长是

$$t \sqrt{f_{n-1}^2 + f_n^2} = t \sqrt{f_{2n+1}} = \sqrt{M}$$

正方形内部的整点个数 L，即以这些整点为中心，边平行于坐标轴的单位正方形被一个边长为 $\sqrt{M} + \sqrt{2}$ 的正方形包含（图 4），它们又完全盖住一个边长为 $\sqrt{M} - \sqrt{2}$ 的边与 $ABCD$ 平行的正方形，因此

$$(\sqrt{M} - \sqrt{2})^2 \leqslant L \leqslant (\sqrt{M} + \sqrt{2})^2$$

即

$$| \sqrt{L} - \sqrt{M} | \leqslant \sqrt{2}$$

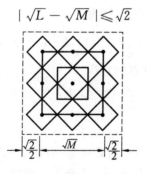

图 4

9. 因为 $f_n = \dfrac{1}{\sqrt{5}} \left[\left(\dfrac{1+\sqrt{5}}{2} \right)^n - \left(\dfrac{1-\sqrt{5}}{2} \right)^n \right]$，则

$$a_n = \left(\frac{3+\sqrt{5}}{2} \right)^n + \left(\frac{3-\sqrt{5}}{2} \right)^n$$

$$= \left(\frac{1+\sqrt{5}}{2} \right)^{2n} + \left(\frac{1-\sqrt{5}}{2} \right)^{2n}$$

$$= \left[\left(\frac{1+\sqrt{5}}{2} \right)^n - \left(\frac{1-\sqrt{5}}{2} \right)^n \right]^2 + 2^n(-1)^n$$

311

所以 $a_n = 5f_n^2 + 2^n(-1)^n$，故对一切正整数 n，a_n 均为整数.

10. **证明**　构造数列 $a_n = (3+\sqrt{5})^n + (3-\sqrt{5})^n$，所以 $0 < 3-\sqrt{5} < 1$，故大于 $(3+\sqrt{5})^n$ 的最小整数为 a_n，由题 7 得证.

11. **证明**　由原递推关系式移项后两边平方，再移项整理，得

$$a_{n+1}^2 - 3a_n a_{n+1} + a_n^2 - 1 = 0 \qquad\qquad ③$$

上式中 n 换为 $n-1$，得

$$a_{n-1}^2 - 3a_n a_{n-1} + a_n^2 - 1 = 0 \qquad\qquad ④$$

由 ③④ 构造以 a_{n+1}, a_{n-1} 为两根的一元二次方程

$$x^2 - 3a_n x + a_n^2 - 1 = 0$$

由韦达定理得

$$a_{n+1} + a_{n-1} = 3a_n$$

即

$$a_{n+1} = 3a_n - a_{n-1} \qquad\qquad ⑤$$

假设有某一正整数 n，满足 $1\,989 \mid a_{2n}$，则因 $3 \mid 1\,989$ 而有 $3 \mid a_{2n}$，由 ⑤ 得

$$a_{2n} = 3a_{2n-1} - a_{2n-2}$$

所以 $3 \mid a_{2n-2}$，依此类推 $3 \mid a_{2n-4}, \cdots, 3 \mid a_2$. 这与由题设所得 $a_2 = \dfrac{1}{2}(3a_1 + \sqrt{5a_1^2 + 4})$ 相矛盾，故命题得证.

12. **证明**　各正方形中心坐标为

$$\left(-\frac{1}{2}, \frac{1}{2}\right), \left(\frac{1}{2}, \frac{3}{2}\right), (2,1), \left(\frac{3}{2}, -\frac{3}{2}\right), \left(-\frac{5}{2}, -\frac{1}{2}\right) \qquad ⑥$$

由此可看出他们在两条相垂直的直线

$$x - 3y + 1 = 0 \qquad\qquad ⑦$$

与

$$3x + y = 3 \qquad\qquad ⑧$$

前者过 ⑥ 中第 $1,3,5,\cdots$ 个点，后者过 ⑥ 中第 $2,4,6,\cdots$ 个点.

可用归纳法，假设结论对前 $4n-1$ 个点已经成立，第 $4n$ 个正方形的中心坐标满足

$$x_{4n} = x_{4n-1} - \frac{1}{2}(f_{4n} - f_{4n-1}) \qquad\qquad ⑨$$

$$y_{4n} = y_{4n-1} - \frac{1}{2}(f_{4n} + f_{4n-1}) \qquad\qquad ⑩$$

而

$$x_{4n-1} = x_{4n-2} + \frac{1}{2}(f_{4n+1} + f_{4n-2}) \qquad\qquad ⑪$$

$$y_{4n-1} = y_{4n-2} - \frac{1}{2}(f_{4n+1} - f_{4n-2}) \qquad\qquad ⑫$$

所以

$$3x_{4n} + y_{4n} = 3x_{4n-1} + y_{4n-1} - 2f_{4n} + f_{4n-1}$$
$$= 3x_{4n-2} + y_{4n-1} - 2f_{4n} + f_{4n-1} + f_{4n+1} + 2f_{4n-2}$$
$$= 3x_{4n-2} + y_{4n-2} - 2(f_{4n} - f_{4n-1} - f_{4n-2}) = 3$$

最后一步是根据归纳假设及 Fibonacci 数列的性质,所以,点 (x_{4n}, y_{4n}) 在直线 ⑧ 上,同样,根据与 ⑨⑩⑪⑫ 类似的等式可以推出 (x_{4n+1}, y_{4n+1}) 在直线 ⑦ 上,(x_{4n+2}, y_{4n+2}) 在直线 ⑧ 上,(x_{4n+3}, y_{4n+3}) 在直线 ⑦ 上,因此,我们所设的结论成立.

13. 证明 显然此数列的值域是一个有限集,即这个数列的值域中的元素最多有 1 000 个,即 $\{000, 001, 002, \cdots, 999\} = D$,下面我们来考察有序数组

$$(f_1, f_2), (f_2, f_3), (f_3, f_4), \cdots, (f_n, f_{n+1}) \qquad ⑬$$

当且仅当

$$f_m = f_n, f_{m+1} = f_{n+1}, (f_m, f_{m+1}) = (f_n, f_{n+1})$$

显然,有序数组 ⑬ 中,不相同的至多只有 $1\ 000^2$ 个,由抽屉原理知有序数组 ⑬ 中的前 $1\ 000^2 + 1$ 个至少有两个是相等的,不妨设

$$(f_N, f_{N+1}) = (f_{N+T}, f_{N+T+1})$$

所以

$$a_N = a_{N+T}, a_{N+T} = a_{N+T+1}$$

下面用数学归纳法证明,$n > N$ 时,恒有 $a_{n+T} = a_n$ 成立,归纳法的奠基成立,假设 $n \leqslant k (k \geqslant N)$ 时,均有 $f_{n+T} = f_n$ 成立,由于

$$f_{k+1+T} = f_{k+T} + f_{k-1+T}$$
$$f_{k+1+T} = f_{k-1+T} + f_{k-2+T} = f_{k+T}$$

即 $n = k+1$ 时,$f_{k+1+T} = f_{k+T}$ 成立,故大于一切 $n > N$ 的正整数 $f_{n+T} = f$ 成立,也就是数列 $\{f_n\}$ 是从第 N 项起的周期为 T 的周期数列,显然,N 可以从第一项起,实际上此数列就是从第一项起的周期数列.

14. 证明 我们可以这样设想,把 Fibonacci 数列增加一项 0 为首项,一点也不影响这个数列的周期性,但为我们解决这个问题提供了方便 0000, 0001, 0001, 0002, 0003, 0005, 0008, 0013, $\cdots$. 我们再利用题 13 的证法证明这个数列是周期数列,所以在第一项 0 至 10 000 000 项之间四位数都是 0.

15. 证明 设 $f_0 = f_2 - f_1 = 1$,则 $f_{n+1} = f_n + f_{n-1}, k = 1, 2, 3, \cdots, n$,$1 = \dfrac{f_n}{f_{n+1}} + \dfrac{f_{n-1}}{f_{n+1}}$,于是

$$n = \sum_{k=1}^n \frac{f_k}{f_{k+1}} + \sum_{k=1}^n \frac{f_{k-1}}{f_{k+1}}$$

从而

$$1 = \frac{1}{n} \sum_{k=1}^{n} \frac{f_k}{f_{k+1}} + \frac{1}{n} \sum_{k=1}^{n} \frac{f_{k-1}}{f_{k+1}}$$

$$\geqslant \sqrt[n]{\frac{f_1}{f_2} \cdot \frac{f_2}{f_3} \cdot \cdots \cdot \frac{f_n}{f_{n+1}}} + \sqrt[n]{\frac{f_0}{f_2} \cdot \frac{f_1}{f_3} \cdot \frac{f_2}{f_4} \cdot \cdots \cdot \frac{f_{n-1}}{f_{n+1}}}$$

$$= \frac{1}{\sqrt[n]{f_{n+1}}} + \frac{1}{\sqrt[n]{f_n f_{n+1}}}$$

所以 $\sqrt[n]{f_{n+1}} \geqslant 1 + \frac{1}{\sqrt[n]{f_n}}$.

16. 解 设这一数列为 $\{a_n\}$，则 $a_1 = 1, a_2 = 1$，依据题义，得

$$a_n = \frac{1}{\dfrac{1}{a_{n-1}} + \dfrac{1}{a_{n-2}}} = \frac{a_{n-1} a_{n-2}}{a_{n-1} + a_{n-2}}$$

不难算出 $a_8 = \frac{1}{21}$，事实上，如果我们熟悉 Fibonacci 数列，$f_1 = f_2 = 1, f_{n+2} = f_{n+1} + f_n$，那么可证明 $a_n = \frac{1}{f_n}$，下面我们用数列归纳法.

当 $n = 1, 2$ 时，结论显然成立，假设 $n \leqslant k$ 时，结论成立，则当 $n = k+1$ 时

$$a_{k+1} = \frac{a_{k-1} a_k}{a_{k-1} + a_k} = \frac{\dfrac{1}{f_{k-1}} - \dfrac{1}{f_k}}{\dfrac{1}{f_{k-1}} + \dfrac{1}{f_k}} = \frac{1}{f_{k-1} + f_k} = \frac{1}{f_{k+1}}$$

因此，对任意正整数 n，都有 $a_n = \frac{1}{f_n}$.

17. 解 设事件 $A_n = \{$掷了 n 次，{第一次出现接连两个正面}$\}$，则 $p_n = p(A_n)$，易知 $p_1 = 0, p_2 = \frac{1}{2} \times \frac{1}{2} = \frac{1}{4}$，考虑 $A_{n+2}(n \geqslant 1)$ 的情况，A_{n+2} 发生可分为下列两种情况：

（1）第一次出现反面，接下来的 $n+1$ 次投掷中（与第一次独立），第 $n+1$ 次才首次出现接连两个正面，这种情况出现的概率为

$$\frac{1}{2} p(A_{n+1}) = \frac{1}{2} p_{n+1}$$

（2）第一次出现正面，第二次出现反面，接下来的 n 次投掷中（与第一二次独立），第 n 次才出现接连两个正面，这种情况出现的概率为

$$\frac{1}{2} \times \frac{1}{2} p(A_n) = \frac{p_n}{4}$$

由全概率公式，并考虑独立性，可以得到递推关系式

$$p_{n+2} = \frac{1}{2} p_{n+1} + \frac{1}{4} p_n$$

令 $f_n = 2^n p_n$，则

Fibonacci 数列中的
明珠

$$f_{n+2} = f_{n+1} + f_n, f_1 = 0, f_2 = 1$$

所以 $\{f_n\}$ 是 Fibonacci 数列,则

$$f_n = \frac{1}{\sqrt{5}} \left[\left(\frac{1+\sqrt{5}}{2} \right)^{n-1} - \left(\frac{1-\sqrt{5}}{2} \right)^{n-1} \right] \quad (n \geqslant 1)$$

因此

$$p_n = \frac{1}{2^n \sqrt{5}} \left[\left(\frac{1+\sqrt{5}}{2} \right)^{n-1} - \left(\frac{1-\sqrt{5}}{2} \right)^{n-1} \right]$$

18. 解 与题 17 的解法一样,可推出 $p_{n+2} = \frac{1}{2} p_{n+1} + \frac{1}{4} p_n$,令 $q^n = 2^n p_n$,则

$$q_{n+2} = q_{n+1} + q^n, q_1 = 2, q_2 = 3$$

所以

$$q_n = \frac{1}{\sqrt{5}} \left[\left(\frac{1+\sqrt{5}}{2} \right)^{n-1} - \left(\frac{1-\sqrt{5}}{2} \right)^{n-1} \right] \quad (n \geqslant 1)$$

从而有 $q_1 = 2, q_2 = 3, q_3 = 5, q_4 = 8, q_5 = 13, q_6 = 21, q_7 = 34, q_8 = 55, q_9 = 89,$ $q_{10} = 144$. 所以

$$p_n = \frac{144}{2^{10}} = \frac{144}{1\ 024} = \frac{9}{64}$$

因此

$$\frac{i}{j} = \frac{9}{64}$$

故 $i + j = 73$.

19. 证明 令

$$a_n = f_{n+1} f_{n+3} - f_n f_{n+4}$$
$$a_{n+1} = f_{n+2} f_{n+4} - f_{n+1} f_{n+5}$$
$$= f_{n+2} f_{n+4} - f_{n+1} f_{n+4} - f_{n+1} f_{n+3}$$
$$= f_n f_{n+4} - f_{n+1} f_{n+3} = -a_n$$

所以数列 $\{a_n\}$ 是首项为 $a_1 = f_2 f_4 - f_1 f_3 = -2$,公比为 -1 的等比数列,于是 $a_n = 2(-1)^n$,且

$$f_{n+1} f_{n+2} - f_n f_{n+4} = 2 \times (-1)^n \qquad ⑭$$

另外,有

$$2 f_{n+2}^2 = f_{n+2} (f_{n+2} + f_{n+1} + f_n)$$
$$= f_{n+2} (f_{n+3} + f_n)$$
$$= f_{n+2} f_{n+3} + f_{n+2} f_n$$
$$= f_{n+1} f_{n+3} + f_n f_{n+3} + f_n f_{n+2}$$
$$= f_{n+1} f_{n+3} + f_n f_{n+4} \qquad ⑮$$

由 ⑭⑮ 得

$$(-1)^n(2f_{n+2})^2=(f_{n+2}f_{n+1})^2-(f_nf_{n+2})^2$$

这证明对任意正整数 n,以 f_nf_{n+2},$f_{n+1}f_{n+3}$,$2f_{n+2}$ 为边长可构成一个直角三角形,证毕.

20.解 为了符合题设要求,必有 $\dfrac{a}{a'}=\dfrac{b}{b'}=\dfrac{c}{c'}\neq1$,且 $b=a'$,$c=b'$,$a\neq c'$,

即 $\dfrac{a}{b}=\dfrac{b}{c}=\dfrac{c}{c'}\neq1$,所以 $a\neq b$,$b\neq c$,$c\neq a$,故可设 $a<b<c$.又因为 $c<$

$a+b$,$c=\dfrac{b^2}{a}$,所以 $\dfrac{b^2}{a}<a+b$,所以 $a>\dfrac{1}{2}(\sqrt5-1)b$,故 $\triangle ABC$ 的三边为

$$\begin{cases}b\\kb<a<b\\c=\dfrac{b^2}{a}\end{cases}$$

$$k=\frac{1}{2}(\sqrt5-1)\approx0.618$$

则 $\triangle ABC$ 的三边为

$$\begin{cases}a=b\\b=c\\c=\dfrac{a^2}{b}\end{cases}$$

所以 $\triangle ABC$ 符合题设要求.

21.解 令 $f(x)=\dfrac{x^2-1}{2x-2}=x$,得函数 $f(x)$ 有唯一一个不动点 $x=1$,则

$$a_{n+1}-1=\frac{a_na_{n-1}-1}{a_n+a_{n-1}-2}-1$$

可化为

$$\frac{1}{a_{n+1}-1}=\frac{1}{a_n-1}+\frac{1}{a_{n-1}-1}$$

令 $b_n=\dfrac{1}{a_n-1}$,$b_{n+1}=b_n+b_{n-1}$,$b_1=1$,$b_2=1$,即数列 $\{b_n\}$ 就是 Fibonacci 数列,即

$$f_{n+1}=f_n+f_{n-1},f_1=1,f_2=1$$

因此

$$f_n=\frac{1}{\sqrt5}\left[\left(\frac{1+\sqrt5}{2}\right)^n-\left(\frac{1-\sqrt5}{2}\right)^n\right]$$

故数列的通项公式为

$$a_n=\frac{1}{f_n}+1$$

Fibonacci 数列中的
明珠

22.用数学归纳法证明.记 $\{x\}=x-[x]$.

当 $n=1$ 时,由 $x_1 \in (0,1)$,得 $x_1 < 1 = \dfrac{f_1}{f_2}$;当 $n=2$ 时,$x_1 \in (0,1)$,$x_2 = \dfrac{1}{x_1} - \left[\dfrac{1}{x_1}\right]$.

若 $0 < x_1 \leqslant \dfrac{1}{2}$,则

$$x_1 + x_2 = x_1 + \left\{\dfrac{1}{x_1}\right\} < \dfrac{1}{2} + 1 = \dfrac{3}{2} = \dfrac{f_1}{f_2} + \dfrac{f_2}{f_3}$$

若 $\dfrac{1}{2} < x_1 < 1$,则

$$x_2 = \dfrac{1}{x_1} - 1$$

于是

$$x_1 + x_2 = x_1 + \dfrac{1}{x_1} - 1$$

令 $f(t) = t + \dfrac{1}{t}$,易证 $f(t)$ 在 $\left[\dfrac{1}{2}, 1\right]$ 上严格递减,则有

$$x_1 + x_2 = f(x_1) - 1 < f\left(\dfrac{1}{2}\right) - 1 = \dfrac{3}{2} = \dfrac{f_1}{f_2} + \dfrac{f_2}{f_3}$$

假设 $n=k, k+1$ 时,命题成立,即

$$x_3 + x_4 + \cdots + x_{k+2} < \dfrac{f_1}{f_2} + \dfrac{f_2}{f_3} + \cdots + \dfrac{f_k}{f_{k+1}} \qquad ⑯$$

$$x_2 + x_3 + \cdots + x_{k+2} < \dfrac{f_1}{f_2} + \dfrac{f_2}{f_3} + \cdots + \dfrac{f_{k+1}}{f_{k+2}} \qquad ⑰$$

若 $0 < x_1 \leqslant \dfrac{f_{k+2}}{f_{k+3}}$,则由 ⑰ 得

$$x_1 + x_2 + \cdots + x_{k+2} < \dfrac{f_1}{f_2} + \dfrac{f_2}{f_3} + \cdots + \dfrac{f_{k+1}}{f_{k+2}} + \dfrac{f_{k+2}}{f_{k+3}} \qquad ⑱$$

若 $\dfrac{f_{k+2}}{f_{k+3}} < x_1 < 1$,又因为

$$\dfrac{f_{k+2}}{f_{k+3}} = \dfrac{f_{k+2}}{f_{k+2}f_{k+1}} > \dfrac{f_{k+2}}{2f_{k+2}} = \dfrac{1}{2}$$

所以

$$x_1 + x_2 = x_1 + \dfrac{1}{x_1} - 1 = f(x_1) - 1 < f\left(\dfrac{f_{k+2}}{f_{k+3}}\right) - 1$$

$$= \dfrac{f_{k+2}}{f_{k+3}} + \dfrac{f_{k+3}}{f_{k+2}} - 1 = \dfrac{f_{k+2}}{f_{k+3}} + \dfrac{f_{k+1}}{f_{k+2}}$$

结合式 ⑯,即得式 ⑱.因此,当 $n=k+2$ 时,命题成立.

317

综上可知,命题成立.

23. 这个数列无界.

显然,数列$\{a_n\}$的每一项都是非负的.若存在$a_n = a_{n+1} = c$,则$a_{n-1} = 0$,$a_{n-2} = a_{n-3} = c, \cdots$,最后得到的$a_0$和$a_1$要么都等于$c$,要么一个等于$c$,一个等于$0$,矛盾.

所以,对所有的$n \geqslant 0, a_n > 0$.由定义,对于$n = 0, 1, 2, \cdots$,有

$$a_{n+2} = \begin{cases} a_{n+1} + a_n, a_{n+2} > a_{n+1} \\ a_{n+1} - a_n, a_{n+2} < a_{n+1} \end{cases}$$

如果对于所有足够大的n,第一个递推式总成立,那么$\{a_n\}$无界.

如果无穷多项出现在第二个递推式中,那么不可能是连续出现的,因为

$$a_{n+2} = a_{n+1} - a_n, a_{n+3} = a_{n+2} - a_{n+1}$$

所以,$a_{n+3} = -a_n < 0$,矛盾.

如果$a_{p+1} = a_p - a_{p-1}$和$a_{p+k+1} = a_{p+k} - a_{p+k-1}$是两个连续出现在第二个递推式中的表达式,那么有$k \geqslant 2$,且满足

$$a_p > a_{p+1}, a_{p+1} < a_{p+2} < \cdots < a_{p+k-1} < a_{p+k}$$
$$a_{p+k} > a_{p+k+1}$$

设$a_p = \alpha, a_{p+1} = \beta$.由归纳法可得

$$a_{p+j} = F_{j-1}\alpha + F_j\beta \quad (j = 1, 2, \cdots, k)$$

其中$F_0 = 0, F_1 = 1, F_{i+2} = F_{i+1} + F_i$.特别地,有

$$a_{p+k} = F_{k-1}\alpha + F_k\beta$$
$$a_{p+k+1} = a_{p+k} - a_{p+k-1}$$
$$= (F_{k-1}\alpha + F_k\beta) - (F_{k-2}\alpha + F_{k-1}\beta)$$
$$= \begin{cases} F_{k-3}\alpha + F_{k-2}\beta, k \geqslant 3 \\ \alpha, k = 2 \end{cases}$$

无论哪种情况,均有$a_{p+k+1} \geqslant \beta$.由此,对于所有的$n \geqslant p$,均有$a_n \geqslant a_{p+1}$.

于是,存在一个正常数c,使得对于所有的n,有$a_n \geqslant c$,最后可得

$$a_{p+k} = F_{k-1}\alpha + F_k\beta \geqslant \alpha + \beta \geqslant a + c$$

这表明$\{a_n\}$是无界的.

24. 提示:(本题系第31届西班牙数学奥林匹克竞赛题的推广)

类似9.1节例2的讨论方法可知

$$a_n = a_{n-1} + a_{n-2} \quad (n \geqslant 3)$$
$$\Rightarrow a_n = \frac{1}{\sqrt{5}}\left[\left(\frac{1+\sqrt{5}}{2}\right)^{n+2} - \left(\frac{1-\sqrt{5}}{2}\right)^{n+2}\right]$$

评注:构造递推式也是解决有关计数问题的一种重要方法,有时要将映射计数法和构造递推式的方法综合起来使用.

25. **解** (1) 证明略.

(2) 由题设可知,$a_1=a_2=1,a_3=2,b|(a_1-2a)$,所以 $b|(1-2a)$.

因 $1\leqslant 2a-1<2b-1<2b$,故 $b=2a-1,b|(a_3-6a^3)$,即 $b|(2-6a^3)$.

因为 $6a^3-2=3a^2(2a-1)+(3a^2-2)$,所以 $(2a-1)|2(3a^2-2)$. 又

$$2(3a^2-2)=6a^2-4=(3a+1)(2a-1)+(a-3)$$

所以 $(2a-1)|2(a-3)$,即 $(2a-1)|((2a-1)-5)$,因此 $2a-1=1$ 或 $2a-1=5$.

当 $2a-1=1$ 时,$a=b=1$,与已知 $a<b$ 矛盾,所以 $2a-1=5$,故 $a=3,b=5$.

下面证明对任意正整数 $n,5|(a_n-2n\cdot 3^n)$.

令 $b_n=a_n-2n\cdot 3^n,b_1=-5,b_2=-35$,则 $a_n=b_n+2n\cdot 3^n$,代入推得的递推关系中 $a_{n+2}=a_{n+1}+a_n$,得

$$b_{n+2}=b_{n+1}+b_n-5(2n+6)3^n$$

因为初始值都能被 5 整除,所以 b_n 都能被 5 整除,故问题得证.

由(1)和(2),即得对任意自然数 p(没有对 n 归纳,当然对任意自然数 n)上述关系成立。

26. (1961 年第 24 届莫斯科数学奥林匹克竞赛题) 设数列 $a_1,a_2,\cdots,a_n,\cdots$ 满足 $a_1=1,a_2=1,a_{n+2}=a_{n+1}+a_n$. 求证:对任何正整数 n,a_{5n} 都可被 5 整除.

证明 用数学归纳法,当 $n=1$ 时,由

$$a_5=a_4+a_3=a_3+2a_2+a_1=3a_2+2a_1=5$$

结论成立,假设 $n=k$ 时结论成立,即 a_{5k} 被 5 整除,那么 $n=k+1$ 时

$$a_{5k+5}=a_{5k+4}+a_{5k+3}=a_{5k+3}+2a_{5k+2}+a_{5k+1}=8a_{5k}+5a_{5k-1}$$

由归纳假设 a_{5k+5} 被 5 整除.故对任何正整数 n,a_{5n} 都可被 5 整除.

27. **解** 设集合 M_n 的符合题设条件的子集共有 $a_n(n\geqslant 3)$ 个,则由

$$\{1,3\}\subseteq\{1,2,3\},a_3=1$$

$$\{1,3\},\{1,4\},\{2,4\}\subseteq\{1,2,3,4\},a_4=3$$

$$\{1,3\},\{1,4\},\{1,5\},\{2,4\},\{2,5\},\{3,5\},\{1,3,5\}\subseteq\{1,2,3,4,5\},a_5=7$$

对一般情况而言含有 $n\geqslant 3$ 个元素我们可以把集合分成两类:(1) 对于不含有元素 n 的子集只从前面 $n-1$ 个正整数中选出 2 个以上的元素符合题设,有 a_{n-1} 个子集;

(2) 对于含有 n 个元素的子集,再考虑从前面 $n-2$ 个正整数中,是否选出 2 个以上的元素,于是此时共有 $a_{n-2}C_1^1+C_{n-2}^1C_1^1$ 个子集符合题设,其中的 $C_{n-2}^1C_1^1$ 个子集指的是 $\{1,n\},\{2,n\},\{3,n\},\cdots,\{n-3,n\},\{n-2,n\}$.综上两类,由加法计数原理,得

$$a_n=a_{n-1}+a_{n-2}C_1^1+C_{n-2}^1C_1^1$$

$$a_n=a_{n-1}+a_{n-2}+n-2$$

所以
$$a_n + n + 1 = (a_{n-1} + n) + (a_{n-2} + n - 1) \quad (n \geqslant 3)$$

令 $b_n = a_n + n + 1$，则
$$b_n = b_{n-1} + b_{n-2}, b_3 = 5, b_4 = 8$$

故 $b_n = f_{n+4}$，则 $a_n = b_n - n - 1, a_n = f_n - n - 1$，故符合题设的子集共有
$$a_n = \frac{1}{\sqrt{5}} \left[\left(\frac{1+\sqrt{5}}{2} \right)^{n+4} - \left(\frac{1-\sqrt{5}}{2} \right)^{n+4} \right] - n - 1$$

个.

28. **解** 先列出前若干个数：$1,1,2,3,5,8,13,21,34,55,89,144,\cdots$，可以发现第 4，第 8，第 12 个数能被 3 整除. 由此猜想第 $4k(k \in \mathbf{N}_+, k \leqslant 25)$ 个数能被整除. 因为依序循环报数中，甲同学为第一个报数，故甲同学所报的数为第 1，第 6 个数，第 $(5t-4)(t \in \mathbf{N}_+, t \leqslant 20)$ 个数，$\cdots\cdots$，第 96 个数，令 $4k = 5t - 4$，得 $4(k+1) = 5t$，故只能取 $4,8,12,16,20$，亦即甲同学拍手的总次数为 5.

29. **解** 研究 $n = 1,2,3,4,\cdots$ 符合题意的着色方案，易得 $a_1 = 2, a_2 = 3$，$a_3 = 5, a_4 = 8$，观察这个数列，如果考生能发现这几项是著名的 Fibonacci 数列的前几项，或能从中发现：$a_3 = a_1 + a_2, a_4 = a_2 + a_3$，由此提出猜想：从第三项起后面一项等于前两项之和，即 $a_n = a_{n-1} + a_{n-2}(n > 2$ 且 $n \in \mathbf{N}_+)$，所以当 $n = 5$ 时，$a_5 = a_3 + a_4 = 13, a_6 = a_4 + a_5 = 21$，从而问题得到迅速解决.（第二问略）

30. **证明** (1) 由 $x_1 = \frac{1}{2}$ 及 $x_{n+1} = \frac{1}{1+x_n}$，得
$$x_2 = \frac{2}{3}, x_4 = \frac{5}{8}, x_6 = \frac{13}{21}$$

由 $x_2 > x_4 > x_6$，猜想：数列 $\{x_{2n}\}$ 是递减数列.

下面用数学归纳法证明：

(1) 当 $n = 1$ 时，已证命题成立.

(2) 假设当 $n = k$ 时，命题成立，即
$$x_{2k} > x_{2k+2}$$

易知 $x_{2k} > 0$，那么
$$x_{2k+2} - x_{2k+4} = \frac{1}{1+x_{2k+1}} - \frac{1}{1+x_{2k+3}} = \frac{x_{2k+3} - x_{2k+1}}{(1+x_{2k+1})(1+x_{2k+3})}$$
$$= \frac{x_{2k} - x_{2k+2}}{(1+x_{2k})(1+x_{2k+1})(1+x_{2k+2})(1+x_{2k+3})} > 0$$

即 $x_{2(k+1)} > x_{2(k+1)+2}$. 也就是说，当 $n = k+1$ 时命题也成立，结合 (1) 和 (2) 知，命题成立.

(2) 当 $n = 1$ 时，$| x_{n+1} - x_n | = | x_2 - x_1 | = \frac{1}{6}$，结论成立.

Fibonacci 数列中的
明珠

当 $n \geqslant 2$ 时, 易知 $0 < x_{n-1} < 1$, 所以 $1 + x_{n-1} < 2$, $x_n = \dfrac{1}{1 + x_{n-1}} > \dfrac{1}{2}$, 因此

$$(1 + x_n)(1 + x_{n-1}) = \left(1 + \frac{1}{1 + x_{n-1}}\right)(1 + x_{n-1})$$
$$= 2 + x_{n-1} \geqslant \frac{5}{2}$$

故

$$|x_{n+1} - x_n| = \left| \frac{1}{1 + x_n} - \frac{1}{1 + x_{n-1}} \right|$$
$$= \frac{|x_n - x_{n-1}|}{(1 + x_n)(1 + x_{n-1})} \leqslant \frac{1}{6}\left(\frac{2}{5}\right)^{n-1}$$

31. 解　设长方体棱长为 x, y, z, 依题意有 $x^2 + y^2 + z^2 = xyz$. 问题转化为证明方程 $x^2 + y^2 + z^2 = xyz$ 有无穷多组正整数解 (a_n, b_n, c_n), 且 a_n, b_n, c_n 三个数中任意两个数之积皆可表示为两个正整数的平方和.

首先, 定义数列 $\{F_n\}$ 为
$$F_0 = 0, F_1 = F_2 = 1, F_{n+2} = F_{n+1} + F_n$$

引理　$(1) F_{n+1} F_{n-1} - F_n^2 = (-1)^n (n \geqslant 1)$, 特别地
$$F_{2n+1} F_{2n-1} = F_{2n}^2 + 1$$
$(2) F_{n+m} = F_n F_{m-1} + F_m F_{n+1} (m \geqslant 1, n \geqslant 0)$, 特别地
$$F_{2n+1} = F_n^2 + F_{n+1}^2$$
$(3) 1 + F_{2n-1}^2 + F_{2n+1}^2 = 3 F_{2n-1} F_{2n+1} (n \geqslant 1)$.

引理的证明　(1) 令 $x_n = F_{n+1} F_{n-1} - F_n^2$, 则 $x_1 = -1$, 因为
$$x_{n+1} = F_{n+2} F_n - F_{n+1}^2$$
$$= (F_{n+1} + F_n) F_n - F_{n+1}^2$$
$$= F_n^2 - F_{n+1}(F_{n+1} - F_n)$$
$$= F_n^2 - F_{n+1} F_{n-1} = -x_n$$

所以, $x_n = (-1)^n$, 即
$$F_{n+1} F_{n-1} - F_n^2 = (-1)^n \quad (n \geqslant 1)$$
(2) 对 n 用归纳法. 当 $n = 0$ 时显然成立, 设 $n = k$ 时
$$F_{k+m} = F_k F_{m-1} + F_m F_{k+1}$$
当 $n = k + 1$ 时
$$F_{k+m+1} = F_k F_m + F_{m+1} F_{k+1}$$
$$= F_k F_m + (F_m + F_{m+1}) F_{k+1}$$
$$= F_{k+1} F_{m-1} + F_m(F_k + F_{k+1})$$
$$= F_{k+1} F_{m-1} + F_m F_{k+2}$$

即对 $n=k+1$ 时成立.

所以,$F_{n+m}=F_nF_{m-1}+F_mF_{n+1}$,取 $m=n+1$ 为特解.

(3) 当 $n=1$ 时,$1+F_1^2+F_3^2=6=3F_1F_3$ 成立.

设 $n=k$ 时,$1+F_{2k-1}^2+F_{2k+1}^2=3F_{2k-1}F_{2k+1}$ 成立.

当 $n=k+1$ 时,因 F_{2k-1} 是方程 $x^2-3F_{2k+1}x+1+F_{2k+1}^2=0$ 的根,故另一个根为

$$3F_{2k+1}-F_{2k-1}=2F_{2k+1}+F_{2k}=F_{2k+1}+F_{2k+2}=F_{2k+3}$$

所以

$$1+F_{2k+1}^2+F_{2k+3}^2=3F_{2k+1}F_{2k+3}$$

故

$$1+F_{2n-1}^2+F_{2n+1}^2=3F_{2n-1}F_{2n+1} \quad (n\geqslant 1)$$

回到原题.由引理(3)知

$$(x,y,z)=(3,3F_{2n-1},3F_{2n+1}) \quad (n\geqslant 2)$$

是方程 $x^2+y^2+z^2=xyz$ 的解,且由引理(2)(1)得

$$3\cdot 3F_{2n-1}=(3F_{n-1})^2+(3F_n)^2$$
$$3\cdot 3F_{2n+1}=(3F_n)^2+(3F_{n+1})^2$$
$$3F_{2n-1}\cdot 3F_{2n+1}=(3F_{2n})^2+(3)^2$$

所以,原方程有无穷多组正整数解 (a_n,b_n,c_n),且 a_n,b_n,c_n 三个数中任意两个数之积皆可表示为两个正整数的平方和.因此,原题结论成立.

32. 解 把满足条件(1)(2)的数列称作"$f(m)$ 数列".下面计算 $f(m)$ 数列的个数.

因对于项数为 k 的 $f(m)$ 数列 $\{a_n\}$,有

$$a_1+a_2+a_3+\cdots+a_k=m \quad (a_i\geqslant 2,i=1,2,\cdots,k) \qquad ⑲$$

数列 $\{a_n\}$ 的个数就是方程 ⑲ 满足 $a_i\geqslant 2$ 的整数解的个数,也就是方程

$$x_1+x_2+x_3+\cdots+x_k=m-2k \qquad ⑳$$

非负整数解的个数.

因方程 ⑳ 的非负整数解的个数为 C_{m-k-1}^{k-1},所以,$f(m)$ 数列的个数为

$$
\begin{aligned}
|f(m)| &= \mathrm{C}_{m-2}^0+\mathrm{C}_{m-3}^1+\mathrm{C}_{m-4}^2+\mathrm{C}_{m-5}^3+\cdots \\
&= \mathrm{C}_{m-2}^0+(\mathrm{C}_{m-4}^1+\mathrm{C}_{m-4}^0)+(\mathrm{C}_{m-5}^2+\mathrm{C}_{m-5}^1)+(\mathrm{C}_{m-6}^3+\mathrm{C}_{m-6}^2)+\cdots \\
&= \mathrm{C}_{m-3}^0+\mathrm{C}_{m-4}^1+\mathrm{C}_{m-5}^2+\mathrm{C}_{m-6}^3+\cdots+ \\
&\quad (\mathrm{C}_{m-4}^0+\mathrm{C}_{m-5}^1+\mathrm{C}_{m-6}^2+\cdots) \\
&= |f(m-1)|+|f(m-2)|
\end{aligned}
$$

由 $|f(2)|=F_1=1$,$|f(3)|=F_2=1$,得

$$|f(m)|=F_{m-1}$$

其中,数列 $\{F_n\}$ 是 Fibonacci 数列

322

$$F_1 = F_2 = 1, F_{n+2} = F_{n+1} + F_n$$

故

$$|f(m)| = F_{m-1} = \frac{1}{\sqrt{5}}\left[\left(\frac{1+\sqrt{5}}{2}\right)^{m-1} - \left(\frac{1-\sqrt{5}}{2}\right)^{m-1}\right]$$

33. 证明：若三角形是等腰三角形，则这两个三角形一定全等，相似比为 1，这是因为这两个三角形至少有一组对应边相等.

若三角形不是等腰三角形，不妨设这两个三角形的边长分别为 x, y, z（$x < y < z$）和 y, z, u（$y < z < u$）. 于是

$$\frac{y}{x} = \frac{z}{y} = \frac{u}{z} = k > 1$$

从而 $y = kx$，$z = ky = k^2 x$，因为 $z < x + y$，所以 $k^2 < 1 + k$，故 $1 < k < \frac{\sqrt{5}+1}{2}$.

同理，$x > y > z$，$y > z > u$ 时，相似比为 $\frac{1}{k}$，即有 $\frac{\sqrt{5}-1}{2} < \frac{1}{k} < 1$.

综上所述，这两个三角形的相似比介于 $\frac{\sqrt{5}-1}{2}$ 和 $\frac{\sqrt{5}+1}{2}$ 之间.

34. 证明 从最小的正整数开始，$1^2 + 1 = 2$，所以 1,2 就是一对 a, b. 由这对数再往下推，$2^2 + 1 = 5$，$5^2 + 1 = 2 \times 13$，则 2,5 又是一对 a, b. 继续下去，$13^2 + 1 = 5 \times 34$，则 5,13 又是一对 a, b. 依此类推，可以看出求得的数 1,2,5,13,34,…，恰好是 Fibonacci 数列 $f_1 = 1, f_2 = 1, f_3 = 2, f_4 = 3, f_5 = 5, f_6 = 8, f_7 = 13$，… 中的奇数项，于是猜测 $f_{2n-1} f_{2n+3} = f_{2n+1}^2 + 1$.

这一猜测不难由

$$f_n^2 - f_{n-1} f_{n+1} = (-1)^{n-1}$$

证得，于是 f_{2n-1}, f_{2n+1} 即为所求.

35. 证明 用小数尝试法，不难猜得结果应为概率 $P(n) = \frac{f_{n-1}}{f_n}$.

下面用数学归纳法证明，设 $\bar{F}_n$ 有 F_n 个元素，且其中有 F_{n-1} 满足 $f(1) = 2$（因 $f(1) \neq 1$）.

当 $n = 1$ 时，结论显然成立.

下面令 $n \geqslant 2$，运用构造——对应的方法来计数.

如果 $f \in \bar{F}_n$，$f(1) = 2$，那么可以确定一个函数 $g \in \bar{F}_{n-1}$. 若 $f(k+1) = 1$，则 $g(k) = 1$. 而令其他的 x 满足 $f(x+1) \neq 1$，于是 $g(x) = f(x+1) - 1$.

相反地，对于任一个函数 $g \in \bar{F}_{n-1}$，都唯一地对应一个 $f_n \in \bar{F}_n$，使得 $f(1) = 2$，所以 f 的个数是 $\bar{F}_{n-1}$ 的元素总个数，由归纳法假设知有 F_{n-1}. 另外，

可以通过令 $g(k)=f(k+1)-1$，使得 $f(1)=1,f\in\overline{F}_n$ 的集合元素与满足 $g(1)=2,g\in\overline{F}_{n-1}$ 的元素一一对应. 那么，由归纳假设知，满足 $f(1)=1,f\in\overline{F}_n$ 有 F_{n-2} 个，故 $\overline{F}$ 的元素总个数为 $F_{n-1}+F_{n-2}=F_n$，其中，使得 $f(1)\neq 1$ 的概率为

$$P(n)=\frac{F_{n-1}}{F_n}$$

36. 设 $\{a_n\}$ 的初始值为 $a_1=a,a_2=b$，则

$$a_9=21\,a_2+13\,a_1=21\,b+13\,a$$

即存在两对不同的正整数 (a,b)，使得 $a\leqslant b$，且 $21\,b+13\,a=k$. 设 $13\,a+21\,b=13\,x+21\,y$，则

$$13(a-x)=21(y-b)$$

从而由 13 与 21 互质，可知 $a-x\geqslant 21$，依此可知 $a\geqslant 22$，进而 $k\geqslant 21\,a+13\,a=34\,a\geqslant 748$. 又 $k=748$ 时，满足 $21\,b+13\,a=748$ 的正整数对 (a,b) 有两对，分别为 $(22,22)$ 和 $(1,35)$，可确定满足要求的两个数列. 所以 k 最小为 748.

37. 如果 $a_1=a_2\leqslant b_1$，则由递推关系式(2)(3)可知，对任意 i，均有 $a_i\leqslant b_i$，从而命题成立. 如果 $a_1>b_1$，用数学归纳法来证明结论. 对数组 $(a'_1,a'_2,\cdots,a'_k)$ 和 $(b'_1,b'_2,\cdots,b'_k)$，用归纳假设，其中 $a'_1=a_1+a_2,a'_2=a_3,a'_i=a_{i+1}+F_i-2\,a_1,i=3,\cdots,k$；$b'_1=b_1+b_2,b'_2=b_3,b'_i=b_{i+1}+F_i-2\,b_1,i=3,\cdots,k$. 这里 $\{F_i\}$ 是 Fibonacci 数列.

参 考 文 献

[1] 沈康身.历史数学名题赏析[M].上海:上海教育出版社,2002.

[2] 沈康身.数学魅力[M].上海:上海教育出版社,2004.

[3] 高鸿宾.反序数问题的解答[J].福建中学数学,1984(6).

[4] 胡玖念.格点上的一个离散数学问题[J].数学通报,1981,3.

[5] 吴振奎.斐波那契数列欣赏[M].哈尔滨:哈尔滨工业大学出版社,2012.

[6] 刘元宗.关于任意 $k(k \geqslant 5)$ 个连续 Fibonacci 数的猜想[J].数学通报,1997(6).

[7] 徐道.关于任意 $k(k \geqslant 5)$ 个连续 Fibonacci 数的两个定理[J].抚州师专学报,1998(4).

[8] 吴振刚,王婷婷.关于斐波那契数列倒数的有限和[J].内蒙古师范大学学报(自然科学汉文版),2011,40(2).

[9] 李世杰.世界名题"斐波那契兔子问题"的推广[J].上海中学数学,2009(9).

[10] 张光年.关于斐波那契数中的三角形数和完全平方数的初等证明[D]//全国初等数学研究会第十届学术研讨会一等奖,2017.

[11] 杨世明.三角形趣谈[M].上海:上海教育出版社,1989.

[12] 纪锋.关于斐波那契三角形猜想的又一结果[J].数学通讯,1996(5).

[13] 陈计.斐波那契三角形[J].数学通讯,1994(5).

[14] 周顺钿.斐波那契三角形的存在性问题[J].中学数学教学,2004(3).

[15] 袁明豪.关于斐波那契三角形的一个结果[J].数学通讯,1994(11).

[16] 江明.关于斐波那契三角形猜想的两个结论[J].数学通讯,1995(5).

[17] 柯召,孙琦.谈谈不定方程[M].上海:上海教育出版社,1980.

[18] 吴华明.一个有关 Fibonacci 数的倒数方程[J].扬州大学学报(自然科学版),2011(2).

[19] 张光年,胡洁.从对几个类哥德巴赫猜想问题的研究[D]//全国初等数学研究会第十届学术研讨会二等奖,2017.

[20] 张光年,李宗良.用两个特殊不定方程研究不变数[M].哈尔滨:哈尔滨工业大学出版社,2015.

[21] 史济怀.母函数[M].上海:上海教育出版社,1980.

[22] 张光年,李常青.用母函数库研究 Fibonacci 数列的性质[D]//全国初等数学研究会第十届学术研讨会二等奖,2017.

[23] 李常青,张光年.用母函数法探究一类不定方程的有序解的个数问题[M].哈尔滨:哈尔滨工业大学出版社,2015.

[24] 张光年,孙英,研究与 Fibonacci 数有关的互补数列[D]∥全国初等数学研究会第十届学术研讨会二等奖,2017.

[25] 张光年.Fibonacci 数列的模数列的三个特征量关系及性质[M].哈尔滨:哈尔滨工业大学出版社,2014.

[26] 张光年.二阶线性递推数列的模周期及应用[D]∥全国初等数学研究会第二届学术研讨会二等奖,1993.

Fibonacci 数列中的
明珠

刘培杰数学工作室
已出版(即将出版)图书目录——初等数学

书　名	出版时间	定　价	编号
新编中学数学解题方法全书(高中版)上卷(第2版)	2018—08	58.00	951
新编中学数学解题方法全书(高中版)中卷(第2版)	2018—08	68.00	952
新编中学数学解题方法全书(高中版)下卷(一)(第2版)	2018—08	58.00	953
新编中学数学解题方法全书(高中版)下卷(二)(第2版)	2018—08	58.00	954
新编中学数学解题方法全书(高中版)下卷(三)(第2版)	2018—08	68.00	955
新编中学数学解题方法全书(初中版)上卷	2008—01	28.00	29
新编中学数学解题方法全书(初中版)中卷	2010—07	38.00	75
新编中学数学解题方法全书(高考复习卷)	2010—01	48.00	67
新编中学数学解题方法全书(高考真题卷)	2010—01	38.00	62
新编中学数学解题方法全书(高考精华卷)	2011—03	68.00	118
新编平面解析几何解题方法全书(专题讲座卷)	2010—01	18.00	61
新编中学数学解题方法全书(自主招生卷)	2013—08	88.00	261
数学奥林匹克与数学文化(第一辑)	2006—05	48.00	4
数学奥林匹克与数学文化(第二辑)(竞赛卷)	2008—01	48.00	19
数学奥林匹克与数学文化(第二辑)(文化卷)	2008—07	58.00	36'
数学奥林匹克与数学文化(第三辑)(竞赛卷)	2010—01	48.00	59
数学奥林匹克与数学文化(第四辑)(竞赛卷)	2011—08	58.00	87
数学奥林匹克与数学文化(第五辑)	2015—06	98.00	370
世界著名平面几何经典著作钩沉——几何作图专题卷(上)	2009—06	48.00	49
世界著名平面几何经典著作钩沉——几何作图专题卷(下)	2011—01	88.00	80
世界著名平面几何经典著作钩沉(民国平面几何老课本)	2011—03	38.00	113
世界著名平面几何经典著作钩沉(建国初期平面三角老课本)	2015—08	38.00	507
世界著名解析几何经典著作钩沉——平面解析几何卷	2014—01	38.00	264
世界著名数论经典著作钩沉(算术卷)	2012—01	28.00	125
世界著名数学经典著作钩沉——立体几何卷	2011—02	28.00	88
世界著名三角学经典著作钩沉(平面三角卷Ⅰ)	2010—06	28.00	69
世界著名三角学经典著作钩沉(平面三角卷Ⅱ)	2011—01	38.00	78
世界著名初等数论经典著作钩沉(理论和实用算术卷)	2011—07	38.00	126
发展你的空间想象力	2017—06	38.00	785
走向国际数学奥林匹克的平面几何试题诠释(上、下)(第1版)	2007—01	68.00	11,12
走向国际数学奥林匹克的平面几何试题诠释(上、下)(第2版)	2010—02	98.00	63,64
平面几何证明方法全书	2007—08	35.00	1
平面几何证明方法全书习题解答(第1版)	2005—10	18.00	2
平面几何证明方法全书习题解答(第2版)	2006—12	18.00	10
平面几何天天练上卷·基础篇(直线型)	2013—01	58.00	208
平面几何天天练中卷·基础篇(涉及圆)	2013—01	28.00	234
平面几何天天练下卷·提高篇	2013—01	58.00	237
平面几何专题研究	2013—07	98.00	258

刘培杰数学工作室
已出版（即将出版）图书目录——初等数学

书　名	出 版 时 间	定 价	编号
最新世界各国数学奥林匹克中的平面几何试题	2007—09	38.00	14
数学竞赛平面几何典型题及新颖解	2010—07	48.00	74
初等数学复习及研究（平面几何）	2008—09	58.00	38
初等数学复习及研究（立体几何）	2010—06	38.00	71
初等数学复习及研究（平面几何）习题解答	2009—01	48.00	42
几何学教程（平面几何卷）	2011—03	68.00	90
几何学教程（立体几何卷）	2011—07	68.00	130
几何变换与几何证题	2010—06	88.00	70
计算方法与几何证题	2011—06	28.00	129
立体几何技巧与方法	2014—04	88.00	293
几何瑰宝——平面几何500名题暨1000条定理（上、下）	2010—07	138.00	76,77
三角形的解法与应用	2012—07	18.00	183
近代的三角形几何学	2012—07	48.00	184
一般折线几何学	2015—08	48.00	503
三角形的五心	2009—06	28.00	51
三角形的六心及其应用	2015—10	68.00	542
三角形趣谈	2012—08	28.00	212
解三角形	2014—01	28.00	265
三角学专门教程	2014—09	28.00	387
图天下几何新题试卷.初中（第2版）	2017—11	58.00	855
圆锥曲线习题集（上册）	2013—06	68.00	255
圆锥曲线习题集（中册）	2015—01	78.00	434
圆锥曲线习题集（下册·第1卷）	2016—10	78.00	683
圆锥曲线习题集（下册·第2卷）	2018—01	98.00	853
论九点圆	2015—05	88.00	645
近代欧氏几何学	2012—03	48.00	162
罗巴切夫斯基几何学及几何基础概要	2012—07	28.00	188
罗巴切夫斯基几何学初步	2015—06	28.00	474
用三角、解析几何、复数、向量计算解数学竞赛几何题	2015—03	48.00	455
美国中学几何教程	2015—04	88.00	458
三线坐标与三角形特征点	2015—04	98.00	460
平面解析几何方法与研究（第1卷）	2015—05	18.00	471
平面解析几何方法与研究（第2卷）	2015—06	18.00	472
平面解析几何方法与研究（第3卷）	2015—07	18.00	473
解析几何研究	2015—01	38.00	425
解析几何学教程.上	2016—01	38.00	574
解析几何学教程.下	2016—01	38.00	575
几何学基础	2016—01	58.00	581
初等几何研究	2015—02	58.00	444
十九和二十世纪欧氏几何学中的片段	2017—01	58.00	696
平面几何中考.高考.奥数一本通	2017—07	28.00	820
几何学简史	2017—08	28.00	833
四面体	2018—01	48.00	880
平面几何证明方法思路	2018—12	68.00	913
平面几何图形特性新析.上篇	2019—01	68.00	911
平面几何图形特性新析.下篇	2018—06	88.00	912
平面几何范例多解探究.上篇	2018—04	48.00	910
平面几何范例多解探究.下篇	2018—12	68.00	914
从分析解题过程学解题：竞赛中的几何问题研究	2018—07	68.00	946
二维、三维欧氏几何的对偶原理	2018—12	38.00	990
星形大观及闭折线论	2019—03	68.00	1020

刘培杰数学工作室
已出版(即将出版)图书目录——初等数学

书　　名	出版时间	定　价	编号
俄罗斯平面几何问题集	2009—08	88.00	55
俄罗斯立体几何问题集	2014—03	58.00	283
俄罗斯几何大师——沙雷金论数学及其他	2014—01	48.00	271
来自俄罗斯的 5000 道几何习题及解答	2011—03	58.00	89
俄罗斯初等数学问题集	2012—05	38.00	177
俄罗斯函数问题集	2011—03	38.00	103
俄罗斯组合分析问题集	2011—01	48.00	79
俄罗斯初等数学万题选——三角卷	2012—11	38.00	222
俄罗斯初等数学万题选——代数卷	2013—08	68.00	225
俄罗斯初等数学万题选——几何卷	2014—01	68.00	226
俄罗斯《量子》杂志数学征解问题100题选	2018—08	48.00	969
俄罗斯《量子》杂志数学征解问题又100题选	2018—08	48.00	970
463 个俄罗斯几何老问题	2012—01	28.00	152
《量子》数学短文精粹	2018—09	38.00	972
谈谈素数	2011—03	18.00	91
平方和	2011—03	18.00	92
整数论	2011—05	38.00	120
从整数谈起	2015—10	28.00	538
数与多项式	2016—01	38.00	558
谈谈不定方程	2011—05	28.00	119
解析不等式新论	2009—06	68.00	48
建立不等式的方法	2011—03	98.00	104
数学奥林匹克不等式研究	2009—08	68.00	56
不等式研究(第二辑)	2012—02	68.00	153
不等式的秘密(第一卷)	2012—02	28.00	154
不等式的秘密(第一卷)(第2版)	2014—02	38.00	286
不等式的秘密(第二卷)	2014—01	38.00	268
初等不等式的证明方法	2010—06	38.00	123
初等不等式的证明方法(第二版)	2014—11	38.00	407
不等式·理论·方法(基础卷)	2015—07	38.00	496
不等式·理论·方法(经典不等式卷)	2015—07	38.00	497
不等式·理论·方法(特殊类型不等式卷)	2015—07	48.00	498
不等式探究	2016—03	38.00	582
不等式探秘	2017—01	88.00	689
四面体不等式	2017—01	68.00	715
数学奥林匹克中常见重要不等式	2017—09	38.00	845
三正弦不等式	2018—09	98.00	974
同余理论	2012—05	38.00	163
$[x]$ 与 $\{x\}$	2015—04	48.00	476
极值与最值. 上卷	2015—06	28.00	486
极值与最值. 中卷	2015—06	38.00	487
极值与最值. 下卷	2015—06	28.00	488
整数的性质	2012—11	38.00	192
完全平方数及其应用	2015—08	78.00	506
多项式理论	2015—10	88.00	541
奇数、偶数、奇偶分析法	2018—01	98.00	876
不定方程及其应用. 上	2018—12	58.00	992
不定方程及其应用. 中	2019—01	78.00	993
不定方程及其应用. 下	2019—02	98.00	994

刘培杰数学工作室
已出版(即将出版)图书目录——初等数学

书 名	出版时间	定 价	编号
历届美国中学生数学竞赛试题及解答(第一卷)1950—1954	2014—07	18.00	277
历届美国中学生数学竞赛试题及解答(第二卷)1955—1959	2014—04	18.00	278
历届美国中学生数学竞赛试题及解答(第三卷)1960—1964	2014—06	18.00	279
历届美国中学生数学竞赛试题及解答(第四卷)1965—1969	2014—04	28.00	280
历届美国中学生数学竞赛试题及解答(第五卷)1970—1972	2014—06	18.00	281
历届美国中学生数学竞赛试题及解答(第六卷)1973—1980	2017—07	18.00	768
历届美国中学生数学竞赛试题及解答(第七卷)1981—1986	2015—01	18.00	424
历届美国中学生数学竞赛试题及解答(第八卷)1987—1990	2017—05	18.00	769
历届IMO试题集(1959—2005)	2006—05	58.00	5
历届CMO试题集	2008—09	28.00	40
历届中国数学奥林匹克试题集(第2版)	2017—03	38.00	757
历届加拿大数学奥林匹克试题集	2012—08	38.00	215
历届美国数学奥林匹克试题集:多解推广加强	2012—08	38.00	209
历届美国数学奥林匹克试题集:多解推广加强(第2版)	2016—03	48.00	592
历届波兰数学竞赛试题集.第1卷,1949～1963	2015—03	18.00	453
历届波兰数学竞赛试题集.第2卷,1964～1976	2015—03	18.00	454
历届巴尔干数学奥林匹克试题集	2015—05	38.00	466
保加利亚数学奥林匹克	2014—10	38.00	393
圣彼得堡数学奥林匹克试题集	2015—01	38.00	429
匈牙利奥林匹克数学竞赛题解.第1卷	2016—05	28.00	593
匈牙利奥林匹克数学竞赛题解.第2卷	2016—05	28.00	594
历届美国数学邀请赛试题集(第2版)	2017—10	78.00	851
全国高中数学竞赛试题及解答.第1卷	2014—07	38.00	331
普林斯顿大学数学竞赛	2016—06	38.00	669
亚太地区数学奥林匹克竞赛题	2015—07	18.00	492
日本历届(初级)广中杯数学竞赛试题及解答.第1卷(2000～2007)	2016—05	28.00	641
日本历届(初级)广中杯数学竞赛试题及解答.第2卷(2008～2015)	2016—05	38.00	642
360个数学竞赛问题	2016—08	58.00	677
奥数最佳实战题.上卷	2017—06	38.00	760
奥数最佳实战题.下卷	2017—05	58.00	761
哈尔滨市早期中学数学竞赛试题汇编	2016—07	28.00	672
全国高中数学联赛试题及解答:1981—2017(第2版)	2018—05	98.00	920
20世纪50年代全国部分城市数学竞赛试题汇编	2017—07	28.00	797
高中数学竞赛培训教程:平面几何问题的求解方法与策略.上	2018—05	68.00	906
高中数学竞赛培训教程:平面几何问题的求解方法与策略.下	2018—06	78.00	907
高中数学竞赛培训教程:整除与同余以及不定方程	2018—01	88.00	908
高中数学竞赛培训教程:组合计数与组合极值	2018—04	48.00	909
国内外数学竞赛题及精解:2016～2017	2018—07	45.00	922
许康华竞赛优学精选集.第一辑	2018—08	68.00	949
高考数学临门一脚(含密押三套卷)(理科版)	2017—01	45.00	743
高考数学临门一脚(含密押三套卷)(文科版)	2017—01	45.00	744
新课标高考数学题型全归纳(文科版)	2015—05	72.00	467
新课标高考数学题型全归纳(理科版)	2015—05	82.00	468
洞穿高考数学解答题核心考点(理科版)	2015—11	49.80	550
洞穿高考数学解答题核心考点(文科版)	2015—11	46.80	551

刘培杰数学工作室
已出版(即将出版)图书目录——初等数学

书　名	出版时间	定　价	编号
高考数学题型全归纳:文科版.上	2016—05	53.00	663
高考数学题型全归纳:文科版.下	2016—05	53.00	664
高考数学题型全归纳:理科版.上	2016—05	58.00	665
高考数学题型全归纳:理科版.下	2016—05	58.00	666
王连笑教你怎样学数学:高考选择题解题策略与客观题实用训练	2014—01	48.00	262
王连笑教你怎样学数学:高考数学高层次讲座	2015—02	48.00	432
高考数学的理论与实践	2009—08	38.00	53
高考数学核心题型解题方法与技巧	2010—01	28.00	86
高考思维新平台	2014—03	38.00	259
30分钟拿下高考数学选择题、填空题(理科版)	2016—10	39.80	720
30分钟拿下高考数学选择题、填空题(文科版)	2016—10	39.80	721
高考数学压轴题解题诀窍(上)(第2版)	2018—01	58.00	874
高考数学压轴题解题诀窍(下)(第2版)	2018—01	48.00	875
北京市五区文科数学三年高考模拟题详解:2013～2015	2015—08	48.00	500
北京市五区理科数学三年高考模拟题详解:2013～2015	2015—09	68.00	505
向量法巧解数学高考题	2009—08	28.00	54
高考数学万能解题法(第2版)	即将出版	38.00	691
高考物理万能解题法(第2版)	即将出版	38.00	692
高考化学万能解题法(第2版)	即将出版	28.00	693
高考生物万能解题法(第2版)	即将出版	28.00	694
高考数学解题金典(第2版)	2017—01	78.00	716
高考物理解题金典(第2版)	即将出版	68.00	717
高考化学解题金典(第2版)	即将出版	58.00	718
我一定要赚分:高中物理	2016—01	38.00	580
数学高考参考	2016—01	78.00	589
2011～2015年全国及各省市高考数学文科精品试题审题要津与解法研究	2015—10	68.00	539
2011～2015年全国及各省市高考数学理科精品试题审题要津与解法研究	2015—10	88.00	540
最新全国及各省市高考数学试卷解法研究及点拨评析	2009—02	38.00	41
2011年全国及各省市高考数学试题审题要津与解法研究	2011—10	48.00	139
2013年全国及各省市高考数学试题解析与点评	2014—01	48.00	282
全国及各省市高考数学试题审题要津与解法研究	2015—02	48.00	450
新课标高考数学——五年试题分章详解(2007～2011)(上、下)	2011—10	78.00	140,141
全国中考数学压轴题审题要津与解法研究	2013—04	78.00	248
新编全国及各省市中考数学压轴题审题要津与解法研究	2014—05	58.00	342
全国及各省市5年中考数学压轴题审题要津与解法研究(2015版)	2015—04	58.00	462
中考数学专题总复习	2007—04	28.00	6
中考数学较难题、难题常考题型解题方法与技巧.上	2016—01	58.00	584
中考数学较难题、难题常考题型解题方法与技巧.下	2016—01	58.00	585
中考数学较难题常考题型解题方法与技巧	2016—09	48.00	681
中考数学难题常考题型解题方法与技巧	2016—09	48.00	682
中考数学中档题常考题型解题方法与技巧	2017—08	68.00	835
中考数学选择填空压轴好题妙解365	2017—05	38.00	759

刘培杰数学工作室

已出版(即将出版)图书目录——初等数学

书 名	出版时间	定 价	编号
中考数学小压轴汇编初讲	2017—07	48.00	788
中考数学大压轴专题微言	2017—09	48.00	846
北京中考数学压轴题解题方法突破(第4版)	2019—01	58.00	1001
助你高考成功的数学解题智慧:知识是智慧的基础	2016—01	58.00	596
助你高考成功的数学解题智慧:错误是智慧的试金石	2016—04	58.00	643
助你高考成功的数学解题智慧:方法是智慧的推手	2016—04	68.00	657
高考数学奇思妙解	2016—04	38.00	610
高考数学解题策略	2016—05	48.00	670
数学解题泄天机(第2版)	2017—10	48.00	850
高考物理压轴题全解	2017—04	48.00	746
高中物理经典问题25讲	2017—05	28.00	764
高中物理教学讲义	2018—01	48.00	871
2016年高考文科数学真题研究	2017—04	58.00	754
2016年高考理科数学真题研究	2017—04	78.00	755
初中数学、高中数学脱节知识补缺教材	2017—06	48.00	766
高考数学小题抢分必练	2017—10	48.00	834
高考数学核心素养解读	2017—09	38.00	839
高考数学客观题解题方法和技巧	2017—10	38.00	847
十年高考数学精品试题审题要津与解法研究.上卷	2018—01	68.00	872
十年高考数学精品试题审题要津与解法研究.下卷	2018—01	58.00	873
中国历届高考数学试题及解答.1949—1979	2018—01	38.00	877
历届中国高考数学试题及解答.第二卷,1980—1989	2018—10	28.00	975
历届中国高考数学试题及解答.第三卷,1990—1999	2018—10	48.00	976
数学文化与高考研究	2018—03	48.00	882
跟我学解高中数学题	2018—07	58.00	926
中学数学研究的方法及案例	2018—05	58.00	869
高考数学抢分技能	2018—07	68.00	934
高一新生常用数学方法和重要数学思想提升教材	2018—06	38.00	921
2018年高考数学真题研究	2019—01	68.00	1000
新编640个世界著名数学智力趣题	2014—01	88.00	242
500个最新世界著名数学智力趣题	2008—06	48.00	3
400个最新世界著名数学最值问题	2008—09	48.00	36
500个世界著名数学征解问题	2009—06	48.00	52
400个中国最佳初等数学征解老问题	2010—01	48.00	60
500个俄罗斯数学经典老题	2011—01	28.00	81
1000个国外中学物理好题	2012—04	48.00	174
300个日本高考数学题	2012—05	38.00	142
700个早期日本高考数学试题	2017—02	88.00	752
500个前苏联早期高考数学试题及解答	2012—05	28.00	185
546个早期俄罗斯大学生数学竞赛题	2014—03	38.00	285
548个来自美苏的数学好问题	2014—11	28.00	396
20所苏联著名大学早期入学试题	2015—02	18.00	452
161道德国工科大学生必做的微分方程习题	2015—05	28.00	469
500个德国工科大学生必做的高数习题	2015—06	28.00	478
360个数学竞赛问题	2016—08	58.00	677
200个趣味数学故事	2018—02	48.00	857
470个数学奥林匹克中的最值问题	2018—10	88.00	985
德国讲义日本考题.微积分卷	2015—04	48.00	456
德国讲义日本考题.微分方程卷	2015—04	38.00	457
二十世纪中叶中、英、美、日、法、俄高考数学试题精选	2017—06	38.00	783

书 名	出版时间	定 价	编号
中国初等数学研究 2009 卷(第 1 辑)	2009—05	20.00	45
中国初等数学研究 2010 卷(第 2 辑)	2010—05	30.00	68
中国初等数学研究 2011 卷(第 3 辑)	2011—07	60.00	127
中国初等数学研究 2012 卷(第 4 辑)	2012—07	48.00	190
中国初等数学研究 2014 卷(第 5 辑)	2014—02	48.00	288
中国初等数学研究 2015 卷(第 6 辑)	2015—06	68.00	493
中国初等数学研究 2016 卷(第 7 辑)	2016—04	68.00	609
中国初等数学研究 2017 卷(第 8 辑)	2017—01	98.00	712
几何变换(Ⅰ)	2014—07	28.00	353
几何变换(Ⅱ)	2015—06	28.00	354
几何变换(Ⅲ)	2015—01	38.00	355
几何变换(Ⅳ)	2015—12	38.00	356
初等数论难题集(第一卷)	2009—05	68.00	44
初等数论难题集(第二卷)(上、下)	2011—02	128.00	82,83
数论概貌	2011—03	18.00	93
代数数论(第二版)	2013—08	58.00	94
代数多项式	2014—06	38.00	289
初等数论的知识与问题	2011—02	28.00	95
超越数论基础	2011—03	28.00	96
数论初等教程	2011—03	28.00	97
数论基础	2011—03	18.00	98
数论基础与维诺格拉多夫	2014—03	18.00	292
解析数论基础	2012—08	28.00	216
解析数论基础(第二版)	2014—01	48.00	287
解析数论问题集(第二版)(原版引进)	2014—05	88.00	343
解析数论问题集(第二版)(中译本)	2016—04	88.00	607
解析数论基础(潘承洞,潘承彪著)	2016—07	98.00	673
解析数论导引	2016—07	58.00	674
数论入门	2011—03	38.00	99
代数数论入门	2015—03	38.00	448
数论开篇	2012—07	28.00	194
解析数论引论	2011—03	48.00	100
Barban Davenport Halberstam 均值和	2009—01	40.00	33
基础数论	2011—03	28.00	101
初等数论 100 例	2011—05	18.00	122
初等数论经典例题	2012—07	18.00	204
最新世界各国数学奥林匹克中的初等数论试题(上、下)	2012—01	138.00	144,145
初等数论(Ⅰ)	2012—01	18.00	156
初等数论(Ⅱ)	2012—01	18.00	157
初等数论(Ⅲ)	2012—01	28.00	158

刘培杰数学工作室
 已出版(即将出版)图书目录——初等数学

书　名	出版时间	定　价	编号
平面几何与数论中未解决的新老问题	2013—01	68.00	229
代数数论简史	2014—11	28.00	408
代数数论	2015—09	88.00	532
代数、数论及分析习题集	2016—11	98.00	695
数论导引提要及习题解答	2016—01	48.00	559
素数定理的初等证明.第2版	2016—09	48.00	686
数论中的模函数与狄利克雷级数(第二版)	2017—11	78.00	837
数论:数学导引	2018—01	68.00	849
范式大代数	2019—02	98.00	1016
解析数学讲义.第一卷,导来式及微分、积分、级数	2019—04	88.00	1021
解析数学讲义.第二卷,关于几何的应用	2019—04	68.00	1022
解析数学讲义.第三卷,解析函数论	2019—04	78.00	1023
数学精神巡礼	2019—01	58.00	731
数学眼光透视(第2版)	2017—06	78.00	732
数学思想领悟(第2版)	2018—01	68.00	733
数学方法溯源(第2版)	2018—08	68.00	734
数学解题引论	2017—05	58.00	735
数学史话览胜(第2版)	2017—01	48.00	736
数学应用展观(第2版)	2017—08	68.00	737
数学建模尝试	2018—04	48.00	738
数学竞赛采风	2018—01	68.00	739
数学技能操握	2018—03	48.00	741
数学欣赏拾趣	2018—02	48.00	742
从毕达哥拉斯到怀尔斯	2007—10	48.00	9
从迪利克雷到维斯卡尔迪	2008—01	48.00	21
从哥德巴赫到陈景润	2008—05	98.00	35
从庞加莱到佩雷尔曼	2011—08	138.00	136
博弈论精粹	2008—03	58.00	30
博弈论精粹.第二版(精装)	2015—01	88.00	461
数学 我爱你	2008—01	28.00	20
精神的圣徒　别样的人生——60位中国数学家成长的历程	2008—09	48.00	39
数学史概论	2009—06	78.00	50
数学史概论(精装)	2013—03	158.00	272
数学史选讲	2016—01	48.00	544
斐波那契数列	2010—02	28.00	65
数学拼盘和斐波那契魔方	2010—07	38.00	72
斐波那契数列欣赏(第2版)	2018—08	58.00	948
Fibonacci数列中的明珠	2018—06	58.00	928
数学的创造	2011—02	48.00	85
数学美与创造力	2016—01	48.00	595
数海拾贝	2016—01	48.00	590
数学中的美	2011—02	38.00	84
数论中的美学	2014—12	38.00	351

刘培杰数学工作室

已出版(即将出版)图书目录——初等数学

书　名	出版时间	定价	编号
数学王者　科学巨人——高斯	2015—01	28.00	428
振兴祖国数学的圆梦之旅:中国初等数学研究史话	2015—06	98.00	490
二十世纪中国数学史料研究	2015—10	48.00	536
数字谜、数阵图与棋盘覆盖	2016—01	58.00	298
时间的形状	2016—01	38.00	556
数学发现的艺术:数学探索中的合情推理	2016—07	58.00	671
活跃在数学中的参数	2016—07	48.00	675
数学解题——靠数学思想给力(上)	2011—07	38.00	131
数学解题——靠数学思想给力(中)	2011—07	48.00	132
数学解题——靠数学思想给力(下)	2011—07	38.00	133
我怎样解题	2013—01	48.00	227
数学解题中的物理方法	2011—06	28.00	114
数学解题的特殊方法	2011—06	48.00	115
中学数学计算技巧	2012—01	48.00	116
中学数学证明方法	2012—01	58.00	117
数学趣题巧解	2012—03	28.00	128
高中数学教学通鉴	2015—05	58.00	479
和高中生漫谈:数学与哲学的故事	2014—08	28.00	369
算术问题集	2017—03	38.00	789
张教授讲数学	2018—07	38.00	933
自主招生考试中的参数方程问题	2015—01	28.00	435
自主招生考试中的极坐标问题	2015—04	28.00	463
近年全国重点大学自主招生数学试题全解及研究.华约卷	2015—02	38.00	441
近年全国重点大学自主招生数学试题全解及研究.北约卷	2016—05	38.00	619
自主招生数学解证宝典	2015—09	48.00	535
格点和面积	2012—07	18.00	191
射影几何趣谈	2012—04	28.00	175
斯潘纳尔引理——从一道加拿大数学奥林匹克试题谈起	2014—01	28.00	228
李普希兹条件——从几道近年高考数学试题谈起	2012—10	18.00	221
拉格朗日中值定理——从一道北京高考试题的解法谈起	2015—10	18.00	197
闵科夫斯基定理——从一道清华大学自主招生试题谈起	2014—01	28.00	198
哈尔测度——从一道冬令营试题的背景谈起	2012—08	28.00	202
切比雪夫逼近问题——从一道中国台北数学奥林匹克试题谈起	2013—04	38.00	238
伯恩斯坦多项式与贝齐尔曲面——从一道全国高中数学联赛试题谈起	2013—03	38.00	236
卡塔兰猜想——从一道普特南竞赛试题谈起	2013—06	18.00	256
麦卡锡函数和阿克曼函数——从一道前南斯拉夫数学奥林匹克试题谈起	2012—08	18.00	201
贝蒂定理与拉姆贝克莫斯尔定理——从一个拣石子游戏谈起	2012—08	18.00	217
皮亚诺曲线和豪斯道夫分球定理——从无限集谈起	2012—08	18.00	211
平面凸图形与凸多面体	2012—10	28.00	218
斯坦因豪斯问题——从一道二十五省市自治区中学数学竞赛试题谈起	2012—07	18.00	196

刘培杰数学工作室
已出版(即将出版)图书目录——初等数学

书　名	出版时间	定　价	编号
纽结理论中的亚历山大多项式与琼斯多项式——从一道北京市高一数学竞赛试题谈起	2012—07	28.00	195
原则与策略——从波利亚"解题表"谈起	2013—04	38.00	244
转化与化归——从三大尺规作图不能问题谈起	2012—08	28.00	214
代数几何中的贝祖定理(第一版)——从一道 IMO 试题的解法谈起	2013—08	18.00	193
成功连贯理论与约当块理论——从一道比利时数学竞赛试题谈起	2012—04	18.00	180
素数判定与大数分解	2014—08	18.00	199
置换多项式及其应用	2012—10	18.00	220
椭圆函数与模函数——从一道美国加州大学洛杉矶分校(UCLA)博士资格考题谈起	2012—10	28.00	219
差分方程的拉格朗日方法——从一道 2011 年全国高考理科试题的解法谈起	2012—08	28.00	200
力学在几何中的一些应用	2013—01	38.00	240
高斯散度定理、斯托克斯定理和平面格林定理——从一道国际大学生数学竞赛试题谈起	即将出版		
康托洛维奇不等式——从一道全国高中联赛试题谈起	2013—03	28.00	337
西格尔引理——从一道第 18 届 IMO 试题的解法谈起	即将出版		
罗斯定理——从一道前苏联数学竞赛试题谈起	即将出版		
拉克斯定理和阿廷定理——从一道 IMO 试题的解法谈起	2014—01	58.00	246
毕卡大定理——从一道美国大学数学竞赛试题谈起	2014—07	18.00	350
贝齐尔曲线——从一道全国高中联赛试题谈起	即将出版		
拉格朗日乘子定理——从一道 2005 年全国高中联赛试题的高等数学解法谈起	2015—05	28.00	480
雅可比定理——从一道日本数学奥林匹克试题谈起	2013—04	48.00	249
李天岩—约克定理——从一道波兰数学竞赛试题谈起	2014—06	28.00	349
整系数多项式因式分解的一般方法——从克朗耐克算法谈起	即将出版		
布劳维不动点定理——从一道前苏联数学奥林匹克试题谈起	2014—01	38.00	273
伯恩赛德定理——从一道英国数学奥林匹克试题谈起	即将出版		
布查特—莫斯特定理——从一道上海市初中竞赛试题谈起	即将出版		
数论中的同余数问题——从一道普特南竞赛试题谈起	即将出版		
范·德蒙行列式——从一道美国数学奥林匹克试题谈起	即将出版		
中国剩余定理:总数法构建中国历史年表	2015—01	28.00	430
牛顿程序与方程求根——从一道全国高考试题解法谈起	即将出版		
库默尔定理——从一道 IMO 预选试题谈起	即将出版		
卢丁定理——从一道冬令营试题的解法谈起	即将出版		
沃斯滕霍姆定理——从一道 IMO 预选试题谈起	即将出版		
卡尔松不等式——从一道莫斯科数学奥林匹克试题谈起	即将出版		
信息论中的香农熵——从一道近年高考压轴题谈起	即将出版		
约当不等式——从一道希望杯竞赛试题谈起	即将出版		
拉比诺维奇定理	即将出版		
刘维尔定理——从一道《美国数学月刊》征解问题的解法谈起	即将出版		
卡塔兰恒等式与级数求和——从一道 IMO 试题的解法谈起	即将出版		
勒让德猜想与素数分布——从一道爱尔兰竞赛试题谈起	即将出版		
天平称重与信息论——从一道基辅市数学奥林匹克试题谈起	即将出版		
哈密尔顿—凯莱定理:从一道高中数学联赛试题的解法谈起	2014—09	18.00	376
艾思特曼定理——从一道 CMO 试题的解法谈起	即将出版		

刘培杰数学工作室
已出版(即将出版)图书目录——初等数学

书　名	出版时间	定　价	编号
阿贝尔恒等式与经典不等式及应用	2018－06	98.00	923
迪利克雷除数问题	2018－07	48.00	930
贝克码与编码理论——从一道全国高中联赛试题谈起	即将出版		
帕斯卡三角形	2014－03	18.00	294
蒲丰投针问题——从2009年清华大学的一道自主招生试题谈起	2014－01	38.00	295
斯图姆定理——从一道"华约"自主招生试题的解法谈起	2014－01	18.00	296
许瓦兹引理——从一道加利福尼亚大学伯克利分校数学系博士生试题谈起	2014－08	18.00	297
拉姆塞定理——从王诗宬院士的一个问题谈起	2016－04	48.00	299
坐标法	2013－12	28.00	332
数论三角形	2014－04	38.00	341
毕克定理	2014－07	18.00	352
数林掠影	2014－09	48.00	389
我们周围的概率	2014－10	38.00	390
凸函数最值定理:从一道华约自主招生题的解法谈起	2014－10	28.00	391
易学与数学奥林匹克	2014－10	38.00	392
生物数学趣谈	2015－01	18.00	409
反演	2015－01	28.00	420
因式分解与圆锥曲线	2015－01	18.00	426
轨迹	2015－01	28.00	427
面积原理:从常庚哲命的一道CMO试题的积分解法谈起	2015－01	48.00	431
形形色色的不动点定理:从一道28届IMO试题谈起	2015－01	38.00	439
柯西函数方程:从一道上海交大自主招生的试题谈起	2015－02	28.00	440
三角恒等式	2015－02	28.00	442
无理性判定:从一道2014年"北约"自主招生试题谈起	2015－01	38.00	443
数学归纳法	2015－03	18.00	451
极端原理与解题	2015－04	28.00	464
法雷级数	2014－08	18.00	367
摆线族	2015－01	38.00	438
函数方程及其解法	2015－05	38.00	470
含参数的方程和不等式	2012－09	28.00	213
希尔伯特第十问题	2016－01	38.00	543
无穷小量的求和	2016－01	28.00	545
切比雪夫多项式:从一道清华大学金秋营试题谈起	2016－01	38.00	583
泽肯多夫定理	2016－03	38.00	599
代数等式证题法	2016－01	28.00	600
三角等式证题法	2016－01	28.00	601
吴大任教授藏书中的一个因式分解公式:从一道美国数学邀请赛试题的解法谈起	2016－06	28.00	656
易卦——类万物的数学模型	2017－08	68.00	838
"不可思议"的数与数系可持续发展	2018－01	38.00	878
最短线	2018－01	38.00	879
幻方和魔方(第一卷)	2012－05	68.00	173
尘封的经典——初等数学经典文献选读(第一卷)	2012－07	48.00	205
尘封的经典——初等数学经典文献选读(第二卷)	2012－07	38.00	206
初级方程式论	2011－03	28.00	106
初等数学研究(Ⅰ)	2008－09	68.00	37
初等数学研究(Ⅱ)(上、下)	2009－05	118.00	46,47

刘培杰数学工作室

已出版(即将出版)图书目录——初等数学

书　　名	出版时间	定　价	编号
趣味初等方程妙题集锦	2014—09	48.00	388
趣味初等数论选美与欣赏	2015—02	48.00	445
耕读笔记(上卷):一位农民数学爱好者的初数探索	2015—04	28.00	459
耕读笔记(中卷):一位农民数学爱好者的初数探索	2015—05	28.00	483
耕读笔记(下卷):一位农民数学爱好者的初数探索	2015—05	28.00	484
几何不等式研究与欣赏.上卷	2016—01	88.00	547
几何不等式研究与欣赏.下卷	2016—01	48.00	552
初等数列研究与欣赏·上	2016—01	48.00	570
初等数列研究与欣赏·下	2016—01	48.00	571
趣味初等函数研究与欣赏.上	2016—09	48.00	684
趣味初等函数研究与欣赏.下	2018—09	48.00	685
火柴游戏	2016—05	38.00	612
智力解谜.第1卷	2017—07	38.00	613
智力解谜.第2卷	2017—07	38.00	614
故事智力	2016—07	48.00	615
名人们喜欢的智力问题	即将出版		616
数学大师的发现、创造与失误	2018—01	48.00	617
异曲同工	2018—09	48.00	618
数学的味道	2018—01	58.00	798
数学千字文	2018—10	68.00	977
数贝偶拾——高考数学题研究	2014—04	28.00	274
数贝偶拾——初等数学研究	2014—04	38.00	275
数贝偶拾——奥数题研究	2014—04	48.00	276
钱昌本教你快乐学数学(上)	2011—12	48.00	155
钱昌本教你快乐学数学(下)	2012—03	58.00	171
集合、函数与方程	2014—01	28.00	300
数列与不等式	2014—01	38.00	301
三角与平面向量	2014—01	28.00	302
平面解析几何	2014—01	38.00	303
立体几何与组合	2014—01	28.00	304
极限与导数、数学归纳法	2014—01	38.00	305
趣味数学	2014—03	28.00	306
教材教法	2014—04	68.00	307
自主招生	2014—05	58.00	308
高考压轴题(上)	2015—01	48.00	309
高考压轴题(下)	2014—10	68.00	310
从费马到怀尔斯——费马大定理的历史	2013—10	198.00	Ⅰ
从庞加莱到佩雷尔曼——庞加莱猜想的历史	2013—10	298.00	Ⅱ
从切比雪夫到爱尔特希(上)——素数定理的初等证明	2013—07	48.00	Ⅲ
从切比雪夫到爱尔特希(下)——素数定理100年	2012—12	98.00	Ⅲ
从高斯到盖尔方特——二次域的高斯猜想	2013—10	198.00	Ⅳ
从库默尔到朗兰兹——朗兰兹猜想的历史	2014—01	98.00	Ⅴ
从比勃巴赫到德布朗斯——比勃巴赫猜想的历史	2014—02	298.00	Ⅵ
从麦比乌斯到陈省身——麦比乌斯变换与麦比乌斯带	2014—02	298.00	Ⅶ
从布尔到豪斯道夫——布尔方程与格论漫谈	2013—10	198.00	Ⅷ
从开普勒到阿诺德——三体问题的历史	2014—05	298.00	Ⅸ
从华林到华罗庚——华林问题的历史	2013—10	298.00	Ⅹ

刘培杰数学工作室
已出版(即将出版)图书目录——初等数学

书　名	出版时间	定　价	编号
美国高中数学竞赛五十讲.第1卷(英文)	2014—08	28.00	357
美国高中数学竞赛五十讲.第2卷(英文)	2014—08	28.00	358
美国高中数学竞赛五十讲.第3卷(英文)	2014—09	28.00	359
美国高中数学竞赛五十讲.第4卷(英文)	2014—09	28.00	360
美国高中数学竞赛五十讲.第5卷(英文)	2014—10	28.00	361
美国高中数学竞赛五十讲.第6卷(英文)	2014—11	28.00	362
美国高中数学竞赛五十讲.第7卷(英文)	2014—12	28.00	363
美国高中数学竞赛五十讲.第8卷(英文)	2015—01	28.00	364
美国高中数学竞赛五十讲.第9卷(英文)	2015—01	28.00	365
美国高中数学竞赛五十讲.第10卷(英文)	2015—02	38.00	366
三角函数(第2版)	2017—04	38.00	626
不等式	2014—01	38.00	312
数列	2014—01	38.00	313
方程(第2版)	2017—04	38.00	624
排列和组合	2014—01	28.00	315
极限与导数(第2版)	2016—04	38.00	635
向量(第2版)	2018—08	58.00	627
复数及其应用	2014—08	28.00	318
函数	2014—01	38.00	319
集合	即将出版		320
直线与平面	2014—01	28.00	321
立体几何(第2版)	2016—04	38.00	629
解三角形	即将出版		323
直线与圆(第2版)	2016—11	38.00	631
圆锥曲线(第2版)	2016—09	48.00	632
解题通法(一)	2014—07	38.00	326
解题通法(二)	2014—07	38.00	327
解题通法(三)	2014—05	38.00	328
概率与统计	2014—01	28.00	329
信息迁移与算法	即将出版		330
IMO 50 年.第1卷(1959—1963)	2014—11	28.00	377
IMO 50 年.第2卷(1964—1968)	2014—11	28.00	378
IMO 50 年.第3卷(1969—1973)	2014—09	28.00	379
IMO 50 年.第4卷(1974—1978)	2016—04	38.00	380
IMO 50 年.第5卷(1979—1984)	2015—04	38.00	381
IMO 50 年.第6卷(1985—1989)	2015—04	58.00	382
IMO 50 年.第7卷(1990—1994)	2016—01	48.00	383
IMO 50 年.第8卷(1995—1999)	2016—06	38.00	384
IMO 50 年.第9卷(2000—2004)	2015—04	58.00	385
IMO 50 年.第10卷(2005—2009)	2016—01	48.00	386
IMO 50 年.第11卷(2010—2015)	2017—03	48.00	646

刘培杰数学工作室
已出版(即将出版)图书目录——初等数学

书　名	出版时间	定价	编号
数学反思(2006—2007)	即将出版		915
数学反思(2008—2009)	2019—01	68.00	917
数学反思(2010—2011)	2018—05	58.00	916
数学反思(2012—2013)	2019—01	58.00	918
数学反思(2014—2015)	2019—03	78.00	919
历届美国大学生数学竞赛试题集.第一卷(1938—1949)	2015—01	28.00	397
历届美国大学生数学竞赛试题集.第二卷(1950—1959)	2015—01	28.00	398
历届美国大学生数学竞赛试题集.第三卷(1960—1969)	2015—01	28.00	399
历届美国大学生数学竞赛试题集.第四卷(1970—1979)	2015—01	18.00	400
历届美国大学生数学竞赛试题集.第五卷(1980—1989)	2015—01	28.00	401
历届美国大学生数学竞赛试题集.第六卷(1990—1999)	2015—01	28.00	402
历届美国大学生数学竞赛试题集.第七卷(2000—2009)	2015—08	18.00	403
历届美国大学生数学竞赛试题集.第八卷(2010—2012)	2015—01	18.00	404
新课标高考数学创新题解题诀窍:总论	2014—09	28.00	372
新课标高考数学创新题解题诀窍:必修1~5分册	2014—08	38.00	373
新课标高考数学创新题解题诀窍:选修2-1,2-2,1-1,1-2分册	2014—09	38.00	374
新课标高考数学创新题解题诀窍:选修2-3,4-4,4-5分册	2014—09	18.00	375
全国重点大学自主招生英文数学试题全攻略:词汇卷	2015—07	48.00	410
全国重点大学自主招生英文数学试题全攻略:概念卷	2015—01	28.00	411
全国重点大学自主招生英文数学试题全攻略:文章选读卷(上)	2016—09	38.00	412
全国重点大学自主招生英文数学试题全攻略:文章选读卷(下)	2017—01	58.00	413
全国重点大学自主招生英文数学试题全攻略:试题卷	2015—07	38.00	414
全国重点大学自主招生英文数学试题全攻略:名著欣赏卷	2017—03	48.00	415
劳埃德数学趣题大全.题目卷.1:英文	2016—01	18.00	516
劳埃德数学趣题大全.题目卷.2:英文	2016—01	18.00	517
劳埃德数学趣题大全.题目卷.3:英文	2016—01	18.00	518
劳埃德数学趣题大全.题目卷.4:英文	2016—01	18.00	519
劳埃德数学趣题大全.题目卷.5:英文	2016—01	18.00	520
劳埃德数学趣题大全.答案卷:英文	2016—01	18.00	521
李成章教练奥数笔记.第1卷	2016—01	48.00	522
李成章教练奥数笔记.第2卷	2016—01	48.00	523
李成章教练奥数笔记.第3卷	2016—01	38.00	524
李成章教练奥数笔记.第4卷	2016—01	38.00	525
李成章教练奥数笔记.第5卷	2016—01	38.00	526
李成章教练奥数笔记.第6卷	2016—01	38.00	527
李成章教练奥数笔记.第7卷	2016—01	38.00	528
李成章教练奥数笔记.第8卷	2016—01	48.00	529
李成章教练奥数笔记.第9卷	2016—01	28.00	530

刘培杰数学工作室
已出版(即将出版)图书目录——初等数学

书　　名	出版时间	定　价	编号
第19～23届"希望杯"全国数学邀请赛试题审题要津详细评注(初一版)	2014—03	28.00	333
第19～23届"希望杯"全国数学邀请赛试题审题要津详细评注(初二、初三版)	2014—03	38.00	334
第19～23届"希望杯"全国数学邀请赛试题审题要津详细评注(高一版)	2014—03	28.00	335
第19～23届"希望杯"全国数学邀请赛试题审题要津详细评注(高二版)	2014—03	38.00	336
第19～25届"希望杯"全国数学邀请赛试题审题要津详细评注(初一版)	2015—01	38.00	416
第19～25届"希望杯"全国数学邀请赛试题审题要津详细评注(初二、初三版)	2015—01	58.00	417
第19～25届"希望杯"全国数学邀请赛试题审题要津详细评注(高一版)	2015—01	48.00	418
第19～25届"希望杯"全国数学邀请赛试题审题要津详细评注(高二版)	2015—01	48.00	419
物理奥林匹克竞赛大题典——力学卷	2014—11	48.00	405
物理奥林匹克竞赛大题典——热学卷	2014—04	28.00	339
物理奥林匹克竞赛大题典——电磁学卷	2015—07	48.00	406
物理奥林匹克竞赛大题典——光学与近代物理卷	2014—06	28.00	345
历届中国东南地区数学奥林匹克试题集(2004～2012)	2014—06	18.00	346
历届中国西部地区数学奥林匹克试题集(2001～2012)	2014—07	18.00	347
历届中国女子数学奥林匹克试题集(2002～2012)	2014—08	18.00	348
数学奥林匹克在中国	2014—06	98.00	344
数学奥林匹克问题集	2014—01	38.00	267
数学奥林匹克不等式散论	2010—06	38.00	124
数学奥林匹克不等式欣赏	2011—09	38.00	138
数学奥林匹克超级题库(初中卷上)	2010—01	58.00	66
数学奥林匹克不等式证明方法和技巧(上、下)	2011—08	158.00	134,135
他们学什么:原民主德国中学数学课本	2016—09	38.00	658
他们学什么:英国中学数学课本	2016—09	38.00	659
他们学什么:法国中学数学课本.1	2016—09	38.00	660
他们学什么:法国中学数学课本.2	2016—09	28.00	661
他们学什么:法国中学数学课本.3	2016—09	38.00	662
他们学什么:苏联中学数学课本	2016—09	28.00	679
高中数学题典——集合与简易逻辑·函数	2016—07	48.00	647
高中数学题典——导数	2016—07	48.00	648
高中数学题典——三角函数·平面向量	2016—07	48.00	649
高中数学题典——数列	2016—07	58.00	650
高中数学题典——不等式·推理与证明	2016—07	38.00	651
高中数学题典——立体几何	2016—07	48.00	652
高中数学题典——平面解析几何	2016--07	78.00	653
高中数学题典——计数原理·统计·概率·复数	2016—07	48.00	654
高中数学题典——算法·平面几何·初等数论·组合数学·其他	2016—07	68.00	655

刘培杰数学工作室
已出版(即将出版)图书目录——初等数学

书　　名	出 版 时 间	定　价	编号
台湾地区奥林匹克数学竞赛试题.小学一年级	2017—03	38.00	722
台湾地区奥林匹克数学竞赛试题.小学二年级	2017—03	38.00	723
台湾地区奥林匹克数学竞赛试题.小学三年级	2017—03	38.00	724
台湾地区奥林匹克数学竞赛试题.小学四年级	2017—03	38.00	725
台湾地区奥林匹克数学竞赛试题.小学五年级	2017—03	38.00	726
台湾地区奥林匹克数学竞赛试题.小学六年级	2017—03	38.00	727
台湾地区奥林匹克数学竞赛试题.初中一年级	2017—03	38.00	728
台湾地区奥林匹克数学竞赛试题.初中二年级	2017—03	38.00	729
台湾地区奥林匹克数学竞赛试题.初中三年级	2017—03	28.00	730
不等式证题法	2017—04	28.00	747
平面几何培优教程	即将出版		748
奥数鼎级培优教程.高一分册	2018—09	88.00	749
奥数鼎级培优教程.高二分册.上	2018—04	68.00	750
奥数鼎级培优教程.高二分册.下	2018—04	68.00	751
高中数学竞赛冲刺宝典	2019—04	68.00	883
初中尖子生数学超级题典.实数	2017—07	58.00	792
初中尖子生数学超级题典.式、方程与不等式	2017—08	58.00	793
初中尖子生数学超级题典.圆、面积	2017—08	38.00	794
初中尖子生数学超级题典.函数、逻辑推理	2017—08	48.00	795
初中尖子生数学超级题典.角、线段、三角形与多边形	2017—07	58.00	796
数学王子——高斯	2018—01	48.00	858
坎坷奇星——阿贝尔	2018—01	48.00	859
闪烁奇星——伽罗瓦	2018—01	58.00	860
无穷统帅——康托尔	2018—01	48.00	861
科学公主——柯瓦列夫斯卡娅	2018—01	48.00	862
抽象代数之母——埃米·诺特	2018—01	48.00	863
电脑先驱——图灵	2018—01	58.00	864
昔日神童——维纳	2018—01	48.00	865
数坛怪侠——爱尔特希	2018—01	68.00	866
当代世界中的数学.数学思想与数学基础	2019—01	38.00	892
当代世界中的数学.数学问题	2019—01	38.00	893
当代世界中的数学.应用数学与数学应用	2019—01	38.00	894
当代世界中的数学.数学王国的新疆域(一)	2019—01	38.00	895
当代世界中的数学.数学王国的新疆域(二)	2019—01	38.00	896
当代世界中的数学.数林撷英(一)	2019—01	38.00	897
当代世界中的数学.数林撷英(二)	2019—01	48.00	898
当代世界中的数学.数学之路	2019—01	38.00	899

刘培杰数学工作室
已出版(即将出版)图书目录——初等数学

书 名	出版时间	定 价	编号
105 个代数问题：来自 AwesomeMath 夏季课程	2019—02	58.00	956
106 个几何问题：来自 AwesomeMath 夏季课程	即将出版		957
107 个几何问题：来自 AwesomeMath 全年课程	即将出版		958
108 个代数问题：来自 AwesomeMath 全年课程	2019—01	68.00	959
109 个不等式：来自 AwesomeMath 夏季课程	2019—04	58.00	960
国际数学奥林匹克中的 110 个几何问题	即将出版		961
111 个代数和数论问题	即将出版		962
112 个组合问题：来自 AwesomeMath 夏季课程	即将出版		963
113 个几何不等式：来自 AwesomeMath 夏季课程	即将出版		964
114 个指数和对数问题：来自 AwesomeMath 夏季课程	即将出版		965
115 个三角问题：来自 AwesomeMath 夏季课程	即将出版		966
116 个代数不等式：来自 AwesomeMath 全年课程	2019—04	58.00	967
紫色慧星国际数学竞赛试题	2019—02	58.00	999
澳大利亚中学数学竞赛试题及解答(初级卷)1978~1984	2019—02	28.00	1002
澳大利亚中学数学竞赛试题及解答(初级卷)1985~1991	2019—02	28.00	1003
澳大利亚中学数学竞赛试题及解答(初级卷)1992~1998	2019—02	28.00	1004
澳大利亚中学数学竞赛试题及解答(初级卷)1999~2005	2019—02	28.00	1005
澳大利亚中学数学竞赛试题及解答(中级卷)1978~1984	2019—03	28.00	1006
澳大利亚中学数学竞赛试题及解答(中级卷)1985~1991	2019—03	28.00	1007
澳大利亚中学数学竞赛试题及解答(中级卷)1992~1998	2019—03	28.00	1008
澳大利亚中学数学竞赛试题及解答(中级卷)1999~2005	2019—03	28.00	1009
澳大利亚中学数学竞赛试题及解答(高级卷)1978~1984	即将出版		1010
澳大利亚中学数学竞赛试题及解答(高级卷)1985~1991	即将出版		1011
澳大利亚中学数学竞赛试题及解答(高级卷)1992~1998	即将出版		1012
澳大利亚中学数学竞赛试题及解答(高级卷)1999~2005	即将出版		1013
天才中小学生智力测验题.第一卷	2019—03	38.00	1026
天才中小学生智力测验题.第二卷	2019—03	38.00	1027
天才中小学生智力测验题.第三卷	2019—03	38.00	1028
天才中小学生智力测验题.第四卷	2019—03	38.00	1029
天才中小学生智力测验题.第五卷	2019—03	38.00	1030
天才中小学生智力测验题.第六卷	2019—03	38.00	1031
天才中小学生智力测验题.第七卷	2019—03	38.00	1032
天才中小学生智力测验题.第八卷	2019—03	38.00	1033
天才中小学生智力测验题.第九卷	2019—03	38.00	1034
天才中小学生智力测验题.第十卷	2019—03	38.00	1035
天才中小学生智力测验题.第十一卷	2019—03	38.00	1036
天才中小学生智力测验题.第十二卷	2019—03	38.00	1037
天才中小学生智力测验题.第十三卷	2019—03	38.00	1038

联系地址:哈尔滨市南岗区复华四道街 10 号　哈尔滨工业大学出版社刘培杰数学工作室
网　　址:http://lpj.hit.edu.cn/
邮　　编:150006
联系电话:0451—86281378　　13904613167
E-mail:lpj1378@163.com